Heidelberger Taschenbücher Band 125

Ulrich Lüttge

Stofftransport der Pflanzen

Mit 97 Abbildungen

Springer-Verlag
Berlin · Heidelberg · New York 1973

Professor Dr. ULRICH LÜTTGE, Fachbereich Biologie-Botanik, Technische Hochschule Darmstadt

ISBN-13: 978-3-540-06230-1   e-ISBN-13: 978-3-642-95241-8
DOI: 10.1007/ 978-3-642-95241-8

Das Werk ist urheberrechtlich geschützt. Die dadurch begründeten Rechte, insbesondere die der Übersetzung, des Nachdruckes, der Entnahme von Abbildungen, der Funksendung, der Wiedergabe auf photomechanischem oder ähnlichem Wege und der Speicherung in Datenverarbeitungsanlagen bleiben, auch bei nur auszugsweiser Verwertung, vorbehalten.
Bei Vervielfältigungen für gewerbliche Zwecke ist gemäß § 54 UrhG eine Vergütung an den Verlag zu zahlen, deren Höhe mit dem Verlag zu vereinbaren ist. © by Springer-Verlag Berlin · Heidelberg 1973.

Library of Congress Catalog Card Number 73-77398.

Die Wiedergabe von Gebrauchsnamen, Handelsnamen, Warenbezeichnungen usw. in diesem Werk berechtigt auch ohne besondere Kennzeichnung nicht zu der Annahme, daß solche Namen im Sinne der Warenzeichen- und Markenschutz-Gesetzgebung als frei zu betrachten wären und daher von jedermann benutzt werden dürften.

Herstellung: Oscar Brandstetter Druckerei KG, 62 Wiesbaden

Vorwort

Mit der vorliegenden Arbeit habe ich versucht, einen Gesamtüberblick über den Stofftransport bei Pflanzen zu geben. Da ich einerseits alle mir wichtig erscheinenden Gesichtspunkte berücksichtigen wollte, da aber andererseits Raum und Zeit begrenzt waren, mußte die Darstellung die Mitte suchen zwischen einem vereinfachenden, die Probleme repräsentativ behandelnden Lehrbuchstil und einem nach Vollständigkeit strebenden, alle Verästelungen erfassenden Handbuchstil. Der Leser wird bemerken, daß das Pendel einmal mehr nach der einen und dann wieder mehr nach der anderen Seite ausschlägt. Subjektiv durch meine besonderen Forschungsinteressen bedingte Schwerpunkte waren nicht zu vermeiden und sollten wohl auch nicht völlig fehlen.
Literaturzitate mußten knapp gehalten werden. Es war nicht angebracht, hier irgendeinen Grad von Vollständigkeit anzustreben. Wo es möglich war, habe ich auf zusammenfassende Übersichten hingewiesen. Spezialarbeiten wurden überall dort angegeben, wo meine Darstellung unmittelbar auf ihnen fußt. Eine frühere Arbeit (Protoplasmatologia Band VIII/7b) und eine wiederholt für fortgeschrittene Studenten gehaltene Vorlesung über den Stofftransport bei Pflanzen waren mir als Materialsammlung sehr nützlich.
Die einzelnen Kapitel dieses Buches sind selbständige Einheiten und für sich verständlich. Durch starke Untergliederung und entsprechende Hinweise zu den einzelnen Abschnitten im Text wurde versucht, die wichtigsten Querverbindungen deutlich zu machen. Die Gesamtdarstellung befaßt sich von Kapitel zu Kapitel mit fortschreitend komplexeren Systemen, so wie die Evolution zuerst primitive Organismen mit ganz einfachen Transportmechanismen geschaffen hat und dann allmählich zu hochentwickelten Organismen mit einer Fülle von gegenseitig abhängigen Transportsystemen fortgeschritten ist.
Mein Dank gilt Herrn Dr. KONRAD F. SPRINGER für die Anregung und die Förderung dieser Arbeit. Der Deutschen Forschungsgemeinschaft danke ich sehr für die jahrelange kontinuierliche materielle Unterstützung meiner eigenen Forschung zum Stofftransport bei Pflanzen, ohne die ich diesen Überblick nie geschrieben hätte. Vielen Kollegen habe ich

für Anregungen und Diskussionen zu danken. Besonderen Dank schulde ich auch Frau DORIS SCHÄFER, die viele der wiedergegebenen Abbildungen gezeichnet hat.

Darmstadt, im Januar 1973 ULRICH LÜTTGE

Inhaltsverzeichnis

1. Kapitel. Ausgangspunkte 1

1.1 Der Stoff- und Energiefluß durch eine höhere Pflanze 1
1.2 Primitive Urorganismen als Modelle 3
1.3 Zusammenfassender Vergleich 6
1.4 Literatur 7

2. Kapitel. Potentiale und Transport 8

2.1 Das chemische Potential 8
2.1.1 Die Diffusion 8
2.1.2 Die Diffusion durch Membranen als Sonderfall 10
2.1.3 Die Messung des Permeabilitätskoeffizienten 11
2.1.4 Permeabilität, Reflexionskoeffizient und Osmose 11
2.2 Das elektrische und das elektrochemische Potential 14
2.2.1 Die Diffusion von Elektrolyten 14
2.2.2 Die Ionendiffusion durch Membranen 17
2.2.2.1 Die Nernstsche Gleichung 17
2.2.2.2 Membranpotentiale 18
2.2.2.3 Die Gleichung konstanten Feldes oder die Goldman-Gleichung 21
2.2.2.4 Die Messung einiger wichtiger Größen 24
2.2.2.5 Die Ussing-Teorell-Beziehung 29
2.3 Kriteria für den aktiven Transport 30
2.3.1 Der Transport gegen Gradienten als Kriterium für den aktiven Transport 30
2.3.2 Passiver Transport gegen chemische und elektrochemische Gradienten 31
2.3.2.1 Kongruenter und inkongruenter Transport 31
2.3.2.2 Negative Osmose 33
2.3.2.3 Transport durch Träger oder Carrier 35
2.3.3 Die Abhängigkeit vom Stoffwechsel als Kriterium für den aktiven Transport 38
2.3.4 Definitionen des aktiven Transportes 42

2.4	Anhang	43
2.4.1	Einige der am meisten benutzten Konstanten und Symbole in alphabetischer Reihenfolge	43
2.4.2	Praktische Formen wichtiger Gleichungen	45
2.5	Literatur	45

3. Kapitel. Zellwand und Zellmembran: Eine erste Komplizierung des Modells ... 47

3.1	Die Zellwandphase	48
3.1.1	Strukturelle Voraussetzungen für den Zellwandtransport	48
3.1.2	Zellwandräume als Transportphasen: Das Konzept des Free Space	56
3.2	Die Membranphase	60
3.2.1	Die historische Entwicklung der Membranforschung	60
3.2.1.1	Das Danielli-Davsonsche Membranmodell und das Konzept der „unit membrane" (Elementarmembran)	60
3.2.1.2	Membrantransport-Theorien und das Danielli-Davson-Modell	62
3.2.1.3	Membranporen	64
3.2.2	Die moderne Membranforschung	67
3.2.2.1	Moderne Membranmodelle	68
3.2.2.2	Membrantransportmechanismen und die modernen Membranmodelle	72
3.3	Literatur	84

4. Kapitel. Die vereinfachenden Modelle der Transportphysiologen .. 87

4.1	Das Modell mit den beiden Kompartimenten Außen und Innen	87
4.1.1	Die äußere Diffusionsbarriere von Pflanzenzellen	87
4.1.2	Die doppelte Michaelis-Menten-Kinetik der Ionenaufnahme	88
4.1.2.1	Die kinetische und qualitative Charakterisierung von System 1 und System 2 der Ionenaufnahme	88
4.1.2.2	Der Mechanismus von System 1 und System 2 der Ionenaufnahme	90
4.1.2.3	Die Frage nach der cytologischen Lokalisation von System 1 und System 2 der Ionenaufnahme	94
4.2	Das Modell mit den drei Kompartimenten Außen – Cytoplasma – Vacuole	95
4.2.1	Die Torii-Laties-Hypothese	95

4.2.1.1 Die Ionenaufnahme durch vacuolisiertes und nicht-vacuolisiertes Wurzelgewebe 95
4.2.1.2 Warum können wir zwei Mechanismen beobachten, wenn wir die Ionenaufnahme in Abhängigkeit von der Außenkonzentration untersuchen? 97
4.2.1.3 Die Synthese und Kompartimentierung organischer Säuren im Zusammenhang mit der Ionenaufnahme 100
4.2.1.4 Einige weitere Belege für die Torii-Laties-Hypothese 103
4.2.2 Weiterführende Vorstellungen 104
4.2.2.1 Test der Modelle durch Computer-Simulation 104
4.2.2.2 Multiphasische Aufnahmesysteme 105
4.2.2.3 Übersicht 106
4.2.3 Kompartimentsanalyse 108
4.2.3.1 Direkte Kompartimentsanalyse: Coenoblastische Algenzellen 108
4.2.3.2 Indirekte Kompartimentsanalyse: Die Isotopenaustauschkinetik 109
4.2.3.3 Aktive Ionenfluxe am Plasmalemma und am Tonoplasten von Algenzellen und Zellen höherer Pflanzen 118
4.3 Modelle mit zwei cytoplasmatischen Kompartimenten 120
4.3.1 Unerwartete Kinetik der Ionenaufnahme und des Ionenaustausches bei Zellen höherer Pflanzen 120
4.3.2 Elektrophysiologische Messungen an den coenoblastischen Zellen von *Valonia* 122
4.3.3 Kinetische Untersuchungen an *Nitella* 122
4.4 Zusammenfassung und Ausblick 125
4.5 Literatur 128

5. Kapitel Zusammenhänge zwischen der Feinstruktur des Cytoplasmas und Transportfunktionen: Die weitere Komplizierung des Modells 130

5.1 Beobachtungen über Stofftransport in membranumgebenen Vesikeln 130
5.1.1 Exocytose 130
5.1.2 Endocytose 134
5.1.3 Transport in Bläschen innerhalb der Zelle 134
5.2 Die stoffliche Eigenständigkeit von Organellen........... 136
5.2.1 Allgemeine Diskussion 136
5.2.2 Die Ionenaufnahme in Chloroplasten................... 137
5.3 Besonderheiten des Cytoplasmas von Drüsenzellen 140
5.3.1 Drüsenfunktionen 140

5.3.2 Die Feinstruktur des Drüsencytoplasmas 141
5.3.2.1 Transfer Cells 142
5.3.2.2 Mitochondrienreichtum 146
5.4 Literatur 148

6. Kapitel. Metabolische Regulation von Transportprozessen 150

6.1 Die Respiration als Energielieferant für aktiven Transport 151
6.1.1 Die direkte Koppelung des aktiven Anionentransportes mit der Elektronenübertragung entlang der Atmungskette 151
6.1.1.1 Die Salzatmung und die Lundegårdh-Hypothese 151
6.1.1.2 Modell einer Redoxpumpe nach Robertson und Conway . 153
6.1.1.3 Mögliche Koppelungsmechanismen zwischen respiratorischem Elektronenfluß und Membrantransportprozessen .. 156
6.1.2 ATP als Energielieferant für aktiven Transport........... 157
6.1.2.1 ATP als „allgemeine Energiewährung" der Zelle 157
6.1.2.2 Hemmstoffversuche................................... 158
6.1.2.3 Die Salzatmung und ATP-getriebener Ionentransport ... 159
6.1.3 Antrieb verschiedener aktiver Ionenflüsse in komplexen Systemen durch verschiedene Energiequellen 161
6.2 Die Ausnutzung von Lichtenergie durch den Transport ... 164
6.2.1 Beeinflussung von Membrantransportprozessen durch direkte Lichtwirkung auf die Membran 164
6.2.1.1 Photoelektrische Effekte 164
6.2.1.2 Lichteinwirkung auf hormonale Regulationssysteme...... 165
6.2.2 Die Photosynthese als Energiequelle für aktiven Transport... 175
6.2.2.1 Die ersten Beweise für die Abhängigkeit von Transportprozessen von der Photosyntheseenergie 175
6.2.2.2 Vereinfachtes Schema der photosynthetischen Energieübertragungsreaktionen 176
6.2.2.3 Experimentelle Beeinflussung der Energieübertragungsreaktionen der Photosynthese und Korrelation mit Energie-abhängigen Transportprozessen 178
6.2.3 Spezielle Photosynthese-abhängige Transportmechanismen.. 183
6.2.3.1 Das Hexoseaufnahmesystem von *Chlorella*-Zellen 183
6.2.3.2 Ionenaufnahmemechanismen bei Algenzellen 185
6.2.3.3 Ionenaufnahmemechanismen bei Wasserpflanzenblättern 188
6.2.3.4 Ionenaufnahmemechanismen bei grünen Zellen von Luftblättern höherer Pflanzen 189
6.2.4 Die Koppelung zwischen Energie-übertragenden Reak-

	tionen im Inneren der Chloroplasten und aktiven Transportmechanismen an entfernt liegenden Membranen	191
6.2.4.1	Die Koppelung durch chemische Mechanismen	192
6.2.4.2	Die Koppelung durch physikalische Mechanismen	200
6.3	Literatur	209

7. Kapitel. Kurzstreckentransport – Mittelstreckentransport – Langstreckentransport 213

7.1	Die Bedeutung einzelner Transportwege für den Mittelstrecken- und den Langstreckentransport	214
7.1.1	Apoplasmatische Transportwege	214
7.1.1.1	Der Zellwandtransport	214
7.1.1.2	Der Transpirationsstrom	215
7.1.2	Der symplasmatische Transport.......................	219
7.1.2.1	Plasmodesmata als strukturelle Voraussetzung für den symplasmatischen Transport..........................	220
7.1.2.2	Arisz' Versuche zum symplasmatischen Transport........	222
7.1.2.3	Der Mechanismus des symplasmatischen Transportes....	225
7.1.2.4	Der symplasmatische Transport von Metaboliten bei der Photosynthese und der Photorespiration von C_4-Pflanzen	228
7.1.3	Transport in Siebröhren	233
7.1.3.1	Der Assimilatferntransport als Sonderfall des symplasmatischen Transportes...................................	233
7.1.3.2	Das Problem des Mechanismus des Siebröhrentransportes	235
7.1.4	Zusammenfassende Bemerkung	243
7.2	Die Koppelung von Kurzstrecken-, Mittelstrecken- und Langstreckentransport und der Übergang zwischen verschiedenen Transportwegen	243
7.2.1	Das Modell der Wurzel: Verschiedene Hypothesen zum Mechanismus des Ionentransportes aus der Außenlösung durch die Wurzel in die Xylem-Fernleitungsbahnen	245
7.2.1.1	Die Hypothese der Gefäßelementdifferenzierung	246
7.2.1.2	Die Hypothese der Endodermispumpe	247
7.2.1.3	Die Hypothese der Gefäßparenchympumpe.............	247
7.2.1.4	Die Hypothese des symplasmatischen Transportes durch die Wurzel	249
7.2.1.5	Die Hypothese der zwei Pumpen	254
7.2.2	Das Modell des Blattes	255
7.2.2.1	Das System Blattmesophyll–Stielzelle–Blasenzelle bei *Atriplex* und *Chenopodium*...............................	256
7.2.2.2	Die Salzdrüsen von *Limonium*	256

7.2.2.3	Die Verdauungsdrüsen der *Nepenthes*-Kannen	257
7.2.2.4	Die Nektarsekretion	259
7.2.2.5	Ionentransport im Dienste der Stomataregulation	262
7.2.3	Grenzen der verfügbaren Methoden	264
7.3	Die Transportregulation in der Pflanze als Ganzem	265
7.4	Literatur	267

Sachverzeichnis 273

Verzeichnis der lateinischen Gattungs- und Artnamen 279

1. Kapitel. Ausgangspunkte

Der Transport von Materie gehört zu den wichtigsten Aufgaben aller lebenden Organismen, und der Transport erscheint als eine der Grundvoraussetzungen für das Leben. Transportprozesse sind so wichtig, daß ihr Verlauf nicht nur von Außenbedingungen abhängen darf, sondern mehr oder minder stark durch den Organismus selber bestimmt werden muß, und zwar passiv bedingt durch seine Struktur- oder Gestalteigentümlichkeiten oder aktiv durch seinen Stoff- und Energiewechsel.
Diese Behauptungen mögen dem nachdenklichen Leser alsbald selbstverständlich erscheinen. Sie sollen trotzdem anhand von zwei, hinsichtlich des Grades ihrer Komplexität sehr verschiedenen Beispielen näher betrachtet werden, denn dabei treten gleichzeitig einige wichtige Gesichtspunkte der Transportphysiologie zutage.

1.1 Der Stoff- und Energiefluß durch eine höhere Pflanze

Wählen wir zunächst als Ausgangspunkt unserer Betrachtung eine rezente, höhere Pflanze. Wir haben damit einen hochdifferenzierten Organismus vor uns, der aus einer ganzen Anzahl von Teilen oder Organen unterschiedlicher Funktion aufgebaut ist. Bei typischen Landpflanzen ist das Außenmedium nicht für alle ihre Teile das gleiche. Das Wurzelsystem steht im Austausch mit dem Boden oder dem Substrat, in dem die Pflanze verankert ist. Das Sproßsystem steht im Austausch mit der Atmosphäre. Stofftransportprobleme ergeben sich aus der damit verbundenen Aufgabenteilung zwischen Sproß- und Wurzelsystem. Wir wollen beim Prototyp einer höheren Landpflanze bleiben und auf spezielle Anpassungen zunächst nicht weiter eingehen. Die Aufgaben der Wurzel bestehen dann in der Aufnahme von Nährsalzen und von Wasser. Diese Substanzen müssen von den Wurzelzellen absorbiert und innerhalb der Wurzel verteilt werden, also in den einzelnen Geweben der Wurzel wandern und schließlich in den Sproß gelangen. Das Sproßsystem dient nur in besonderen, vom Prototyp abweichenden Fällen und in speziellen ökologischen Situationen der Wasser- und Nährsalzaufnahme, z.B. bei Wasserpflanzen oder im Nebel- und Regenwald. Das Sproßsystem absorbiert mit den Pigmentsystemen seiner grünen Zellen Lichtquanten der Sonnenstrahlung und transformiert die so eingefangene Lichtenergie in der photosynthetischen CO_2-Assimilation in chemische Energie, die dann den einzelnen Teilen der Pflanze, auch der Wurzel, nach Bedarf zugeteilt werden muß, durch den Transport vom Produktionsort zum Verbrauchsort, von „*source*" zu „*sink*". Das Sproßsystem absorbiert aber nicht nur in der Photosynthese energiereiche Strahlung, es tauscht auch Wärmestrahlung mit der Umgebung aus. Von besonderer Bedeutung ist der Gasaustausch mit der Atmosphäre. Je nach der die Partialdruckgefälle zwischen den Pflanzengeweben und der Atmosphäre beeinflussenden stoffwechselphysiologischen Situation werden CO_2, O_2 und H_2O-Dampf abgegeben oder aufgenommen.

Transportprozesse korrelieren die Ereignisse in den einzelnen Pflanzenteilen. Dies gilt nicht nur für das Zusammenwirken von Organen in der ganzen Pflanze. Transportprozesse verbinden Kompartimente innerhalb von Organellen (Chloroplasten, Mitochondrien), Organelle innerhalb von Zellen, Zellen in einem Gewebe, Gewebe in einem Organ (Abb. 1.1.).

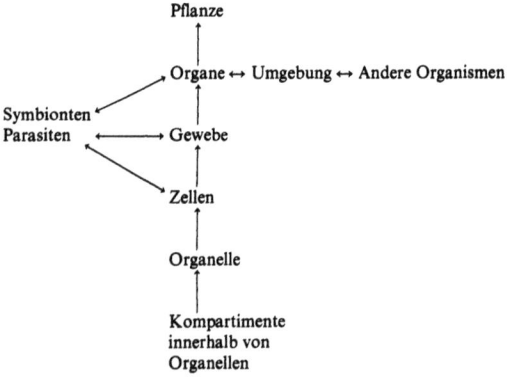

Abb. 1.1. Die Bedeutung von Transportprozessen: Korrelierende und integrierende Funktion. Austausch mit der Umgebung und mit anderen Organismen

Transportprozesse integrieren, was Arbeitsteilung und Differenzierung getrennt haben. Dies wird schon durch das einfache und einleuchtende *Source-Sink*-Modell, von dem oben die Rede war, klar geworden sein. Hierbei handelt es sich um einen Substrattransport. Der Hinweis auf die gezielte Verteilung von in kleinsten Mengen wirksamen Wuchsstoffen, Hormonen oder Botenstoffen, durch die Entwicklung, Differenzierung und physiologische Aktivität verschiedener Pflanzenteile in noch viel subtilerer Weise korreliert und geregelt werden, mag diese Rolle der Transportprozesse noch weiter verdeutlichen. Es ist ein möglicher Ausgangspunkt einer Transportphysiologie, von dieser Sicht des Phänomens her das Verständnis einzelner Transportprozesse und ihr Zusammenwirken zur Funktion des ganzen, komplexen Organismus anzustreben. Stoff- und Energieaustausch finden auch zwischen der Atmosphäre und dem Boden statt, und zwar vor allem ein durch physikalische Parameter bestimmter Austausch von Gasen (O_2, CO_2, H_2O, N_2) und von Wärmestrahlung. Zudem werden die atmosphärischen und edaphischen Bedingungen auch von den „Nachbarn" der in unserer schematischen Betrachtung herausgegriffenen Pflanze beeinflußt (Abb. 1.1.), also durch die im gleichen Biotop (= nicht lebende Umgebung) lebenden Organismen, Tiere, Pflanzen und Mikroben, d.h. von der ganzen, biotischen Gemeinschaft (Biozön). Der Transportphysiologe sieht sich angesichts solcher hochkomplexen Einheiten, deren Zusammenhalt durch Transportprozesse er erklären will, einer nahezu entmutigenden Aufgabe gegenüber. Wir werden noch sehen, wie er sich dabei durch vereinfachendes Einschränken hilft. Nicht selten ist er dabei dann auch wieder in Gefahr, die geschilderten Gesamtzusammenhänge aus dem Auge zu verlieren.

1.2 Primitive Urorganismen als Modelle

Versuchen wir es mit weniger komplexen Modellen und versetzen wir uns an den Anfang der Geschichte der Organismen. Die meisten Forscher, die über die Entstehung der Lebewesen spekulieren, sind sich darüber einig, daß primitive Urzellen aus einer Lösung und Suspension verschiedener organischer und anorganischer Substanzen in einem wäßrigen, „Ursuppe" genannten Medium entstanden sein müssen. Dabei muß die Abgrenzung kleiner Bezirke von der Hauptmasse des Milieus, die Bildung von koazervaten Tröpfchen (OPARIN, 1963 a, b.), der entscheidende erste Schritt gewesen sein. Es sind also Barrieren entstanden, die man sich als dünne Membranen oder Filme vorstellen kann, welche möglicherweise aus Lipidmolekülen gebildet wurden. Die mit einem hydrophilen und hydrophoben Ende ausgestatteten Lipidmoleküle lagern sich an Phasengrenzflächen meist zu sehr regelmäßigen Mizellen zusammen (s. Kapitel 3.2.1.1.). Ein hermetischer Abschluß der Koazervate von der Umwelt konnte aber nicht zur Entstehung von Lebewesen führen. Es mußte von Anfang an durch die Membranbarrieren hindurch eine Wechselwirkung, ein Stoffaustausch mit dem Milieu möglich gewesen sein. Man kann sich das anhand einiger einfacher Modelle verdeutlichen. Den Membran-umgebenen, abgegrenzten Bezirk wollen wir dabei als „innen" (Index „i"), die „unendlich große" Hauptmasse des Milieus als „außen" (Index „o") bezeichnen.

Betrachten wir einen einzelnen Stoff A, der sich nach rein physikalischen Gesetzen, von denen im nächsten Kapitel die Rede sein wird, zwischen innen und außen verteilt, so mag seine Bewegung von außen nach innen oder von innen nach außen zwar durch die Membran behindert werden, im Laufe der Zeit wird sich aber ein Gleichgewicht zwischen außen und innen einstellen, wobei die Konzentration von A innen und außen den gleichen Wert erreichen wird (Abb. 1.2. a). Auf diese Weise kann also die „stoffliche Emanzipation von der Umgebung" (NETTER, 1959) nicht erreicht werden.

Nehmen wir nun an, daß A im Innern des Koazervates durch eine chemische Reaktion in B umgewandelt und daß diese Reaktion durch

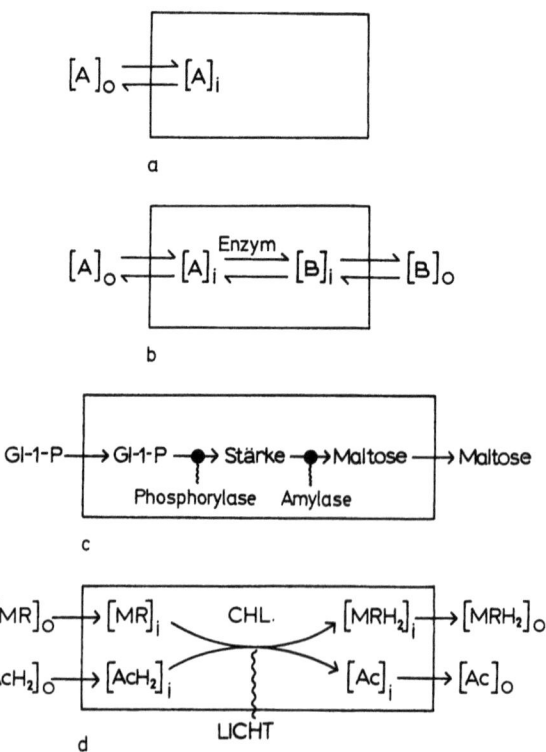

Abb. 1.2. Membrantransporte und die „stoffliche Emanzipation von der Umgebung" (NETTER). a einfaches Fluxgleichgewicht, b Fließgleichgewicht im offenen System, c und d Modelle für Fließgleichgewichte nach OPARIN (1963a)

einen Katalysator oder durch ein Enzym beschleunigt werden kann. Befindet sich der Katalysator nur im Inneren des abgegrenzten Bezirkes, so wird die Reaktion $A \to B$ dort um ein Vielfaches rascher ablaufen als außen. Wenn das Außenmedium im Vergleich zum Innenraum des durch die Membran abgegrenzten Bezirkes unendlich groß ist, wird fortwährend A nach innen aufgenommen und B nach außen abgegeben werden, denn durch den beschleunigten Verbrauch von A_i und die damit verbundene Bildung von B_i wird die Konzentration $[A_i]$ stets kleiner als die Konzentration $[A_o]$, und $[B_i]$ wird stets größer als $[B_o]$ sein. Dieses System wird einen stationären Zustand erreichen, in dem sich die Konzentrationen $[A_i]$ und $[B_i]$ nicht mehr ändern, es sei denn, daß drastische Veränderungen des Systems eintreten, z. B. durch die Veränderungen der Eigenschaften der Membran oder durch Inaktivierung des Enzyms (Abb. 1.2. b). Dieses Gleichgewicht ist aber ganz anders beschaffen als bei dem zuvor betrachteten System (Abb. 1.2. a). Dort ist im Gleichgewichtszustand die Aufnahme oder der Influx von A gleich der Abgabe oder dem Efflux, es gilt:

$[A_o] = [A_i]$; $A_\text{Influx} = A_\text{Efflux}$.

Bei der enzymatischen Katalyse der Reaktion $A \to B$ im Innern des Koazervates wird:

$[A_o] > [A_i]$; $A_\text{Influx} > A_\text{Efflux}$ und $[B_i] > [B_o]$; $B_\text{Efflux} > B_\text{Influx}$,

wobei im stationären Zustand alle diese Größen unabhängig von der Zeit sind (Fließgleichgewicht).
Solche Vorgänge kann man sich nicht nur im Gedankenversuch vorstellen, sondern auch mit ganz konkreten Modellen experimentell verfolgen. Beispiele sind in Abb. 1.2. c und d dargestellt. Abb. 1.2. c zeigt einen Stärkeaufbau aus Glucose-1-Phosphat (G-1-P) und den Stärkeabbau durch Amylase im Innern des Koazervates, so daß das Koazervat G-1-P aufnimmt und Maltose abgibt. Abb. 1.2 d stellt Licht-abhängige Redoxvorgänge im Koazervat dar. Koazervate Tröpfchen, in deren Innerem Chlorophyll enthalten ist, vermögen bei Belichtung Ascorbinsäure (AcH_2) zu oxidieren und den Wasserstoff auf Methylrot (MR) zu übertragen. Die Koazervate nehmen AcH_2 und MR aus der Umgebung auf, absorbieren Licht und geben MRH_2 und Ac nach außen ab. Der Membran-umgebene Raum unterscheidet sich hier stofflich wesentlich von der Umgebung, er ist „emanzipiert", und man kann spekulieren, daß sich auf diese Weise durch den Zufall besonders ausgestattete koazervate Tröpfchen zu den ersten primitiven Lebewesen entwickelt haben.

Es ist keineswegs der Sinn dieser Betrachtung, den Hypothesen über die Entstehung des Lebens, die immer höchst spekulativ bleiben müssen, im einzelnen nachzugehen. Es sollte lediglich klargemacht werden, daß auch die primitivsten Organismen, die man sich denken kann, nicht ohne Transportprozesse möglich sind. Ohne Barrieren, aber auch ohne die kontrollierte Überwindung dieser Barrieren können Organismen weder entstehen noch bestehen.

1.3 Zusammenfassender Vergleich

Die beiden in diesem Kapitel behandelten Modelle, nämlich einerseits das der hochdifferenzierten höheren Pflanze in ihrer durch zahlreiche Faktoren bestimmten Umgebung und andererseits das der primitiven Urzelle in einem mehr oder minder homogenen wäßrigen Milieu, regen auf verschiedene Weise die Erforschung von Transportprozessen an. Wenn wir diese beiden Modelle noch einmal zusammenfassend vergleichen, wird ein Dilemma pflanzlicher Transportphysiologie deutlich, an das man sich erinnern sollte, wenn man es unternimmt, die allgemeine Bedeutung der in den folgenden Kapiteln dargestellten Ergebnisse abzuwägen.

i) Das Ziel unserer Betrachtung müßte ein Verständnis aller Transportprozesse in einem System von der Komplexität der höheren Pflanze sein, und zwar sowohl hinsichtlich der Mechanismen im einzelnen als auch hinsichtlich ihrer gegenseitigen Abhängigkeit und ihres Zusammenwirkens. Wir werden sehen, daß die Forschung von diesem Ziel noch außerordentlich weit entfernt ist, daß aber Ansatzpunkte zur Erklärung der Koppelung mehrerer Transportprozesse in komplexen Systemen vorhanden sind. Dabei wird sich die einfache Tatsache ergeben, daß es um so schwieriger wird, Einzelprozesse korrekt zu beschreiben, je komplizierter das System wird, das man zu verstehen versucht. Wenn Transportstudien von einer intakten Pflanze oder doch wenigstens von intakten Zellen ausgehen, die mit ihrem Aufbau aus verschiedenen, Membran-umgebenen Organellen ja ebenfalls bereits äußerst komplex sind, kann man von einer physiologischen Betrachtungsweise sprechen. Hier steht also die Funktion des Organismus im Zentrum des Interesses.

ii) Zur exakten Untersuchung spezifischer Transportprozesse ist zweifelsohne das einfache Außen-Innen-Modell sehr viel besser geeignet. Es dient als Ausgangspunkt der meisten physikalischen und physikalisch-chemischen Betrachtungen, denn je einfacher das System ist, je genauer man die Zusammensetzung der Außen- und Innenphase und die Beschaffenheit der Membran kennt, desto präzisere Aussagen kann man über die Bewegung einer bestimmten Teilchensorte, also über einen spezifischen Transportprozeß machen. Die zur Untersuchung der Thermodynamik von Transportprozessen oft benutzten Systeme bestehen aus 2 Lösungsphasen, die durch eine künstliche Membran getrennt werden.

Die Diskrepanz zwischen den beiden Ausgangspunkten ist groß, und entsprechend unterscheiden sich die Kompromisse, die man zu machen geneigt ist, um die zunächst liegenden Ziele der Forschung zu erreichen. Gelingt es, bestimmte unter genau definierten Bedingungen ablaufende Teilchen-Flüsse durch mathematisch formulierbare Gesetze exakt zu beschreiben, verschmerzt der Physikochemiker leicht, daß über die Einfügung der isoliert betrachteten Teilchenflüsse in ein physiologisches Gesamtgeschehen damit noch nicht viel gesagt ist. Ergeben sich Einsichten in die Lokalisierung von Transportprozessen in einer Zelle oder in einem Organismus und in ihre Koppelung mit metabolischen Reaktionsabläufen, ist andererseits der Physiologe geneigt, über den Mangel an exakter Formulierbarkeit hinwegzusehen.

In den folgenden Kapiteln wird versucht, an beide Betrachtungsweisen des Transportproblems heranzuführen und zu zeigen, was sie gemeinsam zu leisten vermögen. Beide Betrachtungsweisen zu verbinden ist nicht einfach. Aber die Formenmannigfaltigkeit der Organismen erleichtert es in einigen Fällen, indem sie uns Systeme zur Verfügung stellt, welche zwischen den einfachen Modellen der Physikochemiker und dem komplexen vielzelligen Organismus stehen.

1.4 Literatur

NETTER, H.: Theoretische Biochemie. Springer: Berlin–Göttingen–Heidelberg 1959.
OPARIN, A.I.: Origin and evolution of metabolism. In: A.I. OPARIN, ed., Evolutionary Biochemistry. Oxford–London–New York–Paris: Pergamon Press 1963 a.
OPARIN, A.I.: Das Leben. Seine Natur, Herkunft und Entwicklung. Stuttgart: Fischer 1963 b.

2. Kapitel. Potentiale und Transport

2.1 Das chemische Potential

2.1.1 Die Diffusion

Es ist eine allgemeine Erfahrungstatsache, daß Konzentrationsunterschiede in sonst homogenen Lösungen die Tendenz haben, sich im Laufe der Zeit auszugleichen. Wenn z.B. die Konzentration eines bestimmten Stoffes S in einer Lösung, also die Menge S pro Volumeneinheit, am einen Ende eines Gefäßes größer ist als am anderen Ende, werden Teilchen oder Moleküle von S solange von der konzentrierteren zur verdünnteren Seite wandern, bis der Vorgang zum Erliegen kommt und sich das System nicht weiter verändert (Abb. 2.1.). Man nennt diese Form des Stofftransportes, dessen treibende Kraft ein Konzentrationsgefälle oder ein chemisches Potential ist, Diffusion. Den Endzustand des Systems, bei dem die Konzentration an allen Stellen gleich groß ist, bezeichnet man als das Diffusionsgleichgewicht.

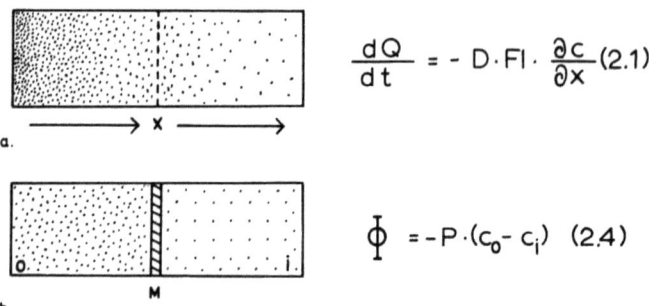

$$\frac{dQ}{dt} = - D \cdot Fl \cdot \frac{\partial c}{\partial x} \quad (2.1)$$

$$\phi = -P \cdot (c_o - c_i) \quad (2.4)$$

Abb. 2.1. Diffusion entlang eines chemischen Potentials. a freie Diffusion, b Diffusion durch eine Membran

Wenn das Diffusionsgleichgewicht erreicht ist, können keine erneuten Konzentrationsunterschiede in dem System auftreten, es sei denn, dem System würde von außen Energie zugeführt. Die Diffusion ist also ein typischer irreversibler Prozeß, ein auf ein Gleichgewicht hinführender Ausgleichsvorgang; sie ist ein natürlicher Prozeß im Sinne der Thermodynamik. Die Diffusion kann als anschauliche Illustration des zweiten Hauptsatzes dienen. Einen Transport in umgekehrter Richtung, also dem chemischen Potential entgegen *(uphill transport)*, bei dem die Teilchen durch Zufuhr von Energie bewegt werden müssen, hat man demgegenüber aktiven Transport genannt. Wir werden später noch sehen, daß diese Definition des aktiven Transportes meistens nicht ausreicht, gerade auch bei vielen Systemen, die bei biologischen Transportuntersuchungen von Interesse sind.

Konzentrationsgradienten können beim biologischen Transport auf verschiedene Weise eine bedeutende Rolle spielen. Ein wichtiges Prinzip haben wir schon oben kennengelernt (Abb. 1.2. b–d). Enzymatische Reaktionen, die z. B. einen Stoff A in einen Stoff B umwandeln, bewirken eine Erniedrigung der Konzentration von A und eine Erhöhung der Konzentration von B und regeln somit den passiven Transport von A und B durch Diffusion.

Konzentrationsgradienten können andererseits auch durch die Mitwirkung von aktivem Transport zustande kommen. Wird z. B. ein Stoff von einem Bezirk oder Kompartiment I aktiv in ein Kompartiment II gepumpt, so wird seine Konzentration in I schließlich kleiner sein als in II. Der Stoff kann passiv in das Kompartiment I zurückdiffundieren, er kann aber auch durch Diffusion in ein weiteres Kompartiment III gelangen, wenn seine Konzentration in II größer ist als in III, usw. (Abb. 2.2.). Durch eine Kombination von aktiven und passiven Transportvorgängen und enzymatischen Reaktionen kann die in zahlreiche Kompartimente gegliederte Pflanze oder Pflanzenzelle die verschiedensten Translokationsprobleme lösen. Einige konkrete Beispiele werden wir gegen Ende unserer Betrachtung kennenlernen.

Als Ausgangspunkt zur quantitativen Beschreibung der Diffusion kann das statistische Verhalten einzelner diffundierender Moleküle gewählt werden. Als sichtbares Modell dafür mag die Brownsche Molekular-

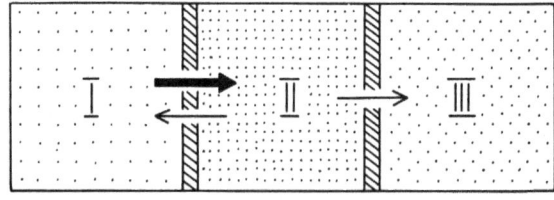

Abb. 2.2. Modelle dreier durch zwei Membranen getrennter Kompartimente mit aktivem Transport von I nach II *(dicker Pfeil)* und möglichen passiven Diffusionsvorgängen von II nach I und von II nach III *(dünne Pfeile)*

bewegung dienen (JACOBS, 1935/1967). Diese Bewegung kleiner, in einer Flüssigkeit suspendierter Partikelchen, kommt durch Zusammenstöße der Partikel mit Molekülen der Flüssigkeit zustande, in der sie suspendiert sind. In die Thermodynamik dieses Vorganges weiter einzudringen, würde hier zu weit führen (s. z.B. MOORE, 1957). Das bekannteste Diffusionsgesetz wurde auf empirischer Basis durch FICK (1855) erarbeitet, nachdem er die Analogie zwischen der Teilchendiffusion in Lösungen und der Wärmeleitung in festen Körpern erkannt hatte. Diese nach ihrem Entdecker als Ficksches Gesetz bekannte Beziehung lautet in mathematischer Form:

$$\frac{dQ}{dt} = - D \cdot Fl \cdot \frac{\delta c}{\delta x} \qquad (2.1)$$

Dabei ist dQ die Substanzmenge, die während des Zeitabschnittes dt diffundiert. Fl ist der Querschnitt, über den die Diffusion erfolgt, d.h. eine senkrecht zur Diffusionsrichtung gedachte Grenzfläche. $\delta c/\delta x$ ist der Konzentrationsgradient, d.h. der Konzentrationsunterschied entlang einer senkrecht zur Fläche Fl stehenden Koordinate x. D ist eine Konstante, die unter isobaren und isothermen Bedingungen vom Lösungsmittel und vom gelösten Stoff abhängt und als Diffusionskonstante bezeichnet wird. Das Minuszeichen verdeutlicht den positiven „down hill" oder Abwärtstransport bei einem negativen Konzentrationsgradienten.

Das Ficksche Gesetz gilt in dieser Form nur für unendlich verdünnte, ideale Lösungen, in denen die Wechselbeziehungen zwischen den einzelnen gelösten Teilchen unendlich klein sind. Für reale Lösungen muß es durch eine Reihe anderer Gesetze ergänzt werden. Die Abweichung realer Lösungen von idealen Lösungen kann man durch Einführung eines dimensionslosen Aktivitätskoeffizienten φ berücksichtigen, der ein Maß für die Größe dieser Abweichung ist:

$$c \cdot \varphi = a, \qquad (2.2)$$

wobei dann a die an Stelle der Konzentration c benutzte Aktivität darstellt.

2.1.2 Die Diffusion durch Membranen als Sonderfall

Wie im vorhergegangenen Kapitel (1.2) gezeigt wurde, ist für uns die Diffusion durch eine Membranbarriere meist viel interessanter als die oft auch „freie Diffusion" genannte Teilchenbewegung in einem nicht durch besondere Barrieren unterteilten Lösungsraum.

Bei der Diskussion der freien Diffusion haben wir den Transport durch eine imaginäre Grenzfläche Fl angenommen. Wird die Grenzfläche nun durch eine konkrete Membran gebildet, ersetzt man den Diffusionskoeffizienten D durch den Permeabilitätskoeffizienten P. Wenn man über den Verlauf des Konzentrationsgradienten an der Membran keine weiteren Annahmen macht (vgl. dagegen Kap. 3.1.2, Abb. 3.9.), gilt analog zu Gleichung (2.1):

$$\frac{dQ}{dt} = - P \cdot Fl \cdot (c_o - c_i). \quad \text{oder} \tag{2.3}$$

$$\Phi = - P(c_o - c_i). \tag{2.4}$$

Der Permeabilitätskoeffizient P hängt, anders als der Diffusionskoeffizient D, bei isotherm-isobaren Bedingungen nicht nur von der Art der beteiligten Teilchen (der Teilchen des Lösungsmittels und des gelösten Stoffes) ab, sondern auch von der Beschaffenheit der Membran, z.B. von ihrer Dicke und von ihrem molekularen Bau (Kap. 3.2). Der Permeabilitätskoeffizient ist für Untersuchungen des biologischen Transportes oft eine sehr wichtige Größe.

2.1.3 Die Messung des Permeabilitätskoeffizienten

Meist sind die Membraneigenschaften im einzelnen nicht bekannt. Trotzdem kann man P entsprechend Gleichung (2.4) ermitteln, wenn man den Fluß der Teilchen, d.h. die pro Zeiteinheit und Größeneinheit der Grenzfläche transportierte Substanzmenge messen und die Außen- und Innenkonzentration $(c_o - c_i)$ bestimmen kann. Dabei haben allerdings die in Kapitel 3.1.2 (Abb. 3.9.) diskutierten Grenzflächenerscheinungen eine gewisse einschränkende Bedeutung.

2.1.4 Permeabilität, Reflexionskoeffizient und Osmose

Permeabilitäten spielen auch bei der Osmose eine Rolle. Eine ideale osmotische Zelle wird von einer ideal-semipermeablen Membran begrenzt, die für Lösungsmittelteilchen (z.B. Wasser) vollkommen durchlässig und für gelöste Teilchen vollkommen undurchlässig ist (Abb. 2.3.). Das Wasserpotential einer durch eine solche Membran abgegrenzten Zelle ist durch Gradienten des hydrostatischen Druckes (ΔP) und des osmotischen Druckes ($\Delta \pi$) gegeben

$$\Psi = \Delta P - \Delta \pi. \tag{2.5}$$

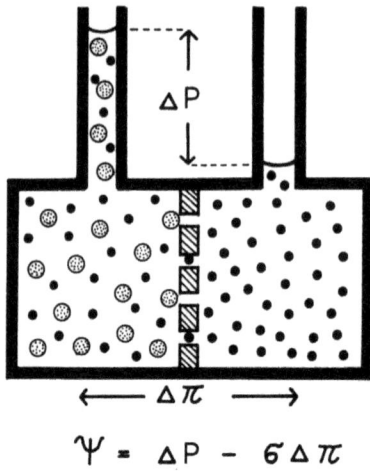

$\Psi = \Delta P - \sigma \Delta \pi$

Abb. 2.3. Osmotisches System: Semipermeable Membran symbolisiert durch Teilchen- und Porengrößen. ⊙ = nicht permeierende gelöste Teilchen; ● = permeierende Lösungsmittelteilchen (z. B. Wasser). Symbole s. Text: Gleichung (2.5) und (2.7)

Auf diese Weise läßt sich die Plasmolyse von Pflanzenzellen erklären. Bringt man Pflanzenzellen in die konzentrierte Lösung eines geeigneten Stoffes (Plasmolytikum) ein, verlieren die Zellen Wasser, das Volumen (vor allem der Vacuole – auf die mit der Zellkompartimentierung zusammenhängende Komplizierung soll hier nicht eingegangen werden –) verringert sich. Der bei den Zellen dem hydrostatischen Druck (P) entsprechende Wanddruck (W) oder Turgor erniedrigt sich. Bei entsprechendem Wasserverlust kann sich das Plasma von der Zellwand zurückziehen. Wir nennen diese Erscheinung Plasmolyse. Eine heute veraltete Formulierung („Saugkraftgleichung") macht die Zusammenhänge deutlich:

Saugkraft der Zelle oder Saugdruck = osmotischer Druck − Wanddruck. (2.6)

Die Saugkraft der Zelle (S_z) entspricht dem negativen Wert des Wasserpotentials. Ein Vergleich mit der Formulierung (2.5) zeigt die Übereinstimmung

$S_z = \pi - W$ (2.6)
$-\Psi = \pi - P.$ (2.5)

Der Zusammenhang zwischen den Größen Ψ, π und P und dem Zellvolumen ist in Abb. 2.4. dargestellt.
Das hier geschilderte ideale osmotische Verhalten beruht auf der vollkommenen Impermeabilität der Membran für die gelösten Teilchen.

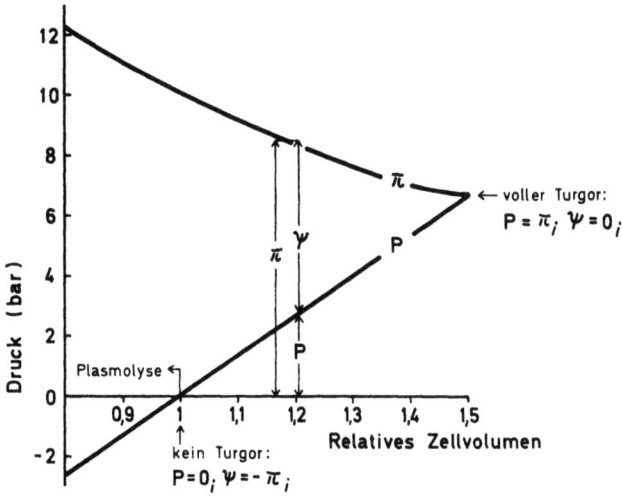

Abb. 2.4. Zusammenhänge zwischen Wasserpotential Ψ, hydrostatischem oder Wanddruck (Turgor) (P), osmotischem Druck (π) und Zellvolumen. (Aus SLATYER, 1967)

Hat die Membran für die gelösten Teilchen jedoch eine gewisse Durchlässigkeit, so wirkt sich $\Delta\pi$ nicht in voller Höhe aus, denn die Teilchenwanderung erniedrigt den Gradienten. Dieses Abweichen vom idealen Verhalten kommt durch den sogenannten Selektivitäts- oder Reflexionskoeffizienten σ zum Ausdruck:

$$\Psi = \Delta P - \sigma \cdot \Delta\pi \tag{2.7}$$

Bei absoluter Selektion, das heißt, bei ideal semipermeabler Membran ist $\sigma = 1$. Bei Membranen, die für Wasser und den gelösten Stoff gleichermaßen permeabel sind, wird $\sigma = 0$; allein der hydrostatische Druck ist nun für das Wasserpotential ausschlaggebend.
Plasmolysiert man also eine Zelle in einem Plasmolytikum, für das $0 < \sigma < 1$ ist, wird die Plasmolyse im Laufe der Zeit, bedingt durch die Permeation des Plasmolytikums, wieder ganz oder teilweise zurückgehen (Deplasmolyse). Die mit diesen Vorgängen verbundenen, von der Permeabilität der gelösten Teilchen abhängigen Volumenänderungen kann man sehr genau messen, und zwar im Mikroskop (Plasmometrie) oder, wenn man Suspensionen einheitlicher Zellen hat, durch Messung der Lichtstreuung der Zellsuspensionen. Auf diese Weise verhilft die Plasmolyseforschung zu Angaben über Permeabilitäten.
Bestimmungen der Reflexionskoeffizienten sind bei Pflanzenzellen noch recht selten (DAINTY und GINZBURG, 1964; ZIMMERMANN und STEUDLE, 1970; s. SLATYER, 1967). In einem System, wie es in Abb. 2.3. schema-

tisch dargestellt ist, sind ΔP und $\Delta \pi$ die treibenden Kräfte für einen Volumenfluß. Ist der Volumenfluß gleich Null, hängt σ nur noch von ΔP und $\Delta \pi$ ab (Kap. 2.3.2.2), Gleichung (2.44). Durch geeignete Messungen des hydrostatischen Druckes und der Konzentrationsdifferenzen läßt sich σ ermitteln. Einige bei den großen, coenoblastischen Zellen von *Valonia* gemessene σ-Werte sind in Tabelle 2.1. wiedergegeben.

Tabelle 2.1. Reflexionskoeffizienten (σ) einiger Nichtelektrolyte an der Membran von *Valonia ultricularis* (aus ZIMMERMANN und STEUDLE (1970))

Stoff (Teilchenart)	σ	Molekülradius Å
Raffinose	1	6.1
Saccharose	1	5.3
Glucose	0.95	4.4
Glycerin	0.81	2.74
Acetamid	0.79	2.27
Harnstoff	0.76	2.03

2.2 Das elektrische und das elektrochemische Potential

2.2.1 Die Diffusion von Elektrolyten

Die bisherige Betrachtung galt der Bewegung elektrisch neutraler, nicht geladener Teilchen entlang eines Konzentrationsgradienten. Wird die Wanderung von geladenen Teilchen oder Ionen allein durch Konzentrationsunterschiede verursacht, d. h. ist keine zusätzlich treibende Kraft (z. B. ein elektrisches Feld) wirksam, lassen sich ähnliche Überlegungen auch für Ionen anstellen, und das Ficksche Gesetz kann angewandt werden. Solche Fälle sind aber, wie wir gleich sehen werden, recht selten. Stellen wir uns vor, ein langgestrecktes Gefäß (vgl. Abb. 2.1. a) enthalte eine homogene KCl-Lösung und man gibt auf dem einen Ende des Gefäßes eine geringe Menge HCl zu, so daß die HCl-Konzentration sehr viel kleiner als die KCl-Konzentration ist. Dann wird durch die HCl-Zugabe die Cl^--Konzentration an dem entsprechenden Ende des Gefäßes gegenüber entfernter gelegenen Orten relativ kaum verändert werden, wohl aber die H^+-Konzentration, so daß ausschließlich für H^+ ein Konzentrationsgradient besteht. Die Wasserstoffionen werden dann die einzigen diffundierenden Teilchen sein, und ihr Transport hängt hauptsächlich von ihrem Konzentrationsgradienten ab. Noch klarer wird dieses Beispiel, wenn man statt HCl eine kleine Menge

radioaktiv markiertes *KCl (K*Cl) benutzt. Man wird dann die Diffusion markierter *K$^+$-(*Cl$^-$)-Ionen in einer hinsichtlich der K$^+$- und Cl$^-$-Konzentration homogenen Lösung beobachten. Die *K$^+$- (*Cl$^-$-) Diffusion in einer homogenen K$^+$- (Cl$^-$-)Lösung ist auch ein Maß für die sogenannte Eigendiffusion der Kalium-(Chlorid-)Ionen.
Für einen Elektrolyten gilt diese Betrachtungsweise nur, wenn die Anionen- und Kationenbeweglichkeit gleich groß ist, oder mit anderen Worten, wenn das Anion (A$^-$) und das Kation (K$^+$) des Elektrolyten dieselben Diffusionskoeffizienten haben, also wenn $D_{A^-} = D_{K^+}$. Bis zu einem gewissen Grade verhindert die elektrostatische Anziehung der entgegengesetzt geladenen Ionen das Auftreten großer Unterschiede der Kationen- und Anionenbeweglichkeit. Anionen und Kationen können nicht vollkommen unabhängig voneinander wandern, und zu ihrer Trennung müssen beträchtliche Kräfte aufgewandt werden (z. B. s. u. elektrogene Pumpe: Kap. 2.2.2.2 und 2.2.2.3). Andererseits können die Anionen- und die Kationenbeweglichkeit aber recht verschieden sein. Ein Ausdruck dafür ist die unterschiedliche Fähigkeit von Elektrolytlösungen eines gegebenen Anions oder Kations mit verschiedenem Kation oder Anion zur Leitung eines elektrischen Stromes. Dabei sind die im elektrischen Feld wandernden Ionen die Ladungsträger, und die Leitfähigkeit ist ein Maß für die Ionenbeweglichkeit. So ist z. B. die äquivalente Leitfähigkeit einer NaCl-Lösung 108.99 und die einer KCl-Lösung 130.10 cm^2 · Ohm^{-1} · eq^{-1}. Für das Paar KCl und KNO$_3$ ergeben sich die Leitfähigkeiten 130.10 und 126.50 cm^2 · Ohm^{-1} · eq^{-1} (aus MOORE, 1957). Dieses Phänomen fand seinen Niederschlag im Kohlrauschschen Gesetz, das die äquivalente Leitfähigkeit einer Elektrolytlösung (Λ) mit der äquivalenten Anionen- und Kationenleitfähigkeit (λ_o^- bzw. λ_o^+) in Beziehung setzt:

$$\Lambda = \lambda_o^+ + \lambda_o^-. \tag{2.8}$$

Die äquivalente Leitfähigkeit $\lambda^\pm$ und die Ionenbeweglichkeit $u^\pm$ hängen folgendermaßen zusammen

$$u^\pm = \frac{\lambda^\pm}{F}, \tag{2.9}$$

wobei F die Faraday-Konstante ist, die die von einem Ionenäquivalent getragene Elektrizitätsmenge wiedergibt. Da nun der Ionenwanderung bei der Ionendiffusion und der Ionenbewegung im elektrischen Feld jeweils der gleiche Widerstand entgegensteht, ergibt sich ein enger Zusammenhang zwischen dem Diffusionskoeffizienten (D) und der Ionenbeweglichkeit (u): D ist proportional u. Der Diffusionskoeffizient für einen Elektrolyten K^+A^- ist bei $D_{K^+} \neq D_{A^-}$ nach NERNST gegeben durch:

$$D = \frac{2 D_{K^+} \cdot D_{A^-}}{D_{K^+} + D_{A^-}}. \tag{2.10}$$

Für einen aus univalenten Ionen gebildeten binären Elektrolyten läßt sich der Zusammenhang zwischen Diffusionskoeffizient und Ionenbeweglichkeit durch Gleichung (2.11) beschreiben:

$$D = \frac{2RT}{F} \cdot \frac{u^+ \cdot u^-}{u^+ + u^-}. \tag{2.11}$$

Eine allgemeinere Form dieser Beziehung erhält man aus (2.9) und (2.11)

$$D = \frac{RT}{F^2} \cdot \frac{\lambda^+ \cdot \lambda^-}{\lambda^+ + \lambda^-} \cdot \left(\frac{1}{z^+} + \frac{1}{z^-}\right), \tag{2.12}$$

wobei $z^\pm$ die Valenzzahl der Ionen darstellt.
Bedingt durch die unterschiedliche Beweglichkeit der Anionen und Kationen eines Elektrolyten ($u^+ \neq u^-$) ergibt sich bei der Diffusion dieses Elektrolyten eine Ungleichverteilung elektrischer Ladung, und es entsteht ein Diffusionspotential:

$$dE = \frac{u^+ - u^-}{u^+ + u^-} \cdot \frac{RT}{F} \cdot \ln \frac{\delta a}{\delta x}. \tag{2.13}$$

Aus diesen Überlegungen ergibt sich als wesentliche Folgerung, daß für den Transport geladener Teilchen nicht allein der Aktivitäts- oder Konzentrationsgradient ausschlaggebend sein kann. Die treibende Kraft (μ) für den passiven Ionentransport setzt sich aus mindestens zwei Komponenten zusammen, nämlich dem Aktivitätsgradienten oder dem chemischen Potential und dem Gradienten des elektrischen Potentials. Zusätzlich wäre schließlich noch ein Term einzuführen, der den hydrostatischen Druck berücksichtigt. Dieser Ausdruck kann aber in den meisten praktischen Fällen (bei Druckdifferenzen bis zu 10–20 Atmosphären) vernachlässigt werden. Die treibende Kraft für den Ionentransport ist dann das elektrochemische Potential.

$$\bar{\mu} = \mu^0 + RT \ln a + zFE. \tag{2.14}$$

Der Nullpunkt für das elektrische Potential muß konventionell festgelegt werden. Man bezieht das elektrochemische Potential auf einen „Standardzustand", in dem das chemische Potential gleich μ^0 ist.

2.2.2 Die Ionendiffusion durch Membranen

2.2.2.1 Die Nernstsche Gleichung

Ähnlich wie bei der Diffusion von nicht geladenen Teilchen erscheint die Ionendiffusion durch eine Membranbarriere als Sonderfall. Bleiben wir weiterhin beim Beispiel des binären Elektrolyten mit einem univalenten Kation und einem univalenten Anion, so wird ein elektrisches Membranpotential als Diffusionspotential entstehen, wenn die Membranpermeabilität für Anionen und Kationen verschieden ist, also wenn $P_{A^-} \ne P_{K^+}$. Aus (2.14) ist ersichtlich, daß an der Verteilung der Ionen zwischen den von der Membran getrennten Phasen, der Innen- und der Außenphase, neben der Ionenkonzentration in den beiden Phasen auch das elektrische Membranpotential beteiligt ist; oder mit anderen Worten, daß das elektrochemische Potential das Gleichgewicht bestimmt, welches das System anstrebt und welches nach einer gewissen Zeit erreicht wird. Im Gleichgewichtszustand sind die treibenden Kräfte für die Ionenbewegung von außen nach innen und von innen nach außen gleich groß: $\bar{\mu}_{oi} = \bar{\mu}_{io}$. Daraus ergibt sich unter Benutzung von Gleichung (2.14):

$$\mu^o + RT\ln a_o + zFE_o = \mu^o + RT\ln a_i + zFE_i \qquad (2.15)$$

oder

$$E_i - E_o = \Delta E = -\frac{RT}{zF} \cdot \ln \frac{a_i}{a_o}. \qquad (2.16)$$

Dies ist die Nernstsche Gleichung, wie sie in pflanzlichen Transportstudien vielfach benutzt wird. Meistens arbeitet man statt mit den Aktivitäten mit den Konzentrationen, da man die Aktivitätskoeffizienten nicht im einzelnen kennt. Dabei muß man entweder voraussetzen, daß die Aktivitätskoeffizienten nicht sehr stark von 1 abweichen oder daß sie innen und außen gleich groß sind, daß also $\varphi_i = \varphi_o$. Letzteres muß nicht unbedingt zutreffen, denn das Plasma, also die Innenphase von lebenden Zellen, ist von ganz anderer physikalischer Beschaffenheit als die wäßrige Außenphase.

In den meisten Fällen ist das Potential im Inneren von Pflanzenzellen negativ gegenüber der Außenlösung, die die Zellen umspült. Die Größe des Potentials zwischen der Zellvacuole und der Außenlösung liegt im allgemeinen zwischen -50 und -250 mV. Potentiale von $+17$ und $+10$ mV, wie sie bei den Meeresalgen *Valonia* bzw. *Chaetomorpha* gemessen wurden, stellen Ausnahmen dar (MACROBBIE, 1970). (S. auch Tabelle 2.2.)

Werden die Ionen rein passiv entsprechend dem elektrochemischen Gradienten verteilt, muß das System im Gleichgewichtszustand der Gleichung (2.16) gehorchen. Ein Abweichen des gemessenen Potentials ΔE von dem bei bekannten Innen- und Außenkonzentrationen errechneten Gleichgewichtspotential führt zur Annahme, daß in dem betreffenden System ein aktiver Ionentransport von außen nach innen oder in umgekehrter Richtung stattfindet. Daraus folgt, daß beim Transport von Elektrolyten der Nachweis einer Bewegung gegen ein chemisches Potential nicht zur Feststellung eines aktiven Transportes ausreicht, sondern daß eine Bewegung gegen einen elektrochemischen Gradienten nachgewiesen werden muß. Wie die diskutierten Gleichungen zeigen, können Ionen sehr wohl passiv einen chemischen Gradienten aufwärts wandern, solange das elektrochemische Potential eine umgekehrte Richtung aufweist. In vielen Untersuchungen über den Ionentransport in pflanzlichen Systemen verläßt man sich auf das durch Gleichung (2.16) gegebene Kriterium des aktiven Transportes, obwohl auch hier noch gewisse Einschränkungen gemacht werden müssen, wie wir später noch sehen werden.

2.2.2.2 Membranpotentiale

Wir haben gesehen, daß ein Membranpotential bei ungleichen Permeabilitätskoeffizienten für Anionen und Kationen als ein Diffusionspotential entstehen kann. Ein Sonderfall ergibt sich, wenn der Permeabilitätskoeffizient für eine an einem System beteiligte Ionensorte außerordentlich klein ist, so daß praktisch kein Fluß dieser Ionensorte beobachtet werden kann. Dieser Fall tritt ein, wenn eine Membran für eine bestimmte Ionensorte X vollkommen impermeabel ist oder wenn diese Ionen als Festionen an Zellstrukturen gebunden und in ihrer Beweglichkeit eingeschränkt sind. Im letzteren Falle braucht gar keine Membran vorhanden zu sein, die Phasengrenze ist durch den Einflußbereich der Ladungen der Festionen gegeben. Im ersteren Falle wird die Phasengrenze durch die Membran markiert. Ein solches System

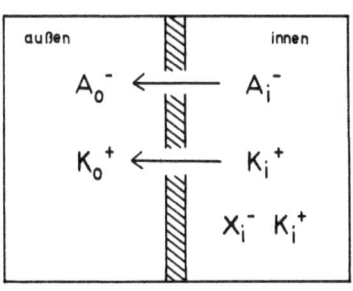

Abb. 2.5. Außen-Innen-Modell mit dem Innenkompartiment als Donnan-Phase. X_i^-: Anionen, für die die Membran impermeabel ist. Anfangszustand: Elektroneutralität, aber $[K^+]_i > [K^+]_o$, d.h. $[K^+]_i = [A^-]_i + [X^-]_i$ und $[K^+]_o = [A^-]_o$. Gleichgewichtsbedingung siehe Gleichung (2.17)

ist in Abb. 2.5 dargestellt. Ist die Konzentration des Elektrolyten K^+A^- auf beiden Seiten der Membran, also innen und außen gleich groß und ist das Kation K^+ als einziges in dem System vorhandenes Kation das Gegenion der indiffusiblen Anionen X^-, d.h. also

$$[KA]_i = [KA]_o \text{ und } [K^+]_i > [K^+]_o,$$

dann herrscht zwar Elektroneutralität, aber es besteht ein Gradient von K^+, und das System ist nicht im Gleichgewicht; K^+ wird durch Diffusion von innen nach außen wandern. Durch diesen K^+-Efflux entsteht eine Potentialdifferenz zwischen innen und außen, wobei die Außenseite gegenüber der Innenseite positiver wird. Entlang dieses Gradienten wandert nun A^- von innen nach außen. Dieser A^--Efflux dauert solange an, bis es zu einem elektrochemischen Gleichgewicht kommt, in dem die Summen der treibenden Kräfte (Potentialgradient + Konzentrationsgradient) für den Anionen- und Kationen-Influx und -Efflux gleich groß sind. Wendet man die Nernstsche Gleichung an (2.16), so ergibt sich

$$\Delta E = \frac{RT}{zF} \ln \frac{[K^+]_i}{[K^+]_o} = \frac{RT}{zF} \ln \frac{[A^-]_i}{[A^-]_o}. \tag{2.17}$$

Die Richtung des Potentials ΔE ist stets durch die Ladung des nicht diffusiblen Ions oder des Festions gegeben. In unserem Falle eines nicht diffusiblen Anions ist die Innenphase negativ gegenüber der Außenphase. Im Gleichgewicht gilt

$$\frac{[K^+]_i}{[K^+]_o} = \frac{[A^-]_o}{[A^-]_i} = r. \tag{2.18}$$

Man nennt dies das Donnan-Gleichgewicht, nach dem ersten Erforscher solcher Systeme. r ist der Donnan-Quotient. Wir haben dabei mit KA einen binären Elektrolyten univalenter Ionen angenommen, d.h. die Ladungszahl $z = \pm 1$. BRIGGS, HOPE und ROBERTSON (1961) geben detaillierte Beispiele für verschiedene andere Donnan-Systeme wieder.

Als Folge der Einstellung des Donnan-Gleichgewichtes ergibt sich, daß die indiffusible Festionen enthaltende Donnan-Phase gegenüber der Außenphase eine höhere Gesamtionenkonzentration und somit einen höheren osmotischen Druck aufweist; eine Tatsache, auf die wir bei der Diskussion der Festionen enthaltenden Ionenaustauschermembranen zurückkommen müssen (Kap. 2.3.2.2), und die uns ferner zeigt, daß eine Konzentrierung nicht immer auf aktivem Transport beruhen muß.

Membranpotentiale können sich nicht nur als Diffusions- oder als Donnan-Potential ausbilden. Eine dritte Möglichkeit ist der aktive Transport einer geladenen Teilchensorte. Man unterscheidet neutrale Pumpen, die ein Salz als ganzes, also Anion und Kation zugleich, in eine Richtung oder die verschiedene Anionen bzw. Kationen im Austausch in entgegengesetzte Richtung transportieren und elektrogene Pumpen, die nur eine bestimmte Ionensorte transportieren. Wie die Bezeichnungen schon ausdrücken, führt die neutrale Pumpe nicht zu einer Veränderung des Ladungsgefälles an der Membran, während

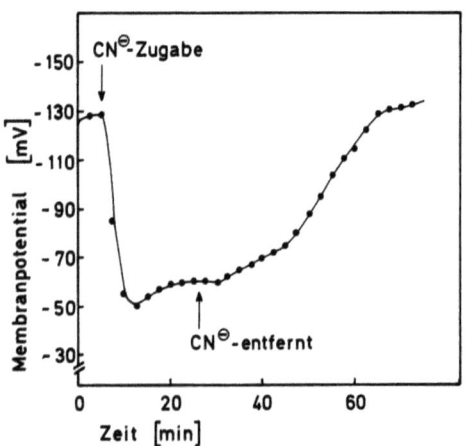

Abb. 2.6. Stoffwechselabhängigkeit des Membranpotentials bei Bohnenepicotylzellen. Cyanid erniedrigt das Membranpotential reversibel. Das Gesamt-Ruhepotential (~ -130 mV) setzt sich aus einem CN^--empfindlichen Anteil von ~ -70 mV (elektrogene Ionenpumpe) und einem CN^--unempfindlichen Anteil von ~ -60 mV Diffusionspotential) zusammen. (Aus HIGINBOTHAM et al., 1970)

durch die Tätigkeit einer elektrogenen Pumpe ein Potentialgefälle entsteht oder ein bestehendes Potentialgefälle vergrößert wird. Das dem aktiv transportierten Ion entgegengesetzt geladene Ion eines Salzes kann entlang des geschaffenen Gradienten passiv nachdiffundieren. Ein Beispiel für eine solche elektrogene Pumpe ist die von HOPE (1965) diskutierte Anionenpumpe bei *Chara australis*. Die Energie für diese HCO_3^-- und Cl^--transportierende Pumpe stammt aus Reaktionen des photosynthetische Energie übertragenden Apparates (s. Kap. 6.2.). Die Pumpe erhöht das normale Ruhepotential der Zellen erheblich, Na^+- und K^+-Ionen wandern passiv entlang des so geschaffenen Gradienten. Elektrogene Pumpen kennt man auch bei *Acetabularia* (SADDLER, 1970 a, b; GRADMANN, 1970). Inhibitorversuche bei Pilzen (*Neurospora*; SLAYMAN, 1965, 1970; SLAYMAN et al., 1970) und bei Zellen höherer Pflanzen (HIGINBOTHAM, 1970; HIGINBOTHAM et al., 1970) zeigen ebenfalls eine klare Abhängigkeit des Membranpotentiales vom Energiestoffwechsel (Abb. 2.6.). Man muß aus diesen Untersuchungen entnehmen, daß stoffwechselabhängige, elektrogene Ionenpumpen beträchtlich am Aufbau der Membranpotentiale beteiligt sein können.

2.2.2.3 Die Gleichung konstanten Feldes oder die Goldman-Gleichung

Das zuletzt erwähnte Beispiel mag schon angedeutet haben, welche Rolle die an einem einfachen Außen-Innen-Modell gewonnenen Vorstellungen bei der Diskussion von Transportprozessen lebender Zellen spielen können. Wir müssen aber zunächst wieder zu unserem Modell zurückkehren, um es noch etwas zu verfeinern. Mit Gleichung (2.16) wurde ein Kriterium für die passive Verteilung der Ionen zwischen der Innen- und der Außenphase gewonnen, die sich im Gleichgewichtszustand einstellen muß, wenn die treibenden Kräfte (μ_{oi} und μ_{io}) für den Influx (Φ_{oi}) von außen (*o*) nach innen (*i*) und den Efflux (Φ_{io}) von innen nach außen gleich groß sind:

$$\mu_{oi} = \mu_{io} \text{ und } \Phi_{oi} = \Phi_{io}.$$

Aus ganz einfachen logischen Gründen ergibt sich der Nettoflux aus der Differenz zwischen dem Influx und dem Efflux, unabhängig von den treibenden Kräften, seien sie nun elektrochemische Potentiale oder aktive Transportmechanismen:

$$\Phi = \Phi_{oi} - \Phi_{io}. \tag{2.19}$$

Unter den oben gegebenen Gleichgewichtsbedingungen muß Φ gleich Null sein.
Befindet sich das System nun nicht in einem solchen Gleichgewicht und hat der Nettoflux Φ eine endliche Größe, so gilt unter der Annahme, daß der Potentialgradient an der Membran linear ist, die sogenannte Gleichung konstanten Feldes oder Goldman-Gleichung:

$$\Phi = - \frac{z \cdot u \cdot \Delta E}{d} \cdot \left[\frac{a_o - a_i \cdot e^{zF\Delta E/RT}}{1 - e^{zF\Delta E/RT}} \right], \qquad (2.20)$$

wobei d die Membrandicke wiedergibt und die anderen Symbole die gleiche Bedeutung haben, wie in den vorangegangenen Gleichungen. Unseren obigen Überlegungen entsprechend geht Gleichung (2.20) für $\Phi = 0$ in die Nernstsche Gleichung (2.16) über.
Die Ionenbeweglichkeit in der Membran (u) und die Membrandicke (d) sind für biologische Membranen meistens nicht genau bekannt, so daß es zweckmäßiger ist, diese Größen zusammenzufassen und als Permeabilität auszudrücken. Die Permeabilität ist durch den Permeabilitätskoeffizienten P gegeben:

$$P = \frac{R \cdot T \cdot u}{F \cdot d}. \qquad (2.21)$$

Dadurch wird Gleichung (2.20) zu

$$\Phi = - \frac{z \cdot \Delta E \cdot P \cdot F}{R \cdot T} \cdot \left[\frac{a_o - a_i e^{zF\Delta E/RT}}{1 - e^{zF\Delta E/RT}} \right] \qquad (2.22)$$

Wenn Ionen eine Membran queren, bedeutet dies, daß elektrische Ladung durch die Membran bewegt wird oder daß ein Strom fließt. Dieser Strom J ist gegeben durch

$$J = - \frac{z \cdot F^2 \cdot \Delta E \cdot P}{R \cdot T} \cdot \left[\frac{a_o - a_i \cdot e^{zF\Delta E/RT}}{1 - e^{zF\Delta E/RT}} \right] \qquad (2.23)$$

Nehmen wir an, daß in einem solchen System die von Anionen und Kationen transportierte Ladung insgesamt gleich groß ist und daß die beteiligten Ionen Cl^-, K^+ und Na^+ sind. Die Elektroneutralität bleibt dabei gewahrt, und der gesamte Strom ist gleich Null:

$$I_{gesamt} = J_{K^+} + J_{Na^+} + J_{Cl^-} = 0. \qquad (2.24)$$

Aus Gleichung (2.23) und (2.24) ergibt sich nach entsprechender Umformung die Gleichung konstanten Feldes in der folgenden Form:

$$\Delta E = -\frac{R \cdot T}{F} \ln \left(\frac{a_{K^+_i} \cdot P_{K^+} + a_{Na^+_i} \cdot P_{Na^+} + a_{Cl^-_o} \cdot P_{Cl^-}}{a_{K^+_o} \cdot P_{K^+} + a_{Na^+_o} \cdot P_{Na^+} + a_{Cl^-_i} \cdot P_{Cl^-}} \right). \tag{2.25}$$

Dabei sind P_{K^+}, P_{Na^+} und P_{Cl^-} die Permeabilitätskoeffizienten der entsprechenden Ionen, $a_{K^+_i}$, $a_{Na^+_i}$ und $a_{Cl^-_i}$ die Ionenaktivitäten in der Innenphase und $a_{K^+_o}$ etc. die Ionenaktivitäten in der Außenphase. Wie oben bereits dargelegt wurde, rechnet man vielfach mit den in Äquivalenten pro Volumeneinheit ausgedrückten Ionenkonzentrationen und schreibt

$$\Delta E = -\frac{R\,T}{F} \ln \left(\frac{[K^+]_i \cdot P_{K^+} + [Na^+]_i \cdot P_{Na^+} + [Cl^-]_o \cdot P_{Cl^-}}{[K^+]_o \cdot P_{K^+} + [Na^+]_o \cdot P_{Na^+} + [Cl^-]_i \cdot P_{Cl^-}} \right). \tag{2.26}$$

Die relativen Permeabilitäten lassen sich oft leichter ermitteln als die Permeabilitätskoeffizienten selber, deshalb führt man gelegentlich die folgenden Größen für die relativen Permeabilitäten ein:

$$\alpha = \frac{P_{Na^+}}{P_{K^+}}; \quad \beta = \frac{P_{Cl^-}}{P_{K^+}}, \tag{2.27}$$

wodurch Gleichung (2.26) die einfachere Form

$$\Delta E = -\frac{R\,T}{F} \ln \left(\frac{[K^+]_i + \alpha[Na^+]_i + \beta[Cl^-]_o}{[K^+]_o + \alpha[Na^+]_o + \beta[Cl^-]_i} \right) \tag{2.28}$$

annimmt. Diese Gleichung läßt sich bei Beteiligung von weiteren Ionen auf beliebige Weise ergänzen, wobei sie allerdings bei Berücksichtigung polyvalenter Ionen komplizierter wird; formuliert man sie für ein einziges Ion, wird sie identisch mit Gleichung (2.16). Die Gleichung konstanten Feldes erlaubt in viel allgemeinerer Weise als Gleichung (2.16) die Feststellung, ob sich Ionen ausschließlich entsprechend des elektrochemischen Potentials verteilen oder ob in dem untersuchten System ein aktiver Transport wirksam ist. Erfüllt ein System im Gleichgewichtszustand diese Gleichung nicht, führt das zur Annahme der Beteiligung aktiven Transportes.

BRIGGS (1962) hat gezeigt, wie eine elektrogene Anionenpumpe die Potentialdifferenz ΔE zwischen einer Innen- und einer Außenphase beeinflussen kann. Nehmen wir an, daß Na^+ und K^+ in einem System die einzigen oder doch wenigstens quantitativ bei weitem wichtigsten passiv wandernden Ionen sind, dann gilt entsprechend Gleichung (2.28):

$$\Delta E = -\frac{RT}{F}\ln\frac{[\mathrm{K}^+]_i + \alpha[\mathrm{Na}^+]_i}{[\mathrm{K}^+]_o + \alpha[\mathrm{Na}^+]_o},\qquad(2.29)$$

d. h. bei experimenteller Veränderung der Außenkonzentration von K^+ und Na^+ müßten sich ganz entsprechende Änderungen von ΔE ergeben, was unter bestimmten Bedingungen bei Membranpotentialmessungen an *Chara australis*-Zellen auch beobachtet werden kann (HOPE und WALKER, 1961; HOPE, 1965).

Nehmen wir nun aber an, daß durch eine elektrogene Anionenpumpe (A) Chloridionen aktiv in die Zellen aufgenommen werden und daß Na^+ und K^+ passiv entlang dem durch die Pumpe errichteten Gradienten wandern, dann ergibt sich für die passiven Kationenflüsse

$$\Phi_{K^+} + \Phi_{Na^+} = A_{Cl^-} \qquad (2.30).$$

Unter Berücksichtigung von (2.22), (2.27) und (2.30) erhält man nach Umformung

$$-\frac{A\cdot R\cdot T}{P_{K^+}\cdot \Delta E\cdot F}[1 - e^{\Delta EF/RT}] + ([\mathrm{K}^+]_i + \alpha[\mathrm{Na}^+]_i)\cdot e^{\Delta EF/RT} =$$
$$[\mathrm{K}^+]_o + \alpha[\mathrm{Na}^+]_o \qquad (2.31)$$

(BRIGGS, 1962; HOPE, 1965). Auf diese Weise gelangt man über die Goldman-Gleichung zu einer Formulierung, bei der die Beteiligung einer elektrogenen Pumpe berücksichtigt ist.

2.2.2.4 Die Messung einiger wichtiger Größen

Die Brauchbarkeit der in den vorangegangenen Teilen dieses Kapitels dargelegten quantitativen Zusammenhänge zwischen chemischen und elektrischen Potentialen und Teilchenflüssen für physiologische Transportuntersuchungen hängt natürlich von der Meßbarkeit der einzelnen charakteristischen Größen in biologischen Systemen ab. Wir wollen uns mit diesem Problem kurz beschäftigen, denn die diskutierten Gleichungen werden tatsächlich in großem Umfang bei Transportstudien an pflanzlichen Zellen und Geweben benutzt. Wir werden dabei sehen, daß bei der Messung der wichtigsten Größen bestimmte, durch die Komplexheit biologischer Systeme bedingte Zugeständnisse gemacht werden müssen. Alle gemessenen Größen sind nicht nur mit einem gewissen Meßfehler, sondern auch mit systematischen Fehlern behaftet, weil über die Struktur des Systems bestimmte Annahmen gemacht werden müssen. In dieser Hinsicht unterscheiden sich biologische Systeme wesentlich von den physikalisch-chemischen Außen-Innen-Modellen, deren Struktur vom Experimentator selbst festgelegt werden kann, durch eine bewußte Wahl bestimmter Außen- und Innenkonzentrationen und trennender Membranen mit weitgehend bekannten Eigenschaften.

A. Die Messung von Konzentrationen. Bei Versuchen mit Pflanzenzellen oder -geweben kann meistens nur die Außenkonzentration in einem gewissen Bereich vom Experimentator frei gewählt werden. Nur bei den großen, coenoblastischen Zellen einiger Algen (Characeen: *Chara, Nitella, Nitellopsis;* Siphonales: *Valonia, Halicystis;* u.a.), die durch riesige, oft die cm^3-Größenordnung erreichende Vacuolen und ein wandständiges, vielkerniges (polyenergides) Cytoplasma ausgezeichnet sind, kann nach Einbringen feiner Glaskapillaren mit Hilfe einer Durchströmungstechnik auch die Innenkonzentration direkt auf einen gewünschten Wert eingestellt werden.

In den meisten Fällen ist man aber darauf angewiesen, die Innenkonzentration des benutzten Gewebes oder der benutzten Zellen zu messen. Bei den großen Coenoblasten ist dies wiederum am einfachsten, weil man den Zellinhalt direkt gewinnen und mikroanalytisch untersuchen kann. Dabei lassen sich Vacuole, strömendes Cytoplasma und wandständiges Cytoplasma differenzieren. Einige Angaben über die gemessenen Ionenkonzentrationen finden sich in Tabelle 4.3. Bei Geweben höherer Pflanzen muß man sich darauf beschränken, den Wassergehalt durch Vergleiche des Frisch- und Trockengewichtes festzustellen und den Ionengehalt durch Untersuchungen an Extrakten zu messen. Dabei benutzt man meist die Flammenphotometrie zur Ermittlung von Na^+- und K^+-Konzentrationen und die elektrometrische Titration zur Feststellung des Cl^--Gehaltes. Auf diese Weise erhält man Daten über die Konzentration der drei Ionen, die für die meisten Untersuchungen besonders wichtig sind.

Setzt man die so gewonnenen Resultate in die verschiedenen Gleichungen ein, macht man nicht allein den bereits diskutierten Fehler, mit Konzentrationen anstelle der Aktivitäten zu arbeiten (s. Kap. 2.2.2.1). Man betrachtet dabei die Pflanzenzelle oder das Pflanzengewebe als einen einheitlichen Raum mit einer ständig gut umgerührten wäßrigen Lösung der untersuchten Moleküle oder Ionen. In Wirklichkeit bestehen die Pflanzenzellen dagegen aus mehreren, gegeneinander gut abgegrenzten Räumen oder Kompartimenten, in der Hauptsache aus der Vacuole und aus dem Cytoplasma, das aber seinerseits wieder in zahlreiche verschiedene Räume gegliedert ist. Das einfache Außen-Innen-Modell stellt also eine sehr grobe Vereinfachung der tatsächlichen Gegebenheiten dar. Es ist das gröbste der in der pflanzlichen Transportphysiologie benutzten Zell-Modelle. Im vierten Kapitel wird dargelegt, wie man versucht, dieses Modell durch andere, ebenfalls noch stark vereinfachende Modelle mit wachsender Komplexität zu ersetzen.

B. Die Messung elektrischer Membranpotentiale. Elektrische Membranpotentiale werden mit Hilfe von Glasmikroelektroden gemessen, deren äußerer Spitzendurchmesser in der Gegend von $1-2\mu$ oder darunter liegen muß. Die Glaselektroden werden mit einer 3 M KCl-Lösung gefüllt, stellen also streng genommen eigentlich Mikrosalzbrücken dar. In manchen Fällen arbeitet man auch nur mit einer 0,3 M KCl-Lösung, um durch eine KCl-Diffusion aus der Elektrodenspitze in die Zelle hervorgerufene Fehler möglichst klein zu halten.

Die Elektroden werden mit Hilfe von Mikromanipulatoren in die Zellen eingebracht, so daß die Potentialdifferenz zwischen dem Zellinneren und der Außenlösung gemessen werden kann. Auch hier spielen wiederum Kompartimentierungsprobleme eine Rolle, denn es ist natürlich von Bedeutung, in welchem Kompartiment sich die Spitze der messenden Elektrode befindet. Vielfach wird man annehmen müssen, daß das erhaltene Resultat sich aus dem Potential an einer oder mehreren Biomembranen (z.B. Tonoplast und Plasmalemma) und aus einem Zellwandpotential (s. Kap. 2.2.2.2 und 2.3.2.2) zusammensetzt.

Die Potentialmessung mit Mikroelektroden hat zunächst bei Coenoblasten die weiteste Anwendung gefunden, wird aber immer häufiger auch erfolgreich bei Zellen höherer Pflanzen angewandt. In besonders günstigen Fällen kann man die Elektroden selektiv in das Cytoplasma oder in die Vacuole einbringen und dann das Plasmalemma- und das Tonoplastenpotential getrennt bestimmen (s. Tab. 2.2). Hierbei wird deutlich, daß das Potential am Plasmalemma (E_{co}) immer einen mehr oder weniger hohen negativen Wert aufweist. Das Potential am Tonoplasten (E_{vc}) ist im allgemeinen gleich Null oder zeigt niedrige positive Werte. Bei der überwiegenden Zahl der untersuchten Objekte ist deshalb das Gesamtpotential zwischen der Vacuole und der Außenlösung (E_{vo}) negativ. Dies gilt auch für die Zellen höherer Pflanzen, wo E_{vo} stets negativ ist und $E_{vc} \cong \pm 0$ angenommen werden muß (ETHERTON and HIGINBOTHAM, 1960; DENNY and WEEKS, 1968). Wir haben schon oben (Kap. 2.2.2.1) erwähnt, daß Befunde eines schwach positiven Potentials E_{vo} große Ausnahmen darstellen. Tabelle 2.2. zeigt, daß dieses positive E_{vo} durch ein stark positives Potential am Tonoplasten zustande kommt.

C. Die Messung von Teilchenflüssen (Fluxen). Den Nettoflux (Φ) eines Stoffes kann man ermitteln, indem man Veränderungen der Konzentration dieses Stoffes in der Innen- oder Außenphase oder in beiden

Tabelle 2.2. Membranpotentiale von Algenzellen (aus MacRobbie, 1970). E_{vo}: Potential zwischen Vacuole und Außenlösung. E_{co}: Potential zwischen Cytoplasma und Außenlösung. E_{vc}: Potential zwischen Vacuole und Cytoplasma. $E_{vo} = E_{co} + E_{vc}$

	E_{vo}	E_{co} [mV]	E_{vc}
Süß- und Brackwasseralgen:			
Nitella translucens	− 122	− 140	+ 18
Nitella flexilis	− 155	− 170	+ 15
Chara corallina	− 152	− 170	+ 18
Hydrodictyon africanum	− 90	− 116	+ 26
Meeresalgen:			
Halicystis ovalis	− 80	− 80	± 0
Valonia ventricosa	+ 17	− 71	+ 88
Chaetomorpha darwinii	+ 10	− 70	+ 80
Griffithsia	− 55	− 80	+ 25
Acetubalaria mediterranea	− 174	− 174	± 0

Phasen mißt. Ist der Nettoflux negativ, spricht man auch von einem Nettoefflux, denn die Innenphase gibt in der Bilanz Teilchen an die Außenphase ab. Ist der Nettoflux positiv, spricht man umgekehrt von einem Nettoinflux.

Den Influx (Φ_{oi}) und den Efflux (Φ_{io}) bestimmt man meistens mit Hilfe von radioaktiven Isotopen. Markiert man auf diese Weise die Außenlösung und stellt die Rate der Anfangsaufnahme des Isotops in das Gewebe fest, erhält man ein Maß für den Influx. Da die Isotopenkonzentration innen während des ganzen Experimentes praktisch gleich Null ist, kann der Efflux vernachlässigt werden ($\Phi_{io} = 0$), und Gleichung (2.22) vereinfacht sich zu

$$\Phi_{oi} = - \frac{z \cdot \Delta E \cdot P \cdot F}{R \cdot T} \cdot \frac{a_o}{1 - e^{zF\Delta E/RT}} \tag{2.32}$$

Den Efflux kann man auf entsprechende Weise messen, wenn man die untersuchten Zellen oder Gewebe das Isotop lange genug aufnehmen läßt, die Außenlösung dann durch eine nichtmarkierte Lösung ersetzt und die Rate der Isotopenabgabe aus dem Gewebe mißt. Natürlich muß man dabei auch die Innenkonzentration und die spezifische Radioaktivität der Innenlösung bestimmen. Dies wird gelegentlich übersehen, und wenn bei entsprechenden Versuchen keine oder nur eine sehr geringe Radioaktivität aus vorher beladenen Geweben austritt, wird oft oberflächlicherweise geschlossen, daß der Efflux sehr klein oder gleich

Null sei. Entsprechend unseren obigen Überlegungen gilt für den Efflux unter Berücksichtigung von (2.19) und (2.22)

$$-\Phi_{io} = \frac{z \cdot \Delta E \cdot P \cdot F}{RT} \cdot \frac{a_i \cdot e^{zF\Delta E/RT}}{1 - e^{zF\Delta E/RT}} . \qquad (2.33)$$

Auch aus den mit Hilfe der Isotopenmarkierung gewonnenen Influx- und Efflux-Raten läßt sich nach Gleichung (2.19) der Nettoflux ermitteln. Angaben über typische bei Pflanzenzellen zu beobachtende Fluxgrößen finden sich im 4. Kapitel (S. 99 und S. 119).

D. Die Messung von Permeabilitätskoeffizienten. Die Gleichungen (2.32) und (2.33) kann man auch dazu benutzen, die Permeabilitätskoeffizienten zu bestimmen. Kennt man das Membranpotential ΔE und die Außenkonzentration oder -Aktivität a_o und mißt in der geschilderten Weise den Influx oder den Efflux, wobei im letzteren Falle noch a_i bestimmt werden muß, läßt sich P leicht errechnen.

Eine andere Methode der Ermittlung einer Ionenpermeabilität führt über die Messung der Leitfähigkeit (G) der Membran. Mit Hilfe einer in eine Zelle eingebrachten Glasmikroelektrode kann man einen elektrischen Strom durch die Membran fließen lassen. Ist die angelegte Spannung klein genug, so daß der fließende Strom das Membranpotential (2.26) nicht wesentlich aus seiner Ruhelage herausbewegt, gilt

$$G = \left(\frac{\delta J}{\delta E}\right)_{J=0} = -\frac{F^2}{RT} \cdot \frac{\ln(C_o/C_i) \cdot C_o}{1 - C_o/C_i} \qquad (2.34);$$

J ist die Stromdichte. Wenn der durch die Membran fließende Strom nur von K$^+$-, Na$^+$- und Cl$^-$-Ionen getragen wird, ist C_o bzw. C_i

$$C_{o,i} = P_{K^+} \cdot [K^+]_{o,i} + P_{Na^+} \cdot [Na^+]_{o,i} + P_{Cl^-} \cdot [Cl^-]_{o,i}. \qquad (2.35)$$

Bei bekannter Innen- und Außenkonzentration lassen sich Permeabilitätskoeffizienten aus diesen Gleichungen nur dann ermitteln, wenn der Strom ausschließlich oder doch wenigstens annähernd ausschließlich von einer einzigen Ionensorte transportiert wird. Sind dies z.B. Kaliumionen, vereinfachen sich Gleichung (2.34) und (2.35) zu

$$P_{K^+} = \frac{G \cdot R \cdot T}{F^2} \cdot \frac{[K^+]_o/[K^+]_i - 1}{[K^+]_o \cdot \ln[K^+]_o/[K^+]_i} . \qquad (2.36)$$

Einige typische Werte für P_{K^+}, P_{Na^+} und P_{Cl^-} finden sich in Kapitel 6.2.4.2 B. Relative Permeabilitäten, z.B. $\alpha = \dfrac{P_{Na^+}}{P_{K^+}}$, erhält man entsprechend Gleichung (2.29), wenn man bei wechselnden [Na$^+$] + [K$^+$]-Konzentrationen in der Außenlösung die Veränderungen des Membranpotentials ΔE mißt (HOPE und WALKER, 1961).

2.2.2.5 Die Ussing-Teorell-Beziehung

Aus Gleichung (2.32) und (2.33) wird noch eine weitere sehr wichtige Beziehung plausibel, die von USSING und von TEORELL entwickelt wurde. Der Quotient aus dem Influx und dem Efflux ergibt sich aus diesen Gleichungen als

$$\frac{\Phi_{oi}}{\Phi_{io}} = \frac{a_o}{a_i} \cdot e^{-zF\Delta E/RT}. \tag{2.37}$$

Dies bedeutet, daß der Fluxquotient von der Membranpermeabilität unabhängig ist, wobei allerdings wie bei allen obigen Formulierungen vorausgesetzt wird, daß die Permeabilität der Membran in beiden Richtungen, also von innen nach außen und von außen nach innen, die gleiche ist. Die Umformung von Gleichung (2.37) liefert für das Membranpotential

$$\Delta E = -\frac{R \cdot T}{zF} \ln \frac{\Phi_{oi} \cdot a_i}{\Phi_{io} \cdot a_o}. \tag{2.38}$$

Bei Flux-Gleichgewicht, also bei $\Phi_{oi} = \Phi_{io}$, geht diese, nach ihren Entdeckern Ussing-Teorell-Beziehung genannte Gleichung in die Nernstsche Gleichung (2.16) über.

Man kann also Gleichung (2.38) als Kriterium für den aktiven Transport heranziehen, wenn die Voraussetzung für die Benutzung von Gleichung (2.16) nicht gegeben ist, d.h. wenn $\Phi_{oi} \neq \Phi_{io}$. Ein Beispiel möge dies erläutern. Die Chloridaufnahme aus einer Außenlösung in die großen Blasenzellen der Epidermis von *Atriplex spongiosa*-Blättern (s. Kap. 7.2.2.1) wurde an Blattstreifen untersucht. Es stellte sich heraus, daß Licht den Cl$^-$-Transport aus einer 5 mKCl-Lösung in die Blasenzellen beträchtlich stimulierte und daß sich die Cl$^-$-Konzentration in den Blasenzellen während eines 42-stündigen Versuches im Licht von 26.2 auf 33.8 μeq pro g Frischgewicht erhöhte. Das Verhältnis [Cl$^-$]$_o$: [Cl$^-$]$_i$ war am Ende des Versuches also ~ 0.15. Der Nettoflux war positiv (Nettoinflux in die Blasenzellen!), d.h. $\Phi_{oi} > \Phi_{io}$ oder $\Phi_{oi} : \Phi_{io} > 1$. Nach 42 Stunden wurde in den Blasenzellen ein Membranpotential von -105 ± 3 mV gemessen. Der Versuch wurde bei 25° C durchgeführt. Aus den oben angeführten Zahlenwerten würde sich nach der Nernstschen Gleichung (2.16) bei passiver Verteilung der Cl$^-$-Ionen ein Membranpotential ΔE_{Cl^-} von $+49$ mV ergeben. Das System befand sich nach 42 Stunden nahe dem Flux-Gleichgewicht, und man würde aus der großen Diskrepanz zwischen dem errechneten und dem gemessenen Membranpotential schon auf einen Chloridtransport gegen einen elektrochemischen Gradienten oder auf einen aktiven Transport schließen dürfen. Vollkommen zuverlässig wird das Argument aber erst, wenn man Gleichung (2.38) mit heranzieht. Da bei dem untersuchten System in Gleichgewichtsferne $\Phi_{oi} : \Phi_{io} > 1$ war, muß nach (2.38) das Membranpotential bei einer passiven Cl-Verteilung $\Delta E_{Cl^-} > +49$ mV sein. D.h. die Diskrepanz zu dem gemessenen Potential wird in dem vorliegenden Falle durch die Anwendung des Nernst-Kriteriums eher unterschätzt, und man kann mit Sicherheit auf einen Transport gegen einen elektrochemischen Gradienten schließen (OSMOND et al., 1969). Weitere Beispiele siehe Kapitel 4 (Abb. 4.12, Abb. 4.13, Tab. 4.4.).

2.3 Kriteria für den aktiven Transport

2.3.1 Der Transport gegen Gradienten als Kriterium für den aktiven Transport

Bei der Diskussion des Fickschen Gesetzes (2.1) der Nernstschen Gleichung (2.16), der Gleichung konstanten Feldes (2.25) und der Ussing-Teorell-Beziehung (2.38) haben wir den aktiven Transport bereits in negativer Weise definiert. Alle diese Gleichungen gelten nur für Systeme mit ausschließlich passiven Transportvorgängen. Wir haben festgestellt, daß aktiver Transport dann vorliegen müsse, wenn ein untersuchtes System durch die entsprechenden Gesetze nicht hinreichend beschrieben wird, d.h. wenn es sich von dem durch diese Gesetze beschriebenen Zustand entfernt, statt sich ihm zu nähern.

Die Definition des aktiven Transportes, zu der man auf diese Weise gelangen kann, ist folgende: Nicht geladene Teilchen werden dann aktiv transportiert, wenn sie gegen ein Konzentrationsgefälle wandern; elektrisch geladene Teilchen werden aktiv transportiert, wenn sie gegen ein Gefälle des elektrochemischen Potentials wandern. Der Terminus „aktiver Transport" impliziert, daß Teilchen sich in diesen Fällen nicht mehr „freiwillig", allein aufgrund der ihnen eigenen, sich in der thermischen Agitation äußernden Energie bewegen, sondern daß sie „unfreiwillig" durch direkt in ihre Bewegung eingreifende, Energie-übertragende Vorgänge zur Bewegung in eine bestimmte Richtung gezwungen werden.

Aktiver Transport bedeutet also, daß Energie-liefernde Prozesse, wie sie die biologischen Stoffwechselreaktionen darstellen, den Transport des betreffenden Teilchens direkt beeinflussen. In diesem Sinne ist. der Transport einer Teilchensorte *i* ein passiver Transport, wenn sich *i* nur sekundär entsprechend eines Gradienten verteilt, der durch aktiven Transport der Teilchensorte *j* entstanden ist. Wird z. B. eine in Wasser (*i*) gelöste Substanz (*j*) aktiv von einer Membranseite zur anderen transportiert und diffundieren Wassermoleküle nach, ist nur der Transport von *j*, nicht aber der Wassertransport ein aktiver Transport.

2.3.2 Passiver Transport gegen chemische und elektrochemische Gradienten

2.3.2.1 Kongruenter und inkongruenter Transport

Arbeitet man mit einer Definition des aktiven Transportes, die den Uphill-Transport, also die Bewegung gegen ein chemisches bzw. elektrochemisches Potential als wichtigstes Kriterium enthält, muß man sich vergegenwärtigen, daß unter bestimmten Bedingungen auch rein passive Stoffverschiebungen gegen ein solches Gefälle erfolgen können. SCHLÖGL (1964, dort auch weitere Literatur) hat gezeigt, daß in einem abgeschlossenen Außen-Innen-System bei konstantem Druck und konstanter Temperatur grundsätzlich drei Transporttypen möglich sind. In der schematischen Darstellung in Abb. 2.7 bedeuten w = Lösungsmittel und s = gelöster Stoff. Durch die Stellung der Symbole in dieser Abbildung soll die Richtung eines Konzentrationsgefälles der betreffenden Teilchensorte ausgedrückt werden, die Konzentration von s ist auf der linken Seite, die von w auf der rechten Seite größer. Die Pfeile geben die Transportrichtung wieder.

Der in Abbildung 2.7. a gezeichnete Fall ist die bei passivem Transport normalerweise zu erwartende Situation, beide Stoffe wandern in Richtung ihres Konzentrationsgefälles. Diesen Transporttypus bezeichnet man auch als kongruenten Transport. Die in Abb. 2.7. b und c gezeigten Transporttypen setzen sich aus kongruentem Transport der einen und inkongruentem Transport der anderen Teilchensorte zusammen, und zwar in Abb. 2.7. b aus einem kongruenten Transport des gelösten Stoffes und inkongruentem Lösungsmitteltransport, in Abb. 2.7. c aus

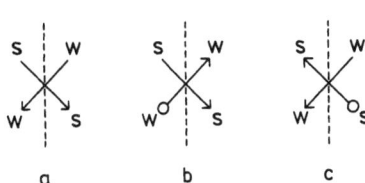

Abb. 2.7. Transporttypen in einem System mit zwei durch eine Membran getrennten Kompartimenten und zwei wandernden Teilchensorten: W = Lösungsmittelteilchen, S = gelöste Teilchen. a kongruenter Transport beider Teilchensorten, b und c inkongruenter Transport jeweils einer Teilchensorte. (Nach SCHLÖGL, 1964)

einem inkongruenten Transport des gelösten Stoffes und kongruentem Transport des Lösungsmittels.

Inkongruenter Transport kann durch eine Koppelung der Flüsse verschiedener Teilchen möglich werden, etwa dadurch, daß die eine Teilchensorte beim Transport die andere Teilchensorte mitreißt. Die Koppelung kann durch Impulsaustausch zustande kommen, und zwar zwischen den wandernden Teilchen selber oder aber auch zwischen den Teilchen und der Membran.

Diese Wechselwirkungen werden durch die Onsagerschen Kreuzkoeffizienten ausgedrückt. Entsprechende Formulierungen kann man durch die Untersuchung von Systemen gewinnen, bei denen die Konzentrationsdifferenzen zwischen den beiden Seiten relativ klein sind und wo man deshalb eine lineare Abhängigkeit zwischen den Flüssen und den treibenden Kräften erwarten darf. Betrachten wir die wäßrige Lösung eines Nichtelektrolyten S, so sind die beteiligten Teilchen Wassermoleküle und Moleküle der Substanz S. Ist der Wasserfluß Φ_W und der Flux des gelösten Stoffes Φ_S, dann ist der Volumenfluß J [cm^3 pro cm^2 und sec = cm · sec^{-1}]:

$$J = \Phi_W V_W + \Phi_S V_S, \qquad (2.39)$$

wobei V_W und V_S die Molvolumina der betreffenden Teilchen darstellen. Die Teilchenbewegung wird durch das Zusammenwirken von zwei verschiedenen treibenden Kräften bewirkt, nämlich durch die Konzentration oder Aktivität der Teilchen, also durch ihr chemisches Potential, das zu einer Diffusion in Richtung des Konzentrationsgefälles führt, und durch das durch die Konzentrationsunterschiede bedingte Druckgefälle. Bezeichnen wir diese treibenden Kräfte als ΔP für das Gefälle des hydrostatischen Druckes und $\Delta \pi$ für das Konzentrationsgefälle oder das Gefälle des osmotischen Druckes zwischen den beiden Seiten (s. Kap. 2.1.4), dann ergeben sich bei Koppelung der Teilchenflüsse die Gleichungen

$$J_v = L_{WW} \cdot \Delta P + L_{WS} \cdot \Delta \pi \qquad (2.40)$$

und

$$J_S = L_{SW} \cdot \Delta P + L_{SS} \cdot \Delta \pi. \qquad (2.41)$$

(Zusammenfassende Darstellung s. vor allem SLATYER, 1967; s. auch WOERMANN, 1969; PASSOW, 1963.) Man bezeichnet diese Beziehungen als phänomenologische Gleichungen, weil die Koeffizienten nur empirisch bestimmbar sind.

Die Koeffizienten L_{SS} und L_{WW} hängen von den Eigenschaften der betreffenden Teilchen, von der Beschaffenheit der Membran und anderen

Parametern des Systems ab und verbinden den Volumenfluß und den Fluß des gelösten Stoffes direkt mit ΔP bzw. $\Delta \pi$. L_{WW} [cm · sec^{-1} · bar^{-1}] ist der Filtrationskoeffizient der Membran oder der Wasser-Permeabilitätskoeffizient. L_{SW} kann als Ultrafiltrationskoeffizient der Membran bezeichnet werden. L_{WS} und L_{SW} (nach Onsagers Symmetrierelation ist $L_{WS} = L_{SW}$) sind die sogenannten Kreuzkoeffizienten, die die Koppelung zwischen den Teilchenflüssen wiedergeben.

Diese Bedeutung der Koeffizienten wird am besten klar, wenn man sich die Grenzfälle vorstellt und annimmt, daß ΔP oder $\Delta \pi$ gleich Null seien. Fehlt ein Gefälle des hydrostatischen Druckes, dann ist der Transport von S

$$J_S = (L_{SS} \cdot \Delta \pi)_{\Delta P = 0} \tag{2.42}$$

und man sieht, daß L_{SS} dem Diffusionskoeffizienten proportional ist (vergleiche (2.1)). Ist die treibende Kraft des Konzentrationsunterschiedes $\Delta \pi = 0$, dann erhält man für den Volumenfluß

$$J_v = (L_{WW} \cdot \Delta P)_{\pi = 0}. \tag{2.43}$$

Dieser Volumenfluß beruht dann allein auf dem hydrostatischen Druck, durch den ein Filtrationsprozeß erzeugt wird, L_{WW} ist der Filtrationskoeffizient.

2.3.2.2 Negative Osmose

Den inkongruenten Transport des Wassers bezeichnet man auch als negative Osmose. Die entscheidende Struktureigentümlichkeit des idealen Osmometers, etwa einer idealisierten Pflanzenzelle, ist die ideal semipermeable Membran, die die wäßrige Lösung in der Vacuole von der Außenlösung trennt.

Unter einer ideal semipermeablen Membran verstehen wir hierbei eine Membran, die nur von den Wassermolekülen, nicht aber von den gelösten Teilchen gequert werden kann. Das Abweichen vom idealen Verhalten läßt sich durch den sogenannten Reflexions- oder Selektionskoeffizienten (σ) ausdrücken (s. Kap. 2.1.4, Gleichung (2.7)) Sind die Wasserpotentialdifferenz und der Volumenfluß gleich Null, ergibt sich σ nach (2.7) und (2.40) als

$$\sigma = -\frac{L_{WS}}{L_{WW}} = \frac{\Delta P}{\Delta \pi}. \tag{2.44}$$

Bei „normaler" positiver Osmose ist der Reflexionskoeffizient positiv (Kap. 2.1.4). σ kann aber unter Umständen auch negative Werte annehmen. SCHLÖGL (1964) hat die Bedeutung des Reflexionskoeffizienten für die Wanderung geladener Teilchen durch Membranen untersucht, die durch die Beteiligung von Festionen am Aufbau ihres Gerüstes eine bestimmte elektrische Eigenladung haben. Je nach dem Vorzeichen dieser Ladung unterscheidet man Kationenaustauschermembranen (negative Eigenladung) und Anionenaustauschermembranen (positive Eigenladung). Solche Membranen lassen sich künstlich herstellen und gut zu Experimenten verwenden. SCHLÖGL hat gezeigt, daß der Reflexionskoeffizient an solchen Membranen von den Quotienten c_s/X und D^+/D^- abhängt. c_s ist die mittlere Elektrolytenkonzentration in den beiden von der Membran getrennten Phasen, X die äquivalente Festionenkonzentration im Membrangerüst, D^+ und D^- sind Kationen- und Anionendiffusionskoeffizienten. Bei Anionenaustauschermembranen können unter bestimmten Umständen negative Reflexionskoeffizienten auftreten, und zwar wenn der Quotient c_s/X einen niedrigen Wert einnimmt und die Kationen beweglicher sind als die Anionen ($D^+ > D^-$).

Wir wollen auf die quantitativen Betrachtungen und weitere Einzelheiten, wie sie von SCHLÖGL (1964) und WOERMANN (1969) näher dargelegt werden, nicht eingehen, sondern das Phänomen der negativen Osmose an Ionenaustauschermembranen, das für die Definition des aktiven Transportes von gewisser Bedeutung ist, in Anlehnung an die Darstellung von WOERMANN nur qualitativ beschreiben.

Der Volumenfluß durch eine mit feinen Poren durchsetzte Anionenaustauschermembran wird bestimmt durch die Resultierende aus zwei treibenden Kräften, nämlich der Druckdifferenz ΔP und der Potentialdifferenz ΔE, die sich als Diffusionspotential in der Membran ausgebildet hat. In einem isotherm-isobaren System ist zwar der hydrostatische Druck auf beiden Seiten der Membran gleich, dennoch treten in dem System aber Druckdifferenzen auf. Die Festionenladungen enthaltende Membran stellt natürlich eine Donnan-Phase dar, und deshalb ist aus den oben (Kap. 2.2.2.2) genannten Gründen die osmotisch wirksame Ionenkonzentration in der Membranmatrix höher als in der Lösung auf beiden Seiten der Membran. Dadurch kommt es an den Phasengrenzen Membran – Lösung zu Drucksprüngen. Wenn die Konzentration der Ionen in den beiden durch die Membran getrennten Phasen verschieden groß ist und diese Phasen unter dem gleichen hydrostatischen Druck stehen, ist das hydrostatische Druckgefälle an der Membran von der Seite der weniger konzentrierten Phase zu der stärker konzentrierten Phase gerichtet, d.h. es bewirkt eine Verschiebung des Porenmediums zur konzentrierteren Seite hin. Es hängt nun vom Verhältnis D^+/D^- ab, ob die treibenden Kräfte des Potentials und des Druckgefälles einander gleich- oder entgegengerichtet sind. Haben sie entgegengesetzte Richtung, gibt es zwei verschiedene Möglichkeiten. Die Richtung des Volumenflusses kann mit der Richtung der treibenden Kraft des hydrostatischen Druckgefälles oder der des elektrischen Potentials zusammenfallen. Dies hängt natürlich von der relativen Größe der beiden treibenden Kräfte ab. Man beobachtet negative Osmose, wenn die treibende Kraft des hydrostatischen Druckgefälles nicht mehr ausreicht, um die des elektrischen Potentialgefälles zu kompensieren.

Die Wasserpermeabilität der meisten biologischen Membranen ist sehr viel größer als die Permeabilität für gelöste Stoffe. In Zellen höherer Pflanzen ist die Harnstoff- und Glycerinpermeabilität $\frac{1}{100} - \frac{1}{300}$, die Rohrzuckerpermeabilität $\frac{1}{1000}$ der Wasserpermeabilität. Die Wasserpermeabilität künstlicher Lipidfilme ist bis zu $10^9 - 10^{10}$ mal so groß wie die Ionenpermeabilität.

Aktiven Wassertransport durch direkten Angriff der Energie an den Wassermolekülen gibt es deshalb an lebenden Membranen sehr wahrscheinlich nicht. Wegen der hohen Wasserpermeabilität wäre es wenig sinnvoll, wenn Wasserverschiebungen in lebenden Zellen und Geweben durch aktiven Transport von Wassermolekülen reguliert wären. Viel wirksamer ist es, wenn diese Regulation durch den Transport gelöster Teilchen erfolgt.

Wichtiger als Betrachtungen des Wassertransportes sind für unsere Überlegungen zum aktiven Transport deshalb die Beobachtungen von WOERMANN und Mitarbeitern, daß an den feinporigen Ionenaustauschermembranen ein Ionentransport gegen ein Konzentrationsgefälle der Ionen stattfinden kann. Es würde hier aber zu weit führen, die Einzelheiten näher darzulegen. So mag zum Schluß der Hinweis genügen, daß die mit den künstlichen, feinporigen Ionenaustauschermembranen gewonnenen Erkenntnisse für lebende Systeme nicht nur von rein theoretischem Werte sind. Wir werden im dritten Kapitel näher sehen, daß auch die pflanzliche Zellwand eine feinporige Ionenaustauschermembran ist. Auch die eigentlichen biologischen Membranen, Lipoproteinlamellen, tragen elektrische Ladungen.

2.3.2.3 Transport durch Träger oder Carrier

Einen anderen Sonderfall der Wechselwirkung von transportierten Teilchen mit der gequerten Membran behandelt die Träger- oder *Carrier*-Hypothese. Nach Art einer enzymatischen Katalyse verbindet sich ein in der Membran lokalisierter Träger T auf der einen Membranseite mit dem zu transportierenden Stoff (S), die Träger-Substrat-Verbindung (ST) diffundiert in der Membranphase und wird auf der anderen Seite der Membran gelöst. Auf diese Weise katalysiert der Träger den Transport des Substrates von der einen auf die andere Seite der Membran (Abb. 2.8.). Man spricht auch von katalysierter Diffusion.

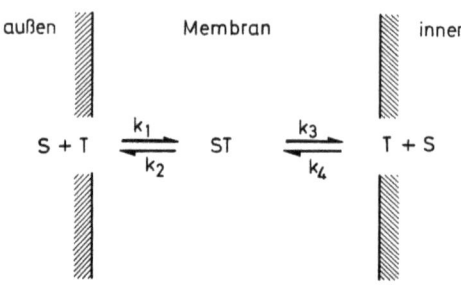

Abb. 2.8. Von einem Träger (T) unter Bildung eines Trägersubstratkomplexes (TS) katalysierter Transport eines Substrates (S) durch eine Membran

Entsprechend der für biochemische Katalysatoren (Enzyme) von MICHAELIS und MENTEN (1913) und BRIGGS und HALDANE (1925) formulierten Kinetik gilt für den Trägertransport

$$\frac{v}{V_{max}} = \frac{[S]}{[S] + K_M}, \qquad (2.45)$$

wobei v die bei der Konzentration [S] tatsächlich gemessene Transportgeschwindigkeit und V_{max} die Maximalgeschwindigkeit bei Sättigung des Trägers durch S bedeutet. K_M ist die Michaelis-Konstante oder *steady state* Konstante des dynamischen Gleichgewichtes (s. Abb. 2.8.):

$$K_M = \frac{k_2 + k_3}{k_1} \qquad (2.46)$$

(NETTER, 1959). Wir werden noch sehen, daß es bei pflanzlichen Zellen und Geweben zahlreiche Transportprozesse gibt, die die Michaelis-Menten-Gleichung (2.45) erfüllen (Kap. 4.1.2 und 4.2.1).
Mit Hilfe der Trägerhypothese lassen sich die folgenden beiden Beispiele erklären, bei denen durch Koppelung verschiedener katalysierter Transportprozesse eine Stoffverschiebung gegen ein Konzentrationsgefälle zustande kommt (Abb. 2.9.).
Nehmen wir zunächst wiederum ein zweiphasiges Außen-Membran-Innen-System an. Der in der Membran lokalisierte Träger T soll den Transport des Stoffes S von einer Seite der Membran auf die andere

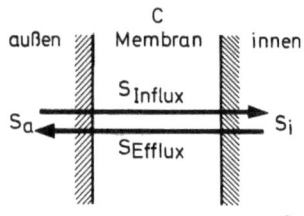

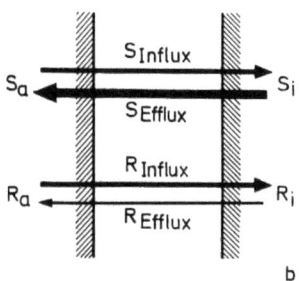

Abb. 2.9. Gegentransport nach STEIN (1964). a Gleichgewichtszustand als Ausgangspunkt, b Flüxe nach der Zugabe von R auf der Außenseite. Unter der hypothetischen Voraussetzung, daß die „aktive Membrankomponente" C für die beiden Substrate S und R die gleiche Affinität hat und daß die Außenkonzentrationen von S und R gleich groß sind, geben die Pfeildicken die relativen Größen der Fluxe an. (Aus LÜTTGE, 1969)

Seite katalysieren. Befindet sich das System im Gleichgewicht, ist die Konzentration des Stoffes S innen und außen gleich groß, d. h. $[S_i] = [S_a]$. Dasselbe gilt für die Fluxe in den beiden Richtungen $\Phi_{Sai} = \Phi_{Sia}$. Gibt man nun zu diesem System auf der einen Seite (außen) einen Stoff R zu, der ebenso wie S für T als Substrat dienen kann, dann werden S_a und R_a um die aktiven Trägerorte konkurrieren. Beide Stoffe werden entsprechend dem Verhältnis ihrer Konzentrationen $[S_a] : [R_a]$ und dem Verhältnis ihrer Affinitäten zum Träger T von außen nach innen transportiert. Ist nun die Affinität der Substrate für den Träger auf beiden Seiten der Membran gleich groß und diffundiert der Träger frei in der Membran, so daß er an beiden Phasengrenzen in gleicher Weise zur Bildung einer Träger-Substrat-Verbindung zur Verfügung steht, wird Φ_{ai} erniedrigt, aber Φ_{ia} bleibt noch eine bestimmte Zeit lang nahezu unverändert. Die Konzentration von R ist nämlich unmittelbar nach der Zugabe von R zur Außenlösung und je nach der Größe des Innenkompartiments noch eine bestimmte Zeitspanne danach so gering, daß $[S_i] \gg [R_i]$. Deshalb wird für die allermeisten von außen nach innen transportierten R-Moleküle im Austausch ein S-Molekül nach außen transportiert. Auf diese Weise wird S gegen sein Konzentrationsgefälle bewegt. STEIN (1964) nennt diese Koppelung katalysierter Fluxe den Gegentransport *(counter transport)*.

Die Austausch-Diffusion *(exchange diffusion)* kommt auf ähnliche Weise zustande. Wieder konkurrieren S_a und R_a um die aktiven Trägerorte. Die Zugabe von R erfolgt jedoch dieses Mal im gleichgewichtsfernen Zustand des Systems. Dabei sollen $[S_a]$ und $[S_i]$ im Verhältnis zur

Michaeliskonstanten K_M so groß sein, daß der Träger T nahezu gesättigt ist. Daraus ergibt sich, daß der Nettoflux von S vor der Zugabe von R zu vernachlässigen, also nahezu gleich Null ist. Nach Zugabe des konkurrierenden Substrates R wird der Influx von S sofort gehemmt, während der Efflux von S erst nach einiger Zeit beeinträchtigt wird. Der Nettoflux von S wird negativ, ist also von innen nach außen gerichtet, und S wird gegen sein Konzentrationsgefälle transportiert.

Nach einiger Zeit gehen die beschriebenen Systeme sowohl beim Gegentransport als auch beim Austauschtransport in ein neues Gleichgewicht über, in dem alle Konzentrationen und die Fluxe in den beiden Richtungen gleich groß und die Nettofluxe gleich Null sind. Beispiele für den Gegentransport und die Austauschdiffusion wurden vor allem an Erythrocyten näher untersucht. Der Trägertransport als solcher ist demnach kein aktiver Transport. Man darf deshalb nicht einfach auf aktiven Transport schließen, wenn ein Transportprozeß gemäß der Michaelis-Menten-Formulierung (2.45) abläuft. Andererseits ist gerade die Trägerhypothese besonders gut geeignet, die Koppelung zwischen Transportprozessen und den die Energie für aktiven Transport liefernden Reaktionen zu erklären. Darauf werden wir in Kapitel 3.2.2.2 B zurückkommen.

2.3.3 Die Abhängigkeit vom Stoffwechsel als Kriterium für den aktiven Transport

Am Ende von Abschnitt 2.3.1 wurde darauf hingewiesen, daß beim aktiven Transport Energie unmittelbar in die Teilchenbewegung eingreift. Der Transport einer Teilchensorte i aufgrund eines durch aktiven Transport der Teilchensorte j entstandenen Gradienten ist selbst kein aktiver Transport.

Biologische Systeme sind meist viel komplizierter als dieses einfache Beispiel, und in vielen Fällen läßt sich nicht einwandfrei feststellen, welche Teilchensorte nun wirklich primär aktiv transportiert wird. Sehr viel einfacher ist es meistens zu zeigen, daß bestimmte Transportprozesse irgendwie mit Energie-liefernden Reaktionen des Stoffwechsels gekoppelt sind, z.B. wenn sie durch Hemmung bestimmter Stoffwechselvorgänge bei veränderten physiologischen Bedingungen verlangsamt werden.

Experimentell kann die Stoffwechselabhängigkeit von Transportprozessen durch Verwendung von Stoffwechselinhibitoren, durch Anaerobiose oder durch Senkung der Temperatur nachgewiesen werden. Wenn man die Wirkungsorte der benutzten Inhibitoren genau kennt, kann man gewisse Aussagen über die Beteiligung ganz bestimmter Stoffwechselreaktionen am Transportgeschehen machen. Bei lichtabhängigen Transportprozessen ist es wichtig, die Aktionsspektren kennenzulernen. Auf diese Weise gewinnt man Aufschlüsse über die an der Umwandlung der absorbierten Lichtenergie in andere, für die Transportprozesse ausnutzbare Energieformen beteiligten Pigment- und Reaktionssysteme (Kap. 6).

Die Temperaturabhängigkeit von Transportprozessen läßt sich auch durch den Temperaturquotienten (Q_{10}) ausdrücken, der angibt, wie sich die Transportgeschwindigkeit (v) bei einer Erhöhung oder Erniedrigung der Temperatur um 10° C verändert:

$$Q_{10} = \frac{v_t + 10}{v_t}. \qquad (2.47)$$

Wird die Transportgeschwindigkeit bei zwei beliebigen Temperaturen t_1 und t_2 bestimmt, ist

$$\ln Q_{10} = \frac{10}{t_2 - t_1} \cdot \ln \frac{v_2}{v_1}. \qquad (2.48)$$

Zur Auswertung von Messungen der Transportgeschwindigkeit bei verschiedenen Temperaturen ist die Darstellung nach ARRHENIUS am besten geeignet, wobei auf der Ordinate $\log_{10} v$ und auf der Abscisse $1/T$ (T = absolute Temperatur in °K) aufgetragen werden (Abb. 2.10). Stoffwechselabhängige Transportprozesse haben meist einen hohen Q_{10}, der in der Größenordnung des Q_{10} enzymatischer Reaktionen liegt. Der Q_{10} von Diffusionsvorgängen ist meistens niedriger. Für die Diffusion in wäßriger Lösung, die durch die kinetische Energie der diffundierenden Teilchen bedingt ist (thermische Agitation), ergeben sich Q_{10}-Werte zwischen 1.2 und 1.5. Die Q_{10}-Werte für die Diffusion durch Membranen sind oft höher und liegen zwischen 2 und 3. Dies wird aus Abb. 2.11 verständlich. Die Membranbarriere ist hier als eine Lipidphase angenommen. Es ist ersichtlich, daß ein hydrophiles Teilchen zum Übertritt aus der wäßrigen Lösung auf der Außenseite der Membran in die Lipidphase der Membran eine beträchtliche Aktivierungsenergie (μ_a) benötigt. Die Aktivierungsenergie für den Austritt aus der Lipidphase in die wäßrige Lösung auf der Innenseite der Membran ist sehr viel geringer (μ_b, Fig. 2.11 a). Für ein hydrophobes, lipophiles Teilchen ist umgekehrt $\mu_b > \mu_a$ (Fig. 2.11 b). Die erforderliche Aktivierungsenergie kann unter Umständen recht groß sein, so daß auch für rein passive, *down-hill* Diffusionsprozesse Q_{10}-Werte über 3 gemessen werden können. Die

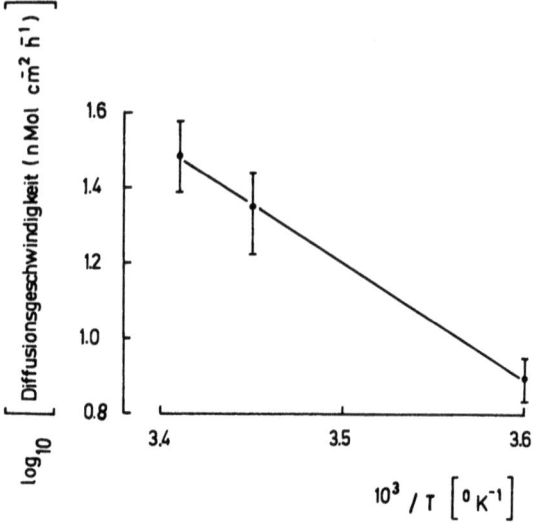

Abb. 2.10. Arrhenius-Darstellung der Temperaturabhängigkeit der passiven Glucose-diffusion aus Zellen der adaxialen Zwiebelschuppenepidermis im Bereich von 5 bis 20° C. Für $t_2 = 20°$ C und $t_1 = 10°$ C ist der $Q_{10} = 2.4$ und die Aktivierungsenergie = 14.5 Kcal/Mol. (Nach STEINBRECHER und LÜTTGE, 1969)

Q_{10}-Werte für die Wanderung von Butyramid und Ethylenglycol durch die Zellmembran von Eiern des Seeigels *Arbacia* liegen z.B. zwischen 3 und 4.

Die Aktivierungsenergie ergibt sich aus den bei verschiedenen Temperaturen gemessenen Transportgeschwindigkeiten als

$$\varepsilon = \frac{R \cdot T_1 \cdot T_2}{T_2 - T_1} \cdot \ln \frac{v_2}{v_1}, \tag{2.49}$$

und aus (2.48) und (2.49) wird der Zusammenhang zwischen der Aktivierungsenergie und dem Q_{10} ersichtlich

$$\varepsilon = \frac{R \cdot T_1 \cdot T_2}{10} \cdot \ln Q_{10}. \tag{2.50}$$

Ein hoher Q_{10}-Wert ist also kein ganz einwandfreies Kriterium für die Beteiligung von Stoffwechselreaktionen an einem Transportgeschehen.

Die Frage nach der Stoffwechselabhängigkeit von Transportprozessen erscheint zunächst allgemeiner und weit weniger rigoros als die spezifische Frage der Thermodynamik nach dem unmittelbaren Antrieb ganz bestimmter Teilchenflüsse. Gerade die fortwährende Ausweitung unserer

Kenntnisse über die komplexen Zusammenhänge zwischen metabolischen Reaktionsketten, Prozessen der biologischen Energieübertragung und Transportvorgängen führt jedoch auch zu detaillierter Einsicht in die Funktion von Transportvorgängen in lebenden Systemen. Beide Fragen, die der Thermodynamik und die der Physiologie des Stoffwechsels, müssen gestellt werden. Es ist zweckmäßig, die erhaltenen Antworten zu unterscheiden. Erfüllt ein Transportprozeß thermodynamische Kriteria, sollte man von „aktivem Transport" sprechen; erfüllt er physiologische Kriteria, ist der Begriff „stoffwechselabhängiger" oder „metabolischer Transport" vorzuziehen.

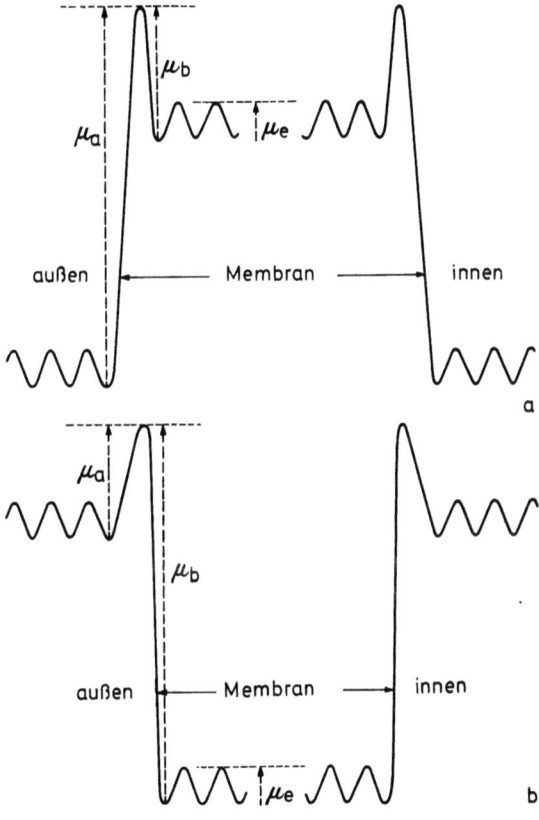

Abb. 2.11. Bei der Wanderung eines Stoffes durch eine Lipidmembran zu überwindende Barrieren nach DANIELLI (aus JENNINGS, 1963): a für einen relativ hydrophilen, b für einen weniger hydrophilen Stoff. μ = zur Überwindung der einzelnen Barrieren erforderliche Aktivierungsenergie: μ_a für den Übertritt in die Lipidphase der Membran, μ_b für den Austritt aus dieser Phase und μ_e für die Diffusion innerhalb der Lipidphase

2.3.4 Definitionen des aktiven Transportes

Die bisherigen Betrachtungen mögen gezeigt haben, daß ein schlechthin gültiges Kriterium für den aktiven Transport schwer zu finden ist. Bei physiologischen Untersuchungen hat man oft ganze Kataloge verschiedener Kriteria angewandt. Solche Kataloge umfassen neben der Hemmbarkeit durch Stoffwechselinhibitoren und hohen Q_{10}-Werten die verschiedenen Eigenschaften des Trägertransportes, nämlich Erfüllung der Enzymkinetik (Gleichung 2.45), kompetitive Hemmbarkeit durch strukturell ähnliche Substanzen, usw. (JENNINGS, 1963; LÜTTGE, 1969).

Es ist nun eine außerordentlich wichtige Feststellung, daß alle im vorangegangenen Abschnitt (2.3.2) beschriebenen Systeme, die das Kriterium des *uphill*-Transportes gewissermaßen außer Kraft setzen, wie die negative Osmose, der inkongruente Salztransport, der Gegentransport und die Austauschdiffusion dauernd freie Enthalpie verlieren. Ohne Nachlieferung dieser Energieverluste durch den Stoffwechsel kommen diese Transportprozesse nach einem Konzentrationsausgleich zwischen den beiden durch die Membran getrennten Kompartimenten zum Erliegen. Alle diese Systeme erreichen streng genommen nie ein stationäres Gleichgewicht oder Fließgleichgewicht, wie es für offene Systeme (BERTALANFFY, 1953), für biologische Membransysteme mit aktivem Transport so charakteristisch ist (vgl. Abb. 1.2. b-d). Unter dem stationären Zustand offener Systeme verstehen wir einen Zustand, in dem die Zeitableitungen aller intensiven Zustandsvariablen, wie der Konzentrationen aller Teilchensorten, des Druckes und der Temperatur verschwinden.

Aufgrund dieser Erkenntnisse gelangte SCHLÖGL zu einer Definition, nach der an der Einstellung des Konzentrationsverhältnisses einer Partikelsorte, deren Fluß im stationären Zustand verschwindet, dann aktiver Transport beteiligt ist, wenn bei unterdrücktem integralen Volumenfluß die Differenz des elektrochemischen Potentials nicht gegen Null geht. Diese Formulierung gibt keinen Hinweis auf die Bedeutung des Stoffwechsels, dessen Energie-liefernde Rolle allein die an biologischen Membranen auftretenden stationären Zustände möglich macht.

Diesen Aspekt berücksichtigt KEDEM (1961), die mit Hilfe des Formalismus der Thermodynamik irreversibler Prozesse den aktiven Transport zu analysieren versucht. KEDEM nimmt an, daß der aktive Transport auf stoffwechselabhängigen, chemischen Reaktionen beruht, die im Inneren der Membran ablaufen, und daß alle Materieflüsse durch die Membran sich gegenseitig – z. B. durch Impulsaustausch (Kap. 2.3.2.1) – beeinflussen. Eine solche Koppelung von chemischen Reaktionen und Materieflüssen ist in asymmetrischen Membranen möglich. In einer Reihe von physikochemischen Laboratorien wird mit derartigen, künstlich hergestellten Membranen experimentiert. Auch die meisten biologischen Lipoproteinmembranen sind auf ihren beiden Seiten nicht vollkommen gleich und stellen wohl asymmetrische Membranen dar. Aktiver Transport liegt nach KEDEM dann vor, wenn es zu einem Transport von Teilchen kommt, die an den chemischen Reaktionen, mit denen ihr Transport energetisch gekoppelt ist, nicht selbst beteiligt sind.

2.4 Anhang

In diesem Anhang zum zweiten Kapitel sollen einige Hinweise für die praktische Arbeit mit den besprochenen Gleichungen gegeben werden.

2.4.1 Einige der am meisten benutzten Konstanten und Symbole in alphabetischer Reihenfolge

A aktiver Transport in Gleichung (2.29) und (2.30): Substanzmenge pro Zeiteinheit und pro Gewebe oder Zelleinheit; z.B. bei Geweben höherer Pflanzen $[\mu M \cdot h^{-1} \cdot g \text{ Frischgewicht}^{-1}]$; oder bei großen Coenoblasten, deren Zelloberfläche aus ihren Außenabmessungen errechnet werden kann: $[\mu M \cdot cm^{-2} \cdot sec^{-1}]$. Statt die Substanzmenge in Molen anzugeben, benutzt man auch das Gramm oder bei Ionen das Äquivalent als Einheit.

A^- Symbol für ein univalentes Anion.

a chemische Aktivität. Dimension einer Konzentration, z.B. $[M/l]$.

c Konzentration. Die Konzentration wird oft auch nur durch eckige Klammern um das Symbol des betreffenden Stoffes ausgedrückt, z.B. $[S]$.

D Diffusionskoeffizient $[cm^2 \cdot sec^{-1}]$.

d Dicke, Dimension einer Länge $[cm]$, $[mm]$.

E elektrisches Potential relativ zu einem willkürlich festgelegten Nullpunkt. Dimension einer Spannung $[V]$ oder $[mV]$.

ε Energie. $[cal]$, $[kcal]$, $[erg]$, $[Joule]$.

e Zahl $e = 2.718$; $\log_e x$ oder $\ln x = 2.30259 \cdot \log_{10} x$.

F Faradaysche Zahl, d.h. die Elektrizitätsmenge, die nötig ist, um ein Ionenäquivalent zu entladen: 96 500 $[Coulomb \cdot eq^{-1}]$ oder 23,074 $[kcal \cdot Volt^{-1}]$.

Fl	Fläche [cm^2].
G	Leitfähigkeit pro Flächeneinheit [mho · cm^{-2}].
i	Index für eine Innenphase, z. B. c_i = Innenkonzentration. Bei gerichteten Vorgängen indiziert i die Richtung in bezug auf die Innenphase: Φ_{xi} = Flux von x nach i, Φ_{ix} = Flux von i nach x.
J	Stromdichte [amp · cm^{-2}].
J_v, J_s	Flüsse in Systemen mit gekoppelten Transportprozessen [cm^3 pro cm^2 · sec^{-1}] = [cm · sec^{-1}].
K^+	oftmals nicht nur als Symbol für Kaliumionen, sondern als allgemeines Symbol für ein univalentes Kation.
k	Reaktions- und Geschwindigkeitskonstanten ($k_1, k_2 \ldots k_n$).
k_M	Michaeliskonstante, Dimension einer Konzentration [M/l].
L_{WW}, L_{WS}	Transportkoeffizienten in Systemen mit gekoppelten Transportprozessen [cm · sec^{-1} · bar^{-1}].
o	Index für eine Außenphase, z. B. c_o = Außenkonzentration. Angabe von Richtungen in bezug auf die Außenphase vgl. „i".
P	Permeabilitätskoeffizient, meist mit einem die betreffende Teilchensorte charakterisierenden Index: P_{Na^+}, P_{K^+} etc. [cm · sec^{-1}].
P	hydrostatischer Druck [atm], [bar].
Q	Substanzmenge. [g], [Mol], [eq].
Q_{10}	Temperaturkoeffizient, dimensionslos. Gleichung (2.47) bis (2.50).
R	universelle Gaskonstante = 8.317 [Joule · grad^{-1} · eq^{-1}] oder 8.317 · 10^7 [erg. Grad^{-1} · eq^{-1}].
r	Donnanquotient, dimensionslos.
S, s	allgemeines Symbol für „Stoff", „Substanz".
T	absolute Temperatur °K (= 273 + t).
t	Temperatur [°C].
$u^\pm$	Ionenbeweglichkeit im elektrischen Feld. [cm · sec^{-1} pro volt · cm^{-1}] = [cm^2 · sec^{-1} · volt^{-1}].
v	Aufnahmegeschwindigkeit, bei Geweben höherer Pflanzen meist [μM · h^{-1} · g Frischgewicht^{-1}]. S. auch unter A.
v	Index für „Volumen".
V_S, V_W	Molvolumen bestimmter Teilchen [cm^3 · Mol^{-1}].
x	Richtungskoordinate. Dimension einer Länge [cm].
$z^\pm$	Ionenvalenz, dimensionslos.
Λ	äquivalente Leitfähigkeit einer Elektrolytlösung [ohm^{-1} · cm^{-1} pro eq · cm^{-3}] = [cm^2 · ohm^{-1} · eq^{-1}].
$\lambda^\pm$	äquivalente Anionen und Kationen-Leitfähigkeit.

$\overline{\mu}$	treibende Kraft für die Bewegung einer Teilchensorte.
μ^0	chemisches Potential im Standardzustand [erg · Mol^{-1}].
π	osmotischer Druck [atm], [bar].
σ	Reflexionskoeffizient, dimensionslos.
Φ	Teilchenfluß. Dimension wie bei A und v.
ψ	Wasserpotential [atm], [bar].

2.4.2 Praktische Formen wichtiger Gleichungen

Für die praktische Arbeit ist es wichtig, die verschiedenen Gleichungen entsprechend umzuformen. Der Zusammenhang zwischen natürlichen und dekadischen Logarithmen wurde bereits oben (2.4.1, Buchstabe e) vermerkt.
Die Nernstsche Gleichung (2.16) erhält bei Zimmertemperatur (20° C) die Form

$$\Delta E = -\frac{1}{z} 58 \log_{10} \frac{c_i}{c_o} \text{[mV]}. \tag{2.51}$$

Daraus ergibt sich eine wichtige praktische Folgerung: Wird das Membranpotential ΔE durch eine einzige univalente Ionensorte, z. B. durch Kaliumionen, bestimmt und werden die Ionen ausschließlich passiv verteilt, dann muß sich das Potential bei Veränderung der Innen- und Außenkonzentration um eine Größenordnung (d. h. um den Faktor 10) gerade um 58 mV ändern. In diesem Falle verhält sich die Membran wie eine Kaliumelektrode.
Eine andere viel benutzte Umformung ist die von Gleichung (2.50) für die Aktivierungsenergie in

$$\varepsilon = 0.4575 \cdot T_1 \cdot T_2 \cdot \log_{10} Q_{10}. \tag{2.52}$$

Für weitere Umformungen und für die Umwandlung von Einheiten im mechanischen und elektromagnetischen cgs-System (cm, g, sec-System) siehe verschiedene Handbücher (z. B. Handbook of chemistry and physics, WEAST, R. C., ed., 1968).

2.5 Literatur

BERTALANFFY, L. von: Biologie des Fließgleichgewichtes. Braunschweig: F. Vieweg und Sohn 1953.
BRIGGS, G. E.: Proc. roy. Soc. Ser. B, **156**, 573 (1962).
BRIGGS, G. E., HALDANE, G. B. S.: Biochem. J. **19**, 338 (1925).

BRIGGS, G. E., HOPE, A. B., ROBERTSON, R. N.: Electrolytes and plant cells. Oxford: Blackwells 1961.
DAINTY, J.: Ann. Rev. Plant Physiol. **13**, 379 (1962).*
DAINTY, J., GINZBURG, B. Z.: Biochim. Biophys. Acta **79**, 129 (1964).
DENNY, P., WEEKS, D. C.: New Phytologist **67**, 875 (1968).
ETHERTON, B., HIGINBOTHAM, N.: Science **131**, 409 (1960).
GRADMANN, D.: Planta **93**, 323 (1970).
HIGINBOTHAM, N.: Am. Zoologist **10**, 393 (1970).
HIGINBOTHAM, N., GRAVES, J. S., DAVIS, R. F.: J. Membr. Biol. **3**, 210 (1970).
HOPE, A. B.: Australian J. Biol. Sci. **18**, 789 (1965).
HOPE, A. B.: Ion transport and membranes. A biophysical outline. London: Butterworths (1971).*
HOPE, A. B., WALKER, N. A.: Australian J. Biol. Sci.: **14**, 26 (1961).
JACOBS, M. H.: Diffusion processes. Berlin–Heidelberg–New York: Springer 1967.
JENNINGS, D. H.: The absorption of solutes by plant cells. Edinburgh and London: Oliver and Boyd 1963.
KEDEM, O.: Criteria of active transport. In: Membrane transport and metabolism. A. Kleinzeller und A. Kotyk, (Eds.) London–New York: Academic Press 1961.
LÜTTGE, U.: Aktiver Transport (Kurzstreckentransport bei Pflanzen). Protoplasmatologia, Handbuch der Protoplasmaforschung VIII/7 b. Wien–New York: Springer 1969.
MACROBBIE, E. A. C.: Quart. Rev. Biophysics **3**, 251 (1970).
MICHAELIS, L., MENTEN, M. L.: Biochem. Z. **49**, 333 (1913).
MOORE, W. J.: Physical chemistry. London: Longmans 1957.
NETTER, H.: Theoretische Biochemie. Berlin–Göttingen–Heidelberg: Springer 1959.
OSMOND, C. B., LÜTTGE, U., WEST, K. R., PALLAGHY, C. K., SHACHER-HILL, B.: Australian J. Biol. Sci. **22**, 797 (1969).
PASSOW, H.: Verh. Ges. Deut. Naturforscher und Ärzte. Versammlung **102**, 40 (1963).
SADDLER, H. D. W.: J. Exp. Botany **21**, 345 (1970 a).
SADDLER, H. D. W.: J. Gen. Physiol. **55**, 802 (1970 b).
SCHLÖGL, R.: Stofftransport durch Membranen. Darmstadt: Steinkopff 1964.
SLATYER, R. O.: Plant – water relationships. London–New York: Academic Press 1967.
SLAYMAN, C. L.: J. Gen. Physiol. **49**, 93 (1965).
SLAYMAN, C. L.: Am. Zoologist **10**, 377 (1970).
SLAYMAN, C. L., LU, C. Y. H., SHANE, L.: Nature **226**, 274 (1970).
STEIN, W. D.: Recent Prog. in Surface Sci. **7**, 300 (1964).
STEINBRECHER, W., LÜTTGE, U.: Australian J. Biol. Sci. **22**, 1137 (1969).
WEAST, R. C. (Ed.): Handbook of chemistry and physics. 49. Edition. The chemical rubber Co.: Cleveland 1968.
WOLRMANN, D.: Ber. Deut. Botan. Ges. **82**, 431 (1969).
ZIMMERMANN, U., STEUDLE, F.: Z. Naturforsch. **25 b**, 500 (1970).

---

* Nicht im Text zitiert, aber für die Gesamtdarstellung von Bedeutung.

3. Kapitel. Zellwand und Zellmembran: Eine erste Komplizierung des Modells

Im zweiten Kapitel haben wir sehr viel von einem einfachen Außen-Innen-Modell gesprochen. Es bestand aus zwei Kompartimenten, die durch eine Grenzschicht oder Membran getrennt waren. Es entsprach gewissermaßen den im ersten Kapitel postulierten einfachen primitiven Urorganismen, den koazervaten Tröpfchen. Bei der Behandlung des Außen-Innen-Modells haben wir über die Strukturierung der Innenphase keinerlei Annahmen gemacht, sondern grob vereinfachend vorausgesetzt, daß sie – wie auch die Außenphase – eine gut durchmischte wäßrige Lösung der Teilchen darstelle, deren Transport wir diskutiert haben. Wir haben uns auch mit Annahmen über die Struktur der Grenzschicht nach Möglichkeit zurückgehalten, obwohl es sich bei der Diskussion einiger Modelle nicht vollkommen vermeiden ließ, der Grenzschicht bestimmte Eigenschaften zuzuschreiben. So wurde einmal angenommen, sie sei aus Lipidmolekülen aufgebaut (Kap. 1.2), und ein anderes Mal wurden Ionen-Austauschermembranen behandelt, in deren Matrix Festionen gebunden sind (Kap. 2.3.2.2). Die Einbeziehung der Struktur der Innenphase in unsere Betrachtungen wird gegen Ende des vierten Kapitels und hauptsächlich im fünften Kapitel erfolgen. Zunächst ist es wichtig, den Bau der Grenzschicht zu berücksichtigen.

Pflanzenzellen sind meist von einer mehr oder weniger starren Hülle, der Zellwand, umgeben. Als äußere Oberfläche und Begrenzung des Cytoplasmas der Zelle liegt der Zellwand das Plasmalemma oder die Zellmembran an. Nur das Plasmalemma und ähnlich gebaute Strukturen cytoplasmatischer Provenienz bezeichnen wir hier als Membranen. Die feste Hülle der Zellen, die Zellwand, unterscheidet sich von diesen Membranen wesentlich hinsichtlich ihres Baus und ihrer Funktion, und es stiftet erhebliche Verwirrung, wenn sie im botanischen Schrifttum und bedauerlicherweise auch in Lehrbüchern immer wieder als „Zellmembran" bezeichnet wird.

Durch die einfache Unterscheidung von Zellwand und Zellmembran sind bei pflanzlichen Zellen strukturell ganz verschiedene Grenzschichten charakterisiert. In etwas anderem Sinne verwenden wir den Begriff der Membran, wenn wir von künstlichen „Membranen" in physikalisch-chemischen Modellversuchen sprechen. Der Begriff der Membran wird hier z.B. sowohl für Ionenaustauschermembranen verwandt, deren Matrix eher der pflanzlichen Zellwand vergleichbar ist, als auch für künstliche Lipidfilme, die mehr den biologischen Membranen im engeren Sinne entsprechen.

3.1 Die Zellwandphase

3.1.1 Strukturelle Voraussetzungen für den Zellwandtransport

Ehe wir die Rolle verstehen können, die die Zellwand beim Transport spielt, und zwar als Phase, durch die hindurchtransportiert werden muß, und als Phase, in der Translokation ablaufen kann, müssen wir uns kurz ihren Bau vergegenwärtigen.

Chemisch besteht die Zellwand hauptsächlich aus Zellulose und den sogenannten Hemisubstanzen, die vor allem saure Polisaccharide darstellen. Die Zellulosemoleküle sind einer strengen räumlichen Ordnung unterworfen. Etwa 40 bis über 300 Zellulosemoleküle treten zu langgestreckten Mikrofibrillen zusammen, in denen unter Ausbildung von Kettengittern kristallisierte Bereiche (Micelle) entstehen können. Der Durchmesser der Mikrofibrillen liegt in der Größenordnung von 3–30 nm. Über die Größe der Micellarstränge besteht keine endgültige Klarheit, in einem Schema von FREY-WYSSLING (Abb. 3.1) wird ihr Durchmesser mit etwa 6 nm angegeben. Die fibrillären Elemente bezeichnet man auch als die Gerüstsubstanz der Zellwand.

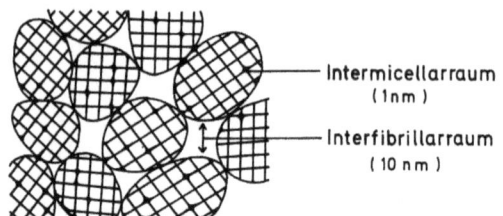

Abb. 3.1. Querschnitt durch Zellulosefasern mit interfibrillaren und intermicellaren Räumen. (Nach FREY-WYSSLING, 1959)

Wichtiger als die Abmessungen der Mizelle und Fibrillen des Wandgerüstes sind für Transportstudien die Größen der zwischen diesen Zelluloseelementen frei bleibenden intermicellaren und interfibrillaren Räume (s. Abb. 3.1). Sie haben einen Durchmesser von größenordnungsmäßig 1 bzw. 10 nm und sind damit um ein Vielfaches größer als der Durchmesser von Wassermolekülen oder von Ionen: Na^+-Ionen haben mit ihrer Hydrathülle einen Durchmesser von 0.5–0.7 nm, hydratisierte K^+-Ionen haben einen Durchmesser von 0.4–0.5 nm, Wassermoleküle messen 0.3 nm, und auch Zuckermoleküle können sich wenigstens in den interfibrillaren Räumen noch bequem bewegen, die Breite eines Glucosemoleküls beträgt 0.75 nm.

Die Hemisubstanzen sind im Gegensatz zur Zellulose amorph und bilden die sogenannte Grundsubstanz der Zellwand. Besonders gut bekannt ist das Pektin, das chemisch der α-D-Polygalakturonsäure sehr nahesteht. Pektin- oder Pektinsäuremoleküle sind Polygalakturonsäureketten, an denen zahlreiche Carboxylgruppen zu Methoxylgruppen esterifiziert sind (Abb. 3.2). Bei einem von ROGERS und PERKINS (1968) erwähnten Beispiel sind 37% der COOH-Gruppen auf diese Weise verestert. Die freien Carboxylgruppen stellen ein beträchtliches Reservoir an negativ geladenen Festionen ($-COO^-$) in der Zellwand dar. Durch Anlagerung bivalenter Kationen (vor allem Ca^{++}) können einzelne Pektinsäureketten verknüpft werden. Aus den bereits im vorhergehenden Kapitel über die Eigenschaften von Phasen mit Struktur-gebundenen Festionen gewonnenen Erkenntnissen (Kap. 2.2.2.2 und Kap. 2.3.2.2) ergibt sich, daß die negativ geladenen Gruppen der Hemisubstanzen zur Ausbildung eines Donnan-Systemes in der Zellwand führen und für den Ionentransport in Pflanzengeweben von Bedeutung sein müssen.

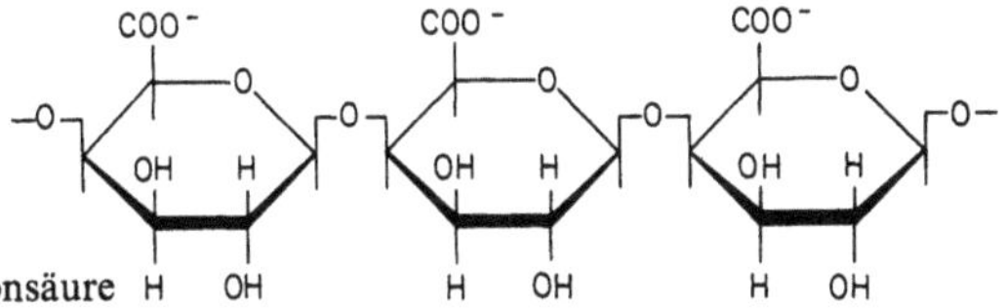

Abb. 3.2. α-D-Poly-Galacturonsäure

Cytologisch bestehen die Zellwände aus mehreren aufeinander folgenden und nacheinander gebildeten Schichten oder Lamellen. Bei der Neubildung einer Zellwand entstehen zunächst Lamellen sehr hohen Pektingehaltes (Mittellamelle, Pektinlamelle), auf die die Primärwand, verschiedene Sekundärwandlagen und tertiäre Wandverdickungen folgen. Die Zellulosefibrillen liegen in der Primärwand ungeordnet nebeneinander (Folientextur oder Streutextur), während sie innerhalb der einzelnen Sekundärwandlamellen parallel angeordnet sind (Paralleltextur). Wichtiger als diese für das Wachstum und die Statik der Pflanzenzellen bedeutenden Erscheinungen ist für Transportuntersuchungen der relative Gehalt an Grundsubstanz und an Gerüstsubstanz in den einzelnen Zellwandlagen. In der Primärwand tritt die Gerüstsubstanz gegenüber der amorphen Grundsubstanz stark zurück. In der Sekundärwand wird aber bis über 90% des gesamten Wandmaterials von Zellulosefibrillen

gebildet. Deshalb stellt die Zellwand auch in bezug auf den Ionentransport keine einheitliche Phase dar.
Die Zellwand ist also eine flächig ausgebildete, von feinen Poren durchsetzte Struktur, und sie hat zahlreiche Eigenschaften mit den Ionenaustauschermembranen der Physiko-chemiker gemeinsam. Es ist einleuchtend, daß Veränderungen dieser feinporigen Struktur wichtige Folgen für Transportvorgänge haben. Wir wissen, daß die intermicellaren und interfibrillaren Räume niedermolekularen Stoffen als Wanderwege dienen können. Dringen nun bestimmte organische Moleküle in diese Räume ein und reagieren untereinander zu einer hochpolymeren Masse, nachdem sie das Wandgerüst gewissermaßen imbibiert haben, kommt es zu einer Inkrustation der Zellwand. Die Bedeutung der Inkrustation der Zellwand mit starrem amorphem Material für die Statik größerer Landpflanzen liegt wiederum auf der Hand. Es ist dagegen umstritten, welche Folgen dieser Vorgang für den Transport in der Zellwand hat. Sie hängen einerseits von der chemischen Natur der inkrustierenden Substanzen ab und andererseits vom Grad der Imbition, das heißt, vom Ausmaß, in dem die Räume zwischen den Zellulosemicellen und -fibrillen durch das inkrustierende Material eingenommen werden.
Die wichtigste Inkruste ist das Lignin. Seine monomeren Bausteine sind verschiedene Phenyl-propan-derivate aus dem Sekundärstoffwechsel, z.B. Coniferylalkohol, Sinapylalkohol, p-Cumarylalkohol (Abb. 3.3.). Betrachtet man die verschiedenen Strukturformeln, die für das polymere Lignin vorgeschlagen wurden (z.B. Abb. 3.4.), erkennt man, daß das Lignin keine vollkommen hydrophobe Substanz ist, sondern noch eine Reihe polarer Gruppen, vor allem unveresterte OH-Gruppen trägt. Immerhin sind die Pektine sehr viel polarer, und es ist interessant zu wissen, daß bei der Lignifizierung von Zell-

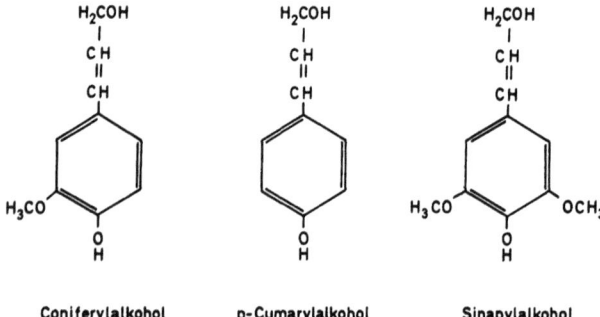

Abb. 3.3. Phenylpropanderivate: Monomere Bausteine des Lignins

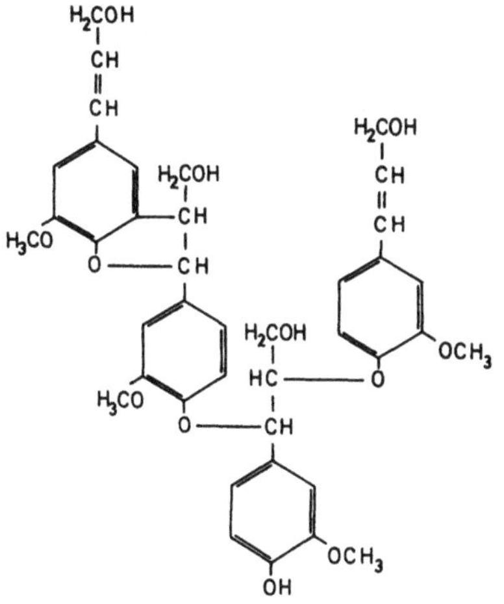

Abb. 3.4. Chemische Struktur des Lignins nach FREUDENBERG. (Aus SITTE, 1965)

wänden die Wandschichten mit dem höchsten relativen Gehalt an Grundsubstanz am stärksten betroffen werden. Der Ligningehalt kann im Bereich der Pektinlamelle oder Mittellamelle bis zu 90% des Gesamttrockengewichtes annehmen. Dabei ändert sich der physikalische Charakter der Grundsubstanz, die entquollen und zusammengedrückt wird (SITTE, 1965), und man kann annehmen, daß die Ionenwanderung und der Ionenaustausch an Festionen in diesen Wänden zumindest stark eingeschränkt, wenn nicht gar vollkommen verhindert werden. Allerdings wird diese Ansicht nicht von allen Transportphysiologen uneingeschränkt geteilt.

Weitere am Aufbau der Zellwand beteiligte Substanzen sind die aus Fettsäureresten aufgebauten Makromoleküle des semihydrophilen Suberins und des lipophilen Cutins. Der Grad der Hydrophilie dieser Substanzen hängt von der Anzahl unveresterter Carboxyl- und Hydroxylgruppen ab (Abb. 3.5). Suberin und Cutin bilden meistens Akkrusten, sie sind den Grund- und Gerüstsubstanz-Lamellen der Zellwand in Form von Suberin- oder Cutinlamellen aufgelagert. Cutin kann aber auch als Inkruste auftreten, und zwar bei den die äußere Oberfläche von Pflanzenorganen bildenden Zellwänden. Die Einzelheiten der anatomischen und chemischen Struktur der Suberin- und Cutinlamellen bestimmen, wie stark Suberinisierungen und Cutinisierungen den Transport in der Zellwand erschweren. Die Cutikula der adaxialen Epidermis von Schuppenblättern der Küchenzwiebel ist z. B. impermeabel für Hexosemoleküle, während die K^+-Cl^--Diffusion durch die Zellwand von der Cutikula nur gehemmt und nicht vollkommen unterbunden wird (STEINBRECHER und LÜTTGE, 1969).

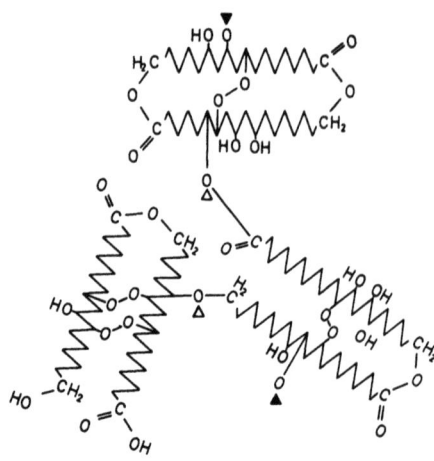

Abb. 3.5. Schema der Suberin- (Cutin-)Struktur aus SITTE (1965) nach HEINEN. Die Untereinheiten bestehen aus je zwei Fettsäureketten. Drei solcher Untereinheiten sind im Bild gezeigt (Verankerungspunkte der Untereinheiten: *weiße Dreiecke;* Möglichkeiten zu weiterer Vernetzung: *schwarze Dreiecke*)

Die Inkrustierung von Zellwänden mit Lignin ist in erster Linie im Dienste der Verstärkung und Statik verständlich. Phylogenetisch muß die Fähigkeit der Inkrustierung von Zellwänden mit Lignin als eine der wichtigsten Voraussetzungen für den Übergang größerer Pflanzen zum Leben auf dem Lande angesehen werden. Die Folgen der Lignifizierung für den Zellwandtransport scheinen sekundärer Natur zu sein. Die Funktion der Akkrustierung steht demgegenüber wohl primär in Beziehung zum Transport. Akkrustierte Wände finden sich hauptsächlich bei Abschlußgeweben. Man beobachtet sie an der äußeren Zellwand von Epidermiszellen, wenn ein zu umfangreicher, unkontrollierter Wasserverlust (cutikuläre Transpiration) vermieden werden muß (besonders bei Xerophyten) und vor allem auch bei sekundären Abschlußgeweben (Peridermen, Borke) mit ihren schließlich toten, luftgefüllten Zellen.

In Pflanzengeweben, die eine besondere Transportfunktion haben, finden sich an spezifischen Orten auf ganz bestimmte Teile von Zellwänden beschränkte Inkrusten. Gemeint sind hier:
i) der Casparysche Streifen in den Radialwänden der Scheiden oder Endodermen, welche die dem Längstransport in der Pflanze dienenden Wurzelzentralzylinder oder Sproßleitbündel umgeben (Abb. 3.6) und
ii) entsprechende Wandbildungen in Drüsengeweben (Abb. 3.7).
Der Casparysche Streifen hat manche cytochemischen Eigenschaften mit dem Lignin und mit polymeren, lipophilen Substanzen gemeinsam. Er

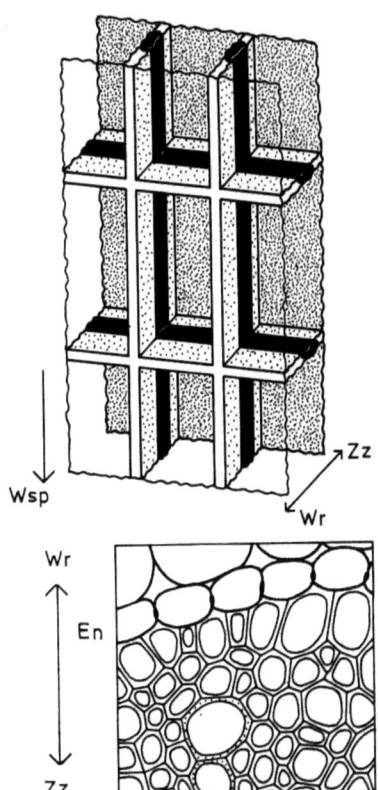

Abb. 3.6. Schematische räumliche Darstellung einer Wurzelendodermiszelle mit Anschnitten von 8 angrenzenden Zellen (obere Zeichnung). Die angeschnittenen Wände sind durch Wellenlinien gekennzeichnet, der Casparysche Streifen ist schwarz eingezeichnet. Die räumliche Lage des gezeichneten Ausschnittes aus der Endodermis in bezug auf die wichtigsten Wurzelgewebe wird durch die Beschriftung wiedergegeben (s. auch Wurzelquerschnitt: untere Zeichnung). Wsp = Wurzelspitze, Wr = Wurzelrinde, Zz = Zentralzylinder, En = Endodermis

ist mit Sicherheit eine Inkruste. Nach allem, was wir bisher über solche Inkrusten gehört haben, dürfen wir annehmen, daß die Beweglichkeit von Wasser, Ionen und anderen niedermolekularen Stoffen in der Zellwand durch den Casparyschen Streifen stark behindert wird. Trifft dies zu, so ergibt sich aus der besonderen Anordnung des Casparyschen Streifens in den Radialwänden der Endodermis (Abb. 3.6.), daß an dieser Stelle der gesamte Radialtransport außerhalb des Cytoplasmas stark behindert oder vollkommen blockiert sein muß. Entsprechende Überlegungen lassen sich für die dem Casparyschen Streifen analogen Bildungen anstellen, die bei fast allen bisher genau untersuchten Drüsengeweben gefunden wurden (FREY-WYSSLING, 1935; SCHNEPF, 1969; LÜTTGE, 1969).

Die in Abbildung 3.6. gewählte schematische Darstellungsweise läßt auch erkennen, daß für die Blockierung des Radialtransportes durch die Endodermis neben der diskutierten Rolle des Casparyschen Streifens auch ein lückenloses Zusammenhängen der Endodermiszellen erforder-

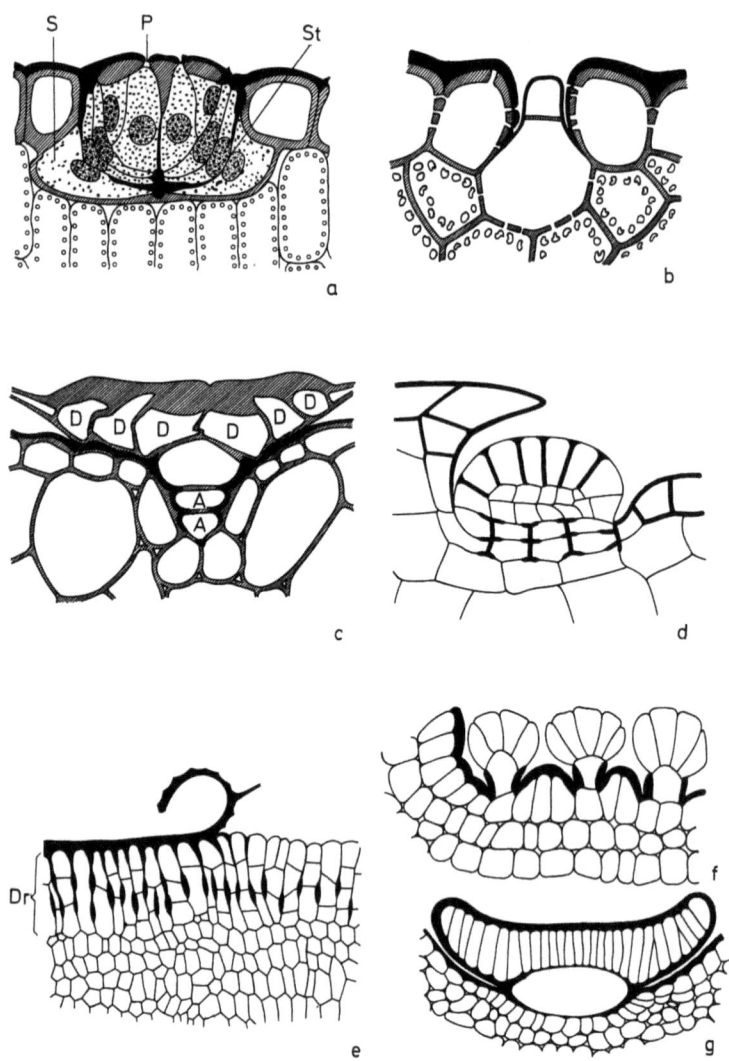

Abb. 3.7. Dem Casparyschen Streifen analoge Cutinisierungen bei einigen Drüsen. Die cutinisierten Zellwände sind in den schematischen Querschnitten schwarz angegeben. a Salzdrüse aus der Blattepidermis von *Statice gmelinii*. P = Sekretionsporen, S = Sammelzelle, St = Durchlaßstellen. (Nach RUHLAND, 1915, aus ARISZ et al., 1955). b Drüse von *Spartina*. (Aus HELDER, 1964). c Saugschuppe von *Tillandsia usneoides*. A = Aufnahmezellen, D = Deckelzellen. (Aus DOLZMANN, 1965). d „Überdachte" Verdauungsdrüse von *Nepenthes compacta*. (Aus STERN, 1917). e–g extraflorale Nektarien. (Aus FREY-WYSSLING, 1935). e *Hevea*: die Drüsenzellen (Dr) gleichen dicht gedrängten Drüsenhaaren; die oberflächliche Cutinschicht ist abgesprengt, f Trichomnektarien von *Syringa sargentiana*, g Schuppennektarien von *Glaziova* (s. auch LÜTTGE, 1969)

lich ist. Wäre die Endodermis von Interzellularräumen durchbrochen, könnte trotz des Casparyschen Streifens ein Transport außerhalb des Plasmas, im apoplasmatischen, freien Raum erfolgen, z. B. an der Oberfläche der inkrustierten Zellwände oder in den Interzellularräumen selbst, wenn diese mit Wasser imbibiert wären. Beobachtungen zeigen aber, daß die Endodermen tatsächlich frei von Interzellularen sind.
Es ist für die Pflanzen von großer Wichtigkeit, Transportprozesse einer metabolischen Kontrolle zu unterwerfen, und wir werden noch sehen, daß dabei die Beteiligung des Cytoplasmas eine unumgängliche Voraussetzung ist (Kapitel 7.1.2, 7.1.3). Wenn die Hemmung des Zellwandtransportes durch die Inkrusten so wirksam ist, wie man das auch aufgrund von elektronenmikroskopischen Bildern von Wurzelendodermen und Drüsensystemen anzunehmen geneigt ist, dann können in den Wurzeln und in Drüsen alle Teilchen zu ihrer Wanderung an einer bestimmten kritischen Stelle tatsächlich nur den cytoplasmatischen Weg benutzen. Eine solche Funktion der spezifischen, regelmäßig auftretenden Wandinkrusten im Bereich des Casparyschen Streifens und bei Drüsengeweben bietet die einzige Möglichkeit, diesen merkwürdigen Strukturen einen „Sinn" oder einen Selektionsvorteil beizumessen. Diese Deutung läßt sich auch durch Experimente belegen, bei denen die Translokation z. B. mit radioaktiv markierten Ionen verfolgt wird (KRICHBAUM, LÜTTGE und WEIGL, 1967). Trotzdem wird ihre Richtigkeit von einer Reihe von Transportphysiologen angezweifelt. Es wurden Hypothesen über den Ionentransport durch die Wurzel aufgestellt, die nur zutreffen können, wenn der Casparysche Streifen den radialen Transport außerhalb des Plasmalemmas nicht blockiert. Wenn diese letztere Annahme zutrifft, muß entweder ein Transport in dem Raum zwischen dem Plasmalemma und der Zellwand stattfinden können, oder die oben gegebene Beschreibung der chemischen und cytologischen Natur des Casparyschen Streifens muß unrichtig sein. Ersteres ist wenig wahrscheinlich, denn gerade im Bereich des Casparyschen Streifens ist der Kontakt zwischen dem Plasmalemma und der Zellwand besonders gut. Dies zeigt sich u. a. bei der Plasmolyse von Endodermiszellen. Das Plasmalemma löst sich dabei an den Orten seiner Berührung mit dem Casparyschen Streifen oftmals nicht von der Zellwand ab (Bandplasmolyse). Die zweite Möglichkeit mag eher bis zu einem gewissen Grade zutreffen. Man kann den Casparyschen Streifen zwar cytologisch einwandfrei als Inkruste ansprechen, seine chemische Natur ist aber aus begreiflichen methodischen Gründen nicht weitgehend genug aufgeklärt. Deshalb sind wir nicht absolut sicher, daß er die Zellwand in einer Weise verändert, die einen Transport hydrophiler Teilchen in der Wand vollkommen unmöglich macht. Hat er nicht diese Funktion, ist er eine

jener merkwürdigen Differenzierungen die in der Phylogenie entstanden sind, ohne einen besonderen Selektionsvorteil darzustellen, ohne aber auch hinderlich genug zu sein, um der Unterdrückung und Ausselektierung anheimzufallen.

3.1.2 Zellwandräume als Transportphasen: Das Konzept des *Free Space*

Schon im letzten Abschnitt war aus den beschriebenen Eigenschaften der pflanzlichen Zellwand zu folgern, daß Zellwandräume als Transportwege dienen können. Die Zellwand muß also als beteiligte Phase berücksichtigt werden, wenn wir den Transport zwischen dem Inneren einer Pflanzenzelle und einer Außenlösung betrachten. Der Transport in der Zellwand wird durch die Weite der interfibrillären und intermicellaren Räume und durch die Art und Konzentration ihrer Festionen bestimmt. Er unterscheidet sich kinetisch vom Transport durch die Plasmagrenzschicht, das Plasmalemma, also vom Transport in das Innere der Zelle.

Um dies zu zeigen, bringt man Pflanzenzellen oder Pflanzengewebe aus einer bestimmten Lösung in eine neue Lösung anderer Zusammensetzung, die z.B. einen Stoff S enthält, der zunächst in der Außenlösung nicht enthalten war. Experimentell macht man dies oft, indem man Zellen oder Gewebe aus einer nicht radioaktiven in eine radioaktiv markierte Lösung überführt. Verfolgt man nun die Aufnahme der markierten Teilchen *S in die Zellen in Abhängigkeit von der Zeit, so lassen sich deutlich zwei kinetisch ganz verschiedene Phasen unterscheiden (Abb. 3.8), eine rasche Phase mit einer sehr kurzen Sättigungshalbwertzeit ($t\frac{1}{2}$) in der Größenordnung von wenigen Minuten und eine langsame Phase, in der nach dem Abklingen der ersten Phase die Stoffaufnahme für einige Stunden lang mit konstanter Geschwindigkeit (lineare Aufnahme-Zeit-Kurve) abläuft. Später werden wir sehen, daß man die rasche erste Phase auch beobachten kann, wenn man die Zeitabhängigkeit der Auswaschung radioaktiver Teilchen aus einem zuvor mit diesen Teilchen „aufgeladenen" Gewebe mißt (Kap. 4.2.3, Abb. 4.8). Durch die Benutzung von Stoffwechselinhibitoren und niedrigen Temperaturen kann man die beiden in Abbildung 3.8 dargestellten Zeitphasen noch näher charakterisieren. Nur die langsame Phase wird durch die Hemmung metabolischer Reaktionen beeinflußt, sie steht offenbar unter der Kontrolle des lebenden Cytoplasmas, und man bezeichnet sie als die Phase der eigentlichen Akkumulation. In der ersten Phase erfolgt die Stoffaufnahme offenbar ungehindert durch die Plasmabarriere und so rasch, als wäre ein bestimmter Teil der Zellen

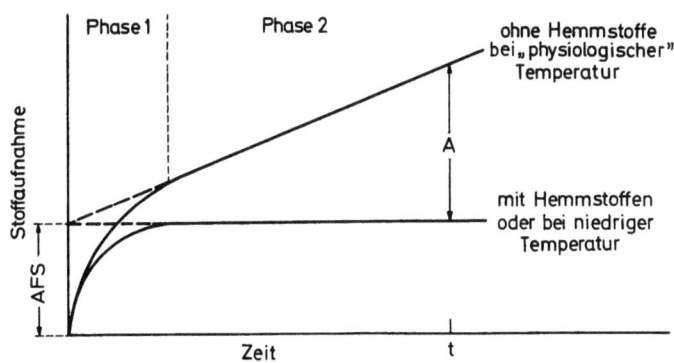

Abb. 3.8. Stoffaufnahme durch pflanzliches Gewebe. *Phase 1* = Eindringen der Stoffe in den „*apparent free space*" (AFS). *Phase 2* = Akkumulation. *Phase 2* ist Stoffwechselabhängig und kann durch niedrige Temperaturen und Inhibitoren gehemmt werden. A = zur Zeit t akkumulierte Stoffmenge. - - - = Bestimmung des AFS durch Extrapolation. (Nach BRIGGS et al., 1961, verändert)

oder der Gewebe für die Teilchen frei zugänglich. Deshalb spricht man von der Aufnahme in einen freien Raum, in den *apparent free space* (AFS).

Die Größe des AFS kann man z. B. durch die lineare Extrapolation der sich in der zweiten Phase ergebenden Aufnahme-Zeit-Kurve bis zum Nullpunkt der Zeitachse bestimmen (Abb. 3.8) und in % des gesamten Zell- oder Gewebevolumens ausdrücken. Schon in den Anfängen der Erforschung des AFS wurde klar, daß sich dabei erhebliche technische Schwierigkeiten ergeben. Man muß bei der Ermittlung der Stoffaufnahme die oberflächlich anhaftende Außenlösung sorgfältig entfernen. Dies gelingt aber aus prinzipiellen Gründen nicht vollständig, und zwar weder durch sorgfältiges Abtupfen mit saugfähigem Papier noch durch kurzes Abspülen mit einer nicht radioaktiven Waschlösung.

Kehren wir, um dies zu verstehen, noch einmal zu unserem einfachen Außen-(Membran)-Innen-Modell zurück und nehmen wir an, daß die Lösungen auf beiden Seiten der Membran gut gerührt werden (Abb. 3.9). c_o sei die Außen-, c_i die Innenkonzentration. Trotz des Rühreffektes sind die Konzentrationen in unmittelbarer Nachbarschaft der Membran aber nicht die gleichen wie im Hauptraum des Außen- und des Innenkompartimentes. Es bildet sich ein Konzentrationsprofil aus, wie es in Abb. 3.9 gezeigt ist (DAINTY, 1963), und die Konzentrationen an der Membran sind c'_o bzw. c'_i, wobei $c_o > c'_o$ und $c_i < c'_i$. Dieses Phänomen kann dazu führen, daß die aufgrund von Gleichung (2.4) ermittelten Permeabilitätskoeffizienten zu niedrig sind, denn $\Delta c > \Delta c'$ und der eigentliche Permeabilitätskoeffizient der Membran P^M ist nicht (entsprechend 2.4)

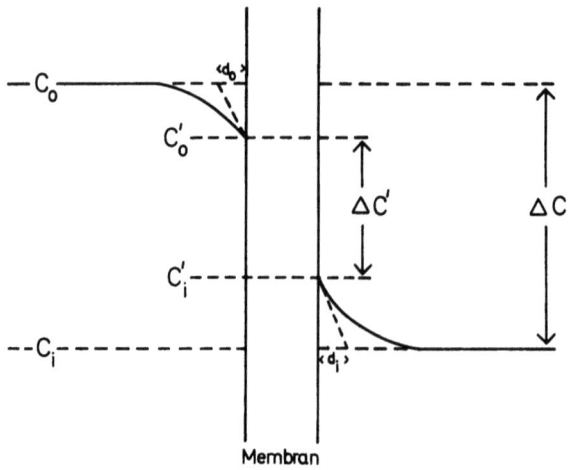

Abb. 3.9. Konzentrationsprofil an einer Membran. Nach DAINTY (1963) aus SLATYER (1967). Erklärung der Symbole im Text

$$P = \frac{\Phi}{\Delta c}, \qquad (3.1)$$

sondern

$$P^M = \frac{\Phi}{\Delta c'}. \qquad (3.2)$$

Aus dem Konzentrationsprofil ergibt sich, daß an der Membranoberfläche eine Lösungsschicht von bestimmter Dicke (die effektive Dicke ist d_o bzw. d_i) nicht voll erfaßt wird. Im angelsächsischen Schrifttum wird diese Schicht als „*unstirred layer*" bezeichnet. Bei Versuchen mit lebenden Zellen ist der Rühreffekt auf der Innenseite wegen der Plasmaströmung meist sehr viel wirkungsvoller als auf der Außenseite. Die innere „*unstirred layer*" wird bei solchen Experimenten meist vernachlässigt. Wenn man nicht annimmt, daß das Cytoplasma eine einzige, gut durchmischte Phase darstellt, ist man zudem mit der Cytoplasmakompartimentierung konfrontiert, und d_i ist keine praktikable Größe.

Das Volumen des äußeren Oberflächenfilmes muß man bei der AFS-Bestimmung berücksichtigen, wenn man das Volumen des Zell- oder Gewebe-AFS erhalten will. Man kann den Oberflächenfilm aufgrund von theoretischen Erwägungen berechnen oder man bestimmt ihn experimentell z. B. indem man ihn durch Zentrifugieren des Gewebes entfernt (INGELSTEN und HYLMÖ, 1961) oder ihn mit Hilfe von mikroautoradiographischen Verfahren ermittelt (KRICHBAUM, LÜTTGE und WEIGL, 1967).

Nach entsprechenden Korrekturen ergeben sich AFS-Volumina zwischen 8 und 25% des gesamten Gewebevolumens.
Für geladene Teilchen gliedert sich der AFS in zwei verschiedene Komponenten, denn wir haben gesehen, daß Ionen nicht nur in Lösung in den Zellwandräumen diffundieren, sondern auch an den Festionen in der Zellwand ausgetauscht werden können. Dementsprechend unterscheidet man einen *water free space* (WFS) und einen *Donnan free space* (DFS) und es gilt:

$$WFS + DFS = AFS. \tag{3.3}$$

Der DFS hängt von der Art und der Konzentration der Festionen in der Zellwand ab, und da die Zellwand sehr viel mehr negative als positive Festionen enthält, ist der DFS für Kationen viel größer als für Anionen. Für das Gewebe roter Rüben wurde ein DFS von 2% des Gewebevolumens ermittelt (BRIGGS et al., 1958).
Bei vielen pflanzenphysiologischen Transportuntersuchungen wirkt sich der AFS störend aus. Dem Transport durch die Plasmamembran in die Zelle hinein, für den man sich oft besonders interessiert, ist die Diffusion und der Ionenaustausch in der Zellwand überlagert. Man muß also eine Korrektur vornehmen, wenn man die Akkumulation als solche messen will. Bei Versuchen mit radioaktiv markierten Teilchen (vor allem mit Ionen), auf deren Ergebnissen zahlreiche der weiter unten behandelten Erkenntnisse beruhen, kann man diese Korrekturen experimentell vornehmen. Am Ende der Versuche bringt man das Gewebe für kurze Zeit in eine nicht-markierte eiskalte Lösung und tauscht die im WFS und DFS befindlichen markierten Teilchen durch nichtmarkierte Teilchen aus. Die erniedrigte Temperatur beeinflußt die Halbwertzeit für diesen Austausch nur geringfügig, hemmt aber den Austritt von Teilchen aus dem Cytoplasma und der Vacuole ebenso wie die Aufnahme in das Zellinnere (Abb. 3.8). Unabhängig davon, ob die Stoffaufnahme und die Stoffabgabe durch das Plasmalemma hindurch metabolische oder passive Transportvorgänge sind, haben sie höhere Q_{10}-Werte als der Transport im AFS (s. Kap. 2.3.3). Auf diese Weise kann man den AFS vollkommen austauschen, ohne eine nennenswerte Menge Radioaktivität aus der Zelle selbst zu verlieren. Anschließend an die Auswaschung des AFS kann man die in der Zelle aufgenommenen Stoffmengen messen. Die optimale Auswaschdauer muß man für jedes Gewebe und für jede untersuchte Teilchensorte neu bestimmen (s. auch CRAM, 1969; CRAM and LATIES, 1971). Die hier beschriebene Methode der AFS-Korrektur wird viel häufiger angewandt als die in Abb. 3.8 gezeigte Extrapolation.

3.2 Die Membranphase

3.2.1 Die historische Entwicklung der Membranforschung

3.2.1.1 Das Danielli-Davsonsche Membranmodell und das Konzept der „unit membrane" (Elementarmembran)

Die Erforschung biologischer Membranen kann bereits auf eine recht lange Geschichte zurückblicken. Ihr Beginn fällt zusammen mit der Untersuchung des Verhaltens langkettiger amphipolarer Moleküle (z. B. Fettsäuren, Lipide) bei der Filmbildung an Wasser-Luft-Grenzflächen (LANGMUIR, 1917 a, b, 1933). Fettsäuremoleküle tauchen mit ihrem hydrophilen Pol in die wäßrige Phase ein und stehen mit ihrer Längsachse senkrecht zur Wasseroberfläche, so daß das hydrophobe oder lipophile Ende der Fettsäurekette aus der wäßrigen Phase herausragt. Ein erster Höhepunkt der Membranforschung wurde durch eine Entdeckung erreicht, die GORTER und GRENDEL 1925 bei Analysen roter Blutkörperchen machten. Sie kamen zu dem Ergebnis, daß die aus roten Blutkörperchen extrahierten Lipide bei einer solchen regelmäßigen und gedrängten Anordnung eine Fläche einnehmen, die gerade doppelt so groß ist wie die Oberfläche der Erythrocyten.

Aus den Versuchen von GORTER und GRENDEL mußte man entnehmen, daß die Membran der Erythrocyten von einer bimolekularen Lage von Lipidmolekülen gebildet wird. Dabei sollten die Außenflächen der Membran von den hydrophilen Enden der Moleküle besetzt sein und die senkrecht zur Membranoberfläche stehenden hydrophoben Ketten das Innere der Membran bilden.

Ein wichtiger neuer Baustein für die Konzeption des Membranmodells ergab sich dann aus Messungen von Oberflächenspannungen. Die Oberflächenspannung von Erythrocyten, Seeigel-, Mollusken- und Salamandereiern in Wasser erwies sich als sehr verschieden von der Oberflächenspannung von Lipidtröpfchen (z.B. von Öl aus Makreleneiern) in Wasser (Tabelle 3.1.). Im Cytoplasma befindliche Öltröpfchen verhielten sich in dieser Hinsicht aber wie die Zelloberfläche und nicht wie Öltröpfchen in Wasser. Zur Erklärung der herabgesetzten Oberflächenspannung der Zellmembranen mußte man annehmen, daß sich die Lipidfilme plasmatischer Grenzflächen mit oberflächenaktiven Substanzen aus dem Plasma verbinden (DANIELLI und HARVEY, 1935). DANIELLI und DAVSON (1935) schlugen daraufhin ein Membranmodell vor, nach dem die nach außen gerichteten hydrophilen Pole der Lipidmoleküle mit globulären Proteinen über Wasserstoffbrücken- und Salzbindungen eine Verbindung eingehen, so daß die Membranoberflächen

Tabelle 3.1. Oberflächenspannungen von Öltröpfchen und von Zellen

	Oberflächenspannung [dyn · cm^{-1}]
Öltröpfchen in Wasser	7 –10
Erythrocyten, Seeigel-, Mollusken-, Salamandereier	0,2– 0,8
Öltröpfchen im Cytoplasma	0,6

von Proteinfilmen gebildet werden und die Membran als ganzes einen Lipoprotein-Komplex darstellt (Abb. 3.10. a).
Die Lipoprotein-Natur der biologischen Membranen wurde bald weiter bestätigt. Man fand, daß Öltröpfchen, die man in Seeigeleier injizierte, im Plasma mit einem Proteinfilm überzogen wurden (cf. HARVEY, 1954). Die moderne Membranforschung, von der wir im nächsten Abschnitt hören werden, hat mit ihrer hochentwickelten Methodik über jeden Zweifel bewiesen, daß biologische Membranen Lipoprotein-Komplexe darstellen.
Auch die von DANIELLI und DAVSON in ihrem Modell angenommene Anordnung der Lipide und Proteine schien sich zunächst zu bestätigen, und zwar zuerst durch Untersuchungen mit Röntgenstrahlen, dann vor allem aber durch die Elektronenmikroskopie. Als die ersten einigermaßen brauchbaren, elektronenmikroskopischen Aufnahmen biologi-

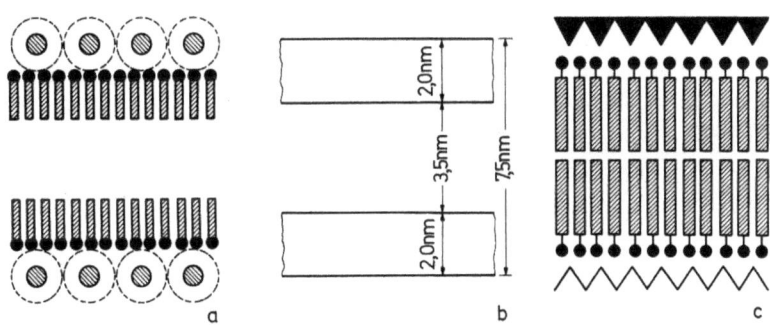

Abb. 3.10. Danielli-Davsonsches Membranmodell und „unit membrane". a Membranmodell von DANIELLI und DAVSON (1935). Der Lipidfilm aus einer doppelten Lage von Molekülen ist auf beiden Seiten von einem Proteinfilm bedeckt. Das Innere der Membran wird durch eine hydrophobe Lipidregion (schrägschraffierte Blöcke) gebildet, die hydrophilen Gruppen (schwarze Kreise) sind nach der Oberfläche zu orientieren. b Elektronenmikroskopisches Bild einer Membran nach Fixierung mit KMnO$_4$ oder OsO$_4$ mit durchschnittlichen Abmessungen. c Modell der „unit membrane" aus J.D. ROBERTSON (1964) entsprechend dem Modell von DANIELLI und DAVSON (s. a). Durch verschiedene Proteinfilme auf beiden Seiten ist die Membran asymmetrisch

scher Zellen und Gewebe möglich wurden, sah man, daß alle biologischen Membranen als zwei paralelle, dunkle Linien kontrastierten. Entsprechende Bilder erhielt man mit künstlichen Lipidmembranen (künstliche Myelinfiguren). An solchen Modellmembranen hat man mit großer Akribie zu beweisen versucht, daß die in der Elektronenmikroskopie zunächst benutzten Fixierungs- und Kontrastierungsmittel $KMnO_4$ und OsO_4 an den hydrophilen Enden der Lipidmoleküle gebunden werden. Trotz mancher Einwände (cf. KORN, 1966) konnten gewichtige Argumente dafür vorgebracht werden, daß die Moleküle des Fixierungsmittels in den biologischen Membranen dort eingelagert werden, wo nach dem Danielli-Davson-Modell die hydrophilen Pole der Lipidmoleküle mit den Proteinmolekülen verbunden sind (STOECKENIUS, 1959, 1960; STOECKENIUS et al. 1960), so daß die beiden im Elektronenmikroskop erkennbaren dunklen Linien diesen Zonen der Danielli-Davsonschen Membran maßstäblich so entsprechen, wie es in der Nebeneinanderstellung von Abbildung 3.10 a und b gezeigt wird.

Alle Membranen schienen das gleiche Aussehen zu haben. Besser würde man vielleicht sagen, sie schienen auf die zur Elektronenmikroskopie nötige Fixierung gleichartig zu reagieren, d.h. in dieser Hinsicht die gleichen Eigenschaften zu haben. Das führte J.D. ROBERTSON zur Konzipierung der Idee der *„unit membrane"* nach der alle Membranen analog aufgebaut und ontogenetisch oder phylogenetisch gemeinsamen Ursprungs sind (ROBERTSON, 1964). Eine Skizze der *„unit membrane"* nach ROBERTSON (Abb. 3.10 c) unterscheidet sich vom Danielli-Davson-Modell nur hinsichtlich der Annahme einer durch unterschiedliche Proteinfilme an beiden Membranflächen zustande kommenden Asymmetrie.

3.2.1.2 Membrantransport-Theorien und das Danielli-Davson-Modell

A. Die Lipidtheorie der Permeation. Parallel zu der Entwicklung konkreter Vorstellungen über den Bau der Membranen, die schließlich in der Formulierung des Danielli-Davson-Modells gipfelten, entstanden Hypothesen über den Mechanismus der Permeation durch biologische Membranen. Die älteste der berühmten Membrantransporttheorien ist die Lipidtheorie der Permeation (OVERTON, 1899; cf. WARTIOVAARA und COLLANDER, 1960). Man hatte eine Menge Daten zusammengetragen, die zeigten, daß lipidlösliche Substanzen im allgemeinen leichter permeieren als weniger lipophile Stoffe. So steigt die Membranpermeabilität z.B. für Alkohole mit wachsender Länge der Kohlenstoffkette, d.h. mit steigender Lipophilität des Moleküls. Die Lipidtheorie der Permeation fußt also auf dem Nernstschen Satz über die Verteilung einer Teilchensorte in zwei verschiedenen, aneinandergrenzenden Lösungsmittelphasen. Der Quotient der Konzentration der Teilchen in beiden Phasen ist nur von der Natur der Teilchen und der Phasen abhängig, aber unabhängig von der Größe der Einzelkonzentrationen. Für unser Beispiel gilt also bei isotherm-isobaren Bedingungen:

$$\frac{c_{Lipidphase\ der\ Membran}}{c_{Außenlösung}} = const. \tag{3.4}$$

Man kann sich leicht ausmalen, daß die Permeation aus einer Außenphase durch eine geschlossene Lipidmembran in die Innenphase für lipophile Stoffe sehr viel leichter sein muß, als für hydrophile Teilchen (Abb. 2.11). Dies ist der Inhalt der Lipidtheorie der Permeation. Aus Abbildung 3.10 a und c wird ohne weiteres klar, daß diese Vorstellungen mit dem Danielli-Davsonschen Membranmodell in Einklang stehen.

B. Die Ultrafiltertheorie und die Lipidfiltertheorie der Permeation. Nun ergibt sich eine Schwierigkeit der Lipidtheorie der Permeation schon aus den oben (Kap. 2.3.3.2.2) zur Wasserpermeabilität gemachten Angaben. Wassermoleküle, also extrem „hydrophile" Teilchen, permeieren besonders leicht. Zudem fand man, daß die Quotienten $\frac{c_{Lipidphase}}{c_{Wasser}}$, die ja bei gegebener Zusammensetzung der Lipidphase für die permeierenden Teilchen charakteristisch sind (3.4), bei der Permeation oftmals weniger entscheidend zu sein scheinen als die Molekülgröße. Bei einer ganzen Reihe von Substanzen ist das von den Molekülen eingenommene Volumen für die Permeation ausschlaggebend; je kleiner die Teilchen sind, desto größer ist ihre durch den Permeabilitätskoeffizienten (P) gegebenen Permeabilität. Auf diese Befunde gründete RUHLAND seine Ultrafiltertheorie der Permeation (RUHLAND 1912; RUHLAND und HOFFMANN, 1925). Diese Theorie nimmt eine Siebwirkung der Membran an.

Man mußte also postulieren, daß biologische Membranen von feinen Poren durchsetzt sind. Das Danielli-Davsonsche-Membranmodell wurde durch die Annahme wassergefüllter Poren ergänzt, die von den hydrophilen Polen der Lipidmoleküle und der aufgelagerten Proteinschicht ausgekleidet sein sollen (Abb. 3.11).

Mit dieser Modifikation wird das Danielli-Davsonsche Membranmodell auch der Ultrafiltertheorie der Permeation gerecht. Die Frage nach den Poren in biologischen Membranen ist aber ein so wichtiges Problem, daß wir ihr anschließend einen besonderen Absatz widmen müssen.

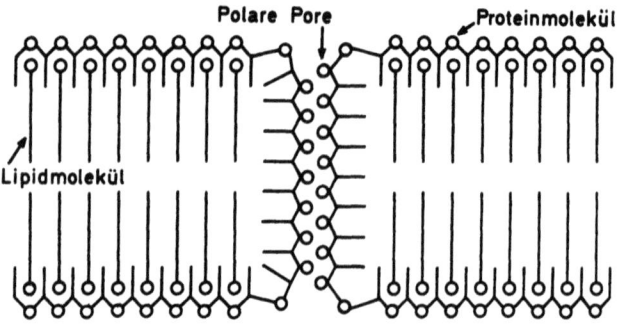

Abb. 3.11. Danielli-Davsonsches Membranmodell mit von Protein ausgekleideten hydrophilen Poren. (Aus BRANTON and DEAMER, 1972)

Es ist nicht zu übersehen, daß sich beide Theorien, die Lipid- und die Ultrafiltertheorie der Permeation nicht gegenseitig ausschließen. COLLANDER (WARTIOVAARA und COLLANDER, 1960) vereinigte sie deshalb zur Lipid-Filter-Theorie, und HÖFLER (1958, 1959, 1960, 1961) sprach später von der Zwei-Weg-Theorie. Die permeierenden Teilchen sollen danach je nach ihren Eigenschaften bevorzugt durch die Lipidphase oder durch die Poren wandern.

3.2.1.3 Membranporen

Wir haben oben gesehen, daß der an Membranen auftretende *Siebeffekt* in trivialer Weise zu der Annahme führen muß, daß lebende Membranen von Poren durchsetzt seien. Man kann durch entsprechend verfeinerte Versuche mit hydrophilen Molekülen bekannter Dimensionen, vor allem unter Berücksichtigung der Länge und Dicke der Moleküle und der Freiheitsgrade der Rotation in engen Poren, sogar zu Schätzungen der Porendurchmesser gelangen. Man findet für die Membran von Rindererythrocyten einen Porendurchmesser von ca. 0.4 nm. Weitere Hinweise für die Ultrafilter-Natur biologischer Membranen sollen im Folgenden zusammengetragen werden.

Mit Hilfe einer porösen Membran läßt sich auch die Bedeutung des Reflexionskoeffizienten (σ) hydrophiler Teilchen besonders anschaulich machen (Kap. 2.1.4, Abb. 2.3). σ ist ein Maß für den Reibungswiderstand in den Poren. Wiederum rein trivial ergibt sich aus $\sigma = 0$, daß keine Wechselwirkung zwischen den Teilchen und der Membranmatrix eintritt. Die Reibung ist dann die gleiche wie bei der Diffusion in freier Lösung, der Porenradius muß also sehr viel größer sein als der Durchmesser der wandernden Teilchen. Bei $\sigma = 1$ kann man sich vor-

stellen, daß die Teilchen zu groß sind, um überhaupt in die Poren einzudringen.
Unter Anwendung der Thermodynamik irreversibler Prozesse, die wir oben nur ganz kurz gestreift haben (s. 2.40 – 2.44), kann man zu genaueren Formulierungen gelangen und den Porenradius bestimmen, wenn man annimmt, daß die meßbare Größe σ (s. Gleichung (2.44)) eine Funktion der Ausmaße der gelösten Partikel sowie der Lösungsmittelteilchen (bekannte Größen) und des Porenradius (zu bestimmende Größe) ist (PASSOW, 1963). Diese Deutung des Reflexionskoeffizienten σ gilt natürlich nur für hydrophile Teilchen, die durch hydrophile Poren wandern. Für lipophile Teilchen ist der Reflexionskoeffizient immer $\sigma < 1$ (DAINTY und GINZBURG, 1964). Er hängt hier von anderen Parametern als der Molekülgröße und dem Porendurchmesser ab (Kap. 3.2.1.2 A.). Die verschiedene Bedeutung des Reflexionskoeffizienten für lipophile und hydrophile Stoffe ist ein anderer Ausdruck für die Zweiwegtheorie.
Ein weiteres wichtiges Argument für die Existenz von Poren in Membranen ist das Phänomen des „solvent drag". Wiederholen wir noch einmal mit etwas anderen Worten das in Kapitel 2.1.4 und 2.3.2.2 über den Wassertransport durch Membranen Gesagte (s. besonders Gleichung (2.7)). Das Wasser wandert getrieben durch sein Konzentrationsgefälle ($\Delta\pi$), und wir können dies als die Diffusionskomponente des Wassertransportes bezeichnen. Gleichzeitig wird Wasser durch ein Gefälle des hydrostatischen Druckes (ΔP), das sich ausbildet, wenn $0 < \sigma < 1$, als laminare Strömung bewegt. Der beobachtete Volumenfluß ist eine Resultierende aus den beiden entgegengesetzten Prozessen. Durch die laminare Strömung des Wassers (solvent) werden Moleküle des gelösten Stoffes (solute) mitgerissen, ihre Reibung in den Membranporen ist aber größer als die der Wassermoleküle. Die Teilchen des gelösten Stoffes werden außerdem durch die in entgegengesetzter Richtung diffundierenden Lösungsmittelteilchen gebremst. Dieses Phänomen des „solvent drag" kann man ohne das Vorhandensein von Poren kaum erklären. Mit Hilfe geeigneter Gleichungen kann man auch aus dem „solvent drag" den Porenradius ermitteln, und man erhält für verschiedene tierische Membranen Werte in der Größenordnung von 0.4–0.5 nm.
Untersucht man die Selbstdiffusion des Wassers durch eine Membran mit Hilfe von Isotopen (DHO, THO), kann man finden, daß die Wasserpermeation bei Vorhandensein einer hydrostatischen Druckdifferenz mit anderer Geschwindigkeit abläuft als bei $\Delta P = 0$, d.h. wenn nur die Diffusionskomponente des Wassertransportes als treibende Kraft wirksam ist. Dieses Phänomen kann man sich ebenfalls nur durch eine

durch den hydrostatischen Druck getriebene laminare Strömung durch Poren erklären. PASSOW (1963) hat dies eingehender formuliert. Die Diffusion durch Poren ist nur von der zur Verfügung stehenden Diffusionsfläche abhängig, d.h. sie ist dem Porenradius in der zweiten Potenz proportional, während die laminare Strömung entsprechend hydrodynamischer Gesetze der 4. Potenz des Radius proportional ist.

Das Gegenstück zum „*solvent drag*" ist der „*solute drag*" (SITTE, 1966). Er tritt bei der Elektroosmose auf und ist ein Mitreißen von Lösungsmittelteilchen (H_2O) durch in einem elektrischen Feld wandernde Ionen. Dabei sind die Wechselbeziehungen zwischen Ionen, Wassermolekülen und der Porenwand ausschlaggebend. Die Wechselbeziehungen zwischen den Ionen und den Wassermolekülen sind bei großen, von einer beträchtlichen Hydrathülle umgebenen Ionen stärker als bei kleinen Ionen. Man kann sich vorstellen, daß die im elektrischen Feld wandernden Ionen sich in engen Poren wie Stempel bewegen. Je größer die Ionen sind, desto mehr Wasser werden sie dabei durch die Poren vor sich her bewegen. Dies hat natürlich eine Grenze, wenn der Durchmesser der Ionen mit ihrer Hydrathülle den Porendurchmesser erreicht. FENSOM und Mitarbeiter fanden bei *Nitella*-Zellen, daß der elektroosmotische Wirkungsgrad gegeben durch die Anzahl der pro Kation transportierten Wassermoleküle, der Größe der hydratisierten Ionen proportional ist:

Ion	Ca^{++}	Li^+	Na^+	K^+	H^+
Elektroosmotischer Wirkungsgrad (= Anzahl der pro Kation transportierten Wassermoleküle)	218	186	178	114	44

Auf diese Weise kann man wenigstens zu relativen Porengrößen gelangen (FENSOM and DAINTY, 1963; FENSOM et al., 1965; 1967; FENSOM and WANLESS, 1967). Auch die Elektroosmose ist also durch das Vorhandensein von wäßrigen Poren in der Membran zwanglos zu erklären.

Dennoch sind durch alle diese Methoden und Argumente nur Indizien, keine Beweise für das Vorhandensein von Poren in Membranen zu finden. PASSOW hat sehr eindringlich dargelegt, daß damit keinerlei Aussagen über das Aussehen der Poren gemacht werden können. Man darf damit keinesfalls die Vorstellung von zylindrischen, senkrecht zur Membranoberfläche stehenden Kanälen verbinden, wie das durch das im allgemeinen Sprachgebrauch übliche Verständnis des Begriffes „Pore" vielleicht nahegelegt wird. Membranen sind keine starren Gebilde, und man braucht sich nicht zu wundern, daß man dieser

Vorstellung entsprechende Poren auf elektronenmikroskopischen Bildern nie zu sehen bekommen hat.
Ein weiterer Einwand gegen die Porenhypothese ist der hohe elektrische Widerstand künstlicher Lipidfilme (10^5–10^8 $\Omega \cdot cm^{-2}$) und lebender Lipoproteinmembranen (10^3–10^5 $\Omega \cdot cm^{-2}$).
Man darf also nicht annehmen, daß die Poren – wenn es sie gibt – dauerhafte Strukturen in der Membran sind, sondern kann sich allenfalls vorstellen, daß sie in statistischer Weise sich öffnende und schließende Membranbereiche darstellen. Von Poren-„Radien" kann man deshalb eigentlich nicht sprechen. Die durch die oben qualitativ beschriebenen Verfahren ermittelten Porenradien bezeichnet man deshalb besser als „Äquivalent-Radien" (SOLOMON, 1961), oder man verzichtet ganz auf den Begriff des Porenradius und charakterisiert die untersuchte Membran durch die jeweils wirklich gemessenen Größen und Parameter (PASSOW, 1963).
Man sieht sich also in einem Dilemma, denn man kennt zahlreiche Phänomene, die sich zwanglos durch die Porenhypothese deuten lassen und dennoch hat man keinen einwandfreien Beweis für das Vorhandensein von Poren. Wir werden im nächsten Abschnitt sehen, wie moderne Membranmodelle vielleicht einen Ausweg erkennen lassen.
Zunächst bleibt festzustellen, daß das um die Poren ergänzte Danielli-Davsonsche Membranmodell einmal eine in sich geschlossene Hypothese darstellte und für geraume Zeit alle bekannten Membranphänomene zwanglos zu erklären vermochte. Die hier geschilderte erste Phase der Membranforschung war von Anfang an stets molekulare Biologie, obwohl ihre Anfänge weit zurückreichen. Die moderne Molekularbiologie hat das in dieser ersten Phase der Membranforschung gesichert und erreicht Geglaubte mehr oder weniger stark in Frage gestellt.

3.2.2 Die moderne Membranforschung

Durch neue methodische Entwicklungen ist die Membranforschung in eine Phase so rascher Expansion eingetreten, daß sich eine knappe Übersicht schwer gewinnen läßt. Man ist sich einig, daß das Danielli-Davsonsche Modell nicht mehr ausreicht und modifiziert oder ersetzt werden muß. Es gibt aber keine neue, in sich geschlossene und verallgemeinernde Hypothese über den Membranbau. An ihre Stelle tritt eine Vielzahl einzelner Modellspekulationen.
Die neue Entwicklung hat verschiedene Ursachen, die vor allem methodischer Natur sind. Die moderne makromolekulare Chemie erlaubt heute sehr viel detailliertere Untersuchungen von Proteinen und Lipo-

proteinkomplexen als während der ersten Phase der Membranforschung. Zellfraktionierungen schaffen die Möglichkeit der Untersuchung spezifischer Membranen. Insbesondere den Chloroplasten und den Mitochondrien gilt das Interesse der Biochemiker und Biophysiker, die Strukturgebundene, an Membranen ablaufende Prozesse der Energieübertragung studieren. Die Elektronenmikroskopie liefert durch technisch hochentwickelte Instrumente, durch neue Präparationsmethoden (z. B. Gefrierätzung) und durch verfeinerte Fixierungsmethoden immer bessere Bilder von Biomembranen.

Wir werden unten einige der gegenwärtig diskutierten Membranmodelle kennenlernen. Unterschiedliche Membranmodelle gibt es heute nicht nur, weil man sich über Details nicht einig ist, sondern auch, weil einzelne Membranen innerhalb der Zelle ganz verschiedene Aufgaben haben und deshalb unterschiedliche molekulare Struktur besitzen müssen. Damit verliert auch die *„unit membrane"* – Hypothese an Leuchtkraft, wenigstens soweit sie gleiches Aussehen, gleiche Struktur und enge Verwandtschaft aller Membranen impliziert. Man kann sie als Elementarmembran-Hypothese verstehen (SITTE, 1966), wenn man sich die Membranen als elementare morphologische Einheiten von variierendem molekularen Feinbau denkt.

3.2.2.1 Moderne Membranmodelle

A. Was lehren uns die Untersuchungen an Mitochondrien und Chloroplastenmembranen? Mitochondrien und Chloroplasten sind von doppelten Membranhüllen, also von zwei Elementarmembranen, umgeben. Einstülpungen der inneren Membran bilden durch Verästelung und Verzweigung besondere Membransysteme, die Cristae, Tubuli oder Sacculi bei den Mitochondrien und die Thylakoide bei den Chloroplasten. In diesen Membranen sind die Systeme der biologischen Energieübertragung lokalisiert.

Diese Systeme bestehen bei den Mitochondrien aus den Enzymen und Kofaktoren der Atmungskette, die zu spezifischen Komplexen zusammengefaßt sind. Die so gebildeten „Atmungseinheiten" sind in der Membran auf ganz bestimmte Weise orientiert (cf. LEHNINGER, 1964).

Die Thylakoidmembranen der Chloroplasten enthalten die photosynthetischen Pigmente, die in das Ordnungsprinzip zwischen Enzymen und Kofaktoren einbezogen sind. Die einzelnen Pigmentmoleküle treten dabei in definierte Beziehungen zueinander. Sie bilden Pigmentkomplexe, in denen die absorbierten Lichtquanten Elektronen anregen und auf ein erhöhtes Energieniveau anheben, das sich die Zelle dann über verschiedene einzelne Redoxschritte und damit gekoppelte Phosphorylierungsreaktionen nutzbar machen kann. Durch die Verankerung der verschiedenen Enzyme, Pigmente und Kofaktoren in der Membranmatrix und durch ihre spezifische räumliche Orientierung wird ihr Zusammenwirken so koordiniert, daß die sich an ihnen abspielenden Reaktionen ebenfalls räumlich gerichtet sind. Nach der Mitchell-Hypothese (MITCHELL, 1961, 1962; ROBERTSON, 1968) findet sowohl an den Cristae-Membranen als auch an den Thylakoid-Membranen eine Ladungstrennung nach dem Schema

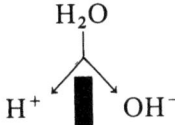

statt. Die H^+- und die OH^-- Ionen bleiben zunächst durch die Membran getrennt. Die in dem so geschaffenen Potentialgradienten enthaltene Energie kann von der Zelle auf verschiedene Weise genutzt werden.

Die an den Mitochondrien- und Chloroplastenmembranen ablaufenden Energie-bereitstellenden Reaktionen sind für den metabolischen Transport von ebenso großer Bedeutung wie für alle anderen Energieverbrauchenden Prozesse in der Zelle. Wir werden uns im 5. und 6. Kapitel damit befassen, werden uns dabei aber nur eines überaus stark vereinfachten Membranschemas bedienen (Abb. 5.4). Es ist dies nicht der Ort, auf die Erforschung der Struktur dieser hochspezialisierten Membranen näher einzugehen. Schon die hier gemachten allgemeinen Bemerkungen erlauben aber einige für unsere weiteren Betrachtungen wichtige Aussagen über Eigenschaften, die Membranen prinzipiell haben können:

i) Membranen sind sehr komplexe Strukturen. Sie bestehen nicht nur aus einer Grundmatrix, aus Strukturprotein und Lipiden, sondern können hochspezifische Enzym-, Pigment- und Kofaktormoleküle enthalten.

ii) Membranen können durch Variation der an ihrem Aufbau beteiligten Moleküle je nach ihrer Funktion ganz verschiedene molekulare Strukturen besitzen.

iii) Der Membranbau führt zu einem hohen Maß an Ordnung. Verschiedene spezifische Moleküle bilden komplexe Funktionseinheiten.

iv) Die enzymatische Katalyse und andere Vorgänge in Membranen können zu räumlich gerichteten Reaktionen führen.

B. Moderne Modellvorstellungen. Den Mitochondrien- und Chloroplastenmembranen gilt wegen der großen Bedeutung der sich an ihnen abspielenden Reaktionen das besondere Interesse der Membranforscher. Kehren wir von diesen spezialisierten Membranen zu einfacheren, hauptsächlich als Barrieren, aber auch als Schleusen dienenden Membranen zurück, wie sie etwa an der Plasmaoberfläche das Plasmalemma oder den Saftraum der Pflanzenzellen umgebend der Tonoplast darstellen. Welche wichtigen neuen Entdeckungen erfordern eine Modifizierung der in der ersten Phase der Membranforschung gewonnenen Vorstellungen vom Membranbau?

Auch hier stehen wiederum chemische und physikalisch-chemische Arbeiten mit sogenannten künstlichen Systemen neben Untersuchungen biologischer Membranen. Mit röntgenographischen und elektronenmikroskopischen Methoden fand man, daß der Lipid-Doppelfilm nicht die einzige energetisch mögliche Konfiguration künstlicher Lipidmembranen an polaren Phasengrenzen sein kann. Unter bestimmten Bedingungen können die Lipidmoleküle ganz anders angeordnet sein, z.B. hexagonale Muster oder Lipidglobuli bilden. Hierbei spielen oberflächenaktive oder, wie man heute oft sagt, „membranaktive" Stoffe (Cardiaca, Detergentien, Phospholipide) eine Rolle. Diese Stoffe beeinflussen z.B. die Anordnung der Einzelmoleküle in künstlichen Lipidfilmen, wenn sie Lipidgemischen oder Lipidextrakten aus biologischem Material in geringer Konzentration zugesetzt werden.

Mit Lipidfilmen an Wasser-Luft-Grenzflächen, also über wäßrigen „Subphasen" (z.B. im Langmuir-Trog), lassen sich sogar künstliche Membranen verschiedener katalytischer Aktivität erzeugen, wenn man die geeigneten Lipide über die Subphase mit entsprechenden Proteinen zusammenbringt (cf. HÖLZ-WALLACH und FISCHER, eds., 1971).

Die Wirkung der membranaktiven Stoffe auf biologische Membranen läßt sich sehr gut mit Hilfe der Hämolyse untersuchen. Erythrocyten stehen von allen biologischen Objekten dem einfachen Außen-Membran-Innen-Modell am nächsten. Sie sind nicht kompartimentiert, sie besitzen eine einzige Elementar-Membran, die ihre äußere Begrenzung bildet. Membranaktive Substanzen verändern die Membranpermeabilität, so daß es zu Volumenänderungen oder bei besonders drastischer Beeinflussung der Membranstruktur zum Platzen der Erythrocyten kommt. Die Volumenänderungen kann man mit Hilfe der Lichtstreuung von Erythrocytensuspensionen registrieren und so die Wirksamkeit verschiedener membranaktiver Substanzen prüfen.

Erythrocyten sind auch in anderer Hinsicht ideale Objekte. Man kann sie unter bestimmten Bedingungen reversibel hämolysieren. Sie verlieren dabei ihren Inhalt mit dem Hämoglobin, und es gelingt durch die Wahl entsprechender Medien, sie mit einer neuen, experimentell variierbaren Innenlösung auszustatten, ehe man die Semipermeabilität ihrer

Membran wiederherstellt. Die Membranen dieser so gewonnenen Erythrocyten-*Ghosts* behalten viele ihrer ursprünglichen Eigenschaften, z. B. bleiben die Aktivitäten membrangebundener spezifischer Träger erhalten. Dies beweist die Lokalisation dieser Transportkatalysatoren (s. u. Kapitel 3.2.2.2) in der Membran. Erscheinungen wie der *Counter Transport* und die *Exchange Diffusion* lassen sich an solchen Systemen hervorragend untersuchen (s. Kapitel 2.3.2.3).

Unter den pflanzlichen Objekten hat sich das Gewebe roter Rüben als besonders geeignet erwiesen. Obwohl seine Zellen ungleich komplizierter gebaut sind als Erythrocyten, haben sie doch einen großen Vorteil. Bei Störung der Semipermeabilität ihrer Membranen verlieren sie ihren, in den Vacuolen in wäßriger Lösung vorliegenden roten Farbstoff (Betacyanin), was durch direkte Kolorimetrie der Außenlösung messend verfolgt werden kann. Auch mit anderen Speichergeweben hat man erfolgreich gearbeitet, wobei allerdings austretende Stoffe erst durch besondere Analysenverfahren erfaßt werden können.

Halten wir fest, daß *Lipidmoleküle* an Phasengrenzen je nach den Bedingungen verschiedene stabile, d. h. energiearme, räumliche Anordnungen einnehmen können. Dadurch ergeben sich neben dem Lipiddoppelfilm andere Ordnungsmöglichkeiten.

Wichtiger noch erscheinen für die Diskussion des Baus biologischer Membranen jedoch die durch die großen technischen Fortschritte der Proteinchemie über die *Membranproteine* gewonnenen neuen Erkenntnisse. Ein großer Anteil des aus biologischen Membranen isolierten Proteins ist bei physiologischen pH-Werten hydrophobes Protein. Bei Mitochondrien sind dies etwa 50–70% des Membranproteins. Daraus folgt bereits, daß dieses Protein nicht ausschließlich durch hydrophile Bindungen an den äußeren Oberflächen eines Lipiddoppelfilmes gebunden und mit hydrophilen Phasen in Berührung sein kann, wie dies das Danielli-Davson-Modell vorsieht. Darüber hinaus fand man, daß bei bestimmten biologischen Membranen ein Teil des Proteins, etwa $\frac{1}{4}$ bis $\frac{1}{3}$ des gesamten Membranproteins in der α-Helix-Konfiguration vorliegt. Diese Tertiärstruktur ist an einer polaren Phasengrenze nicht stabil. Unter den Bedingungen des Danielli-Davson-Modells würden zahlreiche, nichtpolare Aminosäurereste mit der wäßrigen Phase in Berührung kommen, was thermodynamisch nicht günstig ist. Man muß vielmehr annehmen, daß die α-Helix-Konfiguration im hydrophoben Innern der Membran durch hydrophobe Kräfte stabilisiert wird (LENARD und SINGER, 1966; WALLACH und ZAHLER, 1966).

Auf die Theorie und Methodik dieser Untersuchungen kann hier im Einzelnen nicht eingegangen werden. Der Zweck der gemachten Andeutungen ist lediglich weitere Grundtatsachen festzuhalten, die uns für

den Membrantransport als besonders wichtig erscheinen. Fassen wir zusammen, so sehen wir, daß zwischen den Proteinen und den Lipiden in der Membran ein anderer, man möchte sagen innigerer Zusammenhang bestehen muß, als DANIELLI und DAVSON dies zunächst sahen:
i) es gibt hydrophile und hydrophobe Wechselbeziehungen zwischen Proteinen und Lipiden in der Membran,
ii) auch im Inneren der Membran muß sich Protein befinden.
Die Vorstellungen von BENSON und SINGER (BENSON 1966) über die an der Bildung (*„assembly"*) von Lipoproteinmembranen beteiligten Gleichgewichtsreaktionen mögen dies weiter veranschaulichen (Abb. 3.12). Auch auf andere Weise hat man versucht, die neuen Vorstellungen bildhaft darzustellen (Abb. 3.13). Manchmal werden dabei globuläre Membranmodelle diskutiert, denn man fand mit Hilfe der durch neue Fixierungsmethoden und apparative Verbesserungen wesentlich verfeinerten elektronenmikroskopischen Technik tatsächlich oftmals globulär gebaute Membranen.
Diese anschaulichen molekularen Modelle helfen dem Vorstellungsvermögen. Anders als zu seiner Zeit das Danielli-Davson-Modell bieten sie aber keine in sich abgeschlossene Hypothese. Es gibt gegenwärtig kein Membranmodell, das alle bekannten Phänomene zwanglos erklärt. Die neuen Ergebnisse haben aber wichtige Folgen für die Diskussion von Membrantransportphänomenen.

3.2.2.2 Membrantransportmechanismen und die modernen Membranmodelle

Membranmodelle, die eine Beteiligung von Proteinen am Bau des Membraninneren vorsehen, haben für den Transportphysiologen in zweierlei Hinsicht große Vorteile. Sie ermöglichen konkretere strukturelle Vorstellungen über die Porenpermeation, und sie erlauben

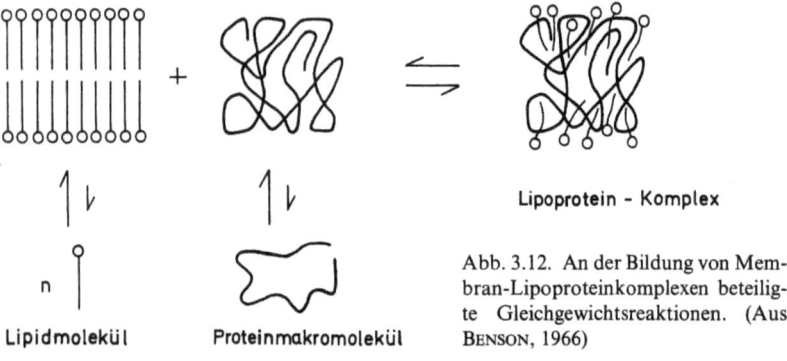

Abb. 3.12. An der Bildung von Membran-Lipoproteinkomplexen beteiligte Gleichgewichtsreaktionen. (Aus BENSON, 1966)

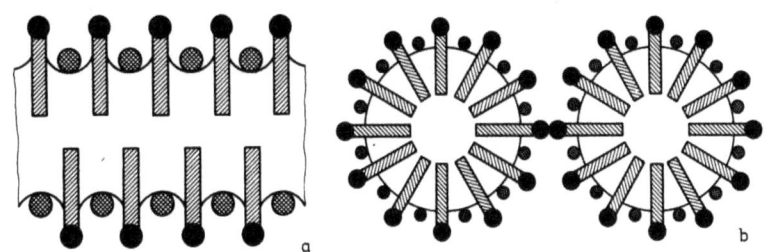

Abb. 3.13. Moderne Membranmodelle. a Membranmodell nach den Vorstellungen von BENSON u. Mitarb. gezeichnet. Das Innere der Membran wird durch hydrophobes Protein gebildet, durch das die Lipide mit ihren hydrophoben Enden *(schrägschraffierte Blöcke)* gebunden werden. Die polaren Gruppen der Lipide *(schwarze Kreise)* und Proteine *(kreuzschraffierte Kreise)* liegen an der Oberfläche. b Membranmodell nach den Vorstellungen von SJÖSTRAND und ELFVIN (1964) gezeichnet. Das Innere der globulären Membranmicelle wird durch hydrophobes Protein gebildet, durch das die Lipide mit ihren hydrophoben Enden *(schrägschraffierte Blöcke)* gebunden werden. Die polaren Gruppen der Lipide *(schwarze Kreise)* und Proteine *(kreuzschraffierte Kreise)* liegen an der Oberfläche der globulären Membranuntereinheiten, zwischen denen auf diese Weise hydrophile Bereiche quer durch die Membran entstehen. (Aus LÜTTGE, 1969)

Deutungen der Phänomene des katalysierten und des aktiven Transportes, die aufgrund des Danielli-Davson-Modells nur mit Hilfe mehr oder weniger komplizierter Zusatzannahmen erklärt werden können.

A. Membranporen. Die Diskussion der Indizien für das Vorhandensein von wäßrigen Poren in biologischen Membranen hat schon gezeigt, daß damit die aus dem allgemeinen sprachlichen Gebrauch des Begriffes „Pore" hergeleitete Vorstellung Wasser-gefüllter Durchbrechungen der Membran keineswegs erhärtet werden kann. Von dieser einfachen Vorstellung müssen wir abgehen.

Das globuläre Membranmodell (Abb. 3.13 b) zeigt uns aber z.B., daß die Membran von einer zur anderen Oberfläche von hydrophilem Material durchsetzt sein kann. Auch wenn man andere Modellvorstellungen von den hydrophoben Wechselbeziehungen zwischen Lipiden und Proteinen im Inneren der Membranmatrix hat, lassen sich von hydrophilem Material eingenommene Bezirke quer durch die Membran denken. WALLACH und ZAHLER (1966) halten es für möglich, daß die oben erwähnten in α-Helixform vorliegenden Proteine stäbchenförmige Aggregate bilden, die sich senkrecht zur Membranoberfläche quer durch die ganze Membran erstrecken. An der äußeren Oberfläche dieser „Proteinstäbe" würden die lipophilen Reste des Proteins mit den Lipiden des Membraninneren hydrophobe Bindungen eingehen, im Zentrum der „Stäbe" könnten sich dagegen polare Gruppen des Proteins befinden.

Solche quer durch die Membran verlaufenden hydrophilen Regionen wären im funktionellen Sinne Poren, denn sie können als Transportwege für hydrophile Teilchen dienen. Sie stellen aber nicht etwa von den am Membranbau beteiligten Molekülen freigelassene Leerstellen dar. Der Transport niedermolekularer Teilchen in diesen hydrophilen Bahnen muß in Wechselwirkung mit den polaren Gruppen der Proteine erfolgen.

Einige in der Literatur zu findende Angaben über die Aktivierungsenergie der Wasserpermeation können dies vielleicht etwas erläutern helfen. Nach JACOBS und Mitarbeitern (cf. PASSOW, 1963) ist die Aktivierungsenergie für den durch ein osmotisches Gefälle getriebenen Wassertransport in das Innere von Erythrocyten 3.9 Kcal·Mol^{-1}. Dieser Wert entspricht der Aktivierungsenergie für die Viscosität des Wassers. Dies bedeutet, daß beim Wassertransport durch die Erythrocytenmembran der Strömungswiderstand allein durch die Wechselwirkung oder Reibung zwischen nebeneinander und aneinander vorbei wandernden Wassermolekülen bedingt ist. Wie bei der Strömung in einem makroskopischen Röhrensystem wäre die Wechselwirkung zwischen den Wassermolekülen und der Röhrenwand zu vernachlässigen. Es mag verwundern, daß bei Erythrocytenmembranen, wo allerdings besonders große äquivalente Porenradien gefunden werden, keine Wechselwirkungen zwischen den permeierenden H_2O-Teilchen und der Membranmatrix eintreten sollen. Sicher darf dies nicht verallgemeinert werden. WEIGL (1967) hat z. B. bei der Untersuchung der Wasserpermeation in Maiswurzeln gefunden, daß die Aktivierungsenergie für den Austausch von Oberflächenwasser 4.4 Kcal · Mol^{-1} beträgt, während die Aktivierungsenergie für die Permeation des Wassers aus dem Cytoplasma oder aus der Vacuole heraus mit 6.3 Kcal·Mol^{-1} deutlich höher ist. Bei der Wasserpermeation durch Membranen müssen also größere Widerstände überwunden werden.

WEIGL interpretiert diese Widerstände als spezifische Wechselwirkung der Wassermoleküle mit dem die Membran durchsetzenden Protein. Wassermoleküle sind demnach mit am Bau der Membran beteiligt, sie bilden u.a. Bereiche von semikristalliner Ordnung um polare Gruppen der Proteinmakromoleküle. Diese Bindungen müssen erst gelöst werden, wenn H_2O-Moleküle durch die Membran wandern sollen. Als weitere Indizien für seine Hypothese führt WEIGL an, daß Agenzien, die die strukturelle Ordnung des Wassers erhöhen (sehr niedrige Konzentrationen von Narkotika wie Chloroform und Äther, OH-Gruppen-reiche Substanzen wie Zucker oder Harnstoff), die Wasserpermeabilität erniedrigen, während umgekehrt Struktur-mindernde Faktoren (Salze, UV- und Röntgenstrahlung) die Wasserpermeation erhöhen.

B. Träger (Carrier)

I. Einige Modellvorstellungen

Es wurde oben schon verschiedentlich von Trägern gesprochen. Wir haben gesehen, daß sie eine Voraussetzung für den katalysierten Transport und für spezifische, auf der strukturellen Ähnlichkeit transportierter Teilchen beruhende Austauschvorgänge darstellen (Kapitel 2.3.2.3). Wir haben auch die Kinetik des Trägertransportes kennengelernt (Abb. 2.8, Gleichung (2.45)). Wie stellt man sich den Mechanismus der Transportkatalyse auf molekularer Ebene vor? Auch hier kann man sich zunächst wieder Modelle machen. Grundsätzlich unterscheidet man 2 Trägertypen: Diffusible Carrier und fest in der Membran verankerte, gebundene Carrier.

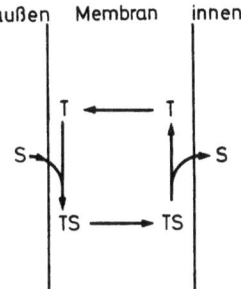

Abb. 3.14. Einfacher Trägerzyklus. T = Rräger, S = Substrat. Der Träger T und die Träger-Substrat-Verbindung (TS) diffundieren in der Membran

Der einfachste Fall einer Transportkatalyse durch einen diffusiblen Träger ist in Abbildung 3.14 dargestellt. Der Träger und die Träger-Substrat-Verbindung sind in der Membran durch Diffusion beweglich. Wie wir das schon bei der Besprechung der katalysierten Diffusion kennengelernt haben, wird dadurch ein passiver Transport von S durch die Membran ermöglicht. Wenn anfangs $[S_o] \ll [S_i]$ ist, wird zunächst an der Außenseite der Membran die Bildung von TS und auf der Innenseite die Lösung des TS-Komplexes begünstigt sein. Mit dem Ausgleich des Konzentrationsunterschiedes zwischen den beiden Phasen kommt der Netto-Trägertransport zum Erliegen.

Wir haben aber auch schon angedeutet, daß Trägermodelle gut zur Erklärung des aktiven Transportes herangezogen werden können. Nehmen wir als metabolische Energiequelle ATP an und erweitern wir das in Abbildung 3.14 gezeigte Schema entsprechend, so erhalten wir das in Abbildung 3.15 dargestellte Modell. Nun kann nur der energiereiche oder aktivierte Träger $T \sim P$ mit S reagieren, aber wiederum sind der Träger und die Träger-Substrat-Verbindung durch Diffusion in der Membran beweglich. Der Transport von S in der Richtung von außen

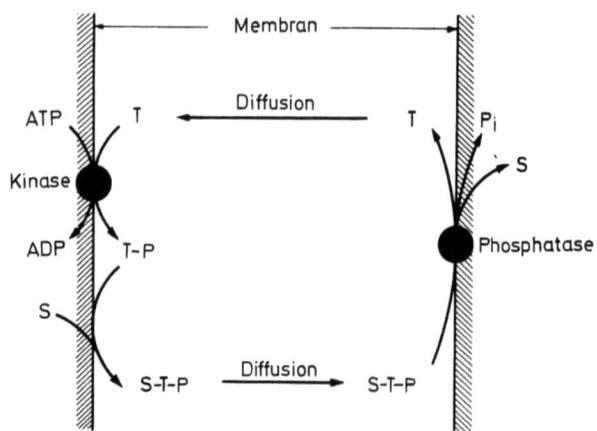

Abb. 3.15. Energetische Koppelung eines Trägerzyklus mit ATP als Energiequelle. P_i = anorganisches Phosphat. T = Träger. T–P = phosphorylierter Träger, S–T–P = Träger-Substrat-Verbindung. Beim Modell von KELLER ist T = Cholesterol, T–P = Cholesterol-3'-phosphat; bei HOKIN und HOKIN ist T = Diglycerid, T–P = Phosphatidsäure

nach innen kann solange andauern, bis die ATP-Quelle erschöpft ist. In lebenden Zellen hängt die Verfügbarkeit von ATP für den Membrantransport von der jeweiligen stoffwechselphysiologischen Situation ab. Die Balance zwischen ATP-liefernden und ATP-verbrauchenden Vorgängen, unter denen der aktive Transport ja nur einer von vielen ist, beruht stets auf komplizierten biologischen Regelungsvorgängen.

Dies sind nun nicht nur reine Gedankenspiele. Entsprechende Systeme lassen sich in Modellversuchen sehr gut experimentell prüfen. Z. B. kann man als Membran ein Stück Filtrierpapier nehmen, das man mit einem Lipidgemisch tränkt. Als Carrier kann man in dieser lipiden Membranphase Cholesterin-3'-Phosphat lösen, das in unserem Schema dem aktivierten Träger T $\sim$ P entsprechen würde. Das Cholesterin-3'-Phosphat kann sich mit dem dem Substrat S entsprechenden Kation zu einem Träger-Substrat-Komplex (STP) verbinden. Enthält die wäßrige Lösung auf der linken Seite der Membran Kationen, die wäßrige Phase auf der rechten Seite der Membran eine Phosphatase, welche das Cholesterinphosphat spaltet, dann ist solange ein Kationentransport von links nach rechts zu beobachten, bis das ganze vorgegebene Cholesterinphosphat verbraucht ist. Man kann sich vorstellen, daß ein solcher Zyklus in lebenden Zellen durch immer wieder neue Phosphorylierung des Trägers zeitlich unbegrenzt weiterläuft (KELLER, 1960; NETTER, 1961).

Ein anderes Beispiel mag zeigen, wie man von der zunächst recht einfachen Annahme diffusibler Träger zu komplizierteren Modellen fortschreitet. Bleiben wir zunächst bei dem Schema der Abbildung 3.15. Der Träger T sei nun ein Diglyceridmolekül. Durch eine Diglyceridkinase-Reaktion wird das Diglycerid zur Phosphatidsäure (T $\sim$ P) phosphoryliert, die sich dann auf der linken Membranseite mit einem Kation (S) verbindet (STP) und in der Membran diffundiert. Auf der rechten Membranseite spaltet eine Phosphatase den STP-Komplex, das Kation und anorganisches Phosphat gelangen auf diese Membranseite, und T kann in den Zyklus zurückkehren. Die Lokalisation der Kinasereaktion in bezug auf die beiden Seiten der Membran spielt keine Rolle, wenn T, T $\sim$ P und STP in der Membran ungehindert diffundieren können.

HOKIN und HOKIN (1959; 1961; 1963) haben dieses Modell beschrieben und näher experimentell bearbeitet, wozu sie unter anderem auch Untersuchungen mit dem Gewebe der Salzdrüsen von Vögeln angestellt haben. Sie analysierten die am Phosphatidsäurezyklus beteiligten Enzyme, den Turnover des Phosphates der Phosphatide und andere wichtige Parameter. Aus stöchiometrischen Gründen kamen sie schließlich zu dem Ergebnis, daß wenigstens in den von ihnen untersuchten Fällen das in unserer Abbildung gezeigte Modell zu einfach ist. Nach dem Modell müßte beim Verbrauch von 1 Mol ATP der Transport von höchstens 2 Kationenäquivalenten möglich sein. Man fand aber sehr viel höhere Werte.

Man weiß heute, daß Makromoleküle sterischen Veränderungen unterworfen sind, wenn sie mit verschiedenen Liganden reagieren (allosterischer Effekt). HOKIN und HOKIN gingen nun von der Vorstellung des diffusiblen Trägers ab. Sie nahmen an, daß in der lebenden Membran der Phosphatidsäureträger eine an einen Lipoproteinkomplex gebundene prosthetische Gruppe darstelle. Durch die verschiedenen im Laufe des Phosphatidsäurezyklus an dieser prosthetischen Gruppe ablaufenden Vorgänge sollen Konfigurationsänderungen des makromolekularen Teiles der funktionellen Einheit hervorgerufen werden, wodurch
i) spezifische Kationen-Bindeorte freigelegt werden und
ii) räumliche Veränderungen der Orientierung dieser Bindeorte in bezug auf die Membranoberfläche eintreten könnten.

Diese beiden Prinzipien können am gewählten Beispiel für einen aktiven, ATP-verbrauchenden, gekoppelten Na^+-K^+-Trägertransport nach HOKIN und HOKIN konkret erläutert werden. Beginnen wir mit der an das Trägerlipoprotein gebundenen Phosphatidsäure auf der rechten Membranseite. Durch die Phosphatasereaktion wird die Phosphatidsäure in das Diclycerid überführt. Durch die damit verbundene Konfigurationsänderung können spezifische Na^+-Bindeorte für die Na^+-Ionen in der angrenzenden Lösung zugänglich werden.

Nehmen Na$^+$-Ionen nun diese Stellen ein, soll eine zweite Konfigurationsänderung erfolgen, die eine Drehung der Na$^+$-Bindeorte mit dem gebundenen Na$^+$ um 180° also auf die linke Membranseite zur Folge haben soll. Dadurch wird das Na$^+$ von rechts nach links transportiert. Überführt nun die hier lokalisierte Diglyceridkinase das Diglycerid in die Phosphatidsäure, kann eine weitere Konfigurationsänderung erfolggen, die Na$^+$-Bindeorte so beeinflussen, daß das Na$^+$ frei wird und eine Bindungsspezifität für K$^+$ entsteht. Durch die Bindung von K$^+$ soll eine erneute Konfigurationsänderung zur Rückdrehung der aktiven Orte auf die rechte Membranseite führen. Die Phosphatidsäurephosphatase kann nun wieder eingreifen, K$^+$ wird auf der rechten Membranseite frei und der Zyklus kann von neuem durchlaufen werden.

Dies ist ein Gedankenexperiment, das HOKIN und HOKIN durch zahlreiche indirekte experimentelle Hinweise und Indizien zur Hypothese ausgebaut haben. Es sollte uns hier nur dazu dienen, im Prinzip aufzuzeigen, wie Trägermechanismen auch ohne Annahme diffusibler, niedermolekularer Träger funktionieren können. Schematisch kann man die Funktion in der Membran verankerter Träger etwa durch den schon länger als Modell diskutierten „Drehtürmechanismus" darstellen (Abb. 3.16).

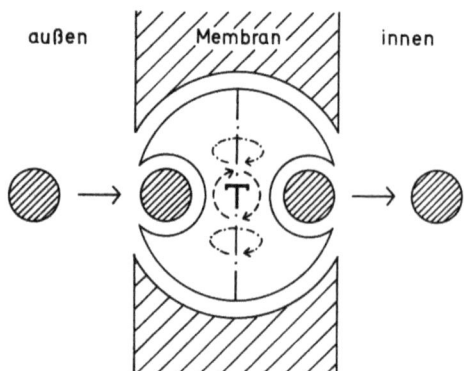

Abb. 3.16. Schematische Darstellung des „Drehtürmechanismus". Die transportierten Teilchen sind als schraffierte Kreise gezeichnet. Der Träger T kann sich in der Zeichenebene *(gestrichelter Pfeil)* oder senkrecht zur Zeichenebene *(strichpunktierter Pfeil)* drehen und so den Transport der Teilchen von der einen auf die andere Membranseite vermitteln

Erinnern wir uns noch einmal an die diskutierten Membranmodelle. Wir haben festgestellt, daß das um Poren ergänzte Danielli-Davson-Modell den passiven Membrantransport niedermolekularer Teilchen entsprechend der Lipidfilter-Theorie durchaus zu erklären erlaubt. Auch Deutungen des aktiven Transportes, die auf der Annahme einer Wechselwirkung von energieliefernden Reaktionen, lipidlöslichen und diffusiblen Trägern und den zu transportierenden Teilchen beruhen, lassen sich mit

diesem Membranmodell vereinbaren. Diese Wechselwirkungen machen die zu transportierenden Teilchen gewissermaßen lipidlöslicher und erlauben ihre Diffusion durch die Lipidphase der Membran. Schwieriger zu denken wäre eine metabolisch kontrollierte Diffusion durch wäßrige Poren. Diese könnte aber etwa durch stoffwechselbedingte Regulation der Porenweite erfolgen. Früher nahm man auch einmal an, daß das am Membranbau beteiligte und die Porenwände des Danielli-Davson-Modells auskleidende Protein kontraktil sei und ATP dabei wie bei der Muskelkontraktion von Bedeutung sein könne. Bei der Kontraktion sollen zuvor gebundene Substanzen freigesetzt und auf diese Weise durch die Poren transportiert werden (Goldacre-Hypothese).
Durch sterische Änderungen an in die Membranmatrix integrierten, spezifischen Makromolekülen zustande kommende Carriermechanismen lassen sich auf der Grundlage der neueren Membranmodelle aber viel leichter verstehen als mit Hilfe des Danielli-Davson-Modells. Nicht nur durch die stoffwechselabhängige Kontrolle der Bindung des Substrates oder durch Reaktionen an prosthetischen Gruppen, wie wir das oben gesehen haben, sondern auch durch die metabolische Regulation des chemischen Baus (Primärstruktur), der räumlichen Anordnung (Sekundär- und Tertiärstruktur) von Makromolekülen und der Aggregation von Untereinheiten (Quartärstruktur) kann die Zelle Transportprozesse steuern. Nur Proteinmakromoleküle zeichnen sich durch diese Vielfalt der Möglichkeiten zur Erzeugung von Strukturvarianten und durch die hohe Spezifität aus, die allein schon wegen der Mannigfaltigkeit spezifischer Transportprozesse gefordert werden muß.

II. Die konkrete molekulare Charakterisierung von Trägern
Verlassen wir den Bereich der Modellvorstellungen und Gedankenexperimente und fragen wir uns, ob man Trägermechanismen konkret experimentell fassen und nachweisen kann. Wir wollen diese Frage hier rigoros stellen und sie nicht mit indirekten Hinweisen, z.B. durch kinetische Daten (Erfüllung der Michaelis-Menten-Kinetik) oder durch den Nachweis spezifischer Austauschvorgänge beantworten. Es geht um das tatsächliche analytische Erfassen molekularer Träger. Wenn wir die Frage so stellen, können wir sie nur negativ beantworten. Im Bereich der eukaryotischen Pflanzen gibt es kein einziges Beispiel, wo sie positiv gelöst wurde. Wir müssen uns auf die Diskussion möglicher Ansatzpunkte beschränken und dabei auch etwas auf Untersuchungen bei Mikroorganismen zurückgreifen.
Es gibt eine Menge Hinweise auf sehr signifikante Unterschiede der Kapazität bestimmter aktiver Transportmechanismen zwischen nahverwandten Rassen, Kulturvarietäten einer gegebenen Pflanzenart oder

zwischen Einzelindividuen bzw. von solchen Einzelindividuen abgeleiteten, genetisch identischen Klonen einer Art (EPSTEIN und JEFFERIES, 1964; EPSTEIN, 1972). Diese Unterschiede müssen genetisch und somit molekular bedingt sein. Ähnlich weist die beobachtete *Induzierbarkeit* des Hexoseaufnahmesystems von *Chlorella*-Zellen auf ein konkretes molekulares Transportsystem hin (Abb. 3.17; Kapitel 6.2.3.1). Die Isolierung und molekulare Charakterisierung von Trägersystemen ist leider jedoch in keinem dieser Fälle gelungen. Doch erzielte man gerade auf diesem genetischen Wege bei Mikroorganismen bedeutende Fortschritte.

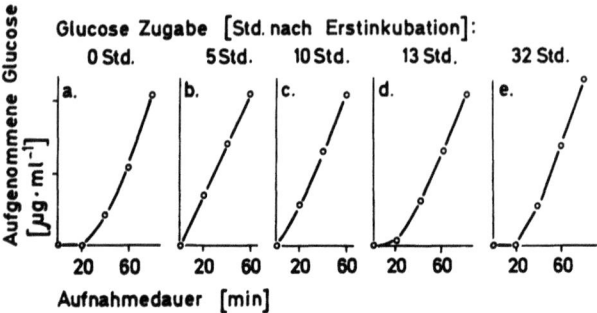

Abb. 3.17. Induktion des Glucoseaufnahmesystems von *Chlorella*. a bei erstmaliger Inkubation mit Glucose läßt sich erst nach 20 Minuten eine Glucoseaufnahme beobachten. b und c: Die durch Induktion des Aufnahmesystems gewonnene Fähigkeit zur Glucoseaufnahme ist 5 und 10 Stunden lang in Glucose-freiem Medium erhalten geblieben. d und e: Nach längerer Zeit geht die Aufnahmefähigkeit verloren und muß neu induziert werden. Das Aufnahmesystem unterliegt also einem *Turnover*. (Aus TANNER et al., 1970)

Bei Salmonellen *(S. typhimurium)* fand man Mutanten, denen die beim Wildtyp vorhandene Fähigkeit zur aktiven SO_4^{--}-Aufnahme verlorengegangen ist, und zwar durch Genrepression. Nach Derepression war der Sulfattransportmechanismus wieder intakt. Nun kann man von diesen Organismen durch osmotischen Schock eine bestimmte Proteinfraktion frei in Lösung bekommen *(„shockable protein")*. Aus Salmonellen mit intaktem, aber nicht bei Zellen mit defektem Sulfattransportmechanismus isolierte man auf diese Weise ein Protein, das mit großer Affinität für die Bindung von Sulfat ausgestattet ist. Das Protein konnte gereinigt und kristallisiert werden, es hat ein Molekulargewicht von etwa 70 000 und bindet in sehr spezifischer Weise ungefähr 1 Mol SO_4^{--} pro Molekulargewichtseinheit. Die Bindung ist etwa 10^5 mal so stark wie die SO_4^{--}-Bindung an ein Dowex-1-Ionenaustauscherharz. Man hat eine ganze Reihe von Gründen, die dafür sprechen, daß dieses Bindeprotein an der Zelloberfläche lokalisiert ist. Es kann, wie gesagt, leicht abgetrennt werden. Antikörper gegen dieses Protein binden an der Zelloberfläche. Es gibt Mutanten, die Sulphat nicht aufnehmen, wohl aber noch binden können (PARDEE, 1967, 1968; PARDEE and PRESTIDGE, 1966).

Es ist sicher richtig, wenn aus diesen Hinweisen geschlossen wird, daß das SO_4^{--}-bindende *shockable protein* bei Salmonellen ein wichtiger Bestandteil des SO_4^{--}-transportierenden Systems darstellt. Allerdings muß dieser SO_4^{--}-Carrier wohl eine noch kompliziertere Struktur haben. Solche Bedenken ergeben sich einmal aus der Tatsache, daß das *shockable protein* durch osmotischen Schock so leicht von den Zellen abgetrennt werden, also nicht besonders stark in der Membranmatrix verankert sein kann. Zudem zeigen gerade die erwähnten Mutanten mit intakter Bindefähigkeit aber unterdrücktem Aufnahmemechanismus klar, daß die molekulare Organisation des SO_4^{--}-Trägers bei Salmonellen komplex sein muß.

Stärker an die Membranmatrix gebunden ist die „M"-Komponente der Membran von *Escherichia coli*, die am β-Galactosid-Transport beteiligt ist. Bei *E. coli* kann man durch Zugabe von β-Galactosiden zum Medium eine β-Galactosido-Permease induzieren. Permeasen vermitteln die Permeation bestimmter Substanzen, sind also Träger im Sinne dieser Darlegungen. Der Mechanismus der Induktion der Galactosido-Permease von *E. coli* ist auch molekularbiologisch gut bekannt; sie wird am z-Gen des Lac-Operons gesteuert. Zellen mit und ohne induzierter β-Galactosido-Permease kann man natürlich sehr schön zu vergleichenden Studien heranziehen. Versuche, die aktive Membrankomponente M zu isolieren und zu reinigen, haben gezeigt, daß es sich um einen Lipoproteinkomplex mit hoher Affinität zu β-Galactosiden handelt, der nicht mit der β-Galactosidase identisch ist (FOX und KENNEDY, 1965). Nach Induktion der β-Galactosido-Permease mit Hilfe von Isopropyl-β-D-Thiogalactosid und Zugabe von Methyl-β-D-Thiogalactosid als transportierbarem Substrat wurde der Einbau von anorganischem Phosphat in die Phospholipidfraktion der Zellen erhöht (NIKAIDO, 1962). Dies ist, wie aus Abb. 3.15 entnommen werden kann, eine notwendige Folge bei einem Trägerzyklus, wo ein lipophiler Carrier fortlaufend durch Phosphorylierung neu aktiviert werden muß, wobei ATP verbraucht wird, das seinerseits aus ADP und anorganischem Phosphat ständig neu gebildet werden muß.

Fox und KENNEDY (1965) haben ein Modell entworfen, nach dem die Membrankomponente M sowohl die passive, katalysierte Diffusion als auch den aktiven Transport von β-Galactosiden vermitteln soll (Abb. 3.18). Besitzen die *E. coli*-Zellen eine im Plasma aktive β-Galactosidase, die den inneren β-Galactosid-Spiegel stets niedrig hält,

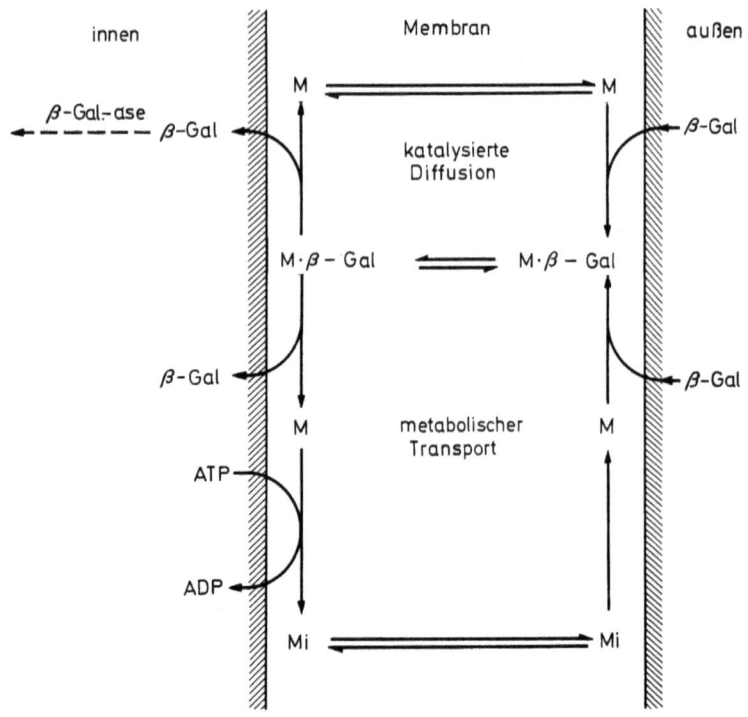

Abb. 3.18. Transport von β-Galactosiden in *Escherichia coli*-Zellen nach den Vorstellungen von Fox und Kennedy (1965). Der Träger oder die Membrankomponente M vermittelt die katalysierte Diffusion oder bei Aufwendung von Stoffwechselenergie den metabolischen Transport von β-Galactosiden durch die Zellmembran. M = aktive, M_i = inaktive Form des Trägers

kann auch ohne aktiven Transport andauernd β-Galactosid nach innen aufgenommen werden, denn ein Konzentrationsausgleich wird durch die Aktivität der β-Galactosidase verhindert. Bei der metabolischen β-Galactosidaufnahme soll dagegen unter Verbrauch von energiereichen Phosphatbindungen der Träger M an der Innenseite der Membran in eine Konfiguration M_i überführt werden, in der er nur eine sehr geringe Affinität zu β-Galactosiden hat. Gelangt M_i an die Außenseite der Membran, soll die Konfiguration wieder in die aktive Form mit hoher Affinität umgewandelt werden. Auf diese Weise kann ein aktiver, von außen nach innen gerichteter β-Galactosid-Transport zustande kommen.
Es gibt bei Mikroorganismen noch eine ganze Reihe anderer induzierbarer Permeasen (Kaback, 1970) - z.B. auch für den Aminosäuretransport - es kommt aber hier nicht auf eine vollständige Auf-

zählung an. Die gezeigten Beispiele sollen nur prinzipiell erläutern, wie man zu konkreten molekularen Vorstellungen über die Trägernatur kommen kann. Die bei Mikroorganismen verglichen mit höheren Pflanzen unendlich viel einfachere Isolierung von Mutanten, die Anwendung molekular-biologischer Methodik (Induktion, Repression, Derepression) erleichtert das Charakterisieren spezifischer Transportmechanismen. Dies ist eine unabdingbare Voraussetzung für die Isolierung und den Test beim Transport aktiver Membrankomponenten.

Ähnlich wie die Membran-Permeasen der Mikroorganismen, könnte man auch Oberflächen- und Membranenzyme als Carrier oder Teile von Trägersystemen bezeichnen, wenn ihre Aktivität mit einem Teilchentransport durch die Membran verbunden ist. Man kennt heute eine große Anzahl solcher Membranenzyme. Schon vor vielen Jahren haben ROTHSTEIN und Mitarbeiter (ROTHSTEIN, 1954) die Oberflächenenzyme von Hefezellen untersucht. Unter anderem wurden an der Oberfläche dieser Zellen lokalisierte Phosphatasen beschrieben. Organische Phosphate (Glucose-6-Phosphat, Glucose-1-Phosphat) können von lebenden Hefezellen nicht aufgenommen werden. Das Phosphat wird durch die Oberflächenphosphatasen abgespalten, die Hexose und das Orthophosphat werden in die Zellen aufgenommen, und dort kann wieder auf enzymatischem Wege Hexosephosphat gebildet werden. Wenn man will, kann man also sagen, daß die Oberflächenphosphatase den Transport von Hexosephosphat von außen nach innen vermittelt.

Ein für transportphysiologische Betrachtungen – auch bei höheren Pflanzen – besonders wichtiges Beispiel Membran-gebundener Enzyme sind die vor allem bei tierischen Zellen bekannten Membran-ATPasen (LOWE, 1968). Es handelt sich dabei um Enzymproteine, die katalytisch ATP spalten, wobei Alkaliionen als Aktivatoren eine Rolle spielen. Gleichzeitig wird durch die bei der ATP-Spaltung frei werdende Energie ein aktiver K^+-Na^+-Austausch zwischen den durch die Membran getrennten Kompartimenten vermittelt. Die Membran-ATPasen sind die entscheidenden Bestandteile eines aktiven Alkaliionentransportmechanismus.

Die tierischen Membran-ATPasen werden durch das Antibiotikum Ouabain (Strophantin) spezifisch gehemmt. Eine Hemmung von K^+-Na^+-Transportmechanismen wurde in vereinzelten Fällen auch bei Pflanzenzellen beobachtet (CRAM, 1968; RAVEN, 1967, 1968; THOMAS, 1970). Man hat daraus auf die Beteiligung von ATPasen am Alkaliionentransport geschlossen. Meistens sind die pflanzlichen ATPasen aber Ouabain-unempfindlich. In Homogenaten und Zellfraktionen aus Pflanzenzellen ist katalytische Aktivität von ATPasen und ihre Abhängigkeit von Alkaliionen demonstriert worden (HANSSON und KYLIN,

1969; ATKINSON und POLYA, 1967; FISHER and HODGES, 1969; FISHER et al., 1970). Natürlich ist es schwierig, aufgrund von Analysen von durch Zellfraktionierung erhaltenen Fragmenten noch zu Aussagen über die Transportfunktion der erfaßten ATPasen in einem räumlich geordneten, intakten System zu gelangen. In einigen Fällen lassen sich über die Lokalisation der ATPasen an Grenzflächen, z.B. an der Wurzeloberfläche (HALL, 1969), an Membranen und Membran-umgebenen Vesikeln in Pflanzenzellen (HALL, 1973) und in Plasmalemmapräparaten (HODGES et al., 1972; LAI und THOMPSON, 1972) gewisse Aussagen machen. Beim Chloridtransport durch die Salzdrüsen von *Limonium* scheint eine induzierbare Chlorid-abhängige Anionen-ATPase eine Rolle zu spielen (Kapitel 7.2.2.2, HILL und HILL, 1973). Wir wollen auf die ATPasen als Carrier von enzymatischer Natur und damit von Proteinnatur auch nur hinweisen. Wenn wir unserem eingangs aufgestellten Anspruch treu bleiben, können wir sie aber nicht unter die molekular auch nur einigermaßen geklärten Trägermechanismen einreihen.

Alle vektoriellen Reaktionen, z.B. die Vorgänge, die zur Ladungstrennung an Mitochondrien und Chloroplastenmembranen führen, sind an sich auch Transportvorgänge, denn die Entstehung von Intermediärprodukten ist ja richtungsmäßig räumlich festgelegt. Dennoch würde es eine recht erhebliche Strapazierung des Trägerbegriffes bedeuten, würde man auch diese, molekular schon einigermaßen erforschten Systeme als Trägermechanismen bezeichnen. Der Begriff des Trägerprozesses beinhaltet ja 2 ganz bestimmte, funktionell zusammengehörende Erscheinungen, nämlich

i) das Eingehen bzw. das Lösen einer Bindung, also gewissermaßen das Ein- und Aussteigen der transportierten Teilchen, und

ii) den eigentlichen Transportakt, also eine Bewegung, erfolge sie nun durch Diffusion freier Träger oder durch bestimmte Konfigurationsänderungen gebundener Träger.

3.3 Literatur

ARISZ, W.H., CAMPHUIS, I.J., HEIKENS, H., TOOREN, A.J. van: Acta Botan. Neerl. **4**, 322 (1955).
ATKINSON, R., POLYA, G.M.: Australian J. Biol. Sci. **20**, 1069 (1967).
BENSON, A.A.: J. Am. Oil Chem. Soc. Jaocs **43**, 265 (1966).
BRANTON, D., DEAMER, D.W.: Membrane Structure. Protoplasmatologia. Handbuch der Protoplasmaforschung II/E1. Wien–New York: Springer 1972.
BRIGGS, G.E., HOPE, A.B., PITMAN, M.G.: J. Exp. Botany **9**, 128 (1958).
BRIGGS, G.E., HOPE, A.B., ROBERTSON, R.N.: Electrolytes and plant cells. Oxford: Blackwells 1961.
CRAM, W.J.: J. Exp. Botany **19**, 611 (1968).

CRAM, W.J.: Plant Physiol. **44**, 1013 (1969).
CRAM, W.J., LATIES, G.G.: Australian J. Biol. Sci. **24**, 633 (1971).
DAINTY, J.: Advan. Bot. Res. **1**, 279 (1963).
DAINTY, J., GINZBURG, B.Z.: Biochim. Biophys. Acta **79**, 129 (1964).
DANIELLI, J.F., DAVSON, H.: J. Cellular Comp. Physiol. **5**, 495 (1935).
DANIELLI, J.F., HARVEY, E.N.: J. Cellular Comp. Physiol. **5**, 483 (1935).
DOLZMANN, P.: Planta **64**, 76 (1965).
EPSTEIN, E.: Mineral nutrition of plants. Principles and perspectives. New York–London–Sydney–Toronto: John Wiley and Sons 1972.
EPSTEIN, E., JEFFERIES, R.L.: Ann. Rev. Plant Physiol. **15**, 169 (1964).
FENSOM, D.S., DAINTY, J.: Can. J. Botany **41**, 685 (1963).
FENSOM, D.S., MEYLAN, S., PILET, P.E.: Can. J. Botany **43**, 453 (1965).
FENSOM, D.S., URSINO, D.J., NELSON, C.D.: Can. J. Botany **45**, 1267 (1967).
FENSOM, D.S., WANLESS, I.R.: J. Exp. Botany **18**, 563 (1967).
FISHER, J.D., HODGES, T.K.: Plant Physiol. **44**, 385 (1969).
FISHER, J.D., HANSEN, D., HODGES, T.K.: Plant Physiol. **46**, 812 (1970).
FOX, C.F., KENNEDY, E.P.: Proc. Natl. Acad. Sci. US. **54**, 891 (1965).
FREY-WYSSLING, A.: Die Stoffausscheidung der höheren Pflanzen. Berlin: Springer 1935.
FREY-WYSSLING, A.: Die pflanzliche Zellwand. Berlin-Göttingen-Heidelberg: Springer 1959.
GORTER, E., GRENDEL, F.: J. Exp. Med. **41**, 439 (1925).
HALL, J.L.: Planta **85**, 105 (1969).
HALL, J.L.: In Liverpool Workshop on ion transport. W.P. Anderson (Ed.), London: Academic Press 1973.
HANSSON, G., KYLIN, A.: Z. Pflanzenphysiol. **60**, 270 (1969).
HARVEY, E.N.: Tension at the cell surface. Protoplasmatologia. Handbuch der Protoplasmaforschung. II/E5. Wien: Springer 1954.
HELDER, R.J.: Transport across the root tissue and transfer to the shoot. Vortrag X. Intern. Bot. Congress. Edinburgh 1964.
HILL, B.S., HILL, A.E.: In Liverpool workshop on ion transport. W.P. Anderson, (Ed.) London: Academic Press 1973.
HÖFLER, K.: S.B. Österr. Akad. Wiss. Math. nat. Kl., I. Abt. **167**, 237 (1958).
HÖFLER, K.: Ber. Deut. Botan. Ges. **72**, 236 (1959).
HÖFLER, K.: Protoplasma **52**, 145 (1960).
HÖFLER, K.: Ber. Deut. Botan. Ges. **74**, 233 (1961).
HÖLZL-WALLACH, D.F., FISCHER, H., (Eds.): The dynamic structure of cell membranes. 22. Coll. Ges. Biol. Chem. Mosbach. Berlin–Heidelberg–New York: Springer 1971.
HODGES, T.K., LEONARD, R.T., BRACKER, C.E., KEENAN, T.W.: Proc. Natl. Acad. Sci. US. **69**, 3307 (1972).
HOKIN, M.R., HOKIN, L.E.: J. Biol. Chem. **234**, 1387 (1959).
HOKIN, M.R., HOKIN, L.E.: Studies on the enzymic mechanism of the sodium pump. In: A. Kleinzeller and A. Kotyk (eds.). Membrane transport and metabolism. London–New York: Academic Press 1961.
HOKIN, M.R., HOKIN, L.E.: Federation Proc. **22**, 8 (1963).
INGELSTEN, B., HYLMÖ, B.: Physiol. Plant. **14**, 157 (1961).
KABACK, H.R.: Ann. Rev. Biochem. **39**, 561 (1970).
KELLER, H.: Ber. Ges. Physiol. **215**, 43 (1960).
KORN, E.D.: Science **153**, 1491 (1966).
KRICHBAUM, R., LÜTTGE, U., WEIGL, J.: Ber. Deut. Botan. Ges. **80**, 167 (1967).
LAI, Y.F., THOMPSON, J.E.: Plant Physiol. **50**, 452 (1972).
LANGMUIR, I.: Proc. Natl. Acad. Sci. US. **3**, 251 (1917a).
LANGMUIR, I.: J. Am. Chem. Soc. **39**, 1848 (1917b).

LANGMUIR, I.: Chem. Rev. **13**, 147 (1933).
LEHNINGER, A. L.: The mitochondrion. New York–Amsterdam: W. A. Benjamin 1964.
LENARD, J., SINGER, S. J.: Proc. Natl. Acad. Sci. US. **56**, 1828 (1966).
LOWE, A. G.: Nature **219**, 934 (1968).
LÜTTGE, U.: Aktiver Transport (Kurzstreckentransport bei Pflanzen). Protoplasmatologia. Handbuch der Protoplasmaforschung. VIII/7 b. Wien–New York: Springer 1969.
MITCHELL, P.: Nature **191**, 144 (1961).
MITCHELL, P.: Biochem. Soc. Symp. (Great Britain) **22**, 142 (1962).
NETTER, H.: Mögliche Mechanismen und Modelle für aktive Transportvorgänge. In: Biochemie des aktiven Transportes. Berlin–Göttingen–Heidelberg: Springer 1961.
NIKAIDO, H.: Biochem. Biophys. Res. Commun. **9**, 486 (1962).
OVERTON, E.: Vierteljahrschr. Naturforsch. Ges. Zürich **44**, 88 (1899).
PARDEE, H. B.: Science **156**, 1627 (1967).
PARDEE, H. B.: Science **162**, 632 (1968).
PARDEE, H. B., PRESTIDGE, L. S.: Proc. Natl. Acad. Sci. US. **55**, 189 (1966).
PASSOW, H.: Verh. Ges. Deut. Naturforsch. und Ärzte, Versammlung **102**, 40 (1963).
RAVEN, J. A.: J. Gen. Physiol. **50**, 1607 (1967).
RAVEN, J. A.: J. Exp. Botany **19**, 233 (1968).
ROBERTSON, J. D.: Unit membranes. A review with recent new studies of experimental alterations and a new subunit structure in synaptic membranes. In M. LOCKE, (Ed.), Cellular membranes in development. New York–London: Academic Press 1964.
ROBERTSON, R. N.: Protons, electrons, phosphorylation and active transport. Cambridge: University Press 1968.
ROGERS, H. J., PERKINS, H. R.: Cell walls and membranes. London: E. and F. N. Spon 1968.
ROTHSTEIN, A.: The enzymology of the cell surface. Protoplasmatologia. Handbuch der Protoplasmaforschung. II, E 4. Wien: Springer 1954.
RUHLAND, W.: Jb. wiss. Botan. **51**, 376 (1912).
RUHLAND, W.: Jb. wiss. Botan. **55**, 409 (1915).
RUHLAND, W., HOFFMANN, C.: Planta **1**, 1 (1925).
SCHNEPF, E.: Sekretion und Exkretion bei Pflanzen. Protoplasmatologia. Handbuch der Protoplasmaforschung. VIII/8 Wien–New York: Springer 1969.
SITTE, P.: Bau und Feinbau der Pflanzenzelle. Stuttgart: Gustav Fischer 1965.
SITTE, P.: Allgemeine Mikromorphologie der Zelle. In: H. Metzner, (Ed.). Die Zelle: Struktur und Funktion. Stuttgart: Wissenschaftliche Verlagsgesellschaft 1966.
SJÖSTRAND, F., ELFVIN, L.-G.: J. Ultrastructure Res. **10**, 263 (1964).
SLATYER, R. O.: Plant-water relationships. London–New York: Academic press 1967.
SOLOMON, A. K.: Measurement of the equivalent pore radius in cell membranes. In: A. Kleinzeller and A. Kotyk (eds.) Membrane transport and metabolism. Academic Press 1961.
STEINBRECHER, W., LÜTTGE, U.: Australian J. Biol. Sci. **22**, 1137 (1969).
STERN, K.: Flora **109**, 213 (1917).
STOECKENIUS, W.: J. Biophys. Biochem. Cytol. **5**, 491 (1959).
STOECKENIUS, W.: Prog. Europ. Reg. Conf. Electron Microscopy Delft **2**, 716 (1960).
STOECKENIUS, W., SCHULMAN, J. H., PRINCE, L. M.: Kolloid Z. **169**, 170 (1960).
TANNER, W., GRÜNES, R., KANDLER, O.: Z. Pflanzenphysiol. **62**, 376 (1970).
THOMAS, D. A.: Australian J. Biol. Sci. **23**, 981 (1970).
WALLACH, D. F. H., ZAHLER, P. H.: Proc. Natl. Acad. Sci. US. **56**, 1552 (1966).
WARTIOVAARA, U., COLLANDER, R.: Permeabilitätstheorien. Protoplasmatologia. Handbuch der Protoplasmaforschung. II/C 8 d. Wien: Springer 1960.
WEIGL, J.: Z. Naturforsch. **22 b**, 885 (1967).

4. Kapitel. Die vereinfachenden Modelle der Transportphysiologen

Im zweiten Kapitel haben wir vorwiegend ein einfaches, zweikompartimentelles Außen-Innen-Modell betrachtet und gesehen, wie nützlich es für die Untersuchung grundlegender Probleme des Membrantransportes ist. Lebende Zellen sind aber durch Membranen in zahlreiche Kompartimente gegliedert. Die Mannigfaltigkeit der Transportprozesse an den Grenzen dieser Kompartimente ist noch um ein Vielfaches größer, weil an jeder Membranbarriere die verschiedensten Stoffe transportiert werden müssen. Man kann versuchen, möglichst viele dieser Membrantransporte zu analysieren und sich überlegen, wie sie zusammen oder gegeneinander wirken.

Ein anderer Ansatz geht nicht von der offensichtlichen Vielfalt der Kompartimente und der transportierten Teilchen aus, sondern fragt: Wie verhält sich mein System – also in unserem Falle eine Pflanzenzelle – wenn ich die Aufnahme einer bestimmten Teilchensorte von außen und die Teilchenverteilung im Innern betrachte? Auf diese Weise sind verschiedene Modellvorstellungen entstanden, denen wir uns nun zuwenden wollen.

4.1 Das Modell mit den beiden Kompartimenten Außen und Innen

4.1.1 Die äußere Diffusionsbarriere von Pflanzenzellen

Modellen, die die Pflanzenzelle als einfache osmotische Zelle ansehen (s. Abb. 2.3), liegt letztlich die Annahme zugrunde, daß die Gesamtheit des Plasmabelages mit dem Plasmalemma und dem Tonoplasten als semipermeable Barriere wirkt. Zellen ohne Vacuole, die nur Plasma enthalten, können als lediglich quellbare, ödotische Systeme von vacuolisierten Zellen als osmotischen Systemen unterschieden werden.

Differenziert man stärker, so stellt sich die Frage, welche der beiden genannten Membranen – Plasmalemma oder Tonoplast – die entscheidende Barriere gegen das Außenmedium darstellt. Vielfach wurde das Naheliegende angenommen, es handele sich dabei um die äußere Plasmaoberfläche, das Plasmalemma. Andererseits wurden aber auch Hinweise dafür gefunden, daß das Plasma ganz oder teilweise mit dem AFS angehöre, und daß erst der Tonoplast die den AFS begrenzende Barriere darstelle. Dies kann sehr vom Zustand des benutzten Pflanzenmaterials und von den gewählten Versuchsbedingungen, insbesondere der Außenkonzentration abhängen. Messungen der elektrischen Potentialdifferenzen am Plasmalemma und am Tonoplasten zeigen heute aber deutlich, daß unter physiologischen Bedingungen das Plasmalemma die entscheidende äußere Begrenzung ist (Kapitel 2.2.2.4 B., Tabelle 2.2). Dies ist auch zu erwarten aufgrund der Notwendigkeit einer wirksamen stofflichen Abgrenzung des im Plasma ablaufenden Zellstoffwechsels vom Außenmilieu.

Wenn das Plasmalemma die ausschlaggebende äußere Diffusionsbarriere der Zelle ist, dann müssen Transportsysteme die Stoffaufnahme und -abgabe an dieser Membran ermöglichen. Als ausschließlich am Plasmalemma lokalisierte Pumpen werden von manchen Autoren die verschiedenen Mechanismen der Ionenaufnahme gedeutet, die durch kinetische Untersuchungen und durch die Erforschung der Selektivität und des Antagonismus bei Aufnahmeprozessen beschrieben werden konnten. Mit den Ergebnissen dieser Untersuchungen müssen wir uns zunächst ausführlich beschäftigen, weil aus ihnen anschließend auch kompliziertere Zellmodelle abgeleitet werden sollen.

4.1.2 Die doppelte Michaelis-Menten-Kinetik der Ionenaufnahme

4.1.2.1 Die kinetische und qualitative Charakterisierung von System 1 und System 2 der Ionenaufnahme

Vor etwa 20 Jahren hatte man gefunden, daß die Ionenaufnahme durch pflanzliche Gewebe mit wachsender Ionenkonzentration der Außenlösung einer Sättigungs- oder Maximalgeschwindigkeit zustrebt. Die für den Zusammenhang zwischen Außenkonzentration und Aufnahmerate erhaltenen Kurven nennt man Isothermen, da sie bei konstanter Temperatur aber variierter Konzentration ermittelt werden. Die Aufnahme in den AFS wird bei diesen Experimenten durch Austausch eliminiert (Kapitel 3.1.2). Eine Analyse der Ionenaufnahmeisothermen ergab, daß sie der Michaelis-Menten-Beziehung (Gleichung (2.45), Kapitel 2.3.2.3) gehorchen. Die Ionenaufnahmekinetik stimmt formal mit der Enzymkinetik überein. Verschiedene Autoren hatten dabei unterschied-

liche Konzentrationsbereiche untersucht. Meistens lagen die gewählten Salzkonzentrationen zwischen 1 und 50 mM/l.
Erst als ein wenig später die K^+-Aufnahme bei Gerstewurzeln über einen sehr hohen Konzentrationsbereich (10^{-6} bis 10^{-2} M) gemessen wurde, machte man die Entdeckung, daß offenbar 2 bei verschiedenen Konzentrationen gesättigte Systeme an der Ionenaufnahme beteiligt sind (FRIED und NOGGLE, 1958):
i) ein System 1 mit niedriger Michaelis-Konstante, also hoher Affinität für die Ionen, und mit niedriger Maximalgeschwindigkeit und
ii) ein System 2 mit hoher Michaelis-Konstante, also niedriger Affinität, und mit hoher Maximalgeschwindigkeit.
Man spricht vielfach auch von der doppelten Kinetik oder der doppelten Isotherme der Ionenaufnahme. Diese Kinetik wurde vor allem durch E. EPSTEIN und seine Mitarbeiter über viele Jahre hindurch eingehend untersucht.
Es stellte sich weiter heraus, daß die System 2-Isotherme eine charakteristische Feinstruktur hat und sich in mehrere einzelne Teile gliedert. Abb. 4.1 gibt eine solche Kurve wieder. Entsprechende Kurven sind inzwischen von zahlreichen Autoren für die verschiedensten Pflanzengewebe (Wurzeln, Blätter, Speichergewebe, einzellige Algen) und Ionenarten gefunden worden (s. Tabelle 6.2. in EPSTEIN, 1972). Dabei fällt auf, daß zwar die Maximalgeschwindigkeiten je nach dem Gewebe und der Ionensorte verschieden groß sind, daß aber die Sättigungskonzentrationen und die kritischen Konzentrationen, bei denen sich die Isothermen voneinander abheben, überraschende Übereinstimmungen zeigen (EPSTEIN, 1966, 1972; LÜTTGE, 1968, 1969).

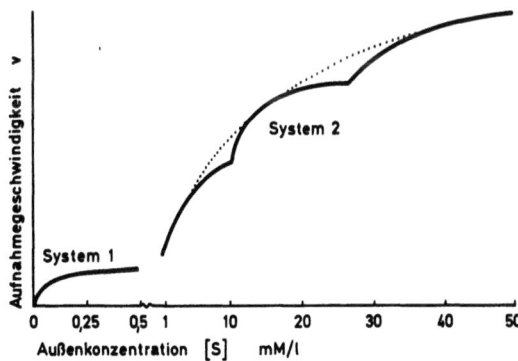

Abb. 4.1. Die Konzentrationsabhängigkeit der Ionenaufnahme durch Pflanzenzellen: Doppelte Isotherme oder doppelte Michaelis-Menten-Kinetik (EPSTEIN und Mitarbeiter u.a. Laboratorien seit 1952)

Die beiden Systeme der Ionenaufnahme unterscheiden sich nicht nur kinetisch. Sie lassen sich auch qualitativ charakterisieren, und zwar vor allem durch ihre Selektivität und durch ihre Reaktion auf das Gegenion. Diese qualitativen Eigenschaften haben auch dazu Anlaß gegeben, das System 2 trotz seiner offensichtlichen weiteren Untergliederung als relativ einheitlich und insgesamt deutlich von System 1 abgehoben anzunehmen.

Eine Zusammenstellung der wichtigsten Eigenschaften der beiden Ionenaufnahmesysteme findet sich in Tabelle 4.1. Hierbei sind vor allem an Wurzeln gewonnene Resultate berücksichtigt. In der ersten Zeile finden wir einige typische Werte für Michaelis-Konstanten. Das Ion, dessen Aufnahme untersucht wurde, ist dabei durch Fettdruck vom Gegenion abgehoben. Bei System 2 ist in Klammern angegeben, für welchen Konzentrationsbereich die Michaelis-Konstante ermittelt wurde. In der zweiten und dritten Zeile sind Anionen- und Kationenaufnahmemechanismen wiedergegeben. Die durch eckige Klammern zusammengefaßten Ionen konkurrieren in dem Konzentrationsbereich des jeweiligen Mechanismus' untereinander um die Aufnahme; sie hemmen sich gegenseitig bei der Aufnahme kompetitiv. Ionen, die in verschiedenen eckigen Klammern stehen, werden mehr oder weniger unabhängig voneinander transportiert. So setzt z.B. eine Zugabe von Br^- zu einer Cl^--Lösung in beiden Konzentrationsbereichen die Cl^--Aufnahme herab, wogegen eine Zugabe von SO_4^{--} keinen Effekt auf die Cl^--Aufnahme hat. K^+, Rb^+ und Cs^+ konkurrieren untereinander. Im niedrigen Konzentrationsbereich wird Na^+ offenbar unabhängig von diesen drei Ionen transportiert, im hohen Konzentrationsbereich konkurriert es dagegen mit den anderen Alkaliionen. Dies deutet darauf hin, daß insgesamt mindestens 3 Mechanismen für die Alkaliionenaufnahme vorliegen. Da Na^+ und K^+ im niedrigen Konzentrationsbereich offenbar nicht durch dasselbe System aufgenommen werden, ergibt sich hier auch eine hohe Selektivität der Aufnahme. Dagegen ist die K^+-Na^+-Selektivität im hohen Konzentrationsbereich gering.

4.1.2.2 Der Mechanismus von System 1 und System 2 der Ionenaufnahme

Nach dieser Beschreibung der beiden Ionenaufnahmesysteme wirft sich die Frage auf, ob wir auch etwas über die Art ihres Mechanismus' aussagen können. Alle Eigenschaften der beiden Systeme lassen sich als Indizien für das Vorliegen von Trägermechanismen werten. Wir haben in Kapitel 2.3.2.3 gesehen, daß Trägermechanismen die Michaelis-Menten-Kinetik erfüllen müssen. Dies trifft bei System 1 und System 2 der Ionenaufnahme zu. Beide Systeme sind deshalb als 2 verschiedene

Tabelle 4.1. Eigenschaften von System 1 und System 2 der Ionenaufnahme (s. auch Tabelle 6.1, p. 129 in EPSTEIN, 1972)

	System 1	System 2
K_M [mM/l] für K^+Cl^-, Gerstewurzeln* K^+Cl^-, Maiswurzeln** Rb^+Cl^-, Maiswurzeln**	0.02 0.09 0.10	11.5 (bis 50 mM) 1 (bis 15 mM) 4 (bis 10 mM)
Kationenaufnahmemechanismen	$[K^+, Rb^+, Cs^+], [Na^+]$ $[Ca^{++}, Sr^{++}, Ba^{++}], [Mg^{++}]$	$[K^+, Rb^+, Cs^+, Na^+]$ $[Ca^{++}, Sr^{++}, Ba^{++}], [Mg^{++}]$
Anionenaufnahmemechanismen	$[Cl^-, Br^-], [NO_3^-]$ $[SO_4^{--}]$	$[Cl^-, Br^-], [NO_3^-]$ $[SO_4^{--}]$
Gegenioneffekte: variiertes Anion als Gegenion variiertes Kation als Gegenion	$v_{K^+}(KCl) \cong v_{K^+}(K_2SO_4)$ $v_{Na^+}(NaCl) \cong v_{Na^+}(NaF) > v_{Na^+}(Na_2SO_4)$ $v_{Cl^-}(KCl) \cong v_{Cl^-}(CaCl_2)$	$v_{K^+}(KCl) > v_{K^+}(K_2SO_4)$ $v_{Na^+}(NaCl) > v_{Na^+}(Na_2SO_4)$ $v_{Cl^-}(KCl) > v_{Cl^-}(CaCl_2)$

* Aus EPSTEIN et al. (1963).
** Errechnet nach den Angaben von TORII und LATIES (1966a).

Trägermechanismen gedeutet worden. Man hat zusätzlich angenommen, daß der System-2-Träger verschiedene aktive Orte habe, wodurch die einzelnen kinetisch abgegrenzten Teile dieses Systems zu erklären wären. Die Ionenantagonismen und die Erscheinung der Selektivität lassen sich aufgrund der Trägerhypothese recht zwanglos als Konkurrenz um die aktiven Bindeorte an den Trägern erklären. Diese Phänomene tragen also auch zur Stützung der Trägerhypothese bei.

In Kapitel 2.3.2.2.3 wurde gezeigt, daß Träger den Austausch von Teilchen zwischen zwei Kompartimenten vermitteln können (Abb. 2.9), wenn die Teilchen auf beiden Membranseiten entsprechende Affinitäten zu den aktiven Bindeorten haben. Einen derartigen spezifischen Austausch kann man auch bei den Ionentransportsystemen von Pflanzenzellen beobachten. Abb. 4.2 zeigt ein entsprechendes Experiment. Um den spezifischen Austausch zu zeigen, belädt man das Gewebe zunächst durch lang andauernde Isotopenaufnahme mit radioaktiven Ionen. Anschließend tauscht man die aufgenommenen Ionen gegen nicht aktive Ionen aus Außenlösungen variierter Konzentration aus. Die so erhaltenen Effluxisothermen entsprechen ganz exakt den Aufnahme- oder Influxisothermen. Der Austausch ist sehr spezifisch: z.B. Phosphat tauscht nur gegen Phosphat, Chlorid nur gegen Chlorid aus (WEIGL, 1968).

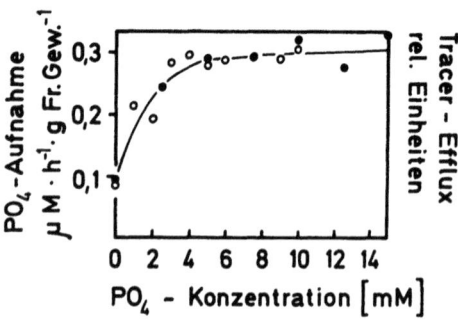

Abb. 4.2. Phosphataufnahme *(Tracer Influx)* und Phosphatabgabe *(Tracer Efflux)* in Abhängigkeit von der Phosphatkonzentration im Außenmedium.
● = *Tracer Influx:* $\mu M \cdot h^{-1} \cdot g$ Fr. Gew. $^{-1}$. ○ = *Tracer Efflux:* relative Einheiten, die so normiert wurden, daß der übereinstimmende Verlauf der Influx- und Effluxisotherme unmittelbar deutlich wird. (Nach Abb. 1b und 2 aus WEIGL, 1968)

So sehr diese Phänomene einerseits auf das Mitwirken von Trägern bei der Ionenaufnahme hinweisen, sind doch andererseits Einwände gegen die Beweiskraft dieser Indizien möglich. Man hat immer wieder darauf hingewiesen, daß aus der reinen Formalistik kinetischer Analysen keine Rückschlüsse auf das Wirken konkreter molekularer Träger gezogen werden dürfen (s. auch Kapitel 3.2.2.2 B.). Besonders deutlich wird dies auch durch den Hinweis, daß die mathematische Form der Michaelis-Menten-Isotherme (Gleichung (2.45)) genau mit der der Langmuir-Isotherme übereinstimmt, die rein passive Adsorptionsvorgänge beschreibt (NETTER, 1959).

Kritik zog auch die Interpretation der Selektivitäts- und Austauscherscheinungen auf sich, besonders bei der Na$^+$-K$^+$-Selektivität. Es wurde deutlich gemacht, daß diese Selektivität auch durch die Beteiligung von Alkaliionen-abhängigen ATPasen an der Ionenaufnahme zustande kommen könne und daß die bevorzugte K$^+$-Akkumulation in Pflanzenzellen durch eine aktive Na$^+$-Abgabe ermöglicht würde (z.B. DODD et al., 1966; PITMAN und SADDLER, 1967; PITAMN et al., 1968; CRAM, 1968 b; siehe auch Abb. 4.7 e und 4.12). JESCHKE (1972) hat gezeigt, daß K$^+$ in der Außenlösung den Na$^+$-Efflux aus Wurzelrindenzellen erhöht und gleichzeitig den Na$^+$-Transport in das Wurzelxylem hemmt. Allerdings müßte man Alkaliionen-transportierende ATPasen wohl auch zu den Trägermechanismen rechnen (Kapitel 3.2.2.2 B II.).

In andere Richtung zielt eine Kritik, die annimmt, daß die beobachteten Phänomene nicht ausschließlich durch Stoffwechsel-abhängige Trägermechanismen bedingt sind. Eine ganze Reihe von Deutungen geht davon aus, daß die Selektivität durch ein Zusammenspiel von passiven und aktiven Efflux- und Influxkomponenten zustande kommt.

Untersuchungen von PITMAN (1970) deuten darauf hin, daß Protonen eine wichtige Rolle spielen können. Werden H$^+$-Ionen zur Wahrung der Elektroneutralität gegen aufgenommene Kationen, z.B. Na$^+$- oder K$^+$-Ionen ausgetauscht und nach außen abgegeben, muß sich der pH-Wert im AFS verändern, weil die H$^+$-Ionen andere Kationen, vor allem Ca^{++}, von den Festladungen des DFS verdrängen können. Der so in unmittelbarer Nachbarschaft des Plasmalemmas erniedrigte pH-Wert kann die Membranpermeabilität erhöhen und dadurch bei steigender Außenkonzentration und steigender K$^+$-Aufnahme die K$^+$-Na$^+$-Selektivität erniedrigen. Abb. 4.3 zeigt, daß die kritische Außenkonzentration, bei der drastische Veränderungen der H$^+$-Abgabegeschwindigkeit auftreten, mit der Konzentration übereinstimmt, wo sich die System-2-Isotherme deutlich von der System-1-Isotherme abzuheben beginnt. So könnte die niedrige K$^+$-Na$^+$-Selektivität im hohen Konzentrationsbereich von Veränderungen der passiven Permeabilität herrühren. Eine größere Bedeutung physikalischer Membraneffekte bietet vielleicht auch einen Anhaltspunkt für die Erklärung der oben erwähnten merkwürdigen Tatsache, daß die Sättigungskonzentrationen der einzelnen Isothermen bei den verschiedensten Geweben und Ionensorten so ähnlich sind.

Fassen wir zusammen: Die Ionenaufnahme durch Pflanzengewebe hat zahlreiche Eigenschaften, die man deduktiv als notwendige Folgen des Wirkens von Trägermechanismen ansehen kann, die aber andererseits als Induktionsbasis für den vollgültigen Beweis des Wirkens von Trägermechanismen nicht ausreichen. Es ist für das Folgende nicht unbedingt

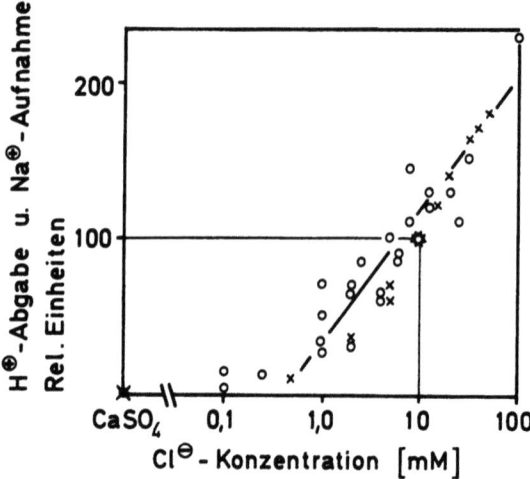

Abb. 4.3. Zusammenhang zwischen $H^{\oplus}$-Abgabe und $Na^{\oplus}$-Aufnahme bei steigender Cl^--Konzentration (Nullpunkt = reine $CaSO_4$-Lösung) nach PITMAN (1970). $\bigcirc$ = $H^{\oplus}$-Abgabe, Messungen von PITMAN normiert für die $H^{\oplus}$-Abgabe in 10 mM KCl = 100 *(Stern)*. x = $Na^{\oplus}$-Aufnahme nach Werten von RAINS und EPSTEIN (1967)

notwendig, zur Trägerfrage hier in der einen oder anderen Weise klar Stellung zu beziehen. Es genügt, wenn wir die neutralere Schlußfolgerung ziehen, daß bei der Ionenaufnahme durch Pflanzengewebe zwei deutlich voneinander zu trennende Systeme oder Mechanismen wirksam sind.

4.1.2.3 Die Frage nach der cytologischen Lokalisation von System 1 und System 2 der Ionenaufnahme

Mit der Frage, an welchen Membranbarrieren der Zelle diese beiden Systeme lokalisiert sind, kehren wir zu unseren Modellvorstellungen zurück. Bei der Entdeckung der beiden Systeme der Ionenaufnahme und auch während der ganzen Phase der ersten quantitativen und qualitativen Charakterisierung der beiden Mechanismen wurde mehr oder weniger stillschweigend vorausgesetzt, daß beide Systeme nebeneinander am Plasmalemma als der äußeren Diffusionsbarriere der Zellen lokalisiert seien.

Erst in der Auseinandersetzung mit einem neuen, differenzierteren Modell haben vor allem EPSTEIN und Mitarbeiter (s. LÄUCHLI, 1972) versucht, die Begründung für das einfache Außen-Innen-Modell mit System 1 und System 2 am Plasmalemma systematisch zu vertiefen. Dieser Kontroverse wollen wir uns nun zuwenden.

4.2 Das Modell mit den drei Kompartimenten Außen – Cytoplasma – Vacuole

4.2.1 Die Torii-Laties-Hypothese

Nach der Torii-Laties-Hypothese sind die beiden Systeme der Ionenaufnahme in der Zelle an zwei verschiedenen Membranen nämlich am Plasmalemma und am Tonoplasten lokalisiert und gewissermaßen hintereinandergeschaltet. Dies ist nur möglich, wenn das bei niedriger Mediumkonzentration die Geschwindigkeit der Ionenaufnahme in die gesamte Zelle bestimmende System 1 an der äußeren Barriere, also am Plasmalemma, und das bei hoher Konzentration geschwindigkeitsbestimmende System 2 an einer weiter innen liegenden Barriere, also am Tonoplasten lokalisiert ist. Im umgekehrten Falle würde man bei Ionenaufnahmeversuchen mit intakten Zellen und Geweben stets allein den zweiten Mechanismus beobachten können. Nach der Torii-Laties-Hypothese wird System 2 im hohen Konzentrationsbereich zum geschwindigkeitsbestimmenden Schritt für die Ionenaufnahme in die gesamte Zelle, weil bei diesen hohen Konzentrationen durch rasches, passives Eindiffundieren der Ionen durch das Plasmalemma die Ionenkonzentration im Cytoplasma schneller ansteige, als es durch die maximale Aufnahmerate von System 1 möglich wäre. Diese letzte, aus der Annahme der Lokalisation von System 1 und 2 an hintereinander liegenden Barrieren einfach logisch folgende Aussage der Torii-Laties-Hypothese ist zu einem entscheidenden Punkt in der Auseinandersetzung zwischen den Anhängern des Außen-Innen- und den Anhängern des Außen-Cytoplasma-Vacuole-Modells geworden. Darauf werden wir später zurückkommen. Zunächst soll unser Augenmerk den ersten experimentellen Grundlagen der Torii-Laties-Hypothese gelten.

4.2.1.1 Die Ionenaufnahme durch vacuolisiertes und nicht-vacuolisiertes Wurzelgewebe

Wenn System 2 am Tonoplasten lokalisiert ist, sollte es bei Zellen ohne Vacuolen nicht zu beobachten sein. Als im großen und ganzen nicht vacuolisiertes Gewebe haben TORII und LATIES die Spitzenregion von Maiswurzeln gewählt und mit vacuolisiertem proximalen Wurzelgewebe verglichen. Die dabei erhaltenen Isothermen sind in Abbildung 4.4. dargestellt. Vacuolisiertes und nicht-vacuolisiertes Gewebe haben hyperbolische System-1-Isothermen, die der Michaelis-Menten-Kinetik genügen. Eine typische System-2-Isotherme ist aber nur bei vacuolisiertem

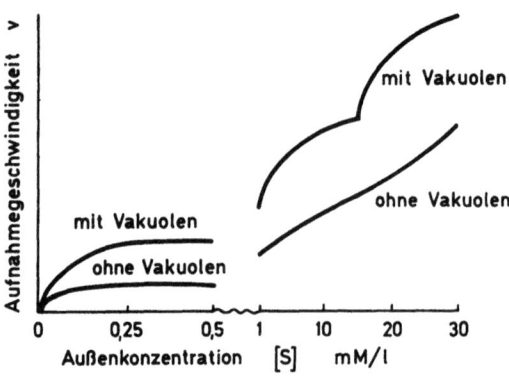

Abb. 4.4. Wichtigste experimentelle Grundlage der Torii-Laties-Hypothese: Die Ionenaufnahme durch Maiswurzelgewebe mit vacuolisierten und nicht vacuolisierten Zellen (TORII und LATIES, 1966a)

Gewebe zu finden. Die Isotherme der Ionenaufnahme des nicht-vacuolisierten Gewebes steigt in diesem Konzentrationsbereich mit wachsender Außenkonzentration linear oder parabolisch („exponentiell"). Eine solche lineare oder exponentielle Kurve wird als Diffusionsisotherme gedeutet (TORII und LATIES, 1966a). Durch dieses Experiment wird eine wichtige Voraussetzung der Torii-Laties-Hypothese verifiziert. Die bei höheren Außenkonzentrationen die Maximalgeschwindigkeit von System 1 übertreffende Geschwindigkeit der passiven Permeation von Ionen in das Cytoplasma wird als lineare Isotherme deutlich, wenn die Vacuole und der Tonoplast und damit System 2 fehlen.

Es ist zunächst u.a. eingewandt worden, daß die gefundene lineare Isotherme lediglich den annähernd linearen Anfangsverlauf einer hyperbolischen Isotherme zeigen könnte (WEIGL, 1969). Dieser Einwand ist formal richtig aber physiologisch nicht sinnvoll. Die von TORII und LATIES mit nicht-vacuolisiertem Wurzelgewebe erhaltenen Isothermen waren bis 50 mM linear, ohne daß sich eine Andeutung eines Nachlassens der Geschwindigkeitszunahme mit wachsender Außenkonzentration zeigte. Es war im Gegenteil meist eine Tendenz zu stärkerem, parabolischem Ansteigen zu beobachten. Ein der Michaelis-Menten-Kinetik gehorchendes Trägersystem, dessen linearen Anfangsverlauf die linearen Isothermen darstellen würden, müßte eine so niedrige Affinität zu den transportierten Teilchen haben, daß man kaum noch von einem spezifischen Träger sprechen könnte. Es läßt sich leicht sehen, daß sich hier K_M-Werte von 100–200 mM ergeben würden, die bereits weit aus dem Bereich physiologischer Konzentrationen herausführen.

4.2.1.2 Warum können wir zwei Mechanismen beobachten, wenn wir die Ionenaufnahme in Abhängigkeit von der Außenkonzentration untersuchen?

Wie bereits angedeutet, scheint dies die Kardinalfrage in der Diskussion um die beiden hier besprochenen und nachstehend nochmals schematisch symbolisierten Modelle zu sein:

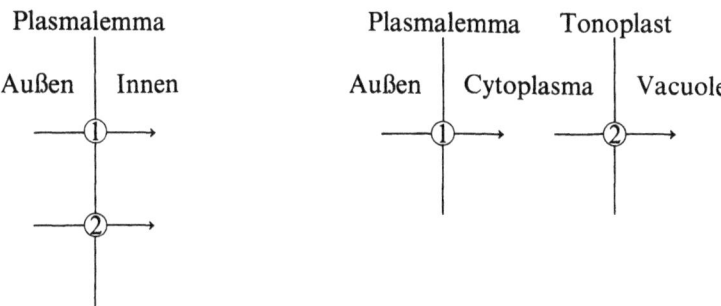

Wir wollen sie entsprechend der angenommenen Kompartimentierung der Innenphase im Folgenden vereinfachend auch als das einkompartimentelle und das zweikompartimentelle Zellmodell bezeichnen.

Versuchen wir die gestellte Frage auf der Basis des einkompartimentellen Modells zu beantworten. Die Außenkonzentration wirkt dann direkt auf die beiden Aufnahmesysteme am Plasmalemma. Einen anschaulichen Vergleich bietet ein *in vitro* Versuch, bei dem zwei Enzyme mit verschieden großer Affinität dasselbe Substrat umsetzen. Bei niedriger Substrat- oder Ionenkonzentration ist nur das Enzym oder das System mit der hohen Affinität wirksam, bei hohen Substrat- oder Ionenkonzentrationen arbeiten beide Mechanismen. Um die Kinetik des Systems niedriger Affinität richtig zu beschreiben, muß eine Korrektur vorgenommen werden, die das gleichzeitig tätige System höherer Affinität berücksichtigt.

Beim zweikompartimentellen Modell wird die Geschwindigkeit von System 1 von der Außenkonzentration und die Geschwindigkeit von System 2 von der Ionenkonzentration im Cytoplasma bestimmt. Im hohen Konzentrationsbereich sollte eine Korrektur der beobachteten Transportgeschwindigkeiten um den Beitrag von System 1 nicht erforderlich sein. In diesem Bereich soll die Konzentration im Plasma ja nicht wesentlich von System 1 bestimmt werden, sondern durch eine rasche Einstellung eines Diffusionsgleichgewichtes zwischen dem Plasma und der Außenlösung.

Die Kinetik dieses Äquilibrierens oder „Auffüllens" des Cytoplasmas ist zu einem wichtigen Argument in der Auseinandersetzung um die beiden Modelle geworden. Das für die Untersuchung der Isothermen benutzte Gewebe enthält meist sehr wenig Salz. Oft werden die benutzten Wurzeln nur in 10^{-4} bis $5 \cdot 10^{-4}$ M $CaSO_4$-Lösungen angezogen. Wenn es gelingt nachzuweisen, daß die Zeit nach dem Überführen des Gewebes in eine Ionenlösung hoher Außenkonzentration dafür ausschlaggebend ist, ob beide Aufnahmesysteme oder nur System 2 allein die Ionenaufnahme kinetisch bestimmen, dann müssen die beiden Systeme in Serie hintereinander liegen und durch ein besonderes Kompartiment getrennt sein. Mit anderen Worten, sie können nicht parallel an derselben Membran arbeiten, es sei denn, System 1 und 2 wären bei steigender Außenkonzentration adaptiven Veränderungen unterworfen. (S. auch Kapitel 4.2.2.2, wo die Möglichkeit multiphasischer sich bei variierter Außenkonzentration adaptiv verändernder Aufnahmesysteme diskutiert werden soll.)

Mit linearen Transformationen der Michaelis-Menten-Gleichung (2.45) läßt sich oft am einfachsten prüfen, ob eine Isotherme der Michaelis-Menten-Kinetik genügt. Besonders häufig angewandt wird die Darstellung nach LINEWEAVER-BURK

$$V_{max} \cdot \frac{1}{v} = K_M \cdot \frac{1}{[S]} + 1. \tag{4.1}$$

Man erhält eine Gerade, wenn man $\frac{1}{v}$ gegen $\frac{1}{[S]}$ darstellt.

Die ersten Isothermen, die man im hohen Konzentrationsbereich entdeckt hatte, ergaben in dieser Darstellung gute Geraden. Von der Gliederung in System 1 und 2 wußte man zunächst nichts. Später zeigten jedoch EPSTEIN und Mitarbeiter, daß für System 2 nur dann eine Gerade zu erhalten ist, wenn von der beobachteten Geschwindigkeit v die Geschwindigkeit von System 1 (v_1) abgezogen wird. EPSTEIN formulierte dies folgendermaßen:

$$v = v_1 + v_2 = \frac{V_{max\,1} \cdot [S]}{K_{M\,1} + [S]} + \frac{V_{max\,2} \cdot [S]}{K_{M\,2} + [S]}, \tag{4.2}$$

wobei die Indices 1 und 2 die Aufnahmesysteme 1 und 2 markieren. Will man bei der Darstellung nach LINEWEAVER-BURK Geraden für System 2 erhalten, muß man danach die eigentliche Geschwindigkeit von System 2 (v_2) aus der beobachteten Geschwindigkeit (v) und den bei niedriger Konzentration ermittelten Parametern von System 1 in folgender Weise errechnen:

$$v_2 = v - \frac{V_{max\,1} \cdot [S]}{K_{M\,1} + [S]} \tag{4.3}$$

und $\frac{1}{v_2}$ gegen $\frac{1}{[S]}$ auftragen.

Wie kommt es zu der Diskrepanz zwischen den ursprünglichen Resultaten und den Befunden von EPSTEIN? LATIES (1969) hat dargelegt, daß die Substraktion (4.3) nur erforderlich sei, wenn die Aufnahmezeiten, über die v ermittelt wurde, kurz waren, d.h. in der Größenordnung zwischen 10 und 20 Minuten lagen. In diesem Falle sei das Cytoplasma während der ganzen Aufnahmezeit noch relativ leer, der Beitrag von System 1 zur Ionenaufnahme im hohen Konzentrationsbereich sei merkbar. Bei längerer Aufnahmedauer (einige Stunden) sei das Cytoplasma dem Gleichgewicht mit der Außenlösung näher und eine Korrektur nach Gleichung (4.2) und (4.3) sei nicht erforderlich, weil der Beitrag von v_1 im hohen Konzentrationsbereich dann unerheblich ist.
Zahlenmäßig wird dies deutlich, wenn man z.B. für 10 mM KCl die in Langzeitexperimenten und in 10-Minuten-Versuchen ermittelten K$^+$-Aufnahmeraten vergleicht. Die bei länger dauernden Aufnahmeperioden für die verschiedensten Pflanzengewebe repräsentativen Raten liegen in der Größenordnung von 4–6 $\mu M \cdot h^{-1} \cdot g$ Fr.Gew.$^{-1}$. Die K$^+$-Aufnahme durch Gerstewurzeln aus 10 mM KCl ist in 10 min Experimenten jedoch 18 $\mu M \cdot h^{-1} \cdot g^{-1}$. Eine Korrektur um $V_{max\,1}$ bringt diesen Wert wieder in die oben genannte Größenordnung.
Die Bedeutung der Ionenkonzentration im Cytoplasma für die Kinetik der Ionenaufnahme in die Vacuolen läßt sich mit Gewebe mit „leerem" bzw. „vollem" Cytoplasma, das man durch geeignete Vorbehandlung erhält, direkt nachweisen. Die Ionenaufnahme in die Vacuolen von Rübengewebe mit vollem Cytoplasma ist im niedrigen Konzentrationsbereich (< 1 mM) nahezu unabhängig von der Ionenkonzentration der Außenlösung. Der Übergang vom leeren zum vollen Cytoplasma kann durch kinetische Untersuchungen an Gewebescheiben roter Rüben verfolgt werden. Die zum Füllen des Cytoplasmas erforderliche Zeit ist der Außenkonzentration umgekehrt proportional (OSMOND und LATIES, 1969).
Die Kinetik des Auffüllens des Cytoplasmas hängt auch von der Temperatur ab. Auf diesem Wege kann die Bedeutung des Ionengehaltes im Cytoplasma ebenfalls gezeigt werden.
Die Veränderung der cytoplasmatischen Ionenkonzentration kann auch für bestimmte Phänomene der K$^+$-Na$^+$-Selektivität verantwortlich sein. Man hat gefunden, daß sich die K$^+$-Na$^+$-Selektivität einige Stunden nach dem Einbringen von Gewebe in eine Na$^+$ + K$^+$-Lösung ändert

(PITMAN, 1967; PITMAN et al., 1968). Es ist denkbar, daß eine Na^+-Abgabe-Pumpe am Plasmalemma mit wachsender Na^+-Konzentration des Cytoplasmas induziert wird und die Selektivität beeinflußt.

4.2.1.3 Die Synthese und Kompartimentierung organischer Säuren im Zusammenhang mit der Ionenaufnahme

Aus Tabelle 4.1. ist ersichtlich, daß die Art des Gegenions die Aufnahme eines gegebenen Ions unter Umständen beeinflußt. Man kennt leicht aufnehmbare Ionen, wie z.B. K^+ und Cl^-, und schwer aufnehmbare Ionen, beispielsweise Ca^{++} und SO_4^{--}. Ein schwer aufnehmbares Ion kann die Aufnahme eines leicht aufnehmbaren Gegenions verlangsamen. Besonders im Konzentrationsbereich von System 2 hemmt Ca^{++} die Cl^--Aufnahme und SO_4^{--} die K^+-Aufnahme.
Wird ein Ion schneller aufgenommen als sein Gegenion und erfolgt kein Ladungsausgleich durch Ionenefflux, haben wir einen elektrogenen Mechanismus vor uns (vgl. Kapitel 2.2.2.2). Das entstehende Membranpotential wirkt der Ionenaufnahme entgegen. Manche Pflanzen können dies durch die Synthese organischer Säuren und die damit verbundene Bildung neuer Ladungen im Inneren der Zellen mehr oder weniger gut ausgleichen. Es ist lange bekannt, daß Pflanzengewebe eine stöchiometrische Menge organischer Säuren bilden, wenn die Kationenaufnahme die Anionenaufnahme übertrifft. Umgekehrt sinkt der Gehalt organischer Säuren eines Gewebes, wenn mehr Anionen als Kationen aufgenommen werden.
In Abb. 4.5 wird gezeigt, wie man sich die Zusammenhänge zwischen einer Säuresynthese als Folge der Fixierung von CO_2 und einer überschüssigen Kationenaufnahme vorstellen kann. Eine Abgabe von H^+, d.h. ein Ansäuern des Außenmediums wurde bei der Aufnahme eines Überschusses von Kationen vielfach beobachtet. Es ist argumentiert worden, daß dabei auch der cytoplasmatische pH-Wert verändert wird und die dadurch beeinflußte Aktivität verschiedener Enzymsysteme zur Säuresynthese führt (HIATT, 1967). Allerdings ist nicht sicher, daß sich der pH-Wert im Cytoplasma wirklich merklich ändert. Es ist eher wahrscheinlich, daß die H^+-Konzentration im Cytoplasma durch komplexe, im Einzelnen noch unbekannte Regulationsmechanismen mehr oder weniger konstant gehalten wird (RAVEN und SMITH, 1973, s. Kap. 6.2.4.2 D.).
Durch einen K^+-H^+-Austausch am Plasmalemma werden zunächst keine Säureanionen aus dem Gleichgewicht cytoplasmatischer Systeme entfernt. Dies erfolgt erst, wenn die Säureanionen (A^-) die Kationen (K^+) zur Wahrung der Elektroneutralität in die Vacuole begleiten

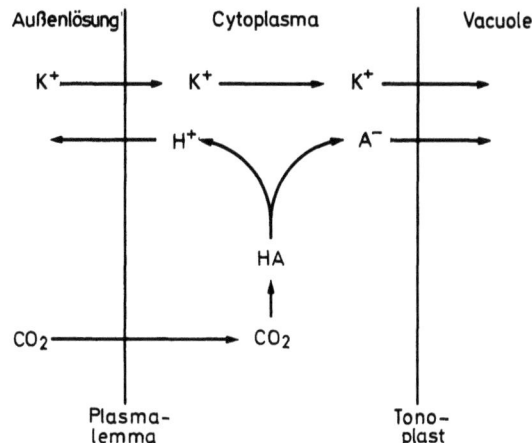

Abb. 4.5. Zusammenhang zwischen der Säuresynthese und der Aufnahme überschüssiger Kationen nach den Vorstellungen von TORII und LATIES (1966b). $K^{\oplus}$ = Kation, HA = organische Säure, $A^{\ominus}$ = Säureanion, $H^{\oplus}$ = Wasserstoffion. (Aus LÜTTGE, 1969)

(Abb. 4.5). Durch diesen Säuretransport regulierte Syntheseraten organischer Säuren müßten sich deshalb vornehmlich bei vacuolisiertem Wurzelgewebe und nicht so sehr bei Wurzelspitzen bemerkbar machen. Ferner sollte der Effekt im Konzentrationsbereich des am Tonoplasten lokalisierten System 2 ausgeprägter sein als im Bereich von System 1. Von TORII und LATIES (1966 b) gewonnene Daten stimmen mit diesen Erwartungen gut überein (Tabelle 4.2). Die mit dest. H_2O als Außenlösung beobachtete Fixierung von außen gebotenem $^{14}CO_2$ in die Fraktion der organischen Säuren wurde in Tabelle 4.2 = 100 gesetzt. Die stärksten Abweichungen davon (fett gedruckte Zahlen) ergeben sich – wie erwartet – bei gleichzeitigem Zutreffen folgender drei Bedingungen:
i) vacuolisiertes Gewebe,
ii) hohe Außenkonzentration,
iii) Kombination eines leicht aufnehmbaren Anions mit einem schwer aufnehmbaren Kation (oder umgekehrt!) in der Außenlösung.
Die Zusammenhänge zwischen der Säuresynthese und dem Ionentransport im zweikompartimentellen System lassen sich auch durch ein *Pulse-Chase*-Experiment deutlich machen. Man gibt dem Gewebe roter Rüben einen 30 min langen Markierungspuls mit $^{14}CO_2$. Anschließend mißt man in nicht-markiertem CO_2 das Absinken der spezifischen Aktivität des Malates in diesem Gewebe. Malat stellt die wichtigste der gebildeten Säuren dar. Die spezifische Aktivität des Malates sinkt rasch, wenn gleichzeitig keine überschüssige Kationenaufnahme möglich

Tabelle 4.2. Fixierung von $^{14}CO_2$ in die Fraktion der organischen Säuren in relativen Einheiten in Abhängigkeit von der Salzart und -konzentration in der Außenlösung durch Wurzelspitzen (nicht vacuolisiert) und proximale Wurzelsegmente (vacuolisiert). Nach TORII und LATIES, (1966b)

Konzentration meq/l	Salz	nicht vacuolisiert	vacuolisiert
	H_2O	100	100
0.2	KCl	83	107
	K_2SO_4	164	254
	$CaCl_2$	117	86
	$CaSO_4$	127	92
20	KCl	102	118
	K_2SO_4	108	**460**
	$CaCl_2$	100	**27**
	$CaSO_4$	104	60

ist. Bei gleichzeitiger hoher Kationenaufnahme aber niedriger Anionenaufnahme bleibt die Radioaktivität des markierten Malats länger erhalten, der Malat*turnover* ist verlangsamt (Abb. 4.6). Eine Kompartimentsanalyse mit Hilfe der in Abschnitt 4.2.3.2 diskutierten kinetischen Methode zeigt, daß unter diesen Bedingungen mehr Malat in die Vacuole gelangt und so dem *Turnover* im Cytoplasma entzogen ist (OSMOND und LATIES, 1969).

Die besondere Rolle des Malats wird auch durch Doppelmarkierungsversuche deutlich, die zeigen, daß Malat in der Zelle anders als andere Säuren des Citronensäurezyklus kompartimentiert ist. Der *Turnover* von intrazellulärem Malat, das durch Fütterung von Zellen mit ^{14}C-markiertem Malat in die Zellen hineingelangt ist, erfolgt sehr langsam,

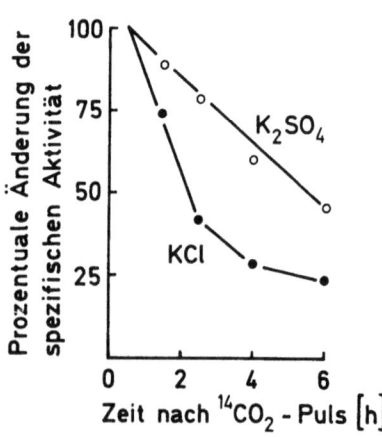

Abb. 4.6. Malat*turnover* in gealterten Gewebescheiben roter Rüben nach einem 30 min $^{14}CO_2$-Puls bei unterschiedlichen Ionentransportbedingungen. K_2SO_4 (20 mN) = rasche Kationen-, langsame Anionenaufnahme. KCl (20 mN) = gleich rasche Kationen- und Anionenaufnahme. (Aus OSMOND und LATIES, 1969)

verglichen mit dem *Turnover* von Malat, das durch Zugabe von Tritium-markierter Essigsäure über die Reaktionen des Citronensäurezyklus in den Zellen entstanden ist. Das von außen aufgenommene Malat muß also durch eine Kompartimentsbarriere vom Citronensäurezyklus getrennt sein (STEER und BEEVERS, 1967). Allerdings bleibt dabei ungeklärt, ob es sich um die Mitochondrienhülle oder um den Tonoplasten handelt.

Zum Schluß sollen im Zusammenhang mit der Ionen- und Malatkompartimentierung noch zwei Befunde verglichen werden, die vielleicht zu weiteren Erkenntnissen führen können. Malat spielt bei der Überflutungstoleranz von Pflanzen eine Rolle. Pflanzenwurzeln werden bei der Überflutung durch die Staunässe mehr oder weniger anaeroben Bedingungen ausgesetzt. Sie bilden in ihrem Stoffwechsel dann entweder Äthanol, wodurch sie im Laufe der Zeit zugrunde gehen oder verkümmern, oder Malat (bzw. Shikimiat), was zur Überflutungstoleranz führt (TYLER and CRAWFORD, 1970). Zieht man Gerstewurzeln, die auch zur Malatbildung befähigt sind, in Flüssigkeitskultur mit und ohne Durchlüftung an, hat man im letzteren Falle eine Situation ähnlich der der Überflutung. Dadurch ändert sich die Selektivität der Na^+- und K^+-Aufnahme (PITMAN, 1969 a). Es wirft sich die Frage auf, ob Ionentransportprozesse unmittelbar mit den verschiedenen Stoffwechselwegen bei Aerobiose und Anaerobiose zusammenhängen. Dieser Faden ist bisher noch von niemandem aufgegriffen worden. Immerhin ist ersichtlich, daß die Koppelung von Säurestoffwechsel und Ionentransport interessante Möglichkeiten der metabolischen Kontrolle der Ionenbeziehungen von Pflanzenzellen bietet.

4.2.1.4 Einige weitere Belege für die Torii-Laties-Hypothese

Einige weitere experimentelle Belege für die Torii-Laties-Hypothese sollen hier nur kurz erwähnt werden.

A. Altersbedingte Unterschiede der Ionenaufnahmeisothermen. Frisch isolierte Gewebescheiben von Speicherorganen oder auch frisch isolierte Wurzelzentralzylinder unterscheiden sich in der Kapazität und auch in der Kinetik der Ionenaufnahmemechanismen von Gewebe, das einige Zeit lang (10 bis 20 Stunden) nach der Präparation in einer verdünnten $CaSO_4$-Lösung gewaschen oder „gealtert" wurde. Diese altersbedingten Veränderungen sind im Konzentrationsbereich von System 1 besonders stark ausgeprägt. Mit Hilfe der Efflux-Kinetik (s. Kapitel 4.2.3.2) kann gezeigt werden, daß sich beim Altern vor allem der Influx am Plasmalemma ändert. Diese Übereinstimmung stützt die Torii-Laties-Hypothese (LATIES, 1967, 1969; LÜTTGE, 1968).

B. Künstliche Veränderung der Membranpermeabilität. Mit verschiedenen sogenannten membranaktiven Stoffen (Kapitel 3.2.2.1 B) kann man die Membranpermeabilität verändern. Es ist z. B. bekannt, daß die Polybase Poly-L-Lysin die Ionenpermeabilität von Chloroplasten- und Mitochondrienmembranen beeinflußt. Auf diese Weise wirkt Poly-L-Lysin auch auf die Energieübertragungsreaktionen. Durch geeignete Wahl der experimentellen Bedingungen, insbesondere der Poly-L-Lysin-Konzentration, kann man die Ionenpermeabilität des Plasmalemmas selektiv erhöhen. Dabei verschwindet die hyperbolische Ionenaufnahmeisotherme (OSMOND und LATIES, 1970).

C. Koppelung von Nah- und Ferntransporten. Das zweikompartimentelle Modell bietet eine brauchbare Grundlage für die Erklärung der Koppelung von Ferntransporten mit Membrantransportmechanismen. Beobachtungen über den Ionentransport aus einer Außenlösung durch die Wurzeln in die Fernleitbahnen des Xylems lassen sich mit Hilfe der Torii-Laties-Hypothese zwanglos erklären und dienen umgekehrt wiederum zu ihrer weiteren Untermauerung. Dies sei an dieser Stelle nur ein Hinweis. Die ausführliche Diskussion dieses Problems muß einem eigenen Kapitel vorbehalten bleiben (Kapitel 7.2.1).

4.2.2 Weiterführende Vorstellungen

4.2.2.1 Test der Modelle durch Computer-Simulation

Die diskutierten Modelle lassen sich auch durch mathematische Formulierungen beschreiben. Im zweiten Kapitel haben wir eine ganze Reihe von Beziehungen kennengelernt, die unter bestimmten Bedingungen für das Außen-Innen-Modell gelten. Im folgenden Abschnitt (4.2.3) werden wir wenigstens andeutungsweise sehen, wie man das kompliziertere Modell Außen-Cytoplasma-Vacuole durch mathematische Formulierung erfassen kann. Dabei ist bereits eine beträchtliche Zahl von Parametern zu berücksichtigen, die untereinander abhängig sind: die Fluxe am Plasmalemma und am Tonoplasten in jeweils 2 Richtungen und die Konzentrationen in der Außenlösung, im Cytoplasma und in der Vacuole (Abb. 4.9). Die Zahl der Parameter wächst exponentiell mit steigender Komplexität des zugrunde gelegten Zellmodells (Kapitel 4.3). Hat man aber eine geeignete mathematische Formulierung für ein Modell, so läßt sich mit Hilfe von Computern prüfen, ob das gewählte Modell dem tatsächlichen Verhalten des untersuchten Objektes gerecht wird. Wenn man in Anlehnung an die Durchführung echter Experimente bestimmte Parameter konstant hält, andere Größen variiert und das resultierende Verhalten des Modells

(Computer-Simulation) mit dem Verhalten des Objektes im Experiment vergleicht, ist dies der rigoroseste quantitative Test, dem man ein solches Modell unterwerfen kann.

Wir machen den Hinweis auf diese wichtige Methode an dieser Stelle, weil PITMAN (1969 b) das Außen-Innen-Modell mit System 1 und 2 am Plasmalemma und das Außen-Cytoplasma-Vacuole-Modell mit System 1 am Plasmalemma und System 2 am Tonoplasten einem solchen Test unterworfen hat. PITMAN kommt zu folgenden Schlüssen:

i) *Anionenaufnahme:* Am Plasmalemma muß im Bereich von niedriger und hoher Außenkonzentration ein aktiver Transportmechanismus wirken, denn die Geschwindigkeit des beobachteten aktiven Transportes am Plasmalemma ist im Bereich hoher Außenkonzentration größer als die Maximalgeschwindigkeit von System 1. Zusätzlich soll ein Transportmechanismus am Tonoplasten wirksam sein.

ii) *Kationenaufnahme:* Zur Erklärung der Kationenaufnahme reicht es aus, wenn nur System 1 am Plasmalemma lokalisiert ist, und es ist nicht nötig anzunehmen, daß wie bei der Anionenaufnahme auch System 2 hier wirkt.

iii) *Koppelung:* Die aktiven Transportmechanismen am Plasmalemma und am Tonoplasten müssen miteinander gekoppelt sein. Diese Koppelung kann durch eine gemeinsame Energiequelle oder im einfachsten Falle durch die Abhängigkeit dieser Pumpen von der Ionenkonzentration im Cytoplasma zustande kommen.

Es ist ersichtlich, daß dieses System ein zweikompartimentelles Modell der Zelle fordert, denn es kommt ohne die beiden Kompartimentsgrenzen Plasmalemma und Tonoplast und ohne aktive Transportmechanismen an diesen beiden Barrieren nicht aus. Dennoch trägt es sowohl Züge des einfachen Außen-Innen-Modells (Anionentransport) als auch des Torii-Laties-Modells (Kationentransport). Nach PITMANs Formulierung unterstützen seine Resultate eine Modell, das einen Kompromiß darstellt zwischen dem einkompartimentellen Zellmodell mit der parallelen Anordnung der aktiven Transportmechanismen von System 1 und 2 am Plasmalemma (EPSTEIN und Mitarbeiter) und dem zweikompartimentellen Zellmodell mit der serialen Anordnung von System 1 und 2 am Plasmalemma und am Tonoplasten (Abb. 4.7). Man kann auch sagen, daß PITMANs Computer-Tests ein Modell fördern, das über die beiden anderen Modelle hinausführt.

4.2.2.2 Multiphasische Aufnahmesysteme

NISSEN (1971, 1973) hat gefragt, ob die Formulierung der doppelten Michaelis-Menten-Kinetik (Gleichung 4.2) für Ionenaufnahmeisothermen von Pflanzenzellen wirklich adäquat ist. Er hat – ebenfalls mit Hilfe datenverarbeitender Maschinen – alle Isothermen, derer er aus der Literatur oder durch persönliche Mitteilungen habhaft werden konnte, neu analysiert und eigene Versuche angestellt. Dabei traten stets zahlreiche Diskontinuitäten zutage, wie sie auch im Konzentrationsbereich 1–50 mM in Abb. 4.1 schon angedeutet sind. Diskontinuitäten fanden sich aber auch bei Konzentrationen < 1 mM und nicht nur bei Isothermen vacuolisierter Gewebe, sondern auch bei Wurzelspitzengewebe. NISSEN erwägt, daß die Diskontinuitäten durch konzentrationsabhängige sterische Änderungen an den Aufnahmesystemen zustande kommen. Je nach der Ionenkonzentration kann danach das Aufnahmesystem einen bestimmten, durch konkrete Werte von V_{max} und K_M charakterisierten Zustand annehmen. NISSEN nennt dies ein multiphasisches System. Diese Vorstellung ist der von EPSTEIN nicht so sehr unähnlich, der für System 2 verschiedene aktive Trägerorte postuliert (Kapitel 4.1.2.2) und so die Feinstruktur dieses Systems zu erklären versucht.

NISSEN schließt, daß sowohl am Plasmalemma als auch am Tonoplasten ein multiphasisches System lokalisiert sei. Beide Systeme wirken über einen großen Konzentrationsbereich. Es ist dabei nicht wie bei der Torii-Laties-Hypothese bei hohen Außenkonzentrationen eine starke Diffusionskomponente am Plasmalemma anzunehmen, damit das Tonoplastensystem in Gang kommt. Durch Phasenübergänge am Plasmalemmasystem kann erhöhte Außenkonzentration zu gesteigerter Aufnahme führen. Erst bei sehr hohen Außenkonzentrationen ($\sim 10^{-2}$ M) kann das Tonoplastensystem, das sich durch V_{max} vom Plasmalemmasystem unterscheidet, geschwindigkeitsbestimmend werden.

4.2.2.3 Übersicht

In Abbildung 4.7 sind die hier in der chronologischen Reihenfolge ihrer Entstehung betrachteten Modelle noch einmal schematisiert zusammengefaßt: das einkompartimentelle Zellmodell von EPSTEIN und Mitarbeitern, das zweikompartimentelle Zellmodell von LATIES und Mitarbeitern, das zweikompartimentelle Modell mit multiphasischen Aufnahmesystemen und die durch Computersimulation erhaltenen Vorstellungen.

Zum Vergleich wird noch ein für konkrete Ionenflüxe erarbeitetes Modell gezeigt. Dieses Modell beruht nicht auf der Ermittlung von Ionenaufnahmeisothermen, sondern fußt auf der Messung der Ionenflüxe zwischen der Außenlösung und dem Cytoplasma (Φ_{oc} und Φ_{co}), der Ionenflüxe zwischen dem Cytoplasma und der Vacuole (Φ_{cv} und Φ_{vc}), der

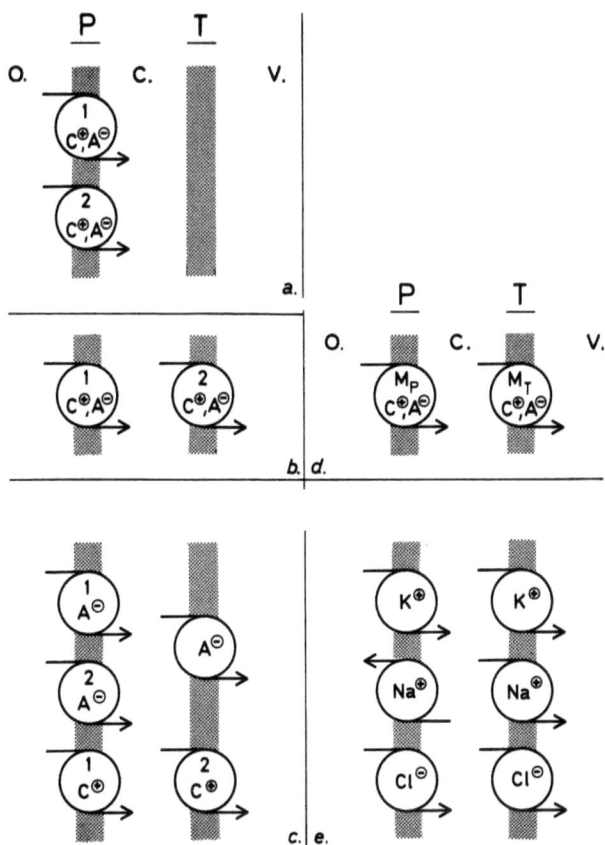

Abb. 4.7. Aus Untersuchungen des Ionentransportes für die Lokalisation von Ionentransportmechanismen und die Ionenverteilung entwickelte Zellmodelle. a einkompartimentelles Modell: System 1 und System 2 der Kationen- und Anionenaufnahme am Plasmalemma (EPSTEIN und Mitarbeiter), b zweikompartimentelles Modell: System 1 der Kationen- und Anionenaufnahme am Plasmalemma, System 2 der Kationen- und Anionenaufnahme am Tonoplasten (LATIES u. Mitarb.), c zweikompartimentelles Modell: System 1 und 2 der Anionenaufnahme und System 1 der Kationenaufnahme am Plasmalemma (nach PITMAN), d zweikompartimentelles Modell: Multiphasische Anionen- und Kationenaufnahmesysteme am Plasmalemma und am Tonoplasten (NISSEN). e zweikompartimentelles Modell: Spezifische Ionenpumpen am Plasmalemma und am Tonoplasten (HIGINBOTHAM, 1970).
Ionensymbole: $C^{\oplus}$ = Kation, $A^{\ominus}$ = Anion, die übrigen Symbole sind die chem. Element-Symbole. ⟳= Transportmechanismus mit Richtungsangabe. Passive Diffusion wird nicht gezeigt. 1, 2 = System 1 und System 2 der Ionenaufnahme. M_P = multiphasisches Plasmalemmasystem. M_T = multiphasisches Tonoplastensystem. o = Außenlösung, c = Cytoplasma, v = Vacuole, P = Plasmalemma, T = Tonoplast

Ionenkonzentrationen im Cytoplasma und in der Vacuole und dem Membranpotential (ΔE) bei einer gegebenen Außenkonzentration. Auf diese Daten wurde das Ussing-Teorell-Kriterium angewandt (Gleichung (2.38)); und daraus wurden Folgerungen über die Lokalisation und Richtung einzelner Ionenpumpen gezogen (s. auch Kapitel 4.2.3.3, Abb. 4.12). Es ist interessant, das Ergebnis dieser Untersuchungen mit den übrigen Modellen zu vergleichen. Zunächst ist es aber nötig, verstehen zu lernen, wie die Einzelfluxe und Konzentrationen ermittelt werden.

4.2.3 Kompartimentsanalyse

Das Modell mit den 3 Kompartimenten Außen-Cytoplasma-Vacuole (zweikompartimentelles *Zell*modell) läßt sich auch unabhängig von der Isothermenkinetik erschließen, wenn man Kompartimentsanalysen vornehmen kann. Es wurde oben bereits erwähnt (Kapitel 2.2.2.4 A.), daß Kompartimentsanalysen bei großen coenoblastischen Algenzellen auf direktem Wege mehr oder weniger exakt durchzuführen sind. Bei Zellen höherer Pflanzen bedarf es indirekter kinetischer Methoden.

4.2.3.1 Direkte Kompartimentsanalyse: Coenoblastische Algenzellen

Das Ziel der Kompartimentsanalyse ist nicht allein Ionenkonzentrationen in den einzelnen Kompartimenten (Cytoplasma, Vacuole) zu ermitteln. Die Kernfrage ist die nach der aktiven oder passiven Natur der einzelnen Fluxe an den Kompartimentsgrenzen (Plasmalemma, Tonoplast), oder mit anderen Worten nach der Natur der Ionenverteilung. Will man das Nernst-Kriterion (Gleichung (2.16)) oder das Ussing-Teorell-Kriterion (Gleichung (2.38)) im zweikompartimentellen Zellmodell anwenden, muß man neben den Membranpotentialen am Plasmalemma (E_{co}) und am Tonoplasten (E_{vc}) (s. Tabelle 2.2.) die Ionenkonzentrationen im Plasma und in der Vacuole kennen. Bei großen coenoblastischen Algen lassen sich sehr zuverlässige Werte für den Zellsaft (Vacuoleninhalt) gewinnen. Je nach dem gewählten Zellmaterial kann man den Zellsaft zur Analyse ausfließen lassen oder auch mit einer Mikrokapillare sammeln. Das Cytoplasma läßt sich aus den Zellen herausdrücken. Man erhält brauchbare Analysenergebnisse der Ionenkonzentration im Cytoplasma, wenn auch die Zuverlässigkeit insbesondere durch die Gefahr der Kontamination mit Zellsaft geringer ist. Einige Daten über Ionenkonzentrationen in verschiedenen Kompartimenten von Algenzellen und über aktive Ionenfluxe an den Kompartimentsgrenzen sind in Tabelle 4.3. und 4.4. wiedergegeben.

4.2.3.2 Indirekte Kompartimentsanalyse: Die Isotopenaustauschkinetik

Die Messung der Kinetik des Isotopenaustausches zwischen einem radioaktiv beladenen Gewebe und einer nicht-markierten Außenlösung bietet einen indirekten Weg zur Kompartimentsanalyse, d. h. zur Ermittlung von Konzentrationen in einzelnen Kompartimenten und von Fluxen an den Kompartimentsgrenzen.

Ein typisches Experiment ist in Abbildung 4.8 dargestellt. Man bringt zu diesen Untersuchungen das Pflanzengewebe in eine radioaktiv markierte Ionenlösung und läßt es solange daraus Ionen aufnehmen, bis es sich in einem *Pseudo-steady-state* befindet. Hierbei sind Influx und Efflux gleich groß und konstant, so daß sich der Ionengehalt für die Dauer des Austauschexperimentes nicht ändert. Anschließend an das radioaktive Beladen überführt man das Gewebe in eine nicht radioaktive

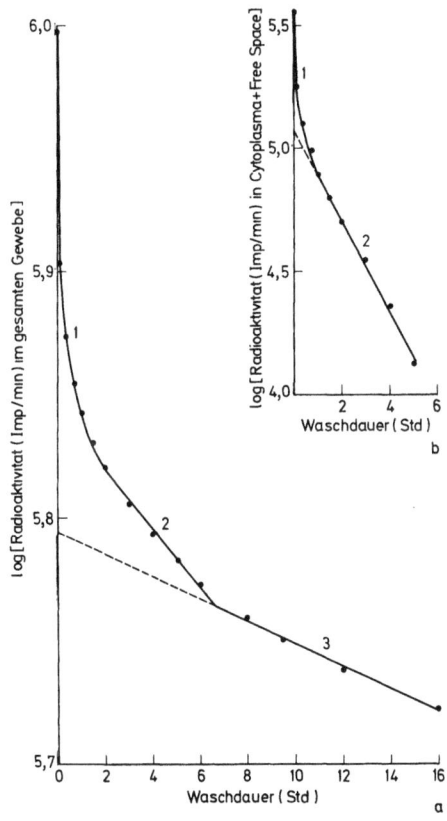

Abb. 4.8. Beispiel eines zur Bestimmung der Einzelfluxe nach PITMAN (1963) durchgeführten Experimentes. a Auswaschung radioaktiv markierter Ionen ($K^{\oplus}$ markiert mit $^{86}Rb^{\oplus}$) aus dem Gewebe abgeschnittener Maiswurzeln im Anschluß an eine 15stündige Applikation einer 0.2 mM K(^{86}Rb)Cl-Lösung durch nicht-markierte 0.2 mM KCl-Lösung. ① Austausch der im *Free Space* enthaltenen Aktivität mit der Außenlösung, ② vorwiegende Auswaschung der cytoplasmatischen Phase, ③ Efflux aus der Vacuole. b Phase ① und ② nach Subtraktion der durch Extrapolation in a (---) ermittelten Radioaktivität der Vacuole. (Aus LÜTTGE, 1969)

Tabelle 4.3. Ionenkonzentrationen [mM] in Kompartimenten verschiedener Süß- und Brackwasseralgen, höherer Pflanzen und einer Meerwasseralge. Aus Aufstellungen von MacRobbie (1970b) und Pierce und Higinbotham (1970) (dort auch weitere Einzelheiten und Literatur). Kursive Zahlen: Ionenkonzentrationen in der stationären der Chloroplasten enthaltenden Plasmalage (S) bzw. in den Chloroplasten (Chl.)

Species	Außenlösung			Cytoplasma			Vacuole		
	$K^\oplus$	$Na^\oplus$	$Cl^\ominus$	$K^\oplus$	$Na^\oplus$	$Cl^\ominus$	$K^\oplus$	$Na^\oplus$	$Cl^\ominus$
Süß- und Brackwasseralgen:									
Nitella translucens	0.1	1.0	1.3	119 *S: 150*	14 *55*	65–87 *240*	75	65	150–170
Nitella flexilis	0.1	0.2	1.3	125 *S: 110*	5 *26*	36 *136*	80	28	136
Tolypella intricata	0.4	1.0	1.4	87–97 Chl.: *340*	4–22 *36*	23–31 *340*	90–119	3–39	110–136
Hydrodictyon africanum	0.1	1.0	1.3	93	51	58	40	17	38
Lamprothamnium succinctum	6	289	337	137	47	86	250	136	373

Species	Außenlösung			Cytoplasma			Vacuole		
	$K^{\oplus}$	$Na^{\oplus}$	$Cl^{\ominus}$	$K^{\oplus}$	$Na^{\oplus}$	$Cl^{\ominus}$	$K^{\oplus}$	$Na^{\oplus}$	$Cl^{\ominus}$
Höhere Pflanzen: Beta vulgaris (Rübe)	5	—	—	58–86	—	—	85–205	—	—
Hordeum vulgare (Wurzel)	2.5	7.5	—	102	70	—	74	29	—
Daucus carota (Rübe)	—	—	0.5–95	—	—	16	—	—	150
Pisum sativum (Epicotyl)	1 10	— —	— —	169 170	— —	— —	55 78	— —	— —
Avena sativa (Koleoptile)	10	10	10	150–205	12–17	76	160–190	24–29	65
Extremwerte Süß- und Brackwasseralgen (ohne Lamprothamnium und höhere Pflanzen):				58–205	12–70	16–87	40–205	3–65	38–170
Meerwasseralge: Valonia ventricosa	10–13	470–510	520–600	434	40	138	625	44	643

Tabelle 4.4. Fluxe mit aktiver Komponente bei Süßwasser- und Meeresalgen und bei einer höheren Pflanze. o = Außenlösung, c = Cytoplasma, v = Vacuole. Die Reihenfolge der Symbole gibt die Fluxrichtung wieder. Aus MacRobbie (1970b) und Pierce and Higinbotham (1970)

	$K^{\oplus}$	$Na^{\oplus}$	$Cl^{\ominus}$
Süß- und Brackwasseralgen:			
Nitella translucens	o–c	c–o, c–v	o–c (c–v?)
Nitella flexilis	–	c–o, c–v	o–c, c–v
Tolypella intricata	–	c–o	o–c
Chara corallina	–	c–o	o–c, c–v
Hydrodictyon africanum	o–c	c–o	o–c
Lamprothamnium succinctum	–	c–o	o–c
Nitellopsis obtusa	–	c–o	o–c
Nitella clavata	o–c	c–o	o–c
Höhere Pflanze:			
Avena sativa	o–c, c–v	c–o, c–v	o–c, c–v
Meeresalgen:			
Valonia ventricosa	c–o, c–v	c–o, c–v	(o–c?)
Chaetomorpha darwinii	o–c, c–v	c–o, c–v	–
Acetabularia mediterranea	(c–o?)	c–o	o–c

Ionenlösung, die sonst in ihrer Zusammensetzung und Konzentration* mit der zur Markierung benutzten Lösung genau übereinstimmt und verfolgt die Kinetik des Isotopenaustritts (Auswaschung).

In Abbildung 4.8 sind 3 Phasen der Auswaschung zu erkennen, die sich in der Auswaschungs-Halbwertszeit unterscheiden. $t_{1/2}$ von Phase ① liegt in der Größenordnung von Bruchteilen von Minuten bis zu einigen Minuten. $t_{1/2}$ von Phase ② beträgt einige Stunden. Beladung und Auswaschung wurden hier bei einer Temperatur knapp über dem Gefrierpunkt (+2 bis +4° C) durchgeführt. Dabei wird $t_{1/2}$ ② gegenüber physiologischen Temperaturen stark verlängert, und Phase ② läßt sich leichter von der Temperatur-unabhängigen Phase ① trennen. $t_{1/2}$ von Phase ③ dauert viele Tage bis einige Monate.

Diese Phasen geben den Ionenaustausch aus verschiedenen hintereinanderliegenden „in Serie geschalteten" Kompartimenten der Pflanzenzelle wieder. Man hat versucht, die drei Phasen konkreten Zellkompartimenten zuzuordnen, nämlich:

---

* In dieser Hinsicht unterscheidet sich dieses Experiment von dem in Abb. 4.2 (offene Kreise) dargestellten Versuch.

Phase ① dem AFS,
Phase ② dem Cytoplasma,
Phase ③ der Vacuole.

Da die Effluxkinetik allein hierüber keine konkreten Aussagen erlaubt, war es nötig, auf anderem Wege eine Verifizierung dieser Zuordnung zu versuchen. Hierbei spielten Versuche mit coenoblastischen Algenzellen mit der Möglichkeit der direkten Kompartimentsanalyse wiederum eine Rolle. In der Tat wurde die Isotopenaustauschkinetik hier zuerst untersucht (MACROBBIE und DAINTY, 1958) bevor die Methode auf Gewebe höherer Pflanzen angewandt wurde (PITMAN, 1963).

CRAM (1968 b) hat versucht die drei Kompartimente bei isoliertem Karottengewebe näher zu charakterisieren und das seriale Modell AFS-Cytoplasma-Vacuole zu verifizieren.

Durch Versuche mit abgetötetem Gewebe ließen sich zunächst Phase ② und ③ unschwer als „lebende Kompartimente" identifizieren. Durch Experimente mit sterilem Gewebe konnten Mikroorganismen (Kontamination!) als mögliche „Kompartimente" ausgeschlossen werden. Es blieben also eigentlich nur die wichtigsten Zellkompartimente das Cytoplasma und die Vacuole zur Erklärung von Phase ② und ③ übrig.

Für die Beurteilung des der Interpretation der Effluxkinetik zugrunde liegenden serialen Modells (s. auch Abb. 4.9) ist es wichtig zu zeigen, daß der Ionenaustritt aus der Vacuole im wesentlichen nur auf dem Wege über das Cytoplasma erfolgen kann.

Dies ist nicht *a priori* selbstverständlich. Es sind durchaus Transportprozesse denkbar, die zu Ionenfluxen zwischen der Vacuole und der

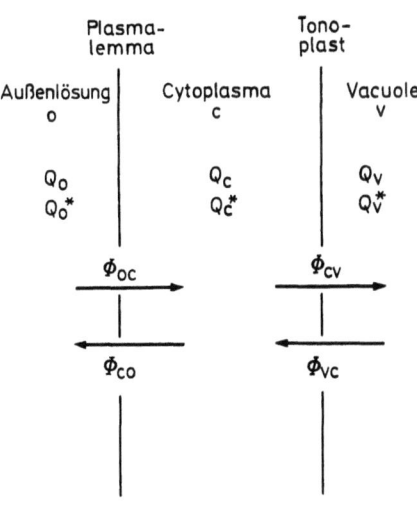

Abb. 4.9 Seriales zweikompartimentelles Zellmodell. Einzelfluxe zwischen Cytoplasma und Außenlösung und zwischen Cytoplasma und Vacuole. Q = Ionenmenge, Q^* = Radioaktivität in der Außenlösung (Index o), im Cytoplasma (Index c) und in der Vacuole (Index v)

Außenlösung führen, ohne daß ein Äquilibrieren mit dem gesamten Cytoplasma eintritt (s. Kapitel 4.3). Bringt man $^{36}Cl^-$ beladenes Karottengewebe aus der zur Auswaschung dienenden Ionenlösung in dest. Wasser, sinkt die Effluxrate auf einen Wert nahe Null. Dieser Effekt könnte ein Ereignis an verschiedenen Barrieren widerspiegeln. Überlegen wir uns aber den Zustand eines markierten Gewebes, das so lange in nicht aktiver Salzlösung gewaschen wird, bis die beiden Kompartimente mit kürzerer Halbwertszeit (Kompartiment ① und ②) ausgetauscht sind! Wenn Cytoplasma (Kompartiment ②) und Vacuole (Kompartiment ③) nicht durch Membranfluxe miteinander verbunden sind, wird dann die Cytoplasma-Radioaktivität gleich Null sein. Nur wenn Cytoplasma und Vacuole hintereinandergeschaltet sind, wird die spezifische Aktivität im Cytoplasma ein bestimmtes endliches Niveau haben, das unter dem der Vacuole liegt. Wenn man das Gewebe nun aus der Salzlösung in Wasser überführt, wird sich zunächst die im *Steady-state* noch im apoplastmatischen Raum enthaltene Aktivität sehr rasch entleeren. Der Isotopenefflux wird beim Überführen in dest. Wasser deshalb vorübergehend kurz ansteigen und erst dann stark absinken (erster *Peak* in Abb. 4.10). Die spezifische Aktivität im Plasma, das dann am Plasmalemma mit der nun Ionen-freien Außenlösung keine markierten Ionen gegen nicht-markierte Ionen mehr austauschen kann,

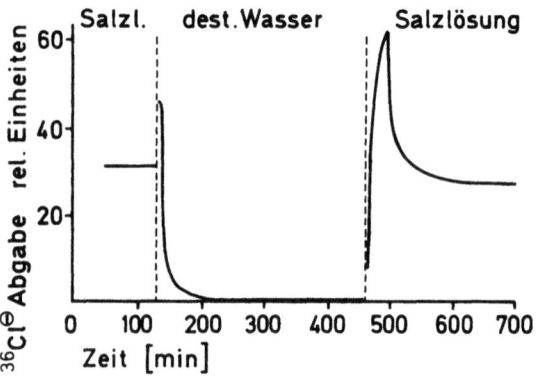

Abb. 4.10. Vorübergehende Änderungen der $^{36}Cl^\ominus$-Effluxgeschwindigkeit aus $^{36}Cl^\ominus$-markierten Karottengewebescheiben beim Wechsel zwischen nicht-markierter Salzlösung und dest. Wasser. Der *Free Space* und das Cytoplasma (① und ② in Abb. 4.8) wurden nach dem Beladen mit ^{36}Cl über Nacht mit nicht-aktiver Salzlösung ausgewaschen. Der gezeigte Versuch liegt also zeitlich im Bereich von Phase ③ (s. Abb. 4.8). Beim Überführen in Wasser: rascher ^{36}Cl -Efflux aus dem *Free Space*, dann kein Efflux mehr. Beim erneuten Einbringen in Salz: Zuerst stark erhöhter Efflux aus dem Cytoplasma, dann gleiche Effluxgeschwindigkeit wie unmittelbar vor dem Überführen in Wasser; s. auch Text. (Aus CRAM, 1968c, vereinfacht)

sollte dann im Austausch mit der noch markierte Ionen enthaltenden Vacuole auf einen höheren Wert ansteigen. Dies kann aber nur geschehen, wenn beide Kompartimente in direktem Kontakt miteinander stehen. Der Test dieser Annahme ist möglich, wenn das Gewebe nach einiger Zeit wieder aus dem Wasser in die Salzlösung zurückgebracht wird. Wegen der erhöhten spezifischen Aktivität des Cytoplasmas muß dann der Isotopenefflux zunächst höher sein als zuletzt in der Salzlösung, d.h. vor dem Überführen in dest. Wasser, dann aber rasch wieder auf genau diesen Wert absinken. Die erwartete vorübergehend stark erhöhte Isotopenabgabe beim Überführen des Gewebes aus dem Wasser in die Salzlösung wird tatsächlich beobachtet. Die kinetische Analyse dieses *Peaks* (zweiter *Peak* in Abb. 4.10) ergibt eine mit Phase ② übereinstimmende Halbwertszeit des Isotopenaustausches. Die in Abbildung 4.10 gezeigten Befunde stimmen mit den Erwartungen überein und bestätigen die in Abbildung 4.9 dargestellte Modellvorstellung.

Durch eine mathematische Analyse der Auswaschungskurven lassen sich die Ionenkonzentrationen in den einzelnen Kompartimenten und die Fluxe an den Kompartimentsgrenzen errechnen. Die im Folgenden benutzten Symbole sind in Abb. 4.9 erläutert. Die Radioaktivität im Cytoplasma (Q_c^*) und in der Vacuole (Q_v^*) ändert sich während der Auswaschung $\left(\dfrac{dQ_c^*}{dt}; \dfrac{dQ_v^*}{dt}\right)$ bedingt durch die Fluxe am Plasmalemma und am Tonoplasten. Dadurch ergeben sich die wichtigsten Grundgleichungen

$$\frac{dQ_c^*}{dt} = (\Phi_{oc} \cdot s_o + \Phi_{vc} \cdot s_v) - s_c (\Phi_{co} + \Phi_{cv}), \tag{4.4}$$

$$\frac{dQ_v^*}{dt} = \Phi_{vc} \cdot s_v - \Phi_{cv} \cdot s_c \tag{4.5}$$

(PITMAN, 1963; PIERCE und HIGINBOTHAM, 1970). Die spezifischen Aktivitäten in den einzelnen Kompartimenten sind:

$$s_o = \frac{Q_o^*}{Q_o}; \; s_c = \frac{Q_c^*}{Q_c}; \; s_v = \frac{Q_v^*}{Q_v}. \tag{4.6}$$

Die Fluxe hängen untereinander zusammen:

$$\Phi_{\text{netto}} = \Phi_{oc} - \Phi_{co} = \Phi_{cv} - \Phi_{vc} \tag{4.7}$$

(s. auch Gleichung 2.19).

Mittels verschiedener weiterer Ableitungen lassen sich dann die Größen der einzelnen Fluxe gewinnen. Die Extrapolation des Kurvenabschnittes ③ bis zum Beginn der Auswaschung (Zeitpunkt Null auf der Abszisse in Abb. 4.8) liefert zunächst die Radioaktivität der Vacuole (Q_v^*). Ermittelt man dazu in geeigneter Weise die Ionenkonzentration im Gewebe (s. Kapitel 2.2.2.4 A.), so läßt sich die spezifische Aktivität der Ionen in der Vacuole berechnen (s_v). Dabei muß allerdings angenommen werden, daß die gemessene gesamte Ionenkonzentration mit der Ionenkonzentration in der Vacuole übereinstimmt. Das heißt, die Ionenkapazität des Cytoplasmas muß wesentlich geringer sein als die der Vacuole ($Q_c \ll Q_v$), und die Analyse gilt nur für Zellen mit großer Vacuole und dünnem cytoplasmatischen Wandbelag. Der apparente Gehalt des Cytoplasmas an markiertem Isotop ergibt sich aus der Extrapolation von Phase ② nach Substraktion der durch die Extrapolation von Phase ③ für die entsprechenden Auswaschzeiten ermittelten Vacuolengehalte (Abb. 4.8 b). Weitere bekannte oder aus der Auswaschkurve zu entnehmende Größen sind die Dauer der Vorbehandlung mit der markierten Ionenlösung und die Geschwindigkeitskonstante der Auswaschung der cytoplasmatischen Phase.

Auf die Ableitung und Wiedergabe der zur Flux- und Konzentrationsberechnung nötigen Gleichungen sei hier verzichtet. (S. besonders PITMAN, 1963; CRAM, 1968a; PIERCE und HIGINBOTHAM, 1970; HOPE, 1971).

Durch Analysen der Einzelflux bei variierter Außenkonzentration kann man gewissermaßen Isothermen der einzelnen Fluxe erhalten. In Abbildung 4.11 sind für Maiswurzelsegmente mit $^{86}Rb^+$ markierter KCl-Lösung* erhaltene Φ_{oc} - und Φ_{cv}-Isothermen mit einer aus TORII und LATIES (1966a) entnommenen Isotherme der Cl⁻ Aufnahme aus KCl verglichen. Die Versuchstemperatur der Effluxexperimente war $+2°$ C. Die Aufladung des Wurzelgewebes mit markierten Ionen dauerte 15 Stunden. Zuvor waren die Wurzeln 7 Stunden lang in nicht markierter Ionenlösung behandelt worden. Die Auswaschungsperiode betrug ebenfalls 15 Stunden. Parallel zur Auswaschung wurden Messungen an Gewebe durchgeführt, das während der ganzen Zeit in nicht markierter Lösung gehalten wurde. Hierbei bestätigten sich zwei wichtige Voraussetzungen des Experimentes, nämlich:

i) daß der Ionengehalt des Gewebes sich während der Auswaschungszeit nicht änderte ($\Phi = 0$), und

ii) daß die zu verschiedenen Zeiten 30 min lang gemessene Aufnahme

---

* Da sich Rb⁺ bei Ionentransportstudien weitgehend ähnlich verhält wie K⁺, benutzt man oft das Rb-Isotop 86 zur Markierung von K⁺-Lösungen (detaillierte Analyse s. JESCHKE, 1970; MARSCHNER und SCHIMANSKY, 1971).

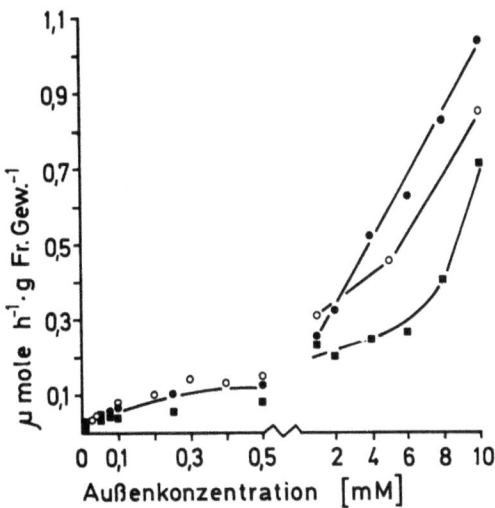

Abb. 4.11. Abhängigkeit der Kaliumfluxe Φoc (●) und Φcv (■) bei Maiswurzelsegmenten (bei 2° C) von der Konzentration der Außenlösung beim Beladen und Auswaschen (LÜTTGE, unveröffentlicht), im Vergleich zur $Cl^\ominus$-Aufnahmeisotherme bei 0° C (○) (TORII und LATIES, 1966a)

von markierten Ionen unabhängig vom Zeitpunkt der Messung war, d. h. daß auch Φ_{oc} während der Auswaschung konstant blieb.
Die zum Vergleich herangezogene Cl-Aufnahmeisotherme wurde bei 0° C ermittelt. Bei dieser Temperatur fallen die Ionenaufnahmeisothermen von vacuolisiertem und nicht vacuolisiertem Gewebe zusammen, im Konzentrationsbereich von System 2 finden wir hier bei beiden Geweben eine linear ansteigende oder parabolische Isotherme (vgl. dagegen Kapitel 4.2.1.1). Man muß annehmen, daß Mechanismus 2 durch die niedrige Temperatur so stark gehemmt ist, daß nur die Diffusionskomponente der Ionenaufnahme deutlich wird (Kapitel 4.2.1.2), deren Temperaturempfindlichkeit gering ist. Abb. 4.11 zeigt im niedrigen Konzentrationsbereich eine klare Übereinstimmung zwischen der Φ_{oc}- und der Cl-Aufnahmeisotherme. Dies stimmt mit der Annahme der Hypothese überein, daß die System-1-Isotherme die Ionenaufnahme am Plasmalemma widerspiegele. Im hohen Konzentrationsbereich haben alle drei Isothermen eine ähnliche Form. Bei einer Unterdrückung der hyperbolischen System-2-Isotherme durch die niedrige Temperatur ist dieses Ergebnis zu erwarten und widerspricht nicht der Torii-Laties-Hypothese.
CRAM und LATIES (1971) haben den Ionenflux am Plasmalemma und den Influx in die Vacuole von Gerstewurzeln in einem großen Konzentrationsbereich untersucht. Bei niedriger Außenkonzentration

(0.02–1.0 mM) sind beide Fluxe gleich groß. Im Bereich höherer Außenkonzentrationen (die Versuche wurden bis 80 mM ausgedehnt) steigt der Influx am Plasmalemma linear und erreicht ein Vielfaches des Transportes in die Vacuole. Der Influx in die Vacuole ist bei 20–30 mM gesättigt und steigt dann mit wachsender Außenkonzentration nicht mehr. In Übereinstimmung mit der Torii-Laties-Hypothese zeigen diese Versuche, daß der bei hohen Ionenkonzentrationen in der Außenlösung eine Sättigung erreichende Flux nicht ein Influx am Plasmalemma sein kann, sondern daß es sich um einen Influx in ein Kompartiment im Inneren der Zelle handeln muß.

4.2.3.3 Aktive Ionenfluxe am Plasmalemma und am Tonoplasten von Algenzellen und Zellen höherer Pflanzen

Hat man Membranpotentiale, Ionenfluxe und Ionenkonzentrationen ermittelt, lassen sich das Nernst-Kriterium (Gleichung (2.16)) und das Ussing-Teorell-Kriterium (Gleichung (2.38)) für das Plasmalemma und den Tonoplasten anwenden; und man kann feststellen, welche aktiven Fluxe an diesen Kompartimentsgrenzen ablaufen. Für Algenzellen gesammelte Angaben sind in Tabelle 4.4. zusammengefaßt. Abb. 4.12 zeigt das Ergebnis einer Kompartimentsanalyse von Hafer-Koleoptilzellen.

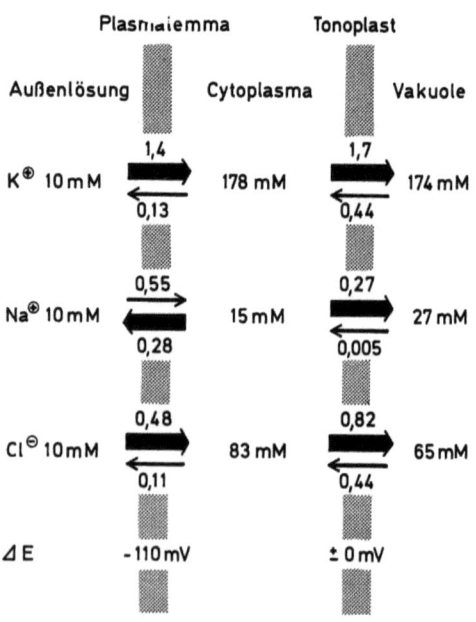

Abb. 4.12. Zusammenfassung elektrochemischer Daten von Haferkoleoptilzellen. $K^{\oplus}$-, $Na^{\oplus}$- und $Cl^{\ominus}$-Kompartimentierung bei 10 mM-Außenlösungen, Membranpotentiale und Fluxgrößen *(Pfeile)* in $pMole \cdot sec^{-1} \cdot cm^{-2}$. *Dicke Pfeile* = aktive Fluxe, *dünne Pfeile* = passive Fluxe. (Aus PIERCE und HIGINBOTHAM, 1970)

Die Fülle der für die drei häufigsten Ionen K$^+$, Na$^+$ und Cl$^-$ bei verschiedenen Organismen gewonnenen Daten läßt sich etwa folgendermaßen zusammenfassen:

Kalium, *Plasmalemma:*
    Influx aktiv bei den meisten Organismen (Süßwasseralgen, höhere Pflanzen, manche Meeresalgen);
    Efflux seltener aktiv, z.B. bei manchen Meeresalgen und vielleicht bei einigen höheren Pflanzen (ETHERTON, 1963; LÜTTGE et al., 1972).
    Tonoplast:
    Influx aktiv bei den allermeisten untersuchten Zellen.

Natrium, *Plasmalemma:*
    Bei allen untersuchten Zellen *Efflux* und *niemals Influx aktiv.*
    Tonoplast:
    Bei vielen untersuchten Zellen *Influx aktiv.*

Chlorid, *Plasmalemma:*
    Bei allen untersuchten Zellen *Influx aktiv.*
    Tonoplast:
    Bei vielen untersuchten Arten *Influx aktiv.*

Hieraus ergeben sich die in Abb. 4.13 dargestellten Grundtypen.

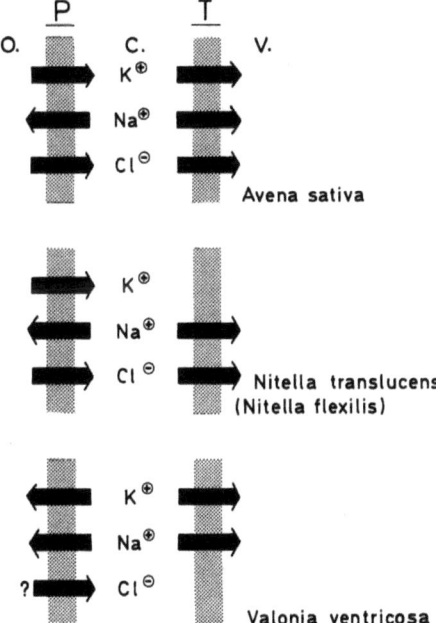

Abb. 4.13. Aktive Ionenfluxe bei einer höheren Pflanze, einer Süßwasseralge und einer Meerwasseralge (s. auch Tabelle 4.4.). Abkürzungen P, T, o, c, v wie Abb. 4.7.

Durch die Kompartimentsanalyse gelangt man auf andere Weise als bei der Interpretation der Isothermen (Tabelle 4.1., Kapitel 4.1.2.1) zu einer Erklärung der hohen Na^+-K^+-Selektion der Pflanzenzellen (aktiver K^+-Influx, aktiver Na^+-Efflux). Diese Selektion wird besonders deutlich bei Meerwasseralgen, die in einem Milieu hoher Na^+-Konzentration leben und nicht mehr Na^+ enthalten als Süßwasseralgen und höhere Pflanzen (Tabelle 4.3).

4.3 Modelle mit zwei cytoplasmatischen Kompartimenten

4.3.1 Unerwartete Kinetik der Ionenaufnahme und des Ionenaustausches bei Zellen höherer Pflanzen

Verschiedene kinetische Befunde, die ganz offenbar mit dem zweikompartimentellen serialen Modell (Abb. 4.9) nicht in Einklang stehen, lassen sich erklären, wenn man annimmt, daß zwei cytoplasmatische Kompartimente bei der Ionenaufnahme und der Ionenverteilung in den Zellen eine Rolle spielen.

Hierzu gehört zum Beispiel die Schulter der Ionenaustauschkurve, die bei verschiedenen Pflanzengeweben gefunden wurde (LÜTTGE und PALLAGHY, 1972; cf. ANDERSON ed., 1973). Die Radioaktivität sinkt bei der Auswaschung nicht kontinuierlich in drei Phasen (Abb. 4.8). Die Auswaschkurve zeigt vielmehr 100–180 min nach Beginn der Auswaschung eine Schulter. Der Isotopenefflux ist vorübergehend verlangsamt (Abb. 4.14).

Eine ähnliche diskontinuierliche Kinetik findet sich auch beim *Tracerinflux* in mit der nicht-markierten Außenlösung zuvor vollkommen

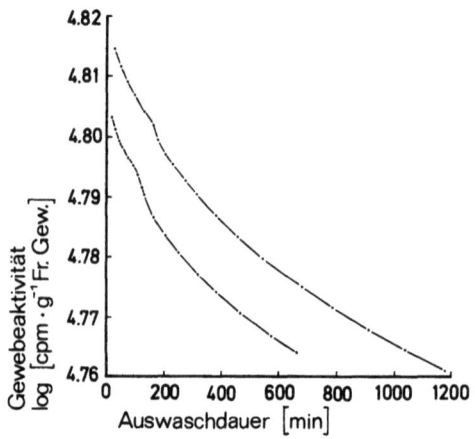

Abb. 4.14. Schulter der Effluxkurve ($^{42}K^\oplus$-Efflux) bei Wurzelrinde von *Vicia faba*. (Zwei verschiedene Wurzelrindepräparate. $K^\oplus$-Konzentration der Aufnahme- und der Waschlösung 1 mM. Temperatur 23° C). (Aus LÜTTGE und PALLAGHY, 1972)

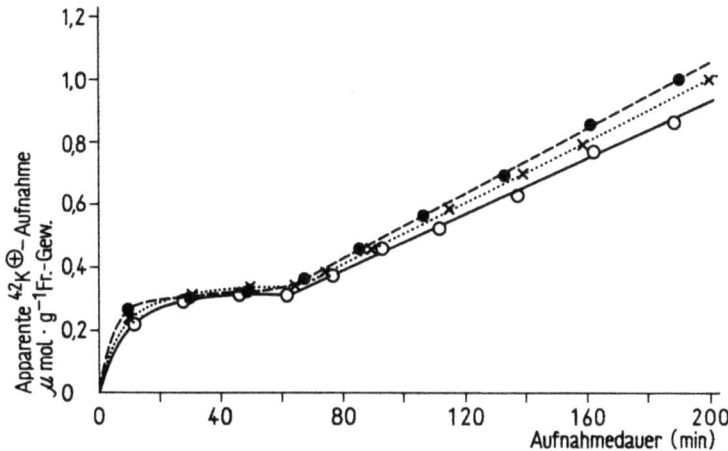

Abb. 4.15. $^{42}K^{\oplus}$-Influx in isolierte *Vicia faba*-Wurzelrinde. (3 verschiedene Wurzelrindepräparate, 24 Stunden in nicht-markierter Salzlösung äquilibriert. $^{42}K^{\oplus}$-Zugabe zur Zeit Null. $K^{\oplus}$-Konzentration der nicht-markierten und der markierten Lösung 1 mM.) (Aus LÜTTGE und PALLAGHY, 1972)

äquilibrierte *Vicia faba*-Wurzelrinde-Präparate (Abb. 4.15).
Ein befriedigendes mathematisches Modell zur Erklärung dieser unerwarteten Ionenflux-Kinetik wurde noch nicht gefunden. Sicher muß ein solches Modell mehr als ein cytoplasmatisches Kompartiment berücksichtigen.
Bei Auswaschungskurven mit Karottengewebe erhielt CRAM (1968 a) ebenfalls Ergebnisse, die nicht mit dem zweikompartimentellen Zellmodell (Cytoplasma – Vacuole) allein zu erklären sind. Die Tonoplastenfluxe Φ_{cv} und Φ_{vc} werden niedriger, wenn Q_v ansteigt. Φ_{vc} kann demnach kein rein passiver Vacuolenefflux sein, denn er müßte sonst mit wachsendem Q_v ebenfalls ansteigen. Die Natur des Zusammenhangs zwischen Q_v und Φ_{vc} ist unklar. Die Plasmalemmafluxe reagieren auf steigendes Q_v verschieden: Φ_{oc} fällt etwas ab, was mit einer aktiven Natur dieses Fluxes vereinbar ist; Φ_{co} steigt, und dies steht im Einklang mit einer passiven Natur dieses Fluxes. Alle diese Ergebnisse würden mit dem Modell der Abbildung 4.9 durchaus übereinstimmen, wenn Q_c mit wachsendem Q_v ebenfalls ansteigen würde. Dies ist aber nicht der Fall: Q_c verhält sich gegenläufig und sinkt. Diese unerwartete Diskrepanz löst sich auf, wenn man zwei cytoplasmatische Kompartimente annimmt, und zwar ein kleines Kompartiment, dessen Konzentration sich gleichsinnig mit Q_v verändert und ein größeres Kompartiment, dessen Ionengehalt sich erniedrigt, wenn Φ_{cv} und Φ_{vc} kleiner werden und Q_v ansteigt.

4.3.2 Elektrophysiologische Messungen an den coenoblastischen Zellen von *Valonia*

GUTKNECHT (1967) fand nach dem Ussing-Teorell-Kriterion einen passiven Cl$^-$-Influx in *Valonia*-Zellen aus Seewasser. Nach Kurzschließen des Membranpotentials (E_{vo}) zwischen Vacuole und Außenlösung wurde jedoch ein aktiver *Uphill*-Influx des Chlorids beobachtet. Man kann diese Diskrepanz erklären, wenn man annimmt, daß ein Teil des Salztransportes von der Außenlösung durch das Cytoplasma in die Vacuole in besonderen Membran-umgebenen Vesikeln erfolgt, deren Membranpotential nicht kurzgeschlossen werden kann.

4.3.3 Kinetische Untersuchungen an *Nitella*

MACROBBIE (1969, 1970 a, 1971; COSTERTON und MACROBBIE, 1970) hat aufgrund kinetischer Untersuchungen an *Nitella*-Zellen ein konkretes Kompartimentierungsmodell entwickelt. Nach dem serialen zweikompartimentellen Zellmodell muß die einzige Geschwindigkeitskonstante k für den Austausch von Ionen zwischen dem Cytoplasma und der Vacuole

$$k = \frac{\Phi_{co} + \Phi_{cv}}{Q_c} \qquad (4.8)$$

sein. Die Konstante k darf dabei erstens keine Funktion der Zeit sein, und zweitens müssen sich bei Influx- und Effluxmessungen die gleichen Werte für k ergeben. Diese Voraussetzungen schienen sich zunächst im Experiment zu bestätigen. Genauere Untersuchungen der Zeitabhängigkeit von k führten dann jedoch zu dem Resultat, daß die beiden genannten Voraussetzungen bei kurzen Versuchszeiten (< 15 min) nicht mehr zutreffen. Der Transport radioaktiv markierter Ionen von der Außenlösung in die Vacuole erfolgt schneller, als es aufgrund des serialen zweikompartimentellen Zellmodells zu erwarten wäre. Nach diesem Modell müssen von außen in die Vacuole transportierte Ionen sich zuerst mit den bereits im Cytoplasma vorhandenen Ionen mischen, und deshalb sollte der Transport markierter Ionen in die Vacuole eine anfängliche Lagphase zeigen. Dies ist jedoch nicht der Fall. Deshalb müssen zwei Wege für den Transport in die Vacuole angenommen werden:
i) Ein Weg schnellen Transportes, bei dem kein Äquilibrieren der neu aufgenommenen Ionen mit den bereits im Cytoplasma vorhande-

nen Ionen erforderlich ist. Dieser Transportweg erklärt die bei kurzen Versuchszeiten gefundene Abweichung des Systems vom zweikompartimentellen Modell.
ii) Ein Weg langsamen Transportes, auf dem ein Äquilibrieren im Cytoplasma erfolgt. Dieser Transportweg erklärt die bei langen Versuchszeiten beobachtete Übereinstimmung des Systems mit dem zweikompartimentellen Modell.
Der schnelle Transportweg ist bei *Nitella* für Cl^- und Na^+-Ionen zugänglich, aber nur in ziemlich eingeschränktem Maße für K^+, während bei *Tolypella* auch K^+-Ionen auf diesem Wege in die Vacuole gelangen können.
Bei diesen Untersuchungen wurde der Ionentransport in die Vacuole durch direkte Analyse des mit Sicherheit nicht durch Cytoplasma kontaminierten Zellsaftes gemessen. Sie zeigen klar, daß sich das Cytoplasma beim Ionentransport nicht als einheitliche, homogene Phase verhält. Darüberhinaus kann man versuchen zu spekulieren, welche cytologischen Kompartimente die beiden kinetisch gefundenen Transportwege darstellen. In diesem Zusammenhang ist noch ein weiteres Versuchsresultat zu nennen. Der relative Anteil der schnellen Phase am gesamten Influx in die Zelle ist bei unterschiedlicher absoluter Größe des Gesamtinflux immer der gleiche. Mit anderen Worten: Der Transport auf dem schnellen Aufnahmeweg ist dem gesamten Influx direkt proportional. Chloroplasten und Mitochondrien kommen kaum als Transportphasen (Durchgangsphasen) infrage. Andererseits scheint das endoplasmatische Retikulum (ER) durch seine besondere Anordnung in der Zelle und durch seine Dynamik eine Erklärungsmöglichkeit anzubieten. MACROBBIE postuliert, daß die Ionenaufnahme in das Cytoplasma durch die Einstülpung von Membranvesikeln am Plasmalemma (Pinocytose, siehe Kapitel 5.1.2) erfolge. Diese Vesikel sollen mit den Zisternen (Membran-umgebenen Innenräumen) des endoplasmatischen Retikulums verschmelzen, nachdem sie einen Teil ihres Ionengehaltes an das Cytoplasma verloren haben. Ein erhöhter Influx wäre dabei mit einer erhöhten Bildung von Pinocytose-Vesikeln verbunden, die für den Austausch zwischen den Vesikeln und dem Cytoplasma zur Verfügung stehende Membranfläche wäre dem Influx proportional, was die Konstanz des Größenverhältnisses der beiden Phasen zueinander erklären würde. In das Innere der Zisternen des endoplasmatischen Retikulums gelangte Ionen sollen dort rasch zur Vacuole transportiert werden, woran möglicherweise eine Abschnürung von Vesikeln von den ER-Profilen in Tonoplastennähe und eine Inkorporation dieser Vesikel in die Vacuole beteiligt sein können.
Als experimentellen Hinweis für einen Ionentransport in Vesikeln wer-

tet MacRobbie vor allem auch den Befund, daß der Influx von Ionen bei *Nitella*-Zellen quantisiert zu sein scheint:

$$\frac{\Phi_{ov}}{\Phi_T} = 0.22 \times n; \tag{4.9}$$

dabei ist Φ_{ov} der Influx von außen in die Vacuole, Φ_T der gesamte Influx in die Zelle. Bei Versuchen mit verschiedenen individuellen *Nitella*-Zellen ergaben sich Werte von n = 1, 2 und 3. Es ist zunächst einleuchtend, eine solche Quantisierung durch die Bildung verschieden großer Vesikel bei der Ionenaufnahme zu erklären. Die Vesikelgröße müßte dann für die jeweilige Zelle individuell spezifisch sein. Wäre nur die Ionenaufnahme am Plasmalemma in dieser Weise quantisiert, müßte eigentlich $1 - \Phi_{ov}/\Phi_T$ quantisiert sein und nicht Φ_{ov}/Φ_T. Wenn kleine Vesikel wirklich zu der beobachteten Quantisierung beitragen, muß demnach auch der Übertritt der Ionen in die Vacuole durch einen Vesikeltransport vermittelt werden. Man kann also MacRobbies Modell etwa durch die Darstellung der Abb. 4.16 zusammenfassen.

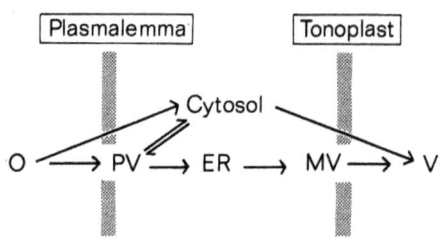

Abb. 4.16. Ionentransportwege in *Nitella*-Zellen nach den Vorstellungen von MacRobbie. O = Außenlösung, PV = Pinocytosevesikel, ER = Zisternen des endoplasmatischen Retikulums, MV = vom ER abgeschnürte Mikrovacuolen, V = zentrale Zellsaftvacuole. Die Kompartimente PV – ER – MV bilden den „schnellen Transportweg"

Dieses Modell hat überaus stark spekulativen Charakter und ist erheblich kritisiert worden. Einerseits ist zwar die Quantisierung von Transportvorgängen durch die Bildung von Vesikeln recht einleuchtend erklärt. Andererseits gibt es außer der topographischen Anordnung der ER-Profile in *Nitella*-Zellen aber keinerlei elektronenmikroskopische Belege dafür. Viel größere Schwierigkeiten bereitet aber zunächst schon der Befund der Quantisierung selbst. Man muß sich fragen, warum n in Gleichung (4.9) gerade kleine ganze Zahlen bildet. Findlay et al. (1971) haben dargelegt, daß die Quantisierung ein Produkt der statistisch nicht gerechtfertigten subjektiven Datenauslegung durch MacRobbie sei.

Wir haben der Argumentation von MacRobbie und der Darstellung ihres Modelles hier einen weiten Raum gegeben, weil hinter diesen Bemühungen eine wichtige Idee steckt: Die Berücksichtigung der komplexen Plasmastruktur bei mathematisch-kinetischen Kompartimentierungsmodellen. Dieser Gedanke wird für die weitere Entwicklung von Transportmodellen von besonderer Bedeutung sein.

4.4 Zusammenfassung und Ausblick

Wie wir gesehen haben, verdanken die hier diskutierten Modelle ihre Entstehung vornehmlich einem Formalismus, der kinetische Versuchsergebnisse mit verschiedenen konkreten Bildern, die wir uns von der Zelle machen können, korreliert. Wir erhalten durch diesen kinetischen Formalismus Hinweise über die Anzahl der Kompartimente, die beim Transport und bei der Verteilung einer betrachteten Teilchensorte eine Rolle spielen, über das Fassungsvermögen (die Kapazität) der Kompartimente und über die Größe und die gegenseitige Abhängigkeit der einzelnen Fluxe an den Kompartimentsgrenzen. Eine Aussage über die Identität der formal erfaßten Kompartimente mit wirklichen Kompartimenten der Zelle ist zunächst nicht unmittelbar möglich. Sie erschließt sich aber in bestimmten Fällen durch zusätzliche Experimente, denken wir etwa an die geschilderten Versuche mit Wurzelspitzen bzw. proximalem Wurzelgewebe oder an die Experimente mit großen coenoblastischen Algenzellen. Hier können wir einigermaßen sicher sein, daß die getroffenen Zuordnungen kinetischer Daten zu den Kompartimenten Cytoplasma und Vacuole realistisch sind. Versuchen wir dagegen, die beiden kinetisch erfaßten cytoplasmatischen Phasen konkret cytologisch zu bezeichnen, kommen wir schnell in den Bereich noch unüberwindbarer Schwierigkeiten.

Aber auch der Biochemiker, der mit Hilfe von kinetischen Daten die Anzahl verschiedener metabolischer *Pools*, den *Turnover* in den *Pools* und den Austausch zwischen den *Pools* beschreiben will, ist in keiner besseren Lage. Wenn wir diesen Gedanken weiter verfolgen, erkennen wir einen neuen Aspekt unseres Transportproblems. Metabolische *Pools*, die durch Membranbarrieren abgegrenzt sind, stellen uns auch Probleme des Membrantransportes. Membrantransportprozesse sind in biochemische Reaktionszyklen integriert. Man findet hierüber bereits eine umfangreiche Literatur (cf. HEFENDEHL, 1969; MOSES, 1966; s. auch Kapitel 6). Bei den Ionenbeziehungen der Zelle, die hier ausführlich diskutiert wurden, tritt der Membrantransport für sich allein klarer in Erscheinung, weil die dabei am meisten untersuchten Ionen Na^+, K^+ und Cl^- nicht dem Stoffwechsel unterworfen sind. Dies bedeutet nicht, daß diese Ionen nicht als Kofaktoren bei metabolischen Reaktionen eine Rolle spielen, es heißt aber, daß sie im Stoffwechsel nicht selbst in eine andere chemische Form überführt werden, wie das bei vielen Anionen (z. B. SO_4^{--}, PO_4^{---}, NO_3^-) der Fall ist.

Wir stehen also zwei Befunden gegenüber:

i) der sichtbaren mannigfaltigen Gliederung der Zelle durch Membranbarrieren und

ii) der kinetisch erfaßbaren Tatsache, daß die Zelle sich beim Transport, bei der Ionenaufnahme und -abgabe, nicht als einheitlicher Raum, sondern als gegliederter Raum verhält, wobei mindestens 3 innere Kompartimente effektiv in Erscheinung treten (dreikompartimentelles *Zellmodell*).

Da die ganze Diskussion des dreikompartimentellen Zellmodells gelegentlich als reine Spekulation abgetan wird, ist es wichtig zu betonen, daß die im zweiten Punkt zusammengefaßte Erkenntnis eine durch die kinetischen Daten klar belegte Tatsache ist. Die Spekulation tritt erst hinzu, wenn Versuche gemacht werden, die kinetischen Kompartimente mit cytologischen Strukturen zu korrelieren, also mit anderen Worten beim Versuch einer Synthese zwischen den beiden Aussagen von Punkt i) und ii).

Es wurde bereits gesagt, daß Schwierigkeiten besonders bei der Charakterisierung der beiden cytoplasmatischen Kompartimente auftreten. Es sollen aber dennoch einige allgemeine Bemerkungen dazu gewagt werden, wobei ein von SCHNEPF (1966) entworfenes Zellmodell behilflich sein kann. Dieses Modell beruht auf der Annahme, daß alle Membranen eine wäßrige Phase von einer cytoplasmatischen Phase trennen. Man unterscheidet dann eigentlich nur zwei grundsätzlich verschiedene Phasen, eine „wäßrige Mischphase" und eine „cytoplasmatische Mischphase". Die wäßrige Mischphase besteht aus dem Außenmilieu und dem Inhalt aller von einer einfachen Elementarmembran umgebenen Kompartimente innerhalb des vom Plasmalemma umgrenzten Raumes, also aus der großen zentralen Vacuole, sowie aus kleinen bis kleinsten Vacuölchen, aus den Zisternen des endoplasmatischen Retikulums und der Dictyosomen usw. Eine Sonderstellung nehmen die Mitochondrien und die Plastiden ein, die von einer doppelten Elementarmembran umgeben sind. Nach dem Schnepfschen Zellmodell muß der Raum zwischen den beiden Elementarmembranen der betreffenden Organelle von der wäßrigen Mischphase eingenommen werden (s. Abb. 4.17).

Unsere oben erarbeitete Aussage über das Vorliegen zweier cytoplasmatischer Phasen ist, wenn wir das Schnepfsche Zellmodell zugrundelegen, sprachlich nicht ganz korrekt formuliert. Ionen, die nach ihrer Aufnahme von außen in der Plasmamatrix gleichmäßig verteilt und gemischt werden, befinden sich in der cytoplasmatischen Mischphase. Ionen, die in ein in der Plasmamatrix eingebettetes Kompartiment eintreten, befinden sich entweder in der wäßrigen Mischphase (wenn sie noch eine Elementarmembran passiert haben) oder in der cytoplasmatischen Mischphase (wenn sie noch zwei Elementarmembranen passiert haben und z. B. in das Innere eines Mitochondrions oder Plastiden eingetreten sind).

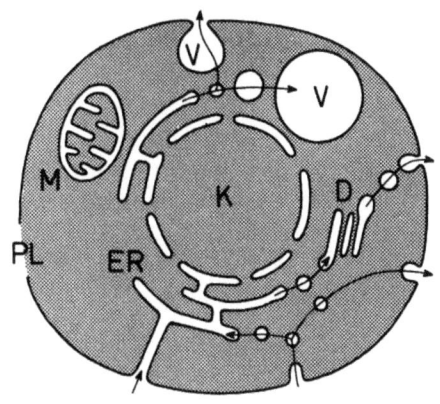

Abb. 4.17. Zellkompartimentierungsmodell nach SCHNEPF. Nucleocytoplasmatische Mischphase schraffiert: Kerninneres (K), Mitochondrion (M) und Cytoplasmamatrix. Wäßrige Mischphase weiß: Vacuole (V), Zisternen des endoplasmatischen Retikulums (ER) und der Dictyosomen (D). Die Pfeile deuten die Dynamik der Kompartimente an (Vesikeleinschnürung und Vesikelextrusion am Plasmalemma, Vesikelwanderung im Cytoplasma, Beziehungen zwischen endoplasmatischem Retikulum, Dictyosomen und Vacuom.) PL = Plasmalemma. Aus SCHNEPF (1966) vereinfacht

Es ist nun äußerst wichtig darauf hinzuweisen, daß alle Kompartimente cytologisch sehr dynamische Strukturen sind, daß sie durch einen fortwährenden „Membranfluß" ihre Form und Größe verändern und auch ineinander übergehen können. Diese Dynamik der Membran-umgebenen Kompartimente wird vor allem durch kinematographische Dokumentation lichtmikroskopischer Beobachtungen sehr anschaulich. Auch verschiedene andere Untersuchungen haben ergeben, daß ein besonders enger Zusammenhang zwischen dem endoplasmatischen Retikulum und den Zellvacuolen besteht. Kleine vom endoplasmatischen Retikulum abstammende Bläschen können in die Vacuole integriert werden (Kapitel 5.1.3). Hierbei vereinigen sich zwei Kompartimente mit wäßrigem Inhalt. Dies ist auch Transport, ganz wie es in MACROBBIES Modell (Abb. 4.16) postuliert wird. Bei ihrer Diskussion des dreikompartimentellen Modells hat sie spekuliert, daß das endoplasmatische Retikulum das zusätzliche „cytoplasmatische Kompartiment" darstellen könnte. Wegen der charakteristischen Dynamik des endoplasmatischen Retikulums erscheint dies als naheliegend. Bei verschiedenen Objekten wurden zudem Korrelationen zwischen der Ausbildung des endoplasmatischen Retikulums und Ionenaufnahmeprozessen beschrieben. Grundsätzlich könnte aber die kinetisch beobachtete Gliederung auch durch die Beteiligung anderer Kompartimente zustande kommen. Hier stehen wir an der äußersten Grenze, die wir gegenwärtig mit der Spekulation erreichen können.

Dieses 4. Kapitel sollte darlegen, wie weit der Bereich der experimentell begründeten Tatsachen reicht und wo spekulativ erschlossene Möglichkeiten beginnen, in welchem Ausmaß beide zu unserem gegenwärtigen Gesamtbild des Phänomens Transport und Kompartimentierung beitragen und wo eventuelle Angriffspunkte zur Erweiterung unserer Kenntnisse liegen mögen. Das 5te Kapitel hängt mit dem 4ten Kapitel eng zusammen. Das Problem Transport und Kompartimentierung, das wir hier aus der fortschreitenden Komplizierung des einfachen Modells Außenlösung – Zellinneres entwickelten, indem wir annähernd den historischen Gang der Forschung nachzeichneten, werden wir dort ausgehend von einzelnen wirklichen Kompartimenten noch einmal aus anderem Blickwinkel diskutieren.

4.5 Literatur

ANDERSON, W. P. (ed.): Liverpool workshop on ion transport. London: Academic Press 1973.
COSTERTON, J. W. F., MACROBBIE, E. A. C.: J. Exp. Botany **21,** 535 (1970).
CRAM, W. J.: Abh. dtsch. Akad. Wiss. Berlin, Kl. Med., p. 117, 1968 a.
CRAM, W. J.: Biochim. Biophys. Acta. **163,** 339 (1968 b).
CRAM, W. J., LATIES, G. G.: Australian. J. Biol. Sci. **24,** 633 (1971).
DODD, W. A., PITMAN, M. G., WEST, K. R.: Australian J. Biol. Sci. **19,** 341 (1966).
EPSTEIN, E.: Nature **212,** 1324 (1966).
EPSTEIN, E.: Mineral nutrition of plants. Principles and perspectives. New York–London–Sydney–Toronto: John Wiley and Sons 1972.
EPSTEIN, E., RAINS, D. W., ELZAM, O. E.: Proc. Natl. Acad. Sci US. **49,** 684 (1963).
ETHERTON, B.: Plant Physiol. **38,** 581 (1963).
FINDLAY, G. P., HOPE, A. B., WALKER, N. A.: Biochim. Biophys. Acta **233,** 155 (1971).
FRIED, M., NOGGLE, J. C.: Plant Physiol. **33,** 139 (1958).
GUTKNECHT, J.: J. Gen. Physiol. **50,** 1821 (1967).
HEFENDEHL, F. W.: Z. Pflanzenphysiol. **60,** 370 (1969).
HIATT, A. J.: Z. Pflanzenphysiol. **56,** 233 (1967).
HIGINBOTHAM, N.: Am. Zoologist **10,** 393 (1970).
HOPE, A. B.: Ion transport and membranes. A biophysical outline. London and Baltimore: Butterworths and University Park Press 1971.
JESCHKE, W. D.: Z. Naturforsch. **25 b,** 624 (1970).
JESCHKE, W. D.: Planta **106,** 73 (1972).
LÄUCHLI, A.: Ann. Rev. Plant Physiol. **23,** 197 (1972).
LATIES, G. G.: Australian J. Sci. **30,** 193 (1967).
LATIES, G. G.: Ann. Rev. Plant Physiol. **20,** 89 (1969).
LÜTTGE, U.: Ber. Deut. Bot. Ges., Vorträge aus dem Gesamtgebiet der Botanik N.F. **2,** 66–78 (1968).
LÜTTGE, U.: Aktiver Transport (Kurzstreckentransport bei Pflanzen). Protoplasmatologia. Handb. der Protoplasmaforschung VIII/7b. Wien–New York: Springer 1969.
LÜTTGE, U., PALLAGHY, C. K.: Z. Pflanzenphysiol. **67,** 359 (1972).
LÜTTGE, U., HIGINBOTHAM, N., PALLAGHY, C. K.: Z. Naturforsch. **27 b,** 1239 (1972).
MACROBBIE, E. A. C.: J. Exp. Botany **20,** 236 (1969).
MACROBBIE, E. A. C.: J. Exp. Botany **21,** 335 (1970 a).
MACROBBIE, E. A. C.: Quart. Rev. Biophysic. **3,** 251 (1970 b).
MACROBBIE, E. A. C.: J. Exp. Botany **22,** 487 (1971).
MACROBBIE, E. A. C., DAINTY, J.: J. Gen. Physiol. **42,** 335 (1958).

MARSCHNER, H., SCHIMANSKY, C.: Z. Pflanzenernähr., Düngung, Bodenkunde **128,** 129 (1971).
MOSES, V.: Naturw. Rundschau **11,** 441 (1966).
NETTER, H.: Theoretische Biochemie. Berlin–Göttingen–Heidelberg: Springer 1959.
NISSEN, P.: Physiol. Plant. **24,** 315 (1971).
NISSEN, P.: Physiol. Plant. **28,** 113 (1973).
OSMOND, C. B., LATIES, G. G.: Plant. Physiol. **44,** 7 (1969).
OSMOND, C. B., LATIES, G. G.: J. Membrane Biol. **2,** 85 (1970).
PIERCE, W. S., HIGINBOTHAM, N.: Plant Physiol. **46,** 666 (1970).
PITMAN, M. G.: Australian J. Biol. Sci. **16,** 647 (1963).
PITMAN, M. G.: Nature **216,** 1343 (1967).
PITMAN, M. G.: Plant Physiol. **44,** 1233 (1969 a).
PITMAN, M. G.: Plant Physiol. **44,** 1417 (1969 b).
PITMAN, M. G.: Plant Physiol. **45,** 787 (1970).
PITMAN, M. G., SADDLER, H. D. W.: Proc. Natl. Acad. Sci. US. **57,** 44 (1967).
PITMAN, M. G., COURTICE, A. C., LEE, B.: Australian J. Biol. Sci. **21,** 871 (1968).
RAINS, D. W., EPSTEIN, E.: Plant Physiol. **42,** 314 (1967).
RAVEN, J. A., SMITH, F. A.: Liverpool workshop on ion transport. W. P. Anderson (Ed.). London: Academic Press 1973.
SCHNEPF, E.: Probleme der biologischen Reduplikation. P. Sitte, (Ed.). 3. Wiss. Konf. dtsch. Naturf. und Ärzte. Berlin–Heidelberg–New York: Springer 1966.
STEER, B. T., BEEVERS, H.: Plant Physiol. **42,** 1197 (1967).
TORII, K., LATIES, G. G.: Plant Physiol. **41,** 863 (1966 a).
TORII, K., LATIES, G. G.: Plant Cell Physiol. **7,** 395 (1966 b).
TYLER, P. D., CRAWFORD, R. M. M.: J. Exp. Botany **21,** 677 (1970).
WEIGL, J.: Planta **79,** 197 (1968).
WEIGL, J.: Planta **84,** 311 (1969).

5. Kapitel. Zusammenhänge zwischen der Feinstruktur des Cytoplasmas und Transportfunktionen: Die weitere Komplizierung des Modells

Die am Ende des vorhergehenden Kapitels beschriebenen kinetischen Kompartimentierungsmodelle sind sehr spekulativ. Sie sind deshalb auch heftig angegriffen worden. Die experimentellen Daten reichen noch nicht, um der zugrundeliegenden Idee weithin Geltung zu verschaffen. Doch offenbart sich hier deutlich das Unbehagen der Transportphysiologen beim Vergleich ihrer kinetischen Modelle mit der im Elektronenmikroskop sichtbar werdenden mannigfaltigen Gliederung des Cytoplasmas in kleine und kleinste Räume (Kompartimente, s. Abb. 4.17). Im vorliegenden Kapitel sollen einige mit anderer Methodik gewonnene Hinweise auf Stofftransporte in und durch solche Kompartimente zusammengetragen werden.

5.1 Beobachtungen über Stofftransport in membranumgebenen Vesikeln

Die Bildung von kleinen Vesikeln, die durch Invaginationen des Plasmalemmas entstehen, ist vielfach im Elektronenmikroskop beobachtet worden. Eine Abschnürung nach innen könnte der Stoffaufnahme (Pinocytose), eine Abschnürung nach außen der Stoffabgabe dienen. Auch innerhalb des Cytoplasmas beobachtet man Vesikel, die mit anderen Vesikeln, mit der zentralen Vacuole oder mit dem Plasmalemma verschmelzen und dem Transport innerhalb des Cytoplasmas oder dem Transport quer durch das Cytoplasma dienen können. (Zusammenfassungen SCHNEPF, 1966, 1968, 1969).

5.1.1 Exocytose

Unter der Exocytose versteht man dementsprechend eine Vesikel-Extrusion und eine Abgabe von Vesikelinhalt nach außen. Ein in vieler Hinsicht hervorragend untersuchtes Beispiel ist die Sekretion von Golgivesikeln.
Durch zahlreiche elektronenmikroskopische und durch elektronenmikroskopisch-mikroautoradiographische Untersuchungen steht un-

bezweifelbar fest, daß die von den Zisternen der Dictyosomen abgeschnürten Golgi-Vesikel der Ausscheidung von hochpolymeren Substanzen dienen. Bei tierischen Zellen werden auf diese Weise Eiweiße und Polysaccharide nach außen transportiert. Pflanzliche Zellen scheiden mit den Golgi-Vesikeln verschiedene Polysaccharide, vor allem saure Polysaccharide, Pektinstoffe und Schleime von Polysaccharidnatur ab. Auch schuppen- und plättchenartige Strukturen, wie man sie an der Oberfläche mancher Algenzellen findet, werden durch Golgi-Vesikel nach außen gebracht. So beobachtet man z. B. besondere Aktivität der Dictyosomen an Orten intensiven Zellwandwachstums, etwa in der Spitze von Wurzelhaaren, in Rhizoiden, bei der Bildung neuer Zellwände nach Zellteilungen und bei der Versteifung von Tracheenwänden, wo Golgi-Vesikel das neu in die Zellwand einzubauende Material heranbringen. Auch bei der Sekretion des Fangschleimes der Blattentakeln der carnivoren Pflanze *Drosophyllum* konnte eine entsprechende Funktion der Dictyosomen gut beobachtet werden. (SIEVERS, 1965; MOLLENHAUER und MORRÉ, 1966; SCHNEPF, 1969.)

Abb. 5.1 zeigt die schematische Darstellung eines Dictyosoms. Golgi-Vesikel schnüren sich an einer Seite des scheibenförmigen Dictyosoms von den durch Membranen gebildeten Zisternen ab. Dabei verliert das Dictyosom fortwährend Membranmaterial. Wenn die Zisternen des Dictyosoms nicht rasch aufgebraucht werden sollen, muß deshalb gleichzeitig eine Regeneration erfolgen. Dies geschieht an der der Vesikelabschnürung gegenüberliegenden Fläche. Mit einer Sekretions- und einer Regenerationsfläche sind die Dictyosomen strukturell und funktionell asymmetrisch.

Nicht allein der Transport von Polysacchariden, sondern auch ihre Synthese oder wenigstens ihre Polymerisation aus Vorstufen erfolgt in

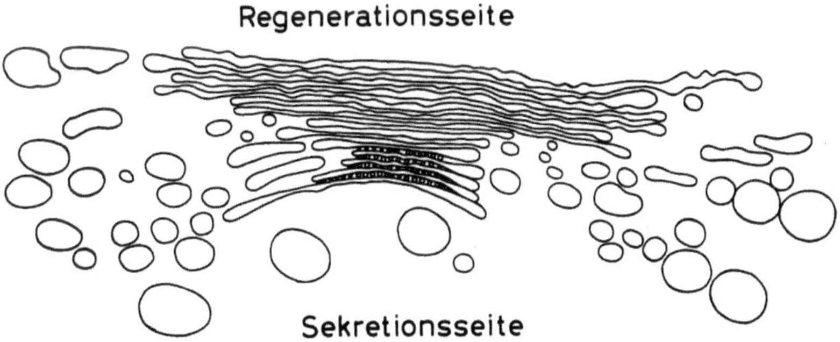

Abb. 5.1. Dictyosom mit deutlicher Asymmetrie: Regenerationsseite und Sekretionsseite. Nach einer Aufnahme von WHALEY (Abb. 2 in SCHNEPF, 1969) gezeichnet. Vergr. ca. 40 000fach

den Membran-umgebenen Systemen der Dictyosomen. Somit haben wir bei der Dictyosomenaktivität 3 Grundvorgänge zu unterscheiden:

i) eine *Sekretbiosynthese*,

ii) einen *Sekrettransport* in Sekretvesikeln und

iii) einen cyklischen *Fluß von Membranmaterial:* Abgabe an der Sekretions-, Rückgewinnung an der Regenerationsfläche.

Eine vorzügliche, breite Darstellung dieser Vorgänge mit zahlreichen Beispielen finden wir bei SCHNEPF (1969). Er hat die oben aufgezählten einzelnen Schritte in einer schematischen Darstellung zusammengefaßt. Dabei wurden auch Befunde berücksichtigt, die auf die Beteiligung der Membransysteme des endoplasmatischen Retikulums (ER) am Membranfluß und an der Sekretbiosynthese hindeuten. Dieses Schema ist in vereinfachter Form in Abbildung 5.2 wiedergegeben.

Der cyclische Charakter des Gesamtprozesses wird sehr deutlich. Wie bei einem typischen Stoffwechselcyclus werden an bestimmter Stelle Stoffe eingeschleust (Sekretvorstufen), und an anderer Stelle treten Stoffe aus (Sekret). Neben Enzymreaktionen sind an diesem Cyclus aber auch Stoff- und Membranflüsse beteiligt.

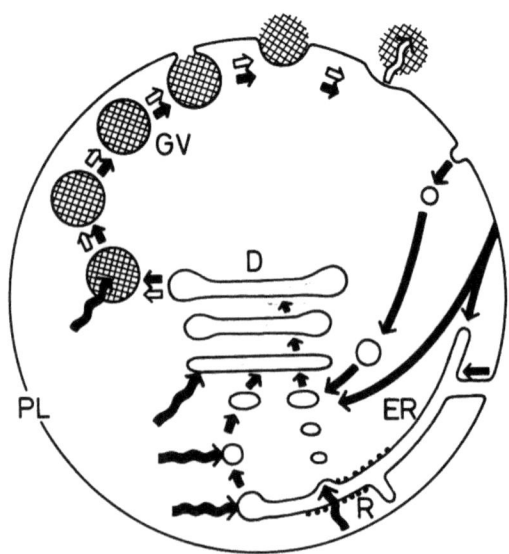

Abb. 5.2. Sekretsynthese, Sekretion und Membranfluß bei der Aktivität des Golgi-Apparates. *Lichte Pfeile* = Sekrettransport, *lichter gewundener Pfeil* = Sekretausschleusung, *dicke gewundene Pfeile* = Einschleusung von Sekretvorstufen, *dicke Pfeile* = Membranfluß, *D* = Dictyosom, *ER* = endoplasmatisches Retikulum, *GV* = Golgi-Vesikel, *PL* = Plasmalemma, *R* = Ribosomen (aus SCHNEPF, 1969; vereinfacht)

Zur *Sekretbiosynthese* sind sicher mehrere Schritte erforderlich, die in den Zisternen der Dictyosomen, in den schon abgeschnürten Golgi-Vesikeln und auch in den ER-Zisternen, an der Ribosomen-besetzten ER-Oberfläche oder in vom ER abgeschnürten und mit den Dictyosomen verschmelzenden Vesikeln ablaufen können. Aus dem Cytosol können dabei an verschiedenen Stellen Sekretvorläufer eingeschleust werden.

Beim *Sekrettransport* in den von den Dictyosomen abgeschnürten Golgi-Vesikeln gelangen die Vesikel in die Nähe des Plasmalemmas, wobei sich die Struktur der sie umgebenden Membran ändert, und zwar so, daß diese Membran dem Plasmalemma sehr ähnlich wird. Dann verschmelzen die Golgibläschen mit dem Plasmalemma, und das Sekret wird ausgeschleust.

Mit dem Transport der Sekretbläschen ist bereits ein *Fluß von Membranmaterial* verbunden. Es entsteht nur die Frage, auf welchem Wege der Rückfluß des verlorenen Membranmaterials zu den Dictyosomen vonstatten geht. Auch hierzu gibt das Schema der Abb. 5.2 verschiedene Antworten. Der Rückfluß von Membranmaterial kann einmal in Form von Vesikeln erfolgen, die sich vom Plasmalemma oder vom ER abschnüren und mit den Dictyosomen verschmelzen. Er kann auch – im Elektronenmikroskop nicht erkennbar – durch Transport nicht zur Membran assoziierten Membranmaterials (Membranbausteine, Micelle) erreicht werden, indem solches Material vom Plasmalemma nach innen abgegeben und zum Aufbau von ER- oder Dictyosomenmembran benutzt wird. Eine dritte Möglichkeit ist durch Zusammenhänge und Übergänge zwischen dem ER-Membransystem und dem Plasmalemma gegeben.

Man darf sicher zu Recht annehmen, daß ähnliche Vesikeltransporte in der Zelle in großer Zahl ablaufen. Sie sind bisher aber bei weitem nicht so gut dokumentiert wie der Polysaccharidtransport in den Golgi-Vesikeln. Dieser Prozeß ist deshalb für uns ein ganz bedeutender Modellfall.

Erwähnenswert sind hier vielleicht noch Vesikel, die man in *Tamarix*-Salzdrüsen beobachtet hat und die der Exocytose von Ionen dienen sollen (THOMSON and LIU, 1967; THOMSON et al. 1969). Bei elektronenmikroskopischen Untersuchungen mit diesen Drüsen benutzte man Rb^+ als Elektronen-absorbierenden Tracer. Nur wenn Salz-sezernierende Pflanzen mit Rb^+ versorgt waren, fand sich ein elektronendichter Niederschlag in Vesikeln, die man vor allem in Zellwandnähe der Drüsenzellen beobachtete. Diese Experimente mögen auf eine Rubidiumausscheidung durch die Vesikel hindeuten, lassen aber noch Unklarheiten offen. Es ist möglich, daß Rubidium als in höheren Konzentrationen toxisches Ion bei der Akkumulation sekundäre Wirkungen hervorbringt, die zur besonderen Kontrastierung der Vesikel führen. Aber selbst wenn das Elektronenmikroskop die Rubidiumverteilung richtig wiedergibt, könnte die Beladung der Vesikel mit Rubidium auch unabhängig und parallel zur Salzsekretion erfolgen.

Auch bei anderen Salzdrüsen hat man das vielfach beobachtete gehäufte Vorkommen Membran-umgebener Bläschen im Drüsencytoplasma mit der Salzausscheidung in Zusammenhang gebracht, ohne ganz konkrete Beweise dafür zu haben (OSMOND et al., 1969; LÜTTGE und KRAPF, 1968; LÜTTGE, 1971).

5.1.2 Endocytose

Die Umkehrung der Exocytose, eine Endocytose, kennt man besonders bei Protozoen auf mikroskopischer Ebene als Phagocytose. Das Plasma umfließt ein Partikelchen, das Plasmalemma schnürt nach innen ein Bläschen ab, wodurch das Partikelchen in das Zellinnere aufgenommen wird. Auch im kleinsten, elektronenmikroskopischen Bereich beobachtet man solche Plasmalemmainvaginationen mit Bläschenabschnürungen als sogenannte Pinocytose. Dabei ist wohl auch eine Adsorption der aufgenommenen Teilchen an der Plasmalemmaoberfläche vor der eigentlichen Bläscheninvagination von Bedeutung.

Obwohl man am Plasmalemma der Zellen höherer Pflanzen sehr oft Einstülpungen beobachtet und auch Bläschen in Plasmalemma-Nähe finden kann, ist recht umstritten, ob hier wirklich Pinocytose vorliegt. Man wird in Analogie zu den tierischen Systemen erwarten dürfen, daß es auch bei Pflanzen Pinocytose und den Transport von Pinocytose-Bläschen durch die Zellen gibt. Vor allem den Transport von Makromolekülen durch Membranen kann man sich schwer anders vorstellen. Es fehlt jedoch der unzweifelhafte experimentelle Nachweis.

5.1.3 Transport in Bläschen innerhalb der Zelle

Über den Transport von Stoffen in Bläschen innerhalb der Zelle wurde schon verschiedentlich gesprochen. Das Schema von MACROBBIE (Kapitel 4.3.3, Abb. 4.16) postuliert eine pinocytotische Ionenaufnahme, ein Verschmelzen der invaginierten Pinocytosebläschen mit dem ER, ein Abschnüren von Bläschen vom ER und eine Vereinigung mit der Vacuole. JACKMAN und VAN STEVENINCK (1967) fanden bei Gewebescheiben roter Rüben eine Korrelation der Differenzierung des ER mit der Ionenaufnahmekapazität, die allerdings nicht statistisch überzeugend dargelegt ist. Das Schema der Golgi-Vesikel-Extrusion (Abb. 5.2) sieht ebenfalls einen sehr vielseitigen und umfangreichen Transport von Bläschen innerhalb der Zelle vor.

Zu nennen wären hier auch die Untersuchungen von MATILE und MOOR (1968) zur Ontogenese und enzymatischen Ausstattung des Vacuolensystems (Vacuom) von Pflanzenzellen. Elektronenmikroskopische Untersuchungen dieser Autoren zeigen, daß die Vacuolen bei der Zelldifferenzierung durch das Verschmelzen kleinerer, vom ER abgeschnürter Bläschen entstehen. Nach Isolation von Vacuolen, „Vacuölchen" und „Bläschen" durch Zentrifugieren in einem Dichtegradienten gelang es zu zeigen, daß in ihnen große Aktivitäten hydrolytischer Enzyme vorliegen, daß ihnen also Lysosomen-Funktion zukommt (MATILE, 1966, 1968). MATILE nimmt deshalb an, daß bei Pflanzen die Vacuolen die Orte der den Cytoplasma-*Turnover* in Gang haltenden „intracellulären" Verdauung sind. Die Abbauprozesse müssen ja räumlich von den Synthesereaktionen des Cytoplasmas getrennt sein. Die hydrolytischen Enzyme in der Vacuole können auf Plasmabestandteile jedoch nur einwirken, wenn Enklaven des Cytoplasmas durch Bläschenbildung in die Vacuole hinein abgeschnürt werden. Elektronenmikroskopische Bilder geben Hinweise auf Tonoplasteninvaginationen, und Membran-umgebene Bläschen werden auch innerhalb der Vacuolen beobachtet.

Wenn sich Teile des Cytosols enthaltende Bläschen in die Vacuole hinein abschnüren, muß damit notwendigerweise auch ein Transport von Ionen aus dem Cytosol in die Vacuole verbunden sein. Experimentelle Hinweise hierfür geben vergleichende Untersuchungen der Ionenaufnahme und der Ultrastruktur junger und alter Blättchen des Mooses *Mnium* (LÜTTGE und BAUER, 1968; LÜTTGE und KRAPF, 1968). Die Ionenaufnahmeisotherme im Konzentrationsbereich von System 1 zeigt bei alten und jungen Blättchen die erwartete Sättigungskinetik. Im Konzentrationsbereich von System 2, das nach der Torii-Laties-Hypothese den Transport in die Vacuole vermitteln soll, haben nur

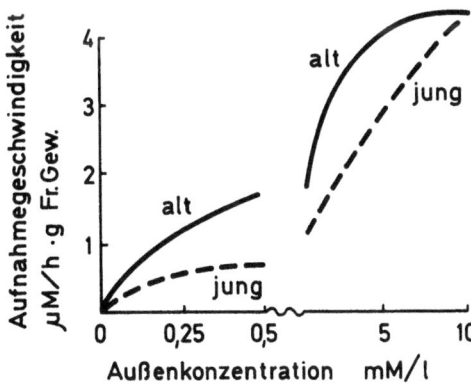

Abb. 5.3. Ionenaufnahme-Isothermen alter und junger *Mnium*-Blätter (nach LÜTTGE und BAUER, 1968)

alte Moosblättchen eine hyperbolische Isotherme. Junge Moosblättchen zeigen hier eine geradlinige Abhängigkeit der Ionenaufnahme von der Außenkonzentration (Abb. 5.3).
Nun beobachtet man gerade bei jungen Moosblättchen besonders zahlreiche Membran-Invaginationen am Tonoplasten und Bläschen innerhalb der Vacuolen. Dies entspricht durchaus der Matileschen Auffassung. Ein *Turnover* von Plasmamaterial muß bei jungen, aktiven Zellen größer sein als bei alten. Die mit der Bläschenbildung verbundene Ionenaufnahme kann leicht dazu führen, daß das eigentliche Aufnahmesystem am Tonoplasten sich nicht geschwindigkeitsbestimmend auswirkt und man keine Sättigungsisotherme, sondern einen linearen Kurvenverlauf findet.

5.2 Die stoffliche Eigenständigkeit von Organellen

5.2.1 Allgemeine Diskussion

Wie die Zelle sich von ihrer Umgebung, d.h. ihrem Außenmedium durch Membranabgrenzung emanzipiert hat (Kapitel 1.2), so sind auch Organelle wie der Zellkern, die Mitochondrien und die Chloroplasten durch Membranen vom Cytosol abgegrenzt und erreichen eine gewisse stoffliche Emanzipation.
Dabei nehmen die Zellkerne gewiß eine Sonderstellung ein. Ihre äußere Membran ist von größeren Kernporen durchbrochen. Die regulatorische Funktion der Zellkerne setzt einen intensiven Transport von Makromolekülen zwischen Kern und Plasma voraus. Doch machen viele Beobachtungen deutlich, daß das Kerninnere durch die Poren zum Cytoplasma hin nicht unbegrenzt offen ist. Spezifische Transportvorgänge auch niedermolekularer Substanzen scheinen möglich zu sein. An Riesenchromosomen tierischer Zellen durch Analyse der Puff-Bildung vorgenommene Beobachtungen der Regulation der Genaktivität deuten darauf hin, daß spezifische Veränderungen des Ionenmilieus im Kerninneren die Genaktivität beeinflussen können. So ist es vorstellbar, daß Ionentransportprozesse in die Stoffwechselregulation eingreifen (LEZZI, 1966; KRÖGER, 1967).
Mitochondrien und Chloroplasten sind die Kompartimente des Energiestoffwechsels sowie besonderer Abbau- und Syntheseprozesse. Mit diesen Funktionen sind mannigfaltige und intensive Transportvorgänge durch die diese Organelle umhüllenden Membranen verbunden.
Die im Inneren der Organelle ablaufenden enzymatischen Reaktionen müssen zu den außerhalb lokalisierten Reaktionssystemen in sinnvoller Beziehung stehen. Dies wird durch den Transport von Metaboliten

zwischen Cytosol und Organellen reguliert (HEBER und SANTARIUS, 1965, 1970; KRAUSE, 1971; HELDT und RAPELEY, 1970). Der Energieumsatz in den Mitochondrien und Chloroplasten beruht auf einem Elektronentransport an Ketten von Redoxsystemen entlang, die in die inneren Membransysteme (Cristae, Thylakoide) eingebaut sind. Mit diesem Elektronenfluß sind Ionentransporte quer durch die betreffenden Membranen verbunden.

Obwohl unsere Darstellung versucht, einen umfassenden Überblick über den Stofftransport bei Pflanzen zu vermitteln, würde es ihren Rahmen weit sprengen, wollten wir hier auf die überaus umfangreiche Literatur zu diesen Problemen eingehen. Der allgemeine Hinweis auf diese bedeutenden Prozesse des intrazellulären Membrantransportes muß genügen, und es können nur einige begrenzte Aspekte besonders herausgestellt werden.

Die für Mitochondrien gewonnenen Erkenntnisse gelten für tierische und pflanzliche Zellen gleichermaßen. Von besonderem Interesse für eine Transportphysiologie der Pflanzen sind Transportprozesse an Chloroplasten. Mit einigen von ihnen werden wir uns bei der Diskussion biochemischer und biophysikalischer Mechanismen der Energieversorgung von Ionenpumpen im Zusammenhang mit den energetischen Betrachtungen des sechsten Kapitels beschäftigen.

Die Aufnahme von Ionen in Chloroplasten ist nicht nur ein wichtiger Aspekt im Zusammenhang mit der Energieübertragung an den Thylakoidmembranen, sondern ist auch vom Gesichtspunkt der Ionenregulation in Pflanzenzellen her betrachtet von großer Bedeutung. Einige Überlegungen und Ergebnisse hierzu seien im Folgenden kurz dargestellt.

5.2.2 Die Ionenaufnahme in Chloroplasten

Es gibt zwei grundsätzlich verschiedene Hypothesen zum Mechanismus der Koppelung von Elektronenflüssen in den Cristae-Membranen der Mitochondrien und den Thylakoidmembranen der Chloroplasten mit der Bildung von energiereichen Phosphatverbindungen (ATP). Die chemische Koppelungshypothese sucht nach einem noch unbekannten nichtphosphorylierten energiereichen Zwischenprodukt als Vorstufe für phosphorylierte Intermediärverbindungen. Die chemi-osmotische Hypothese nach MITCHELL sagt aus, daß diese Suche müßig sei, denn durch asymmetrische Anordnung der Enzyme und Kofaktoren der membrangebundenen Redoxketten erfolge eine Trennung von H^+- und OH^--Ionen auf den beiden Seiten der Membran und der so geschaffene Gradient des elektrochemischen Potentials (pH-Gradient) mache die

Phosphorylierung an einer ebenfalls asymmetrischen ATPase der Membranen energetisch möglich.

Dementsprechend gibt es auch zwei Hypothesen über den energetischen Antrieb der aktiven Ionenaufnahme in Mitochondrien und Chloroplasten, die als Alternative zur ATP-Bildung ablaufen kann. Als Energielieferant hierfür kann entweder die unbekannte, nichtphosphorylierte energiereiche Zwischenverbindung dienen oder der pH-Gradient. Viele Voraussagen, die aufgrund der Mitchell-Hypothese in ihrer ursprünglichen oder in einer modifizierten Form zu machen sind, lassen sich bei Versuchen mit isolierten Mitochondrien und isolierten Chloroplastenthylakoidsystemen bestätigen. Abb. 5.4 zeigt in einer vereinfachten schematischen Darstellung, wie man sich Ladungstrennung, ATP-Bildung und aktiven Ionentransport an einer solchen Membran vorstellen kann.

Den Ionengehalt von Chloroplasten in intakten Zellen hat man durch nicht-wäßrige Chloroplastenisolierungen, durch mikroautoradiographische Beobachtungen und auch indirekt durch kinetische Messungen zu bestimmen versucht. Mikroautoradiographien von Blattzellen der Salzpflanze *Limonium* zeigen eine beträchtliche Anhäufung von über den Blattstiel applizierten radioaktiven Cl^--Ionen in den Chloroplasten (ZIEGLER und LÜTTGE, 1967). Kinetische Kompartimentierungsanalysen bei *Limonium*-Blattzellen machen deutlich, daß Cl^- auf vier effektive Kompartimente verteilt sein muß, während für die Na^+-Verteilung nur drei Kompartimente deutlich werden, nämlich der *Free Space*, das Cytoplasma und die Vacuole. Das 4te Kompartiment, das bei der Cl^--Verteilung eine Rolle spielt, könnte sehr gut durch die Chloroplasten gegeben sein (HILL, 1970; LARKUM and HILL, 1970).

Auf recht elegante Weise kann man den Ionengehalt in Chloroplasten im Vergleich zu anderen Zellkompartimenten bei den Internodialzellen der Characeen analysieren. Die Chloroplasten liegen hier dichtgepackt in wandständigen, nicht von der Cyclosis erfaßten Plasmalagen. Der Vacuoleninhalt, die Hauptmenge des Cytosols und die Chloroplastenlage können aus am Ende angeschnittenen Zellen nacheinander ausgedrückt und so getrennt analysiert werden. Auch durch nicht-wäßrige Isolierungsverfahren gewonnene Chloroplasten können zur Analyse der Konzentrationen von Ionen und anderen wasserlöslichen Substanzen herangezogen werden. Unter den Ionen wird besonders das Chlorid in den Chloroplasten gegenüber dem Grundplasma stark angereichert (s. Tab. 4.3. und 5.1.).

Auf welche Weise die Akkumulation größerer Ionenmengen in den Chloroplasten zur Chloroplastenfunktion und zur zellulären Ionenregulation in Beziehung steht, ist im Einzelnen weitgehend unklar.

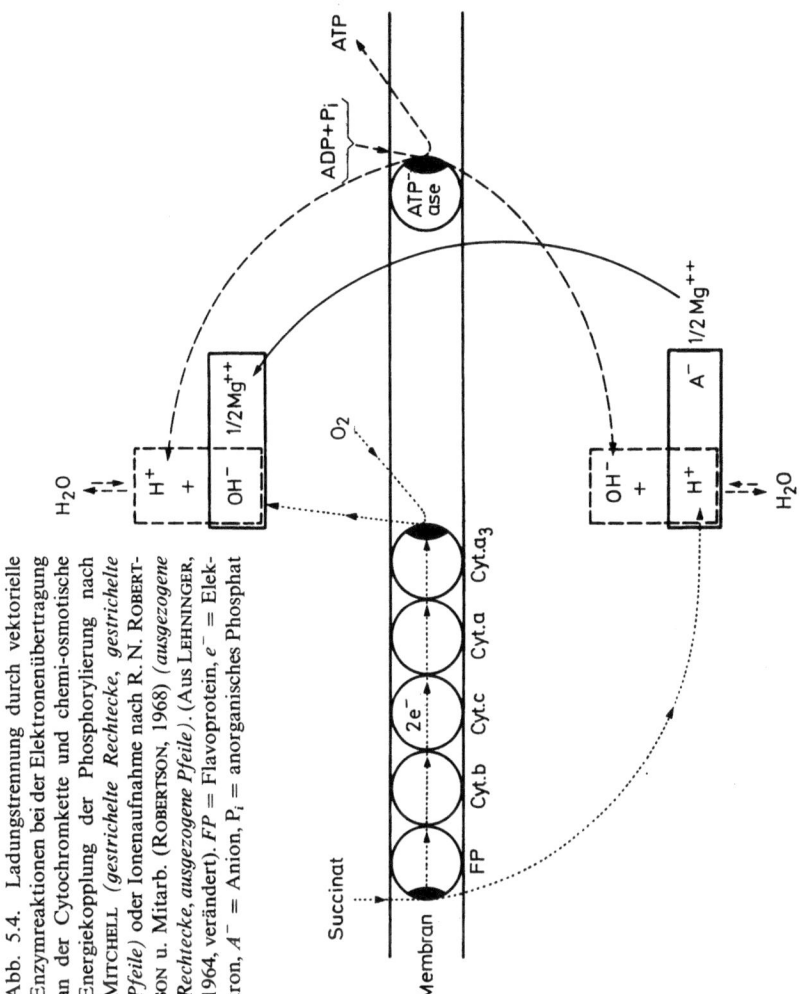

Abb. 5.4. Ladungstrennung durch vektorielle Enzymreaktionen bei der Elektronenübertragung an der Cytochromkette und chemi-osmotische Energiekopplung der Phosphorylierung nach MITCHELL (*gestrichelte Rechtecke, gestrichelte Pfeile*) oder Ionenaufnahme nach R. N. ROBERTSON u. Mitarb. (ROBERTSON, 1968) (*ausgezogene Rechtecke, ausgezogene Pfeile*). (Aus LEHNINGER, 1964, verändert). FP = Flavoprotein, e^- = Elektron, A^- = Anion, P_i = anorganisches Phosphat

Tabelle 5.1. Cl^--Konzentration in verschiedenen Zellkompartimenten von *Nitella flexilis* (KISHOMOTO und TAZAWA, 1965) und *Tolypella intricata* (LARKUM, 1968) (s. auch Tab. 4.3)

	Cl^--Konzentration [mmol/l]			
	Außenmedium	Chloroplasten	Fließendes Cytoplasma	Vacuole
Nitella	1.3	136	36	136
Tolypella	1.4	340	23–31	116–136

5.3 Besonderheiten des Cytoplasmas von Drüsenzellen

Drüsenzellen vollbringen herausragende Transportleistungen. Gleichzeitig beobachtet man bei Drüsenzellen stets eine auffallende Differenzierung der Feinstruktur. Das dichtgepackte, organellenreiche Cytoplasma der Drüsenzellen stellt in Korrelation mit den besonderen Transportfunktionen ein faszinierendes Problem dar. Dadurch werden die Drüsen zum hervorragenden Objekt für die Analyse der Zusammenhänge zwischen der Feinstruktur des Cytoplasmas und den Transportfunktionen.

5.3.1 Drüsenfunktionen

Wenn die bei der Sekretion aktive Oberfläche der Salzdrüsen der Mangrove *Aegialitis* richtig geschätzt ist, erreichen diese Drüsenzellen Transportraten bis zu 1500 $nMol \cdot h^{-1} \cdot cm^{-2}$ (ATKINSON et al., 1967). Demgegenüber transportieren Wurzeln, die „normalen" Salztransportorgane der Pflanzen, bei einer KCl-Konzentration von 1 mM in der Außenlösung das Salz mit einer Geschwindigkeit von 35 $nMol \cdot h^{-1} \cdot cm^{-2}$ in das Exudat (JARVIS and HOUSE, 1970). Bananennektarien sezernieren in 2–3 Tagen ungefähr 1–2 ml einer ca. 32%igen Zuckerlösung, also etwa 25000 bis 50000 $nMol \cdot h^{-1}$ pro Bananenblüte. Der Glucoseefflux aus Glucose-speichernden Zwiebelschuppenepidermiszellen in eine zuckerfreie Lösung beträgt 10 $nMol \cdot h^{-1} \cdot cm^{-2}$. Die aktive Sekretionsoberfläche der Nektarien der Bananenblüte müßte bei einer solchen Transportgeschwindigkeit 2500–5000 cm^2 betragen (LÜTTGE, 1971).

Diese Vergleiche verdeutlichen quantitativ die außerordentlichen Transportleistungen von Drüsen. Aber auch qualitative Leistungen werden von Drüsen vollbracht. Die Zusammensetzung der ausgeschiedenen Sekrete ist meistens sehr spezifisch, das Sekret besteht vorwiegend aus einem einzigen Stoff oder aus einer einzigen Stoffklasse angehörenden Substanzen, neben denen sich andere Begleitsubstanzen nur in sehr geringen Mengen finden. Einige Beispiele verschaffen einen kleinen Überblick (cf. LÜTTGE, 1971):

Sekret	Drüsen
Proteolytische Enzyme (Protein)	Verdauungsdrüsen der carnivoren Pflanzen
Polysaccharide	Schleimdrüsen der carnivoren Pflanzen

Sekret	Drüsen
Zucker	florale und extraflorale Nektarien
Wachs	Wachsdrüsen an Blattnerven von Ficus- und Araceenarten
Harze	Harzkanalzellen, Sproßdrüsen der Pechnelke
Öle	Öldrüsen
Anorganische Ionen	Salzdrüsen der Halo- und Xerophyten

Zur Spezifität des gebildeten Sekretes mag in bestimmten Fällen die in Drüsenzellen ablaufende Sekretbiosynthese erheblich beitragen, vor allem etwa bei der Sekretion sekundärer Pflanzenstoffe (Wachs, Harze, Öle). Da alle Zellen aber eine Vielfalt von Stoffen enthalten, müssen immer auch spezifische Transportleistungen beteiligt sein, mit Ausnahme der Fälle, wo rein lysigene Sekretbildung (Auflösung der Zellen) vorliegt.

5.3.2 Die Feinstruktur des Drüsencytoplasmas

Verbunden mit diesen bemerkenswerten Funktionsleistungen der Drüsenzellen ist eine auffallende Differenzierung ihres Cytoplasmas. Schon bei geringer Vergrößerung im Lichtmikroskop fällt es durch seine Dichte auf. Diese Beobachtung beruht zunächst darauf, daß den meisten Drüsenzellen große zentrale Vacuolen fehlen. Darüber hinaus ist in aktiven Drüsenzellen aber vor allem die Zahl, Größe und Aktivität verschiedener Organelle und Membransysteme beträchtlich vermehrt. Hierzu gehören:
die *Zellkerne*,
die *Dictyosomen*,
membranumgebene Vesikel,
die *Plasmalemmaoberfläche*,
die *Mitochondrien*.
Daneben treten in Drüsen besondere *Zellwandinkrustierungen* und zahlreiche *Plasmodesmata* zwischen den Drüsenzellen und dem umgebenden Gewebe und zwischen den Drüsenzellen untereinander auf, deren Bedeutung an anderer Stelle diskutiert wird (Kapitel 3.1.1 bzw. Kapitel 7.1.2.1).
Über eine besondere Rolle der *Zellkerne* bei der Funktion pflanzlicher Drüsen weiß man noch wenig. Es gibt lediglich einige Anhaltspunkte

für eine gegenüber normalen Parenchymzellen erhöhte Aktivität der Kerne. Die Kerne sind bei Drüsen im Verhältnis zum Zellvolumen stets auffallend groß, was oft nicht oder doch nicht allein an der Erhöhung der absoluten Größe der Kerne liegt, sondern an der Kleinheit der Drüsenzellen. Von der besonderen *Dictyosomenaktivität* bei der Sekretion von Polysacchariden war schon oben die Rede (Kapitel 5.1.1). Die mögliche Funktion kleiner, *membranumgebener Vesikel* bei der Salzsekretion wurde ebenfalls bereits diskutiert (Kapitel 5.1.3). Es ist eine sehr charakteristische Eigenschaft von Drüsenzellen, daß zentrale Vacuolen fehlen, dafür aber oft zahlreiche Bläschen und Vesikel im Plasma auftreten. Für eine detaillierte Besprechung verbleiben an dieser Stelle zwei ganz entscheidende Eigenschaften des Drüsencytoplasmas, nämlich die *Vergrößerung der Plasmalemmaoberfläche* und der *Mitochondrienreichtum.*

5.3.2.1 Transfer Cells

Eine extreme Vergrößerung der Plasmalemmaoberfläche hat man früh bei Drüsenzellen beobachtet und später bei einer Vielzahl weiterer Zelltypen gefunden (GUNNING and PATE, 1969; PATE and GUNNING, 1972). Alle diese Zellen haben gemeinsam, daß sie durch eine räumliche Lage im Gewebeverband an Orten mit besonders intensivem Kurzstreckentransport gekennzeichnet sind. GUNNING und PATE gaben deshalb diesen Zellen die treffende Bezeichnung *Transfer Cells.*
Die Proliferation des Plasmalemmas kommt durch eine Vergrößerung der Zellwandoberfläche zustande. Die Drüsenzellwand bildet Protuberanzen, die in das Zellinnere vorstoßen und die sich verzweigen und miteinander Anastomosen bilden können. Dadurch entsteht ein Labyrinth, das vom Plasmalemma ausgekleidet und vom Plasma angefüllt wird (Abb. 5.5 u. 5.6).
Das verbreitete Vorkommen dieser Zellwandprotuberanzen bei Zellen mit herausragenden Transportfunktionen ist Grund genug für die Annahme, daß diese Strukturen für den Kurzstreckentransport von großer Bedeutung sein müssen. *Transfer Cells* finden sich außer in Drüsen u.a. an den Orten, wo Stoffe zwischen den Fernleitbahnen des Xylems und des Phloems transportiert werden, bei Farnen und Moosen, wo der zunächst oder ständig vom Gametophyten zu ernährende Sporophyt an den Gametophyten anschließt, bei den Haustorien von pflanzlichen Parasiten, bei Geleitzellen von Siebröhren u.a. (cf. SCHNEPF 1969; LÜTTGE, 1971; PATE und GUNNING, 1972). Durch neue Untersuchungen werden ständig weitere Beispiele aufgefunden.
Noch deutlicher als durch diese anatomische Korrelation (Orte beson-

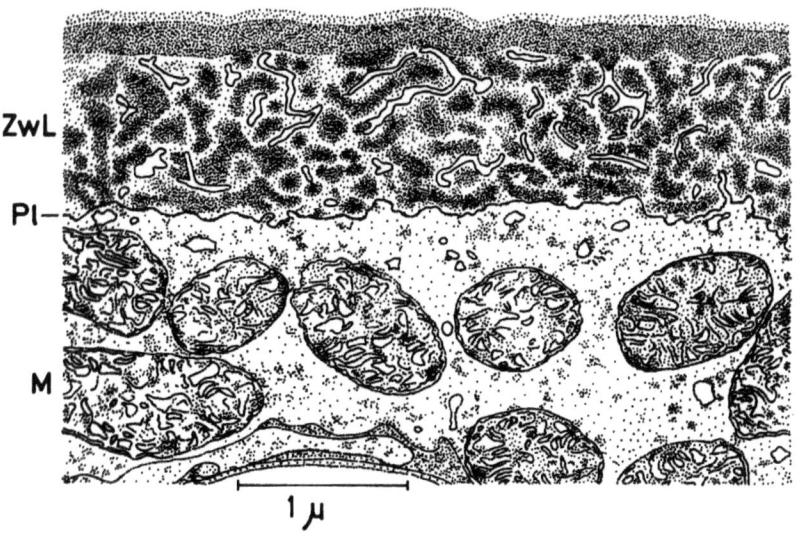

Abb. 5.5. Äußere Zone einer sekretorischen Köpfchenzelle der Schuppenblätter von *Lathraea clandestina*. ZwL = Außenzellwand mit Protuberanzenlabyrinth, M = Mitochondrien, Pl = Plasmalemma. Nach Abb. 5 in SCHNEPF (1964 b) stark schematisiert

ders intensiven Kurzstreckentransportes ⟵⟶ Zellen mit einem Wandlabyrinth) wird die Bedeutung der Zellwandprotuberanzen für den Transport durch eine schon etwas länger zurückliegende Untersuchung von SCHNEPF (1964 a). Bei den Septalnektarien des Gynöceums von *Gasteria*blüten fand er eine zeitliche Korrelation der Ausbildung von Zellwandproliferationen mit der maximalen Sekretionsaktivität. Die Zellwandprotuberanzen bilden sich kurz vor dem Beginn der Nektarsekretion. Zum Zeitpunkt der vollen Sekretionsaktivität ist ein Labyrinth entstanden, in der postsekretorischen Periode degenerieren die Protuberanzen, das Material wird von den Zellen wieder absorbiert.

Welche Funktion üben die Zellwandprotuberanzen bei der Sekretion aus? *A priori* ist nicht klar, ob das Entscheidende eine Vergrößerung des Zellwand-*Free-Space* oder der Plasmalemmaoberfläche ist. Es ist allerdings schwer zu verstehen, wie passiver Transport in der Zellwand die Funktion der *Transfer Cells* ermöglichen sollte, und es erscheint wahrscheinlicher, daß Membrantransportprozesse dabei von größerer Bedeutung sind. Ähnliche Plasmalemmaproliferationen wie bei den *Transfer Cells* der Pflanzen hat man auch bei sekretorischen und exkretorischen Zellen tierischer Gewebe gefunden, ohne daß dabei eine Zellwand mit dem typisch pflanzlichen AFS vorhanden ist (cf. SCHNEPF, 1969). Es ist deshalb wohl sinnvoller, die Frage zu stellen: Wie kann

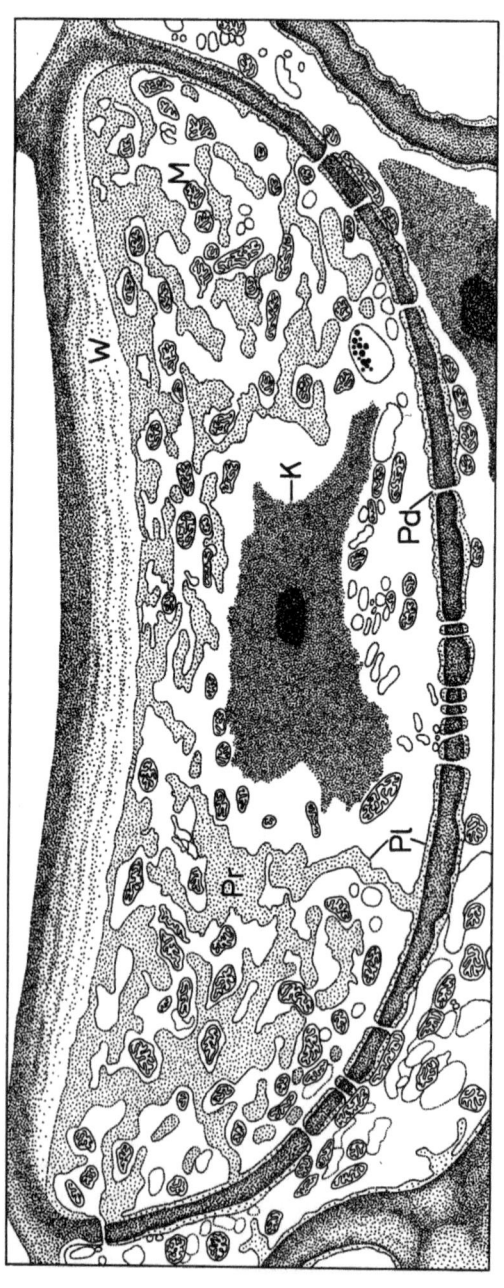

Abb. 5.6. Drüsenzelle einer Hydropote der Blattunterseite von *Nymphaea*. Nach einem unveröffentlichten Original stark schematisiert. K = Kern, M = Mitochondrien, Pd = Plasmodesmata, Pl = Plasmalemma, Pr = Zellwandprotuberanzen, W = Zellwand. Vergr. ca. 8000fach

die erhöhte Plasmalemmaoberfläche im Dienste besonders intensiven Transportes stehen? Es gibt verschiedene Möglichkeiten, die für sich allein oder gemeinsam verwirklicht sein können.
Theoretisch könnte die erhöhte Plasmalemmaoberfläche eine Sekretion durch Vesikelextrusion (Exocytose) unterstützen. Eine größere Oberfläche erleichtert energetisch das Verschmelzen von Vesikeln mit der Grenzfläche, denn
Oberflächenenergie = Oberflächenspannung × Fläche
(ZIEGLER, 1968). Elektronenmikroskopische Untersuchungen geben aber keine Hinweise für die Korrelation der Protuberanzenbildung mit auffallender Vesikelextrusion (granulokriner Sekretion). Es scheint, als würden die Zellwandlabyrinthe eher der Sekretion einzelner Moleküle (eccriner Sekretion) dienen (SCHNEPF, 1969).
Nach Gleichung 2.3 ist die Geschwindigkeit passiver Diffusion durch eine Grenzfläche der Oberfläche direkt proportional. Wenn der Stoffaustritt aus den Drüsenzellen passiv erfolgt, würde die Vergrößerung der Plasmalemmaoberfläche bei gegebener Konzentrationsdifferenz $c_o - c_i$ beträchtlich zur Steigerung der Austrittsgeschwindigkeit beitragen. Umgekehrt würden die für Drüsen auf der Basis von Schätzungen der beim Transport aktiven Zell-Oberfläche errechneten enormen Flux-Raten (s. o. S. 140) möglicherweise in den normalen Rahmen pflanzlicher Transportprozesse zurückfallen, würde man die Protuberanzenoberfläche als wahre Größe der sekretorischen Oberfläche einsetzen.
Anders noch kann man argumentieren, wenn der Stoffaustritt aus den Drüsenzellen aktiv ist. Zweifelsohne bringt die Oberflächenvergrößerung mit sich, daß die katalytische Aktivität des Plasmalemmas insgesamt stark ansteigt, denn sie schafft mehr Platz für membrangebundene Enzyme, Pumpen und Trägersysteme. Zudem wird ein engerer Kontakt der Membran mit Organellen wie Mitochondrien und ER-Zisternen möglich (Abb. 5.6).
Unmittelbare Anhaltspunkte hierfür geben Untersuchungen von Nektardrüsen. Nach umfangreichen Beobachtungen sind ein großer Mitochondrienreichtum und eine auffallende Aktivität der sauren Phosphatase für die Nektarienzellen sehr charakteristisch (ZIEGLER, 1956). Möglicherweise spielen Phosphorylierungen und Dephosphorylierungen der Zucker beim Zuckertransport eine große Rolle (ZIEGLER, 1956; LÜTTGE, 1966). Eine ganze Reihe von cytochemischen Untersuchungen zeigt, daß Phosphatasen vor allem am Plasmalemma oder in Plasmalemmanähe lokalisiert sind. Besonders klare elektronenmikroskopische Bilder der Phosphatasenlokalisation hat FIGIER (1968) für das Plasmalemma der extrafloralen Nektarien von *Vicia faba* gewonnen.

5.3.2.2 Mitochondrienreichtum

Damit wurde auf die energetische Bedeutung der Mitochondrienhäufung im Drüsencytoplasma schon angespielt. Durch das Zusammenwirken der Mitochondrien (ATP-Bereitstellung) und der Plasmalemmaphosphatasen könnten Phosphorylierung und Dephosphorylierung der transportierten Zucker die Sekretion durch die Nektarien energetisch antreiben. Bei Nektarien des Kelchgrundes von *Abutilon*-Blüten konnte in Korrelation zur Nektarsekretion eine beträchtliche Erhöhung der respiratorischen Sauerstoffaufnahme gegenüber dem zum Vergleich herangezogenen benachbarten Kelchblattgewebe beobachtet werden (Abb. 5.7, ZIEGLER, 1956).

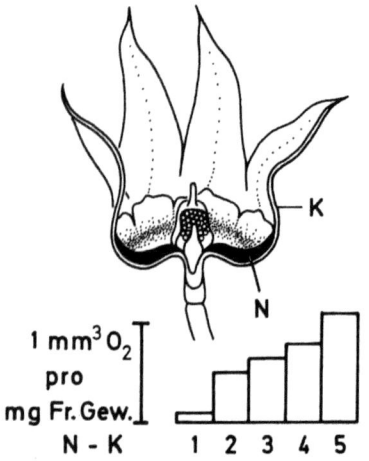

Abb. 5.7. Querschnitt durch eine *Abutilon*-Blüte nach Entfernen der Krone und Differenz der Atmung von Nektargewebe (N) und Kelchblattgewebe (K) N–K in mm^3 O_2 pro mg Tr. Gew. nach ZIEGLER (1956). Verschiedene Entwicklungsstadien der Blüten: 1, 2, 3 = Knospen zunehmender Größe, 4 = Blüte voll erblüht, 5 = Kronblätter gewelkt. In Stadium 3, 4 und 5 sezernieren die Drüsen Nektar

Eine große Mitochondriendichte findet man auch bei Salzdrüsen. Durch Bereitstellung von ATP oder durch Redoxcarrier-Reaktionen (s. 6. Kapitel) können diese Mitochondrien bei der aktiven Salzausscheidung eine Rolle spielen. Bei einer Reihe von Salzdrüsen fand man, daß Licht die Salzsekretion durch Bereitstellung photosynthetischer Energie entscheidend fördert (Abb. 5.8, Kapitel 6.2.4). Es ist bemerkenswert, daß bei solchen Systemen (z. B. den Salzdrüsen von *Atriplex spongiosa* und von *Limonium vulgare*) entsprechend der Mitochondrienanhäufung nicht auch eine auffallende Erhöhung der Chloroplastenzahl im Drüsencytoplasma erfolgt, sondern daß im Gegenteil das Cytoplasma z. B. der drüsenartigen Stielzellen der epidermalen Blasen von *Atriplex spongiosa* photosynthetisch inaktiv ist. Die Probleme, die sich daraus für das Verständnis der Koppelung zwischen aktiven Ionentransport-

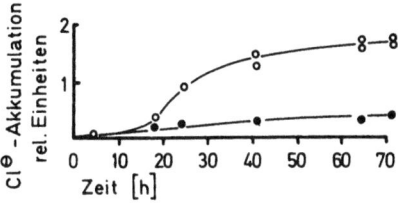

Abb. 5.8. Lichtförderung der Cl⁻-Sekretion in die Blasenvacuolen von *Atriplex spongiosa*-Blättern (● = Dunkel, ○ = Licht)

prozessen und Energie-liefernden Prozessen ergeben, werden wir an anderer Stelle diskutieren (Kapitel 6.2.4 und 7.1.2.1). Hier lehrt uns diese Beobachtung folgendes: So einleuchtend die energetische Bedeutung der hohen Mitochondrienkonzentration im Drüsenzellencytoplasma ist, so wenig zwingend notwendig ist doch eine derartige Anhäufung der Energie-bereitstellenden Organelle in den Drüsen selbst.

Bei der Salzdrüsensekretion kann man sich eine Rolle der Mitochondrien auch anders vorstellen als durch die Energieversorgung von Ionenpumpen an nicht-mitochondrialen Membranen. Eine Voraussetzung für das Verständnis dieser Vorstellung ist die Kenntnis der Theorie des symplasmatischen Transportes, die wir erst im 7. Kapitel behandeln werden. Erwähnen wir hier nur, daß symplasmatischer Transport zum raschen Ausgleich von Konzentrationsdifferenzen im Symplasma, dem Plasma aller durch Plasmodesmen zusammenhängender Zellen in Geweben, führt. Erinnern wir uns ferner an die oben (Kap. 5.2.2) erwähnte Fähigkeit der Mitochondrien zur aktiven Ionenakkumulation. Sieht man die drei erwähnten Befunde – den des symplasmatischen Transportes, die aktive Ionenakkumulation in Mitochondrien und den besonderen Mitochondrienreichtum in Salzdrüsenzellen – im Zusammenhang, so wird deutlich, daß durch die Ionenakkumulation in den Mitochondrien selbst elektro-chemische Gradienten geschaffen werden, die schließlich zur Salzsekretion führen können.

Die hohen Ionengehalte, die man mikroautoradiographisch in Salzdrüsenzellen nachweisen kann, mögen in der Tat auf einer Akkumulation in den Mitochondrien beruhen. Die Hydropoten der Blattunterseite von *Nymphaea*-(Teichrosen-)Schwimmblättern stellen Salz-transportierende Drüsenzellen dar. Elektronenmikroskopische Aufnahmen der Hydropotenzellen zeigen, daß nahezu der gesamte von den Zellwandprotuberanzen und den großen Kernen freigelassene Raum in den Zellen von Mitochondrien eingenommen wird (Abb. 5.6). Auf Mikroautoradiographien erkennt man nach Aufnahme von radioaktiv markiertem Sulfat durch die Blattunterseite von *Nymphaea* eine außerordentlich dichte Markierung der Hydropoten. Schon allein aus räumlichen Gründen kann man sich diese starke Ionenanreicherung ohne eine unmittelbare Beteiligung der Ionenaufnahme durch die Mitochondrien schwer vorstellen.

Wir erkennen an diesem Punkt der Betrachtung, daß unsere Überlegungen zur Struktur und Funktion des Cytoplasmas im Zusammenhang mit Transportprozessen bereits über die unmittelbare Rolle von Organellen beim Transport hinausführt: Zum einen drängen sich energetische Gesichtspunkte in den Vordergrund. Zum anderen werden Funktionen noch komplexer strukturierterer Systeme deutlich; zusammen mit der cytologischen Struktur erlangt die anatomische Struktur Bedeutung. Mit diesen beiden Aspekten – mit den Energiequellen und mit dem Transport über verschiedene Distanzen in anatomisch komplex aufgebauten Organen – werden sich das 6. und 7. Kapitel beschäftigen.

5.4 Literatur

ATKINSON, M.R., FINDLAY, G.P., HOPE, A.B., PITMAN, M.G., SADDLER, H.D.W., WEST, K.R.: Australian J. Biol. Sci. **20,** 589 (1967).
FIGIER, J.: Planta **83,** 60 (1968).
GUNNING, B.E.S., PATE, J.S.: Protoplasma **68,** 107 (1969).
HEBER, U., SANTARIUS, K.A.: Biochim. Biophys. Acta **109,** 390 (1965).
HEBER, U., SANTARIUS, K.A.: Z. Naturforsch. **25 b,** 718 (1970).
HELDT, H.W., RAPELEY, L.: FEBS letters **10,** 143 (1970).
HILL, A.E.: Biochim. Biophys. Acta **196,** 66 (1970).
JACKMAN, M.E., VAN STEVENINCK, R.F.M.: Australian J. Biol. Sci. **20,** 1063 (1967).
JARVIS, P., HOUSE, C.R.: J. Exp. Botany **21,** 83 (1970).
KISHIMOTO, U., TAZAWA, M.: Plant Cell Physiol. **6,** 507 (1965).
KRAUSE, G.H.: Z. Pflanzenphysiol. **65,** 13 (1971).
KRÖGER, H.: Mem. Soc. Endocrin. **15,** 55 (1967).
LARKUM, A.W.: Nature **218,** 447 (1968).
LARKUM, A.W., HILL, A.E.: Biochim. Biophys. Acta **203,** 133 (1970).
LEHNINGER, A.L.: The mitochondrion. New York–Amsterdam: W.A. Benjamin 1964.
LEZZI, M.: Exp. Cell Res. **43,** 571 (1966).
LÜTTGE, U.: Naturwissenschaften **53,** 96 (1966).
LÜTTGE, U.: Aktiver Transport. Kurzstreckentransport bei Pflanzen. Protoplasmatologia. Handbuch der Protoplasmaforschung. Bd. VIII/7 b. Wien–New York: Springer 1969.
LÜTTGE, U.: Ann. Rev. Plant Physiol. **22,** 23 (1971).
LÜTTGE, U., BAUER, K.: Planta **78,** 310 (1968).
LÜTTGE, U., KRAPF, G.: Planta **81,** 132 (1968).
MATILE, P.: Z. Naturforsch. **21 b,** 871 (1966).
MATILE, P.: Planta **79,** 181 (1968).
MATILE, P., MOOR, H.: Planta **80,** 159 (1968).
MOLLENHAUER, H.H., MORRÉ, D.J.: Ann. Rev. Plant Physiol. **17,** 27 (1966).
OSMOND, C.B., LÜTTGE, U., WEST, K.R., PALLAGHY, C.K., SHACHER-HILL, B.: Australian J. Biol. Sci. **22,** 797 (1969).
PATE, J.S., GUNNING, B.E.S.: Ann. Rev. Plant Physiol. **23,** 173 (1972).
ROBERTSON, R.N.: Protons, electrons, phosphorylation and active transport. Cambridge: University Press 1968.

SCHNEPF, E.: Protoplasma **58,** 137 (1964 a).
SCHNEPF, E.: Planta **60,** 473 (1964 b).
SCHNEPF, E.: Organellen-Reduplikation und Zellkompartimentierung. In: Probleme der biologischen Reduplikation. P. Sitte (Ed.), 3. wiss. Konf. Ges. Deut. Naturforsch. u. Ärzte. Berlin–Heidelberg–New York: Springer 1966.
SCHNEPF, E.: Abh. Deut. Akad. Wiss. Berlin, Kl. Med., p. 39, 1968.
SCHNEPF, E.: Sekretion und Exkretion bei Pflanzen. Protoplasmatologia. Handbuch der Protoplasmaforschung VIII/8. Wien–New York: Springer 1969.
SIEVERS, A.: Funktion des Golgi-Apparates in pflanzlichen und tierischen Zellen. In: Sekretion und Exkretion. K. E. Wohlfahrt-Bottermann, (Ed.). Berlin–Heidelberg–New York: Springer 1965.
THOMSON, W. W., LIU, L. L.: Planta **73,** 201 (1967).
THOMSON, W. W., BERRY, W. L., LIU, L. L.: Proc. Natl. Acad. Sci. US. **63,** 310 (1969).
ZIEGLER, H.: Planta **47,** 447 (1956).
ZIEGLER, H.: Ber. Deut. Botan. Ges., Vortr. a. d. Gesamtgebiet der Botanik. N. F. **2,** 5 (1968).
ZIEGLER, H., LÜTTGE, U.: Planta **74,** 1 (1967).

6. Kapitel. Metabolische Regulation von Transportprozessen

In diesem Kapitel sollen uns vor allem die Energiequellen des aktiven Transportes interessieren. Grundsätzlich kann jede exergonische Reaktion des Stoffwechsels zum Antrieb von aktivem Transport dienen, wenn bei der betreffenden Reaktion frei werdende Energie in irgendeiner Weise mit einem aktiven Transportmechanismus gekoppelt ist. Dieser Gesichtspunkt ist bisher wohl in der Transportforschung nicht genügend berücksichtigt worden. Die überwiegende Zahl der Untersuchungen über die energetische Koppelung des aktiven Transportes bei Pflanzen beschäftigt sich mit der Respiration und der Photosynthese als Energieliefernden Prozessen. Dabei werden einerseits das in der oxidativen Phosphorylierung und in der Photophosphorylierung gebildete ATP, andererseits die durch den Elektronentransport in den Cristae-Membranen der Mitochondrien und in den Thylakoid-Membranen der Chloroplasten entstehenden Redox-Gradienten als mögliche Energiequellen des aktiven Transportes diskutiert. Probleme ergeben sich aber nicht nur durch die Frage nach der Art der Energie-liefernden Prozesse, sondern auch durch die Frage nach der Natur der Koppelung zwischen den Energie-liefernden Prozessen und den Transportmechanismen.
Metabolische Kontrolle der Transportprozesse erfolgt aber nicht allein über ihren Energiebedarf. Die Untersuchung von Wechselwirkungen zwischen pflanzlichen Hormonen oder Wuchsstoffen und Transport-

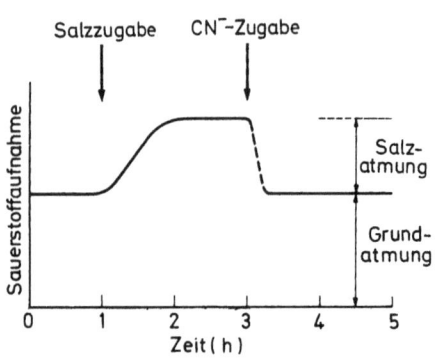

Abb. 6.1. Salzatmung. (Aus SUTCLIFFE, 1962)

mechanismen ist in den letzten Jahren zu einem bedeutenden Arbeitsfeld der Pflanzenphysiologie geworden. Es wird in zunehmendem Maße deutlich, daß Membrantransportmechanismen auch einer hormonellen Regulation unterliegen.

6.1 Die Respiration als Energielieferant für aktiven Transport

6.1.1 Die direkte Koppelung des aktiven Anionentransportes mit der Elektronenübertragung entlang der Atmungskette

6.1.1.1 Die Salzatmung und die Lundegårdh-Hypothese

Die erste bis in Detail ausgearbeitete Vorstellung über die Koppelung von Energie-liefernden Prozessen mit aktivem Transport war die zunächst 1933 von LUNDEGÅRDH und BURSTRÖM (LUNDEGÅRDH und BURSTRÖM, 1933, 1935) formulierte und dann in zahlreichen Arbeiten durch LUNDEGÅRDH weiter entwickelte Hypothese der unmittelbaren Abhängigkeit der aktiven Ionenaufnahme von der Elektronenübertragung entlang der Atmungskette. Die experimentelle Grundlage für diese Hypothese war der Befund, daß sich die Atmung von Pflanzengewebe steigert, wenn das Gewebe in eine Salzlösung eingebracht wird, aus der es Ionen aufnehmen und in den Zellvacuolen akkumulieren kann (Abb. 6.1).

Man nennt diese Erscheinung die Anionen- oder Salzatmung und definiert sie als die bei Gegenwart von Ionen im Außenmedium zusätzlich zur sogenannten Grundatmung beobachtete O_2-Aufnahme. Die Experimente deuten oft auf einen stöchiometrischen Zusammenhang zwischen der Zahl der transportierten Anionenäquivalente und der Salzatmung hin. Allerdings hat sich dieser stöchiometrische Zusammenhang nicht in allen Untersuchungen bestätigen lassen. Pro aufgenommenes O_2-Molekül können 4 Elektronen entlang der Atmungskette übertragen werden. Deshalb sollten nach der Lundegårdh-Hypothese pro Mol O_2 maximal 4 Anionenäquivalente aktiv aufgenommen werden können. Man hat aber auch beträchtlich höhere Werte gefunden, und bei manchen Pflanzengeweben läßt sich bei der Salzaufnahme überhaupt keine Salzatmung beobachten. Immerhin besteht aber bei vielen Pflanzengeweben eine klare Korrelation zwischen Salzatmung und Ionenaufnahme.

Die Koppelung der Anionenaufnahme mit dem Elektronentransport entlang einer Cytochromkette ist in Abb. 6.2 schematisch dargestellt. Jedes Cytochrommolekül vermag im oxidierten Zustand ein Anionen-

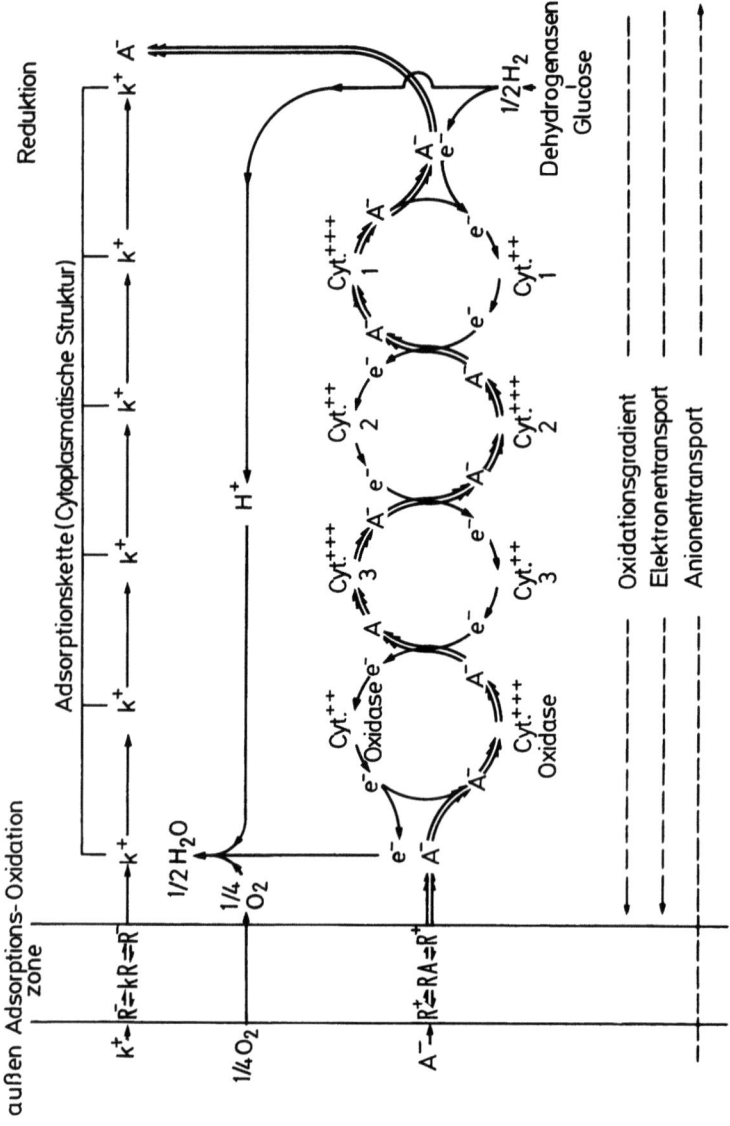

Abb. 6.2. Zusammenhang zwischen dem Elektronentransport entlang der Cytochromkette und der Anionen- und Kationenaufnahme nach LUNDEGÅRDH (1950) aus LÜTTGE (1969). K^+ = Kation, A^- = Anion, R^- und R^+ = Kationen- bzw. Anionenträger; e^- = Elektron, Cyt. = Cytochrom. In der Cytochromkette bedeuten *einfache Pfeile* = Anionen-, *doppelte Pfeile* = Elektronentransport

äquivalent mehr zu binden als im reduzierten Zustand. Auf diese Weise können die Ionen in der dem Strom der Elektronen entgegengesetzten Richtung entlang der „Elektronenleiter" wandern.
Als LUNDEGÅRDH seine Hypothese entwarf, war noch nicht bekannt, daß die Cytochrome in den Cristae-Membranen der Mitochondrien gebunden sind, und daß die Atmungskette dort streng lokalisiert ist. LUNDEGÅRDH hat zunächst angenommen, daß die Cytochrome entsprechend unseres Schemas (Abb. 6.2) polar im Plasma angeordnet sein müssen, um den Ionentransport von außen nach innen zu ermöglichen. Später hat LUNDEGÅRDH seine Hypothese den modernen cytologischen Erkenntnissen anzupassen versucht. Er hat positiv und negativ geladene Carrier postuliert, die zunächst die Einschleusung der Anionen und Kationen durch die Plasmalemmamembran vermitteln sollten. Der positiv geladene Anionencarrier soll die Anionen direkt an das Cytochromsystem abgeben. Die Kationen sollen entlang des durch den Anionentransport geschaffenen Gradienten an Trägern und Adsorptionsketten im Plasma passiv wandern, wobei die Stoffwechselaktivität aber zur Aufrechterhaltung der betreffenden Adsorptionsstrukturen erforderlich ist (Abb. 6.2).
Auch in dieser Form ist die Hypothese cytologisch nicht sehr anschaulich. Sie sieht nicht nur das Plasmalemma sondern auch das Plasma selbst oder doch wenigstens einen Teil davon als Barrieren-Phase an, durch die hindurch die Akkumulation der Ionen erfolgt. Um seine Hypothese mit dem modernen Wissen über die Zellkompartimentierung weiter in Einklang zu bringen, hat LUNDEGÅRDH die aktive Ionenaufnahme dann als statistisches Ergebnis der Bewegung von die Elektronenleitern tragenden Teilchen in einem Redoxgradienten angesehen. Dem liegt eine Vorstellung zugrunde, nach der die Mitochondrien gewissermaßen als Vehikel für den Ionentransport dienen (LUNDEGÅRDH, 1950, 1955, 1958 a, b, c).

6.1.1.2 Modell einer Redoxpumpe nach ROBERTSON und CONWAY

Die Basis für die Hypothese der direkten energetischen Koppelung zwischen Ionentransport und Elektronenübertragung entlang der Cytochromkette wurde von ROBERTSON und seinen Mitarbeitern durch eine detaillierte experimentelle Charakterisierung des Phänomens der Salzatmung gefestigt (ROBERTSON, 1960, 1968). Das von dieser Schule entwickelte Modell ist einfacher als die eigentliche Lundegårdh-Hypothese, obwohl es ihr im Prinzip entspricht. Ein in der Membran lokalisierter Carrier nimmt an der Membraninnenseite Elektronen von den Elektronenüberträgern auf und wird dadurch reduziert. An der Membranaußenseite wird der Träger oxidiert, so daß in der Membran ein Redoxgefälle besteht. Ein ganz ähnliches Modell wurde auch von CONWAY vorgeschlagen (CONWAY, 1955). Das Redox-Trägersystem kann danach Kationen von der Membranseite der Trägeroxidation zur Seite der Trägerreduktion und Anionen in der entgegengesetzten Richtung transportieren.

Die verschiedenen theoretisch gegebenen Möglichkeiten eines solchen Redox-Trägers sind in Abbildung 6.3 schematisch zusammengefaßt. Die Stöchiometrie ergibt sich aus der dem Schema zugrunde gelegten Annahme, daß jedes Trägermolekül 1 Elektron aufnehmen kann. Danach werden durch 1 O_2-Molekül 4 Trägermoleküle oxidiert, die dann 4 Anionenäquivalente transportieren können, usw. Verfolgen wir kurz verschiedene theoretisch mögliche Zyklen dieses Trägersystems:

i) Anionentransport:

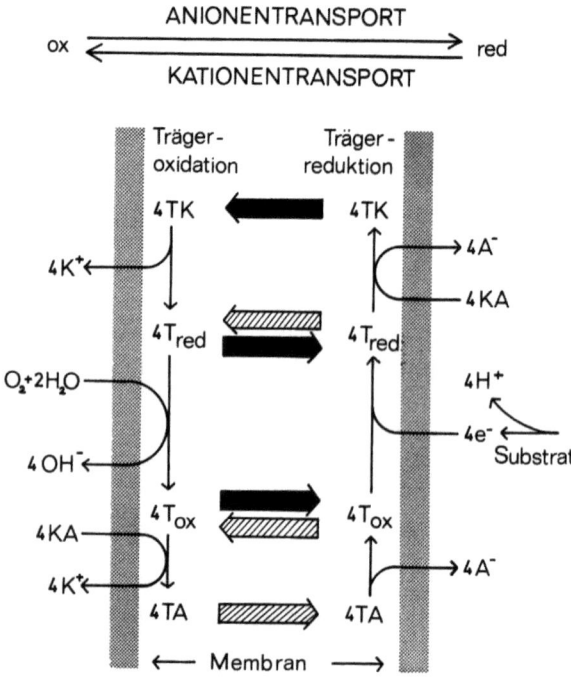

Abb. 6.3. Redoxcarrier-Schema: Redoxpumpe für Kationen und Anionen in Anlehnung an CONWAY (1955) und ROBERTSON (1960, 1968). K^+ = Kationenäquivalent; A^- = Anionenäquivalent; T = Träger; red = reduziert; ox = oxidiert; e^- = Elektron; *dünne Pfeile* = Reaktionen der Träger und Substrate; *dicke Pfeile* = Transport; *schrägschraffiert* = Anionentransport; *schwarz* = Kationentransport

– Anionentransport ohne Redoxreaktionen am Träger:
Der oxidierte Träger T_{ox} nimmt ein Anionenäquivalent auf, die Träger-Anionenverbindung TA wird auf der gegenüberliegenden Membranseite gelöst, der oxidierte Träger diffundiert zurück und kann erneut in den Zyklus eintreten. Dieser Trägermechanismus ist elektrogen, Kationen und Anionen werden auf den beiden Membranseiten getrennt. Es entsteht ein Potentialgefälle, Kationen können entlang dieses Gradienten den Anionen passiv nachfolgen. Energie ist nötig, um den oxidierten Zustand des Trägers aufrechtzuerhalten. Es besteht aber kein unmittelbar zwingender stöchiometrischer Zusammenhang zwischen Respiration und Ionentransport.
– Der Träger arbeitet als Redoxsystem:
4 reduzierte Trägermoleküle werden auf der oxidierenden Membranseite durch ein O_2-Molekül in die oxidierte Form überführt. Nun können 4 Anionenäquivalente gebunden werden. Auf der Membranseite der Trägeroxidation verbleiben 4 OH^--Ionen und 4 Kationenäquivalente. Die Elektroneutralität bleibt gewahrt. Der Träger-Anionenkomplex diffundiert auf die reduzierende Membranseite. Dort werden die 4 Anionen frei, die 4 Trägermoleküle werden durch die Aufnahme von Elektronen von den Elektronenübertragungssystemen reduziert, der reduzierte Träger diffundiert auf die oxidierende Membranseite und tritt erneut in den Zyklus ein. Auf der Membranseite der Trägerreduktion sind 4 Protonen entstanden, die die Ladung der 4 Anionen kompensieren. Es besteht also auch hier Elektroneutralität, aber es ist ein pH-Gradient quer durch die Membran entstanden.
ii) Kationentransport:
Der Kationentransport verläuft in der dem Anionentransport entgegengesetzten Richtung. Erfolgen keine Redoxreaktionen am Träger, ist der Mechanismus elektrogen. Damit Kationentransport ablaufen kann, muß der Träger durch den Stoffwechsel im reduzierten Zustand gehalten werden. Arbeitet der Träger als Redoxsystem, lassen sich die Folgen für die Ionenverteilung an der Membran in ähnlicher Weise diskutieren wie beim Anionentransport.
iii) Gekoppelter Anionen- und Kationentransport:
Dieser kombinierte Mechanismus ist ebenfalls elektrogen. Beginnen wir mit dem oxidierten Träger, der auf der Membranseite der Trägeroxidation 4 Anionen aufnimmt und 4 Kationenäquivalente zurückläßt. Auf der Membranseite der Trägerreduktion werden dann 4 Anionenäquivalente frei. Ferner entstehen durch die Trägerreduktion auf dieser Membranseite 4 Protonen, und wenn der reduzierte Träger nun 4 Kationenäquivalente aufnimmt, bleiben noch 4 Anionenäquivalente zurück. Auf der Membranseite der Trägerreduktion ist die Bilanz also

$4 A^- + 4 H^+ + 4 A^-$. Auf der gegenüberliegenden Membranseite werden die 4 Kationen frei. Zusätzlich entstehen bei der Trägeroxidation $4 OH^-$-Ionen, die mit den bereits beim Anionentransport zurückgebliebenen 4 Kationenäquivalenten eine Bilanz von $4 K^+ + 4 OH^- + 4 K^+$ ergeben. An der Membran entsteht also ein pH-Gradient und ein elektrischer Gradient.

6.1.1.3 Mögliche Koppelungsmechanismen zwischen respiratorischem Elektronenfluß und Membrantransportprozessen

Einige Einwände gegen die Hypothese der direkten Koppelung von Ionentransporten mit der Elektronenübertragung haben wir oben schon kennengelernt (6.1.1.1). Die stöchiometrischen Bedingungen für den Zusammenhang zwischen Salzatmung und Ionentransport waren u.a. bei Experimenten von SUTCLIFFE und Mitarbeitern (SUTCLIFFE, 1962; SUTCLIFFE und HACKETT, 1957) nicht erfüllt. Das Modell kann auch die Spezifität der Ionenaufnahme nicht hinreichend erklären. Wir wissen aus Kapitel 4.1.2 und Tabelle 4.1., daß man eine ganze Anzahl spezifischer Ionentransportmechanismen unterscheiden muß. Durch Redoxvorgänge allein kann diese Spezifität nicht zustande kommen, man muß zusätzlich annehmen, daß die Redoxreaktionen mit spezifischen Trägern verknüpft sind.

Die größten Schwierigkeiten für das Verständnis der Koppelung von Elektronenfluß und Membrantransport ergeben sich aber aus cytomorphologischen Erwägungen. Wie kann der Elektronentransport in den Cristae-Membranen der Mitochondrien mit dem Ionentransport durch räumlich entfernt gelegene Membranen gekoppelt sein? Diese prinzipielle Frage ergibt sich auch bei der Diskussion der Koppelung des Elektronenflusses der Photosynthese mit Ionentransporten, und wir werden dabei noch einmal ausführlich auf sie zurückkommen (Kapitel 6.2.4).

Durch die Mitchell-Hypothese der Ladungstrennung an Cristae- und Thylakoid-Membranen ergeben sich Aspekte, die die alte Lundegårdh-Hypothese in einem neuen Licht erscheinen lassen. Der Elektronenfluß in den Cristae-Membranen führt zu Ionenverschiebungen quer durch diese Membranen (Kapitel 5.2.2, Abb. 5.4). Dadurch werden Ionenungleichgewichte in der Zelle geschaffen, die sich auch auf den Ionentransport am Plasmalemma und am Tonoplasten auswirken müssen. Man könnte einen solchen Zusammenhang einen physikalischen Koppelungsmodus nennen (s. Kapitel 6.2.4).

Ein biochemischer Koppelungsmodus bestünde demgegenüber darin, daß Energie (z.B. Reduktionsäquivalente) enthaltende Metaboliten von

den Mitochondrien zu den Orten der Ionenaufnahme transportiert werden und dort die Energie für den Membrantransport bereitstellen.
KABACK und Mitarbeiter (BARNES und KABACK, 1970; KABACK und MILNER, 1970) haben an Membranpräparaten *(ghosts)* von *Escherichia coli* gezeigt, daß Produkte des Intermediärstoffwechsels prinzipiell eine solche Rolle übernehmen können. Die durch die isolierten Membranen katalysierte Oxidation von D-(−)-Lactat zu Pyruvat ist Voraussetzung für den Aminosäuretransport durch diese Membranen. Mit Hilfe eines ganz ähnlichen Mechanismus' werden auch ungeladene Teilchen, nämlich β-Galaktoside durch die *E. coli*-Membranen transportiert. Dabei sind keine Phosphorylierungen erforderlich; ATP und andere energiereiche Phosphatverbindungen haben keine Wirkung auf den Aminosäure- und β-Galaktosidtransport. Man muß vielmehr annehmen, daß Redoxreaktionen in den Membranen den beobachteten Transport durch die Membranen vermitteln. Die Oxidation von Lactat durch die Membran-gebundene D-(−)-Lactatdehydrogenase, die mit einem Flavoprotein verbunden sein soll, könnte dabei ein erster Schritt, die Redoxreaktion an einem Carrier ein letzter Schritt in einer in der Membran lokalisierten Elektronentransportkette sein.

6.1.2 ATP als Energielieferant für aktiven Transport

6.1.2.1 ATP als „allgemeine Energiewährung" der Zelle

Das ATP gilt weithin als die allgemeine Energiewährung der Zelle. ATP versorgt eine Vielzahl verschiedener Energie-verbrauchender Prozesse. Das in den Mitochondrien gebildete ATP kann zwar die äußere Mitochondrienhülle nur durch die Vermittlung besonderer Transportmechanismen queren und ähnliches gilt sehr wahrscheinlich auch für den ATP-Transport durch die Chloroplastenhülle (s. Kapitel 6.2.4.1 A.), aber ATP steht trotz dieser Kompartimentierung an allen Bedarfsorten innerhalb der Zelle zur Verfügung. Man hat niemals cytomorphologische Schwierigkeiten in der Erklärung der Koppelung von aktiven Membrantransportprozessen mit ATP-Energie gesehen. Im Gegenteil, gerade der ATP-getriebene aktive Transport läßt sich in Zusammenhang mit der Trägerhypothese besonders zwanglos verstehen (Kapitel 3.2.2.2 BI., Abb. 3.15).
Durch ATP-abhängige Mechanismen kann man auch den aktiven Transport von nicht geladenen Teilchen ohne weiteres erklären. Redoxpumpen im ursprünglichen Sinne von LUNDEGÅRDH, ROBERTSON und CONWAY (Abb. 6.2 und 6.3) können nur den aktiven Transport von

Ionen vermitteln. Nur wenn nicht die Ladungsänderungen des Trägers als solche, sondern eine Aktivierung des Trägers durch sterische Veränderungen oder dergleichen (vgl. Kapitel 3.2.2.2 B I., Abb. 3.16) der entscheidende Effekt der Redoxreaktionen am Träger sind, läßt sich auch der aktive Transport von Nichtelektrolyten durch ATP-unabhängige Elektronenübertragungen erklären (z. B. β-Galaktosidtransport bei *E. coli* nach KABACK und Mitarbeiter, s. Kapitel 6.1.1.3).

6.1.2.2 Hemmstoffversuche

Wie bereits im Kapitel 2.3.3 diskutiert wurde, spielt die Benutzung von Stoffwechselinhibitoren eine große Rolle bei der Charakterisierung des aktiven oder „metabolischen" Transportes in biologischen Systemen. Wir unterscheiden Hemmstoffe des Elektronentransportes, wie z. B. für den Elektronenfluß bei der Respiration u. a. das Cyanid (CN^-) und das Azid (N_3^-) und bei der Photosynthese den Dichlorphenyldimethylharnstoff (DCMU), und sogenannte Entkoppler, wie z. B. u. a. das 2,4-Dinitrophenol oder die Derivate des Carbonylcyanidphenylhydrazons. Die Entkoppler hemmen die mit dem Elektronentransport in den Cristae- und Thylakoid-Membranen gekoppelte Bildung von ATP oder eines energiereichen phosphorylierten Zwischenproduktes ($\sim P$) auf dem Wege zum ATP, ohne daß der Elektronentransport selber beeinträchtigt ist. Der Elektronenfluß wird im Gegenteil durch die Entkoppler meist erhöht.

Die Verwendung der Hemmstoffe führt aber meistens leider nicht zu unmittelbar klaren Ergebnissen. Ganz abgesehen davon, daß man ihre Wirkung im Zellstoffwechsel oft nicht mit der gewünschten Genauigkeit kennt und sie neben den wichtigen Primärprozessen des Elektronenflusses bzw. der ATP-Bildung in intakten Zellen auch noch weniger spezifisch zahlreiche sekundären Vorgänge beeinflussen, erhält man oft widersprüchliche Resultate.

Cyanid hemmt zum Beispiel die Ionenaufnahme und die Salzatmung von Pflanzenzellen. Man hat dies als einen Beweis der Lundegårdhschen Hypothese angesehen. Der Ionentransport wird aber auch durch Entkoppler gehemmt, was wiederum für eine Beteiligung von ATP oder energiereichem Phosphat ($\sim P$) spricht. Auch Arsenat, das Phosphat bei Phosphorylierungsreaktionen verdrängen kann (kompetitive Hemmung), hemmt die Ionenaufnahme. Die verringerte Bildung von energiereichen Phosphatverbindungen und die Hemmung der Cl^-, SO_4^{--} und PO_4^{---}-Aufnahme durch Arsenat sind bei Maiswurzelgewebe streng korreliert, während der O_2-Verbrauch (Elektronenfluß) durch Arsenat erhöht wird. Dies sind wichtige Indizien für die Abhängigkeit der

genannten Ionentransportprozesse von energiereichem Phosphat (WEIGL, 1964).
Auch Kombinationen verschiedener Hemmstoffe werden benutzt, um zu zeigen, daß ATP die Energiequelle für den Ionentransport bei Wurzeln ist. Unter anaeroben Bedingungen kann bei Zugabe des künstlichen Elektronenakzeptors Ferricyanid eine gewisse Energie-abhängige Cl^--Aufnahme in Maiswurzeln aufrechterhalten werden. Die Atmungskette ist dabei stark verkürzt, aber es wird ATP gebildet. Entkoppler und Arsenat hemmen den Ferricyanid-induzierten Cl-Transport (BUDD und LATIES, 1964). Diese Versuche deuten darauf hin, daß es für das Funktionieren der aktiven Cl^--Aufnahme durch Wurzelgewebe mehr auf die ATP-Bildung ankommt, als auf den Elektronenfluß entlang der vollständigen Atmungskette.
Andererseits fanden GINSBURG und GINZBURG (1970) aber, daß Cyanid die Cl^--Aufnahme in Maiswurzeln hemmt, wogegen der Entkoppler Dinitrophenol (DNP) den Cl^--Influx verdreifacht. Daraus müßte man schließen, daß die Cl^--Aufnahme ATP-unabhängig und direkter mit dem Elektronenfluß gekoppelt ist. Diese Diskrepanz erklärt sich vielleicht dadurch, daß BUDD und LATIES und GINSBURG und GINZBURG verschiedene Cl^--Fluxe in der Maiswurzel betrachtet haben (s. Kapitel 6.1.3, und Tabelle 6.1.).

6.1.2.3 Die Salzatmung und ATP-getriebener Ionentransport

Das Phänomen der Salzatmung war lange die wichtigste Stütze für die Hypothese der direkten Koppelung zwischen Ionentransport und Elektronenübertragungen. Es stellt sich die Frage: Wie führt die Nutzung der Atmungsenergie (als *source*) durch den Ionentransport (als *sink*) zu einer Steigerung des O_2-Verbrauches des Gewebes? Kann man diese Frage auch anders als durch die Hypothese von der direkten Koppelung von Elektronentransport und Ionentransport beantworten? Es ist denkbar, daß der respiratorische Elektronenfluß durch den Verbrauch von ATP oder eines bei der oxidativen Phosphorylierung vor dem ATP entstehenden energiereichen Zwischenproduktes ($\sim$ P) limitiert wird. Ein erhöhter ATP- oder $\sim$ P-Verbrauch durch die Zugabe von Salz und den damit einsetzenden Ionentransport könnte dann den Elektronenfluß und damit den O_2-Verbrauch dadurch erhöhen, daß in gesteigertem Maße Akzeptoren (etwa ADP) für die Bildung energiereichen Phosphates in der mit dem Elektronenfluß gekoppelten oxidativen Phosphorylierung frei werden.
Eine Antwort auf diese Frage können vielleicht folgende mit Karottengewebescheiben durchgeführten Versuche geben (LÜTTGE et al., 1971 a).

Entkoppelt man Elektronenfluß und Phosphorylierung in Karottengewebe mit Cl-CCP (m-Chloro-carbonylcyanid-phenylhydrazon), so wird das Maximum der O_2-Aufnahme bei 10^{-6} M Cl-CCP erreicht. Die maximale Salzatmung ist bei 60–80 mM KCl zu beobachten (Abb. 6.4). Gibt man nun das Salz (60–80 mM KCl) dem Gewebe zu, wenn es bereits durch 10^{-6} M Cl-CCP maximal entkoppelt ist, so läßt sich durch die Salzzugabe keine weitere Atmungssteigerung über das bereits durch die Entkopplung erreichte Maß hinaus beobachten. Die O_2-Aufnahme in 10^{-6} M Cl-CCP und in 10^{-6} M Cl-CCP + 60–80 mM KCl ist beträchtlich niedriger als die O_2-Aufnahme in 80 mM KCl ohne Entkoppler. Bei einem etwas anders entworfenen Versuch wurde zunächst die maximale Salzatmung in 60 mM Salz gemessen und anschließend 10^{-6} M Cl-CCP zugegeben. In diesem Falle rief der Entkoppler noch eine Steigerung der Atmungsrate hervor.

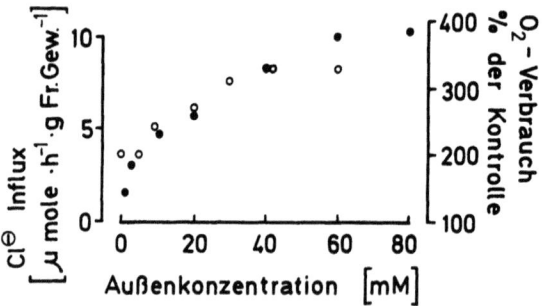

Abb. 6.4. Salzatmungsisotherme (○) und Cl-Influx-Isotherme (●) von Karottengewebe. Nach den Daten von Abb. 3 und 4 in LÜTTGE et al. (1971a)

Man kann aus diesen Ergebnissen zunächst schließen, daß weder in 10^{-6} M Cl-CCP allein noch in 60–80 mM Salz allein eine durch die Struktur des Atmungssystems selbst begrenzte Rate des respiratorischen Elektronenflusses erreicht ist, die gewissermaßen eine absolute obere Grenze darstellen würde, wie sie etwa durch die Menge der Atmungseinheiten und durch den Bau der Cristae-Membranen gegeben sein könnte. Dies ist eine Voraussetzung für die zweite in unserem Zusammenhang entscheidende Schlußfolgerung: Obwohl prinzipiell die Elektronenübertragung noch rascher erfolgen und noch mehr O_2 aufgenommen werden könnte, steigert Salz die Atmung im Zustand der Entkopplung von Elektronenfluß und Phosphorylierung nicht mehr. Daraus ergibt sich aber, daß Salz auf die Atmung durch erhöhten Verbrauch von ATP oder $\sim$ P wirkt und nicht durch direkte Koppelung des Ionentransportes mit dem Elektronenfluß, denn der Entkoppler

blockiert nur die Phosphorylierung aber nicht die Elektronenübertragung.
Dem erhöhten Elektronenfluß bei der Salzatmung muß ein gesteigerter Substratverbrauch entsprechen. PITMAN et al. (1971) haben die Ionen- und die Zuckeraufnahme durch Gerstewurzeln untersucht und mit dem Ionen- und Zuckergehalt der Zellen in Beziehung gebracht. Niedrigem Salzgehalt entspricht hoher Zuckergehalt des Wurzelgewebes und umgekehrt. Salz in der Außenlösung hemmt die Zuckeraufnahme (Glucose, Fruktose), und zwar vermutlich durch Hemmung des Zuckertransportes in die Wurzeln am Tonoplasten. Durch die Zuckerdiffusion aus der Vacuole in das Cytoplasma steigt dabei der cytoplasmatische Zuckerspiegel vorübergehend an; d.h. nach Einbringen von Gewebe niedrigen Salzgehaltes in eine Salzlösung wird die Respiration gesteigert (Salzatmung). Erst mit dem Verbrauch des gespeicherten Zuckers sinken Respiration und Ionenaufnahme wegen der Substratverarmung der Zellen.

6.1.3 Antrieb verschiedener aktiver Ionenflüsse in komplexen Systemen durch verschiedene Energiequellen

Die im letzten Abschnitt dargestellten Versuche zeigen zusammenfassend, daß sich ganz allgemein das Phänomen der Salzatmung durchaus mit dem Modell eines ATP-getriebenen Mechanismus' des Ionentransportes vereinbaren läßt, und daß man darüber hinaus im geschilderten Falle mit Hilfe der Salzatmung sogar direkt zeigen kann, daß energiereiches Phosphat einen Ionenaufnahmeprozeß mit Energie versorgt.
Nun gilt aber auf keinen Fall die Verallgemeinerung für den Ionentransport generell. Man muß bei der Interpretation solcher Versuche auch die Kompartimentierung der Zelle berücksichtigen. Im Idealfall wäre es wünschenswert, jeden der in einem solchen komplexen System möglichen Transportprozesse für sich allein zu variieren und seinen Einfluß auf die Salzatmung festzustellen. Dies ist jedoch aus prinzipellen Gründen unmöglich. Bei der Diskussion der verschiedenen Transportmodelle der Pflanzenzelle haben wir ja gesehen, daß alle Fluxe gegenseitig voneinander abhängen (Kapitel 4.2.3). Man kann aber durch die Versuchsmaßnahmen bewirken, daß sich ein bestimmter Flux sehr stark ändert, und daß die anderen Fluxe gleichzeitig nur geringfügig variieren.
Bei den oben geschilderten Karottenversuchen (Kapitel 6.1.2.3) besteht guter Grund für die Annahme, daß vor allem der aktive Ioneninflux in die Vacuole am Tonoplasten durch die Zugabe von 60–80 mM KCl beeinflußt wird. In Kapitel 4.2.1 wurde bereits ausführlich dargelegt,

daß sich gerade dieser Flux besonders stark ändert, wenn im Bereich hoher Salzkonzentrationen (> 1 mM) die Außenkonzentration variiert wird. Die Salzatmungsisotherme und die Ionenaufnahmeisotherme von Karottengewebe entsprechen sich im Konzentrationsbereich von 1–80 mM recht genau (Abb. 6.4). Im niedrigen Konzentrationsbereich (0–0,5 mM), wo der Tonoplasteninflux nicht der für die gesamte Ionenaufnahme entscheidende Faktor ist, läßt sich oft überhaupt keine Salzatmung beobachten. Bei dem Flux, den wir im Abschnitt 6.1.2.3 als ATP- oder $\sim$ P-abhängig charakterisieren konnten, muß es sich also um den Influx am Tonoplasten handeln. Den Antrieb für andere Energieabhängige Fluxe in Karottenzellen muß nicht unbedingt dieselbe Energiequelle liefern.

Eine Verallgemeinerung für andere Gewebe aber auch für andere Ionenarten ist erst recht nicht ohne weiteres möglich. ATKINSON und POLYA (1968) sind anders als LÜTTGE et al. zu der Ansicht gelangt, daß bei Karotten-Zentralzylindergewebe die Anionen- und Kationenaufnahme aus einer 40 mM KCl-Lösung nicht ATP- oder $\sim$ P-getrieben sondern enger mit dem Elektronentransport gekoppelt sei. Die Ionenaufnahme wurde hier in zahlreichen Versuchen durch Anaerobiose und Entkoppler gehemmt. Die Hemmung der Ionenaufnahme durch Anaerobiose setzte sehr rasch ein, während der ATP-Spiegel im Gewebe etwas langsamer absank. Umgekehrt konnte durch Ethionin der ATP-Spiegel in den Zellen sehr drastisch erniedrigt werden, ohne daß die Ionenaufnahme besonders beeinträchtigt wurde. Unter den Versuchsbedingungen von ATKINSON und POLYA scheint also der Elektronenfluß entlang der Atmungskette mit O_2 als Endoxidationsmittel der wichtigste Energielieferant für die Ionenaufnahme zu sein. Die fehlende Korrelation der Ionenaufnahme mit dem ATP-Spiegel ist allerdings kein zwingender Beweis für die Unabhängigkeit der Ionenaufnahme von ATP. Wegen der ATP-Kompartimentierung wäre es notwendig, den *Turnover* des cytoplasmatischen ATP-Pools zu kennen, der die Ionenaufnahmemechanismen am Plasmalemma und am Tonoplasten mit Energie versorgen könnte.

In einer anderen Versuchsserie mit Rübengewebe sank der ATP-Spiegel in den ersten $2\frac{1}{2}$ Stunden nach Übergang zu Anaerobiose fast gar nicht, während die Ionenaufnahme aus 0,5 mM KCl- oder NaCl-Lösungen drastisch gehemmt wurde (POLYA und ATKINSON, 1969). Auch hier hatte die Senkung des ATP-Gehaltes mit Ethionin kaum einen Einfluß auf die Ionenaufnahme. Da es sich hierbei um die Ionenaufnahme aus einer niedrigen Außenkonzentration handelt, wird man nach der Diskussion in Kapitel 4.2.1 mit einiger Wahrscheinlichkeit annehmen dürfen, daß bei den Zellen roter Rüben der Influx am Plasmalemma nicht durch ATP oder ~ P, sondern unmittelbar durch den Elektronenfluß angetrieben wird.

Dasselbe gilt nach CRAM (1969) für den Plasmalemmainflux bei Karottengewebe. CRAM hat die Wirkung verschiedener Inhibitoren auf den Cl^--Influx am Plasmalemma und den Cl^--Influx am Tonoplasten untersucht. Der Plasmalemmainflux bleibt durch den Entkoppler Cl-CCP und durch Oligomycin unbeeinflußt. Beide Hemmstoffe entkoppeln Elektronenfluß und ATP-Bildung, Cl-CCP wohl durch Entladung des vor dem ATP entstehenden energiereichen Zwischenproduktes, Oligomycin durch Verhinderung der Bildung des energiereichen Zwischenproduktes. Der Elektronenfluß wird bei den intakten Karottenzellen auch durch Oligomycin nicht beeinträchtigt. Anaerobiose (reine Stickstoffatmosphäre) hemmt den Plasmalemmainflux. Es können also nur die Redoxreaktionen der Atmungskette für den Antrieb des Cl^--Ionen-Influxes am Plasmalemma der Karottenzellen verantwortlich sein. Der Influx am Tonoplasten der Karottenzellen wird durch Anaerobiose, Cl-CCP und Oligomycin gehemmt. Dies bestätigt die oben schon dargelegte Schlußfolgerung, daß dieser Flux sehr wahrscheinlich durch ATP oder das energiereiche phosphorylierte Zwischenprodukt ($\sim$ P) mit Energie versorgt wird.

Als wichtigstes Ergebnis dieser Diskussion müssen wir festhalten, daß in nicht-grünen Zellen der Antrieb verschiedener Ionenfluxe durch verschiedene Energiequellen gewährleistet sein kann (Tabelle 6.1.). Im

Tabelle 6.1. Verschiedene Energiequellen für verschiedene Ionenfluxe bei Speichergeweben

Ionenflux	Energiequelle	Autoren
Cl^--Aufnahme am Plasmalemma der Zellen von Karottengewebe	e^--Fluß	CRAM (1969)
Anionen- und Kationenaufnahme aus 0.5 mM Lösungen durch Rübenparenchym	e^--Fluß	POLYA und ATKINSON (1969)
Cl^--Aufnahme am Tonoplasten der Zellen von Karottengewebe	$\sim$ P	CRAM (1969)
Na^+, K^+-Aufnahme am Tonoplasten der Zellen von Karottengewebe	ATP oder $\sim$ P	LÜTTGE et. al. (1971a)
Anionen- und Kationenaufnahme aus 40 mM Lösungen durch Zellen von Karotten – Zentralzylindern	e^--Fluß	ATKINSON und POLYA (1968)

folgenden werden wir sehen, daß dies auch für die energetische Koppelung der Photosynthese-abhängigen Ionenaufnahme bei grünen Zellen gilt.

6.2 Die Ausnutzung von Lichtenergie durch den Transport

Licht kann auf den Membrantransport auf verschiedene Weise einwirken:
i) indem es die Membran direkt beeinflußt, z.B. durch unmittelbare Veränderung der Membranpermeabilitäten oder durch Wechselwirkung mit hormonalen Regulationssystemen,
ii) indem es als Energiequelle für den aktiven Transport dient.

6.2.1 Beeinflussung vom Membrantransportprozessen durch direkte Lichtwirkung auf die Membran

6.2.1.1 Photoelektrische Effekte

1937–38 haben L. und M. BRAUNER durch Belichtung hervorgerufene Veränderungen der elektrischen Eigenschaften von Pergamentpapiermodellmembranen beschrieben. Auch die Ergebnisse einer ganzen Reihe von physiologischen Transportuntersuchungen legen die Annahme nahe, daß Licht Membranpermeabilitäten direkt beeinflussen könne.
Am deutlichsten manifestiert sich die Wirkung des Lichtes auf die Membraneigenschaften, wenn plötzliche Belichtung oder plötzliches Verdunkeln das Membranpotential aus der Ruhelage (Ruhepotential) bewegen. Man kennt solche durch Licht ausgelöste transitorische Potentialänderungen pflanzlicher Membranen, wobei die Lichtwirkung unterschiedliche Mechanismen haben kann. Ein bei grünen Zellen weit verbreiteter photoelektrischer Effekt, dessen Dauer in der Größenordnung von einigen Minuten bis etwa einer Stunde liegen kann, beruht auf einer Lichtwirkung über den photosynthetischen Apparat (Kapitel 6.2.4.2 A.). Bei *Acetabularia* wurde daneben ein sehr rascher photoelektrischer Effekt gefunden, dessen Dauer im msec- bis sec-Bereich liegt, und der nicht durch die Lichtabsorption des Chlorophylls bedingt ist (SCHILDE, 1968; Abb. 6.5).
Über die molekularen Mechanismen, durch die das Licht die für den Transport bestimmter Teilchensorten ausschlaggebenden Eigenschaften der Membran verändert, ist im Einzelnen wenig bekannt. Das Licht muß dabei die molekulare Feinstruktur der Membran beeinflussen. Als Modell hierfür kann vielleicht die Photosynthese dienen, wo man den molekularen Mechanismus solcher Veränderungen besonders intensiv

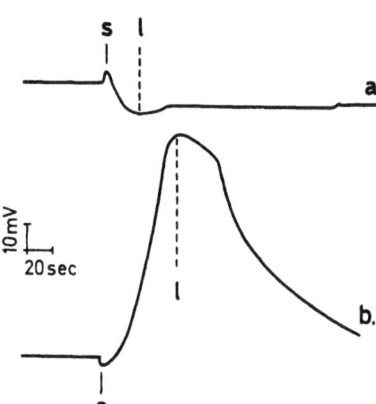

Abb. 6.5. Schneller *s* und langsamer *l* photoelektrischer Effekt beim Belichten a bzw. Verdunkeln b von *Acetabularia*-Zellen aus SCHILDE (1968). Das Aktionsspektrum des langsamen Effektes entspricht dem der Photosynthese

untersucht. Bei den Primärreaktionen der Photosynthese werden in den Thylakoidmembranen durch die absorbierten Lichtquanten Elektronen angeregt und Elektronenübergänge ausgelöst; Redoxreaktionen laufen in der Membran ab, die schließlich zur Nutzung der absorbierten Lichtenergie für die Bildung von ATP und von Reduktionsäquivalenten führen. Eine räumlich streng determinierte Anordnung der Lichtabsorbierenden Pigmentmoleküle – der Chlorophylle einschließlich der Hilfspigmente – und der verschiedenen Redoxsysteme in den Thylakoidmembranen ist die Voraussetzung für die Überführung der Energie der Lichtquanten in andere, für die Zelle nutzbare Energieformen. Mit der Lichtabsorption und der Elektronenanregung und -übertragung in unmittelbarem Zusammenhang stehen Ionenbewegungen quer durch die Thylakoidmembranen. Diese Licht-abhängigen Ionenflüxe unterstreichen den Modellcharakter des Thylakoidsystems für das allgemeinere Problem der Licht-beeinflußten Membranaktivitäten.

6.2.1.2 Lichteinwirkung auf hormonale Regulationssysteme

A. Das Phytochrom. Ein weiteres sehr interessantes Modell für eine molekulare Deutung der direkten Lichteinwirkung auf Membransysteme ergibt sich aus bestimmten Eigenschaften des Phytochromsystems. Das Phytochrom kommt in zwei Konfigurationen als P_{660} und als P_{730} vor. Die P_{660}-Form hat bei einer Wellenlänge von 660 nm (hellrot = HR) ein Lichtabsorptionsmaximum und wird durch die absorbierten Quanten in die P_{730}-Form überführt. Diese hat ihr Absorptionsmaximum bei 730 nm (dunkelrot = DR) und geht durch die Absorption entsprechender Quanten wieder in die P_{660}-Form über. P_{730} ist die aktive Form des Phytochroms, die für die Auslösung einer ganzen Reihe von Reaktionen – sogenannter Photomorphosen – verantwortlich ist (MOHR, 1969):

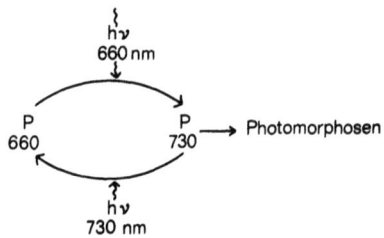

Aus einer Analyse der Phytochrom-gesteuerten Chloroplastenbewegung bei den Zellen der Alge *Mougeotia* wissen wir, daß – wenigstens bei dieser Alge – die Phytochrommoleküle in der Zelle peripher in der Nähe des Plasmalemmas angeordnet sein müssen. Versuche mit polarisiertem Licht von 730 und 660 nm zeigen, daß die P_{730}-Moleküle senkrecht zur Membranoberfläche schwingendes Licht und die P_{660}-Moleküle parallel zur Membranoberfläche schwingendes Licht absorbieren. Die Umlagerung der Moleküle kommt wahrscheinlich durch sterische Veränderungen der an Protein gebundenen Phytochrommoleküle zustande. Es besteht also ein enges Verhältnis zwischen dem Phytochrom und der Plasmalemma-Membran (HAUPT, 1968, 1970; HAUPT et al., 1969). Auch in den Zellen anderer Pflanzen scheint eine periphere Anordnung der Phytochrommoleküle in Plasmalemmanähe gegeben zu sein (MARMÉ und SCHÄFER, 1972).

B. Phytochromsystem – nyktinastische Bewegungen – Ionenfluxe. Das aktive Phytochrom (P_{730}) löst nicht nur Wachstumsreaktionen (formative Reaktionen) sondern auch Bewegungen aus. Mit der Chloroplastenbewegung von *Mougeotia*-Zellen haben wir schon eine Phytochromgesteuerte Bewegungsreaktion kennengelernt. Besonders aufschlußreich sind im Zusammenhang einer Diskussion Licht-abhängiger Membrantransportprozesse rasche pflanzliche Bewegungen, die auf einer Turgorregulation beruhen (Variationsbewegungen). Hierzu gehören die nyktinastischen Blattbewegungen (Schlafbewegungen) bei Leguminosen und die Öffnungs- und Schließungsbewegungen der Stomata.

Besonders intensiv untersucht wird die hormonale Regulation der nyktinastischen Blattbewegungen bei *Mimosa* (FONDEVILLE et al., 1967) und *Albizzia* (Literatur s. unten und bei den Abbildungen). Diese Variationsbewegungen beruhen auf plötzlichen Turgoränderungen der Zellen besonderer Bewegungsgewebe (Pulvini), wobei rasche und drastische Änderungen der Membranpermeabilität eine große Rolle spielen. Der Bewegungsverlauf ist in Abbildung 6.6 dargestellt. Dunkelheit nach Hellrotbestrahlung (Phytochrom aktiv) führt zur Schlafbewegung.

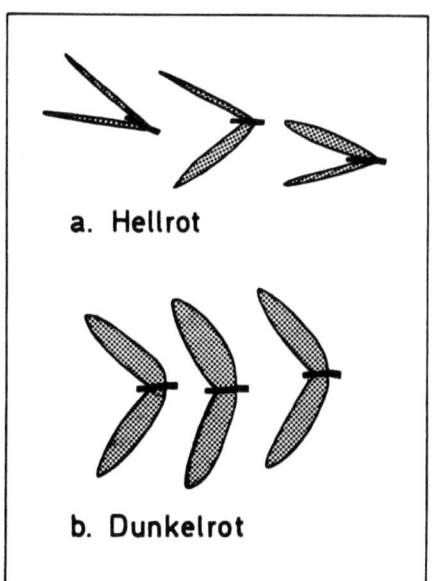

Abb. 6.6. Phytochrom-kontrollierte Fiederblattbewegungen von *Abizzia julibrissin*. Stellungen der Fiederblattpaare 20 min nach einer kurzen Bestrahlung mit hellrotem Licht a bzw. dunkelrotem Licht b bei nachfolgender Dunkelheit. Nach Einwirken hellroten Lichtes liegt das Phytochrom in seiner aktiven Form vor (P_{730}), die Fiederblätter führen eine Schlafbewegung durch. Durch Dunkelrotbestrahlung wird das Phytochrom in die inaktive P_{660}-Form überführt, die Fiederblattpaare bleiben bei nachfolgender Dunkelheit in der geöffneten voll entfalteten Position. (Nach Fig. 23 in HILLMAN und KOUKKARI, 1967, gezeichnet)

Ein wichtiges Kriterium für das Vorliegen eines Phytochrommechanismus' ist die Reversibilität. Das zuletzt eingestrahlte Licht bewirkt, in welcher Konfiguration das Phytochrom vorliegt (s. Schema auf Seite 166) und entscheidet so über die erfolgende Reaktion. Tabelle 6.2. zeigt ein Beispiel. Außerdem ist aus dieser Tabelle zu entnehmen, daß mit einer nyktinastischen Schließbewegung der Blattfiedern ein bestimmter Elektrolytefflux verbunden ist.

Das Bewegungsgewebe von *Albizzia* ist in Abbildung 6.7 dargestellt.

Tabelle 6.2. Schlafbewegungen abgeschnittener Fiederblättchen von *Albizzia julibrissin* (cf. Abb. 6.6) und Elektrolytefflux aus der Schnittfläche der Fiederblattrachis (aus JAFFE und GALSTON, 1967).

Lichtbehandlung	Fiederblattbewegung (Winkelgrade)*	Elektrolytefflux (micromhos)
	Änderung in 30 min	
Dauerweißlicht	+ 3	2.61
Dauerdunkel	−115	4.44
10 min DR gefolgt von Dauerdunkel	− 38	2.85
10 min DR gefolgt von 10 min HR, dann Dauerdunkel	−116	4.86

* positive Zahlen bedeuten Öffnungsbewegung, negative Zahlen Schließbewegung, d. h. Aneinanderlegen der Fiederblättchen (Schlafbewegung); HR = hellrot, DR = dunkelrot

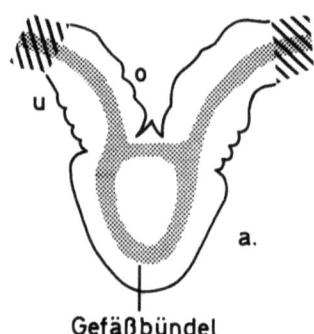

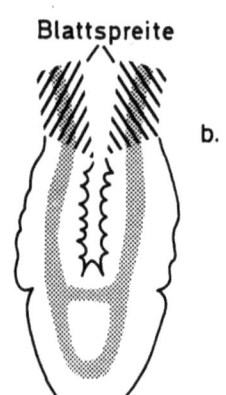

Abb. 6.7. Blattgelenke (Pulvini) von *Albizzia julibrissin*. a Blattfiedern in geöffneter Stellung (Tagstellung). Zellen der Gelenkoberseite (o) turgeszent, Zellen der Gelenkunterseite (u) geschrumpft. b Blattfiedern in geschlossener Stellung (Schlafstellung). o = geschrumpft, u = turgeszent. (Nach SATTER et al., 1970b, 40fache Vergrößerung)

Aus dieser Abbildung wird deutlich, daß die Ober- und die Unterseite des Blattgelenkes auf dieselbe Belichtung verschieden reagieren müssen. Die Oberseite verkürzt sich bei der Schließbewegung, die Unterseite vergrößert sich. Bei der Öffnungsbewegung ist es umgekehrt. Tatsächlich kann man mikroskopisch beobachten, daß jeweils die Zellen der einen Seite turgeszent werden und die der anderen Seite schrumpfen (SATTER et al., 1970a). Mit Hilfe der Röntgenmikrosonde-Technik konnte nachgewiesen werden, daß K^+-Transport innerhalb des Blattgelenks an dieser Turgorregulation wesentlich beteiligt ist. Tabelle 6.3. zeigt den mit der Schließbewegung verbundenen K^+-Transport von der Oberseite des Pulvinus zu seiner Unterseite.

Bei der seismonastischen und nyktinastischen Bewegungsreaktion der Blätter von *Mimosa pudica* spielen kontrahierbare Vacuolen der Pulvini-Zellen eine Rolle. Die Kontraktion der Vacuolen steht bei der Nyktinastie unter Phytochromkontrolle. Bei der Bewegungsstimulierung wandern Ca^{++}-Ionen in die zentrale Zellvacuole und verdrängen K^+-Ionen. Austretendes K^+ wirkt vermutlich als Osmotikum, das Wasser

Tabelle 6.3. K^+-Verschiebung von der Pulvinus-Oberseite zur Pulvinus-Unterseite bei der Schlafbewegung der Fiederblättchen von *Albizzia julibrissin*. Nach SATTER et al. (1970b).

Behandlung	Schließbewegung (Winkelgerade)	K^+-Gehalt, rel. Einheiten		
		Oberseite	Unterseite	Oberseite minus Unterseite
Ausgangsposition: Weißlicht nach 100 min	—	156 ± 29	135 ± 54	$+ 21$
Weißlicht	$0°$	140 ± 31	134 ± 36	$+ 6$
4 min HR – 80 min D	$160°$	104 ± 40	218 ± 48	$- 114$

HR = hellrot, D = dunkel

aus den Zellen des Bewegungsgewebes wahrscheinlich in den Sproß hinein austreten läßt. Dadurch kommt der rasche abaxiale Turgorverlust und damit die Blattbewegung zustande (TORIYAMA und JAFFE, 1972; SETTY und JAFFE, 1972).

C. Phytochrom-abhängige bioelektrische Effekte. Phytochrom-abhängige bioelektrische Effekte deuten auf die Möglichkeit eines unmittelbaren Zusammenhanges zwischen Membrantransport und Phytochromsystem hin. Eine Phytochrom-abhängige bioelektrische Reaktion, nach ihrem Entdecker Tanada-Effekt genannt, erhärtet diese Schlußfolgerung. Die Polarität des elektrischen Feldes an Sekundärwurzel-Spitzen von *Phaseolus aureus* ändert sich bei $P_{660} \leftrightarrow P_{730}$-Übergängen reversibel. Dies äußert sich durch das Anheften bzw. Ablösen der Wurzelspitzen an einer negativ geladenen Glasoberfläche (TANADA, 1968; JAFFE, 1970; YUNGHANS und JAFFE, 1972; RACUSEN und MILLER, 1972) (s. Abb. 6.8).
Eine weitere Stütze der Membrantheorie der Phytochromwirkung war die aufregende Entdeckung, daß Acetylcholin (ACh), der bei tierischen Systemen so wohlbekannte membranaktive Wirkstoff, beim Tanada-Effekt eine Rolle spielt (JAFFE, 1970). Hellrot- bzw. Dunkelrot-Bestrahlung beeinflußt den Acetylcholingehalt des Wurzelgewebes reversibel (Tabelle 6.4.); der endogene ACh-Gehalt steigt, wenn Phytochrom in der aktiven Form vorliegt. Befindet sich exogenes ACh in der Lösung, so erfolgt die Anheftung der Wurzelspitzen an die negativ geladene Glasoberfläche bei Hellrotbestrahlung ganz wie bei den unbehandelten Kontrollen (vgl. Abb. 6.8 und 6.9), exogenes ACh verhindert aber das Ablösen bei Dunkelrot-Bestrahlung. Andererseits kann exogenes ACh

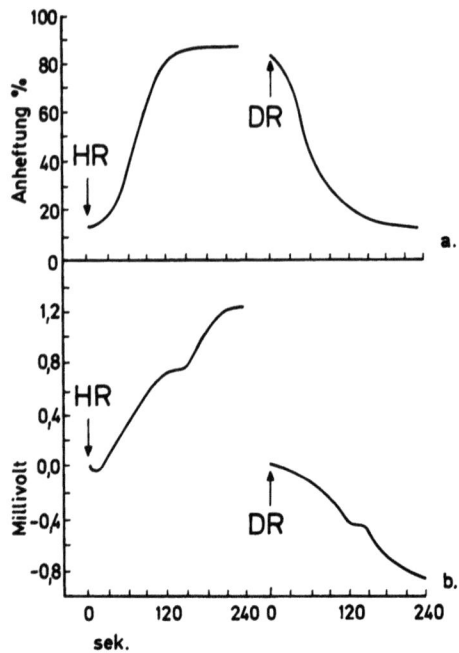

Abb. 6.8. Tanada-Effekt. a Phytochrom-kontrollierte Anheftung von Sekundärwurzelspitzen von *Phaseolus aureus* an eine negativ geladene Glasoberfläche. b Umkehr des elektrischen Feldes an den Wurzelspitzen bei Übergang des Phytochroms vom P_{730} (Hellrot-Bestrahlung) zum P_{660} (Dunkelrotbestrahlung). (Aus JAFFE, 1968)

Tabelle 6.4. Die Wirkung von hellrotem und dunkelrotem Licht auf den Acetylcholingehalt von Wurzelspitzengewebe. Aus JAFFE (1970). Acetylcholin wurde mit Hilfe der Reaktion des Ventrikels der marinen Muschel *Mercenaria* getestet, außerdem erfolgte chromatographische Verifikation.

Belichtung	ng ACh / 60 Wurzelspitzen
4 min D	27.4 ± 9.6
4 min D → 4 min HR	64.9 ± 19.3
4 min D → 4 min HR 4 min DR	13.7 ± 4.4

D = dunkel, HR = hellrot, DR = dunkelrot,

im Dunkeln ohne Hellrot-Bestrahlung eine Anheftung auslösen (Photomimese, Abb. 6.9). JAFFE nimmt an, daß P_{730} bzw. P_{660} die Bildung bzw. den Verbrauch von Acetylcholin kontrollieren, das seinerseits auf die Membranpermeabilität wirkt. Acetylcholinesterase, ein ACh spaltendes Enzym, und Atropin, ein kompetitiver Inhibitor, hemmen den Tanada-Effekt.

Es ist allerdings auch anzumerken, daß Acetylcholin nicht generell bei Phytochromreaktionen eine Rolle spielt (KASEMIR und MOHR, 1972; SATTER et al., 1972).

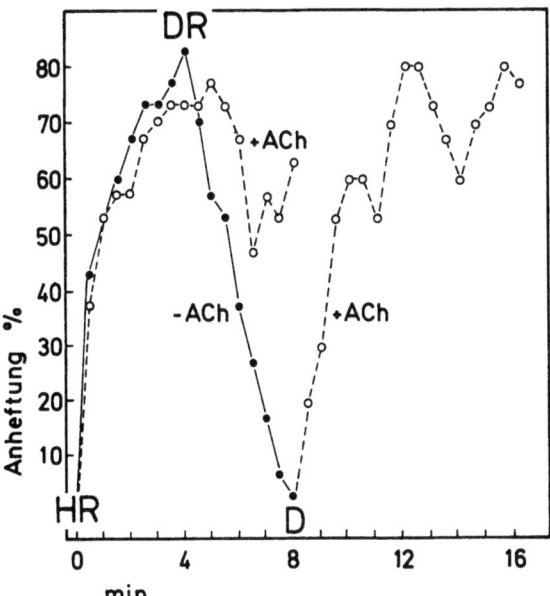

Abb. 6.9. Photomimetische Wirkung des Acetylcholins. ●——● Tanada-Effekt: Anheftung der Sekundärwurzelspitzen an eine negativ geladene Glasoberfläche (s. auch Abb. 6.8). Acetylcholin (5 mM löst wie Hellrotbestrahlung eine Anheftung aus ○- - - -○, rechte Kurve). In Gegenwart von Acetylcholin verläuft das Anheften nach HR wie in Abwesenheit von Acetylcholin, aber die Ablösung bei Dunkelrotbestrahlung bleibt weitgehend aus. (○- - - -○, linke Kurve). HR = hellrot, DR = dunkelrot, D = dunkel, ACh = Acetylcholin. (Aus JAFFE, 1970)

D. Die Beeinflussung von Membrantransportmechanismen als primäre Phytochromwirkung?

Die erwähnten Bewegungsabläufe erfolgen bei der geeigneten Veränderung der Belichtung sehr rasch. Es handelt sich oft um ausgesprochene Alles-oder-Nichts-Reaktionen. Das Phytochromsystem funktioniert hier also als typischer Auslösemechanismus. Das Licht wirkt dabei auf den Membrantransport jedenfalls nicht durch Beeinflussung der Energieversorgung aktiven Transportes. Wenn Phytochrommoleküle mit Membranen assoziiert sind, ist eine direkte Beeinflussung der Membranpermeabilität durch vom Phytochrom absorbierte Lichtquanten denkbar. Andererseits könnte das Phytochrom eine Änderung der Membraneigenschaften auch bewirken auf dem Umweg über eine Phytochrom-gesteuerte Transkription genetischer Information und über Phytochrom-abhängige Enzymsysteme, die für den Aufbau und die Erhaltung der Membranstrukturen verantwortlich sind.

Als Argument zugunsten der ersten Möglichkeit wird vielfach die Plötzlichkeit der betreffenden Phytochrom-gesteuerten Reaktionen angeführt. Für eine umständliche Regulation über den genetischen Apparat, so meint man, ist ein größerer Zeitaufwand erforderlich (z. B. NISSL und ZENK, 1969). Außerdem sind die beschriebenen Effekte auch bei Hemmung der Ribonucleinsäure- und Proteinsynthese zu beobachten.

Ob alle Phytochrom-abhängigen Photomorphosen grundsätzlich zunächst durch Membraneffekte bedingt sind, die dann ihrerseits die Realisierung genetischer Information beeinflussen, oder ob der Primäreffekt eine Genregulation ist, ist allerdings ein noch ungelöstes und strittiges Problem. In unserem Zusammenhang ist entscheidend, daß Licht wichtige Membraneigenschaften unabhängig von den Energieliefernden Photosynthesereaktionen verändern und so Transportprozesse regulieren kann.

E. Andere hormonell regulierte Transportprozesse. Über die Wechselwirkung zwischen verschiedenen pflanzlichen Hormonen oder Wuchsstoffen und Transportmechanismen gibt es eine umfangreiche Literatur (s. auch Kapitel 7.3). Die wichtigsten Phänomene können hier nur stichwortartig aufgezählt werden.

Ganz allgemein läßt sich feststellen, daß Hormone die Stoffaufnahme durch Pflanzen aber auch die Stoffverteilung innerhalb von Pflanzen beeinflussen und regulieren können. Vielfach ist dabei jedoch ungewiß, ob Wuchsstoff-kontrollierte Membrantransportprozesse dabei eine Rolle spielen oder ob die Transportphänomene nur sekundär durch das Wachstum selbst entstehen.

Der Wuchsstoff β-Indolylessigsäure (IES) wirkt auf den Ionenhaushalt von Pflanzengeweben. Unter Umständen sind Kationen- und Anionenaufnahme selektiv beeinflußt (LÜTTGE et al., 1972). Offenbar spielen H^+-Ionenkonzentrationen in der Zellwand eine entscheidende Rolle bei der für das Streckungswachstum der Zellen erforderlichen Regulation der Zellwandplastizität. Aufgrund eingehender Untersuchungen kamen HAGER et al. (1971) zu der Annahme eines von der IES regulierten ATP-abhängigen Protonenabgabemechanismus'. IES wirkt danach als aktivierender Effektor auf die in der Zellmembran lokalisierte H^+-Pumpe (Abb. 6.10).

IES spielt auch bei den tropistischen Krümmungsreaktionen von Pflanzenwurzeln oder -sprossen eine Rolle. Durch Licht- oder Schwerkraftreize wird einseitig ein erhöhtes Wachstum des betreffenden Organes ausgelöst, das dann zu einer Krümmungsbewegung und zur spezifischen Einstellung des Organes im Reizgefälle führt. Dabei werden asymmetrische Wuchsstoffverteilungen beobachtet. Daß dabei elektrische Phänomene auftreten und daß das Krümmungswachstum auch durch ein äußeres elektrisches Feld ausgelöst werden kann, ist

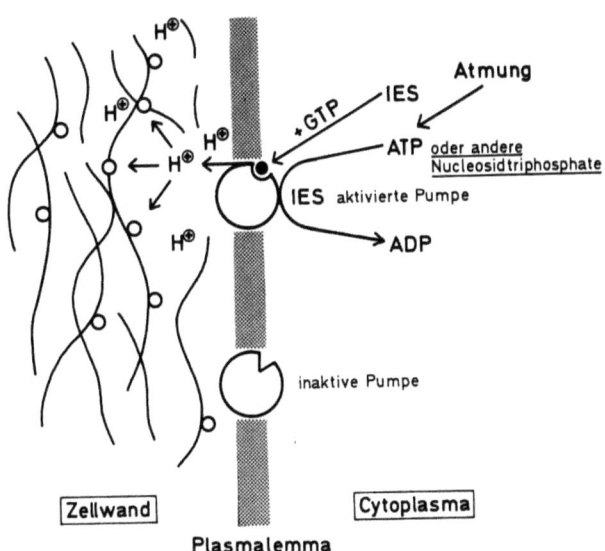

Abb. 6.10. Regulation einer H⁺-Abgabe-Pumpe durch IES als Primärwirkung des Wuchsstoffs beim Streckungswachstum. (Nach HAGER et al., 1971, vereinfacht)

ohne eine Beteiligung einer Ionenregulation an Membranen nicht zu erklären (Abb. 6.11; BRAUNER und BÜNNING, 1931).
Bei der Deutung dieser Erscheinungen bleibt immer eine unaufgelöste Ambivalenz. Man kann nicht einwandfrei zeigen, wo die Kausalkette beginnt, und ob die Membraneffekte tatsächlich primärer oder nur sekundärer Natur sind. In diesem Zusammenhang sind nicht mit Wachstumsprozessen verknüpfte hormonell regulierte Transportprozesse von besonderem Interesse.
Vielleicht bietet das bekannte Phänomen des „Ageing" ein Beispiel. Isoliertes Speichergewebe, aber auch Wurzelgewebe, nimmt frisch nach der Präparation Ionen aus einer Außenlösung nur sehr langsam auf und erlangt erst nach 10–20 Stunden eine höhere Ionenaufnahmekapazität (Abb. 6.12). Bei diesem nicht ganz glücklich sogenannten „Altern" spielen auch hormonelle Umstimmungen eine Rolle. Die Na^+-K^+-Selektivität von Geweben kann sich beim Altern ändern (RAINS und FLOYD, 1970; FLOYD und RAINS, 1971). Allerdings ändert sich während des Alterns nicht allein die Ionenaufnahmegeschwindigkeit. Zahlreiche biochemische Funktionen sind einer drastischen Änderung unterworfen (ADAMS, 1970 a, b; ADAMS und ROWAN, 1970; zahlreiche Untersuchungen von LATIES zusammenfassend diskutiert durch ANDERSON, 1972, p. 55).

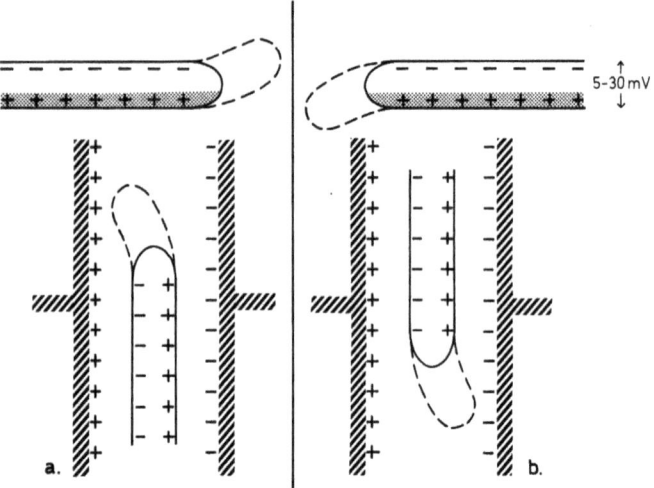

Abb. 6.11. Geoelektrischer Effekt: Die Organunterseite wird im Schwerefeld positiv gegenüber der Organoberseite. a Koleoptilen, b Wurzeln: Unterschiedliche Reaktion im Schwerefeld und im elektrischen Feld. *Punktiert:* IES-Anreicherung. (Zum Teil nach BRAUNER und BÜNNING, 1931)

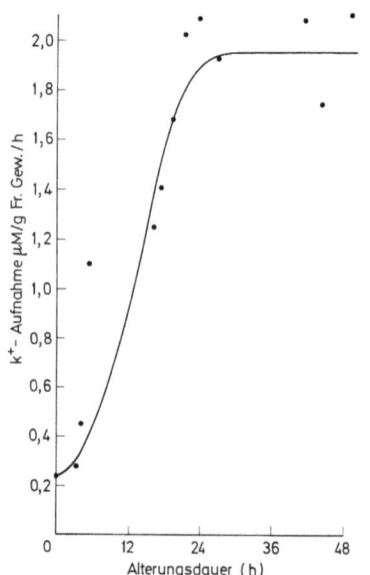

Abb. 6.12. Veränderung der Geschwindigkeit der K^+-Aufnahme aus einer 0.2 mM KCl-Lösung durch isolierte Maiswurzel-Zentralzylinder in Abhängigkeit von der Alterungsdauer. (Aus LÜTTGE und LATIES, 1967)

Ein besonders interessantes System stellen die Spaltöffnungsschließzellen dar. Sie regeln die Öffnungsweite der Stomata mit Hilfe eines Turgormechanismus'. Bei der hierzu erforderlichen Regulation des osmotischen Druckes in den Zellen (π; s. Gleichung (2.5) und (2.6.)) spielen der K^+-Influx und -Efflux der Schließzellen eine entscheidende Rolle (Kapitel 7.2.2.5). Verschiedene Hormone greifen in die auch vom Licht abhängige Stomataregulation ein (z. B. TAL und IMBER, 1970; TAL et al., 1970). Das Pflanzenhormon Abscisinsäure hemmt die zur Öffnungsbewegung erforderliche Kaliumaufnahme in die Schließzellen (JONES und MANSFIELD, 1970, 1972; MANSFIELD und JONES, 1971; CUMMINS et al., 1971; HORTON and MORAN, 1972; COOPER et al., 1972; KRIEDEMANN et al., 1972).

Derartige Befunde lassen doch auf eine sehr direkte Wechselwirkung zwischen Hormonen und Membranen schließen. Die molekulare Basis solcher Wechselwirkungen ist weitgehend unklar. Viele Autoren denken an einen Einbau der Hormonmoleküle in die Membranen und damit an eine Veränderung der molekularen Feinstruktur der Membranen oder an die allosterische Beeinflussung von katalytisch aktiven Membranproteinen (z. B. THIMANN, 1963; MUIR et al., 1967; WEIGL, 1969 a, b, c; HERTEL et al., 1972).

6.2.2 Die Photosynthese als Energiequelle für aktiven Transport

6.2.2.1 Die ersten Beweise für die Abhängigkeit von Transportprozessen von der Photosyntheseenergie

Von grundlegender Bedeutung in der Geschichte der Erforschung der Kopplung von aktivem Transport mit der Energie absorbierten Lichtes ist eine 1957 veröffentlichte Arbeit von VAN LOOKEREN-CAMPAGNE. Diese Untersuchung zeigt, daß das Aktionsspektrum der Licht-induzierten Cl^--Aufnahme durch *Vallisneria*-Blätter genau mit dem Aktionsspektrum der Photosynthese dieser Blätter übereinstimmt. Beide Spektren decken sich weitgehend mit dem durch Messung der Lichtdurchlässigkeit der Blätter ermittelten Absorptionsspektrum. Andere Untersuchungen aus dem gleichen Laboratorium (ARISZ und SOL, 1956) hatten zuvor klar gemacht, daß die Licht-induzierte Cl^--Aufnahme durch *Vallisneria*-Blätter von der Bildung von Kohlenhydrat durch die Photosynthese unabhängig ist. Die photosynthetische Bildung von Substrat für die Respiration konnte also nicht für die energetischen Zusammenhänge zwischen Photosynthese und Ionenaufnahme verantwortlich sein. Es war klar, daß in den photosynthetischen Primärreaktionen gebildete Energieäquivalente unmittelbar für den Licht-abhängigen Cl^--Ionentransport benutzt wurden.

Mit *Chlorella*-Zellen durchgeführte Hemmstoffversuche brachten KANDLER (1954–1955) 3 Jahre früher zu dem Ergebnis, daß hier die im Licht geförderte Glucoseaufnahme mit der ATP-Bildung bei der Photosynthese korreliert ist. Allerdings machen diese frühen Versuche nicht klar, ob die Stimulierung der Glucoseaufnahme durch die Photosynthese auf dem Wege einer energetischen Koppelung mit einem Membrantransportmechanismus zustande kommt, oder ob sie durch einen erhöhten Glucosestoffwechsel (Photoassimilation der Glucose) im Innern der Zelle bewirkt wird, indem ein „*sink*" für Glucose entsteht.

Die Analyse der Licht-abhängigen Cl^--Aufnahme von *Vallisneria*-Blättern durch VAN LOOKEREN-CAMPAGNE und KANDLERS Experimente über die Licht-geförderte Glucose-Aufnahme bei *Chlorella*-Zellen legten den Grundstein zur weiteren Untersuchung der energetischen Koppelung zwischen der Photosynthese und Energie-abhängigen Transportprozessen. Die Licht-abhängige Ionenaufnahme durch grüne Zellen wurde in der Folge mit den verschiedensten Organismen, Algen und höheren Pflanzen, in einer ganzen Reihe von Laboratorien intensiv erforscht. Das Glucoseaufnahmesystem bei *Chlorella* wurde von KANDLER, TANNER und Mitarbeitern weiter charakterisiert. Die Ergebnisse aller dieser Untersuchungen geben uns näheren Aufschluß über die Zusammenhänge zwischen der Photosynthese und dem aktiven Transport, obwohl bis heute der eigentliche molekulare Mechanismus der Koppelung zwischen Photosyntheseenergie und Membrantransport nicht aufgeklärt werden konnte. Ehe wir diese Versuche verstehen können, müssen wir uns kurz mit den wichtigsten Energieübertragungsreaktionen der Photosynthese vertraut machen.

6.2.2.2 Vereinfachtes Schema der photosynthetischen Energieübertragungsreaktionen

Das in Abbildung 6.13 dargestellte Schema der photosynthetischen Energieübertragungsreaktionen ist absichtlich stark vereinfacht. Untersuchungen über die energetische Koppelung von aktiven Transportprozessen mit den photosynthetischen Primärreaktionen sind in noch in keinem Falle so weit fortgeschritten, daß die Einzelheiten dieser Vorgänge – etwa die zum Teil noch umstrittene Einordnung verschiedener an den Elektronenübertragungen beteiligter Cofaktoren in der Redoxkette – für das Verständnis des folgenden eine Rolle spielen würden.

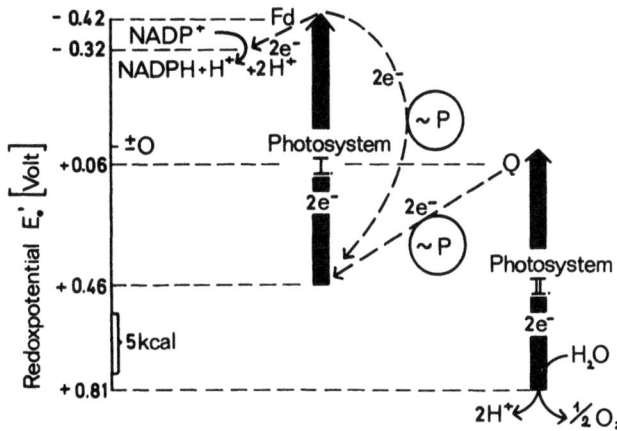

Abb. 6.13. Stark vereinfachtes Schema der Primärreaktionen der Photosynthese. NADP = Nicotinamid-adenin-dinukleotid-phosphat, Fd = Ferredoxin, $\sim$ P = Phosphorylierung, e^- = Elektron, Q = Plastochinon

Bei den Lichtreaktionen der Photosynthese werden Energie- und Reduktionsäquivalente in Form von ATP und $NADPH_2$ gebildet. Beim nicht-cyclischen Elektronenfluß wirken 2 Photosysteme zusammen. Durch die Lichtreaktion von Photosystem II werden Elektronen so angeregt, daß sie vom Wasser auf das Plastochinon-Plastohydrochinonsystem (Q) übertragen werden können. Die Elektronen fallen dann über verschiedene Redoxsysteme auf ein positiveres Redoxpotential zurück und werden schließlich in der Lichtreaktion von Photosystem I auf ein sehr negatives Redoxpotential-Niveau gehoben. Über verschiedene Zwischenstufen reduzieren sie schließlich das Pyridinnukleotid (Nikotinamid-adenin-dinukleotid-phosphat, $NADP^+$) zu $NADPH + H^+$, das in dieser Form die Reduktionsäquivalente für die CO_2-Assimilation bereitstellt. Beim nicht-cyclischen Elektronentransport kann mindestens an einer Stelle ATP gebildet werden ($\sim$ P im Schema der Abbildung 6.13). In der Gesamtbilanz werden pro $\frac{1}{2} O_2$, das bei der Photosynthese entwickelt wird, 2 Elektronen auf dem nicht-cyclischen Redoxkettenweg übertragen, wobei 1 ATP und 1 $NADPH + H^+$ gebildet werden. Die Frage, ob beim nicht-cyclischen Elektronenfluß noch an einer weiteren Stelle eine Phosphorylierung möglich ist, also ob der Quotient ATP/2 e^- etwa größer sei als 1, braucht uns hier nicht zu beschäftigen, denn für detaillierte stöchiometrische Betrachtungen der energetischen Kopplung von Transportmechanismen mit der Photosynthese-Energie fehlt gegenwärtig ohnehin noch die experimentelle Basis.

Unabhängig von Photosystem II kann ATP auch in der cyclischen Phosphorylierung gebildet werden. Die Elektronen werden hierbei vom angeregten Photosystem I nicht auf das Ferredoxin (Fd) und dann auf das Pyridinnukleotid übertragen, sondern sie fallen vom negativen, stark reduzierenden Redoxpotential im sog. cyclischen Elektronentransport über verschiedene Cofaktoren zurück auf das positive Redoxpotential des nicht angeregten Pigmentsystems I.

In verschiedenen Untersuchungen wurden als photosynthetische Energiequellen für den Antrieb aktiver Transportmechanismen nach diesem Schema meist eine oder mehrere der folgenden Möglichkeiten in Betracht gezogen:

– nicht-cyclischer Elektronenfluß:
i) die Elektronenübertragung als solche (etwa analog zur Lundegårdh-Hypothese oder zum Redoxträgermodell, Abb. 6.2 und 6.3),
ii) das energiereiche Phosphat (ATP oder $\sim$ P),
iii) die Reduktionsäquivalente ($NADPH + H^+$),
iv) Intermediärverbindungen, die im Zuge der photosynthetischen CO_2-Assimilation unter Verbrauch von ATP oder $NADPH + H^+$ (oder beiden) gebildet werden;
cyclischer Elektronenfluß:
i) die Elektronenübertragung als solche,
ii) das energiereiche Phosphat.

6.2.2.3 Experimentelle Beeinflussung der Energieübertragungsreaktionen der Photosynthese und Korrelation mit Energie-abhängigen Transportprozessen

Ähnlich wie wir das bereits bei der Diskussion der Respiration als Energiequelle für den aktiven Transport gesehen haben, versucht man die Energieübertragungsreaktionen der Photosynthese experimentell zu beeinflussen, um auf diese Weise bestimmte Teile des in Abbildung 6.13 gezeigten Schemas mit der Funktion Energie-abhängiger Transportmechanismen zu korrelieren. Hierzu stehen prinzipiell 4 Möglichkeiten zu Gebote:

– das Variieren der Wellenlänge eingestrahlten Lichtes,
– das Variieren des Gasgehaltes der Atmosphäre, insbesondere des CO_2-Angebotes,
– die Benutzung von Inhibitoren und künstlichen Elektronendonatoren und -akzeptoren
– die Verwendung von Mutanten.

Die Ergebnisse, die die Photosyntheseforschung mit diesen Methoden bei Experimenten mit isolierten Thylakoiden, isolierten Chloroplasten und intakten Zellen erarbeitet hat, sind gewissermaßen Voraussetzung für jede Untersuchung Photosynthese-abhängiger Transportmechanismen. Natürlich können wir hier nicht auf alle Einzelheiten eingehen. Es ist jedoch wichtig, einige Grundtypen von Experimenten kennenzulernen, die vor allem bei der Erforschung der Photosynthese-abhängigen Ionenaufnahme eine besondere Rolle spielen.

A. Das Variieren der Wellenlänge des eingestrahlten Lichtes. Man kann durch die Wahl der geeigneten Wellenlänge im roten Bereich des Spektrums entweder vorwiegend das Photosystem I allein anregen oder beide Photosysteme zusammen. Bis zu einer Wellenlänge von 705 nm sind Photosystem I und II aktiv, über 705 nm wird vorwiegend allein das Photosystem I angeregt, und über 730 nm findet keine Photosynthese mehr statt. Auf diese Weise kann man mit Hilfe von Kantenfiltern, die jeweils den unter der genannten Wellenlänge liegenden Teil des Spektrums eliminieren, Anhaltspunkte dafür gewinnen, ob ein Transportprozeß vom cyclischen Elektronenfluß oder vom nicht-cyclischen Elektronenfluß bzw. der jeweils damit verbundenen Phosphorylierung abhängt (MACROBBIE, 1965). Eine gewisse Schwierigkeit beim Arbeiten mit diesen Wellenlängen ergibt sich daraus, daß man nicht klar genug von einer Beeinflussung des Phytochromsystems abgrenzen kann. Das Eliminieren des Lichtes unter 730 nm verhindert die Photosynthese, gleichzeitig wird aber das aktive Phytochrom in die nichtaktive Konfiguration überführt. Bei Rotlicht der Wellenlänge > 705 nm (Photosystem I aktiv) liegt ein Teil des Phytochroms in der aktiven Form vor, und bei Licht, das beide Photosysteme anregt, muß das Gleichgewicht $P_{660} \leftrightarrow P_{730}$ noch mehr nach der rechten Seite hin verschoben sein (s. Kapitel 6.2.1.2 A.). Allerdings ist eine Beteiligung des Phytochromsystems äußerst unwahrscheinlich, wenn Licht durch die *Energieversorgung* auf einen Transportprozeß wirkt. Experimentell kann man dies durch die Kombination von Lichtqualitäten definierter Wellenlänge analysieren.

Hierzu müssen wir zunächst auf den Emerson-Effekt eingehen, der den ersten wichtigen Hinweis für das Zusammenwirken zweier Photosysteme bei der Photosynthese lieferte. Mit Hilfe von Abbildung 6.13 ist dieser Effekt leicht zu verstehen. Bei gleichzeitiger Einstrahlung von Lichtquanten, die Photosystem I und II anregen (also bei Einstrahlung von Licht der Wellenlängen $\lambda = 650\text{--}660$ nm + $\lambda = 700\text{--}710$ nm) ist die beobachtete Photosyntheserate größer, als die Summe der Photosyntheseraten bei Einstrahlung beider Lichtqualitäten für sich. Man kann diesen Emerson-*Enhancement*-Effekt (Steigerungseffekt) auch benutzen, um festzustellen, ob ein Photosynthese-abhängiger Vorgang (z.B. ein aktiver Transportprozeß) beide Photosysteme erfordert oder nur Photosystem I bzw.

Photosystem II allein. Da bei 700–710 nm weniger aktives Phytochrom vorliegt als bei 650–660 nm, könnte man dabei aber einen Fehler machen, falls ein Emerson-*Enhancement*-Effekt durch eine Phytochrom-Hemmung überlagert wird und in der Bilanz nicht in Erscheinung tritt. Aktives Phytochrom wird aber auch noch durch Rotlicht von $\lambda > 740$ nm, das bei der Photosynthese nicht mehr wirksam ist, in die inaktive Konfiguration überführt. Ferner kann man sich der beim Phytochromsystem auftretenden Reversibilität bedienen. Wie das Schema auf Seite 166 zeigt, löscht eine Bestrahlung mit $\lambda = 660$ nm die Wirkung einer vorangegangenen Bestrahlung mit $\lambda = 730$ nm aus und umgekehrt. Durch solche Versuche konnte RAVEN (1969) zeigen, daß das Phytochromsystem keinen Einfluß auf den Licht-abhängigen Ionentransport bei *Hydrodictyon africanum* hat (s. Kapitel 6.2.3.2).

B. Das Variieren des CO_2-Gehaltes der Atmosphäre. Ein Entfernen des Kohlendioxids aus der Atmosphäre wurde im Zusammenhang mit Transportuntersuchungen vor allem vorgenommen, um einen Übergang vom nicht-cyclischen zum cyclischen Elektronenfluß zu bewirken. Die photosynthetische CO_2-Reduktion ist der Hauptverbraucher der Reduktionsäquivalente des beim nicht-cyclischen Elektronentransport reduzierten Pyridinnukleotids. Verhindert man durch Entfernung des CO_2 die fortlaufende Reoxidation des $NADPH_2$ zu NADP, so fehlt der Elektronenakzeptor am Ende der Kette des nicht-cyclischen Elektronenflusses. Die Elektronenübertragung muß nun vorwiegend auf dem cyclischen Wege erfolgen (JESCHKE und SIMONIS, 1967, 1969; JESCHKE, 1967).
Neuere Untersuchungen schränken die Brauchbarkeit dieser Methode etwas ein. Andere Prozesse als die CO_2-Fixierung (z.B. die Nitratreduktion) können Reduktionsäquivalente des $NADPH_2$ verbrauchen und damit NADP als Elektronenakzeptor bereitstellen (ULLRICH, 1971, 1972; s. LÜTTGE, 1973).

C. Inhibitorversuche. Verschiedene Hemmstoffe, die bei Untersuchungen der Photosynthese isolierter Thylakoide eine große Rolle spielen, sind auch bei Versuchen mit intakten Zellen erfolgreich erprobt worden. Bei anderen Hemmstoffen ließen sich die mit isolierten Membranen gewonnenen Ergebnisse an intakten Systemen nicht bestätigen oder es bestehen noch zu wenig Erfahrungen. Bei komplexen Systemen ergeben sich größere Schwierigkeiten in der Anwendung der Inhibitoren als bei isolierten Thylakoiden und Chloroplasten. Die Inhibitoren müssen durch das

Plasmalemma in die Zellen aufgenommen werden. Die Hemmstoffe können hierbei prinzipiell nicht nur auf die Thylakoidmembranen wirken, sondern Effekte auch durch die Beeinflussung anderer Membranen des Systems hervorrufen. Es nimmt deshalb nicht wunder, wenn zum Beispiel bei einer vergleichenden Untersuchung der Wirkung der 4 Inhibitoren Phlorizin, Dio-9, Imidazol und Cl-CCP auf intakte Zellen und auf isolierte Chloroplasten von *Chara corallina* (SMITH und WEST, 1969) sich nur für einen Hemmstoff, nämlich das Cl-CCP, die *in vitro* (isolierte Chloroplasten) erhaltenen Effekte mit den *in vivo* (intakte Zellen) gemachten Beobachtungen korellieren ließen.

Das Cl-CCP oder auch das F-CCP (m-Chloro- bzw. p-Trifluoromethoxy-carbonyl-cyanid-phenylhydrazon) ist ein bei Transportstudien viel benutzter Entkoppler, der die photosynthetische ATP-Bildung hemmt. Da im nicht-cyclischen Elektronentransport gebildetes ATP für die CO_2-Fixierung erforderlich ist, hemmt CCP auch die Photosynthese. Es gelang nun Ionentransportprozesse zu charakterisieren, die durch CCP unbeeinflußt oder gar gefördert wurden, während gleichzeitig die Photosynthese gehemmt war. Diese Diskrepanz zwischen der Wirkung des Entkopplers auf den Transportprozeß und auf die Photosynthese konnte aus den genannten Gründen als Kriterium für eine ATP-unabhängige Kopplung zwischen dem Transportprozeß und der photosynthetischen Energieübertragung gewertet werden.

Obwohl CCP bei intakten Zellen verschiedener Algen (SMITH und WEST, 1969) und bei Blattzellen höherer Pflanzen (LÜTTGE et al., 1971 b) ein wirksamer Hemmstoff der photosynthetischen CO_2-Fixierung ist, scheint es bei *Chlorella*zellen nur die cyclische Photophosphorylierung, nicht jedoch die Photosynthese zu hemmen (TANNER et al., 1969). Im allgemeinen ist es aber möglich, durch die Anwendung von CCP Anhaltspunkte zu gewinnen über die Kopplung von Transportprozessen mit ATP oder $\sim$ P aus der nicht-cyclischen und der cyclischen Photophosphorylierung. CCP hemmt nicht nur die CO_2-Fixierung, sondern auch die O_2-Entwicklung im Licht. Als Entkoppler wirkt es bei Anwendung in nicht zu hohen Konzentrationen nicht direkt hemmend auf den Elektronenfluß, die Elektronenübertragung kann sogar durch CCP gefördert werden (TEICHLER-ZALLEN und HOCH, 1967). Wenn CCP durch Hemmung der ATP-Bildung die CO_2-Reduktion verhindert, muß man sich aber vorstellen, daß dadurch der nicht-cyclische Elektronentransport auf ähnliche Weise gehemmt wird, wie dies durch Entfernung des CO_2 geschieht (Kapitel 6.2.2.3 B.). Auf diese Weise wird auch die O_2-Entwicklung herabgesetzt, und die Elektronen können nur noch vorwiegend auf dem cyclischen Wege übertragen werden.

Ein anderer bei Transportuntersuchungen häufig angewandter Hemm-

stoff ist das DCMU (N'-(3,4-dichlorphenyl)-N,N-dimethylharnstoff). DCMU gilt als Inhibitor der nicht-cyclischen Elektronenübertragung. Sein genauer Angriffspunkt ist umstritten, es scheint aber die Photosynthese (O_2-Entwicklung und CO_2-Fixierung) bei Konzentrationen zwischen $5 \cdot 10^{-7}$ und $2 \cdot 10^{-6}$ M recht spezifisch über die Hemmung des nicht-cyclischen Elektronenflusses zu blockieren. Erst sehr hohe Konzentrationen beeinträchtigen offenbar auch die cyclische Elektronenübertragung, und eine weitere Erhöhung der Konzentration ruft noch andere, unspezifische Effekte hervor.
Ähnlich wie bei der Untersuchung der Rolle der Respiration als Energiequelle für Licht-unabhängige Transportmechanismen versucht man bei der Erforschung der Photosynthese-abhängigen Transportprozesse auch durch einen kombinierten Einsatz von Entkopplern und Hemmstoffen des Elektronentransportes Aufschluß über die Natur der energetischen Kopplung zu gewinnen. Neben den hier beschriebenen Hemmstoffen werden noch eine ganze Reihe anderer Inhibitoren eingesetzt. Valinomycin, Nigericin, Dinactin, Mycostatin und andere Substanzen, die die Ionenpermeabilität isolierter Thylakoide beeinflussen, könnten auch für Transportstudien an intakten Zellen interessant werden. Die Erfahrungen mit intakten Systemen sind jedoch noch sehr gering.

D. Die Verwendung von Mutanten. Sowohl von Algen, als – in begrenzterem Umfange – auch von höheren Pflanzen sind Mutanten mit teilweise defekten photosynthetischen Elektronenübertragungsketten und Pigmentsystemen isoliert und in der Photosyntheseforschung erfolgreich angewandt worden. Besonderes Interesse im Zusammenhang mit Ionenaufnahmestudien gilt Mutanten, bei denen nur jeweils eines der beiden Photosysteme aktiv ist (z.B.: BISHOP, 1964: *Scenedesmus*; LEVINE, 1969: *Chlamydomonas*; FORK und HEBER, 1968: *Oenothera*). Auch aus normalen Blättern bestimmter höherer Pflanzen lassen sich Zellen mit unterschiedlich differenziertem Photosyntheseapparat isolieren. Bei C_4-Pflanzen (s. Kapitel 6.2.4.1 C. und 7.1.2.4) sind die Mesophyllzellen mit aktivem Photosystem I und Photosystem II ausgestattet, aber die grünen Leitbündelscheidenzellen haben bei manchen C_4-Pflanzen kein aktives Photosystem II (WOO et al., 1970; DOWNTON et al., 1970; POLYA und OSMOND, 1972; siehe dagegen aber auch: ANDERSEN et al., 1972; BISHOP et al., 1972; SMILLIE et al., 1972).
Ionentransportuntersuchungen mit solchen Systemen sind aber erst sehr zaghaft begonnen worden (LÜTTGE und BALL, 1971; und andere, unveröffentlichte Untersuchungen im eigenen Laboratorium), so daß wir es hier beim programmatischen Hinweis belassen wollen.

6.2.3 Spezielle Photosynthese-abhängige Transportmechanismen

6.2.3.1 Das Hexoseaufnahmesystem von *Chlorella*-Zellen

Das von TANNER, KANDLER und Mitarbeitern (TANNER, 1969; TANNER und KANDLER, 1967; TANNER et al., 1970; KOMOR und TANNER, 1971) untersuchte Energie-abhängige Zuckeraufnahmesystem von *Chlorella*zellen hat eine Reihe bemerkenswerter Eigenschaften. Es besitzt eine allgemeine Spezifität für Hexosen. Das Aufnahmesystem ist induzierbar. Werden *Chlorella*zellen, die längere Zeit in einer Lösung ohne transportierbare Hexose gehalten wurden, mit einer Zuckerlösung inkubiert, so zeigt eine Lagphase von etwa 20–30 Minuten vor Beginn der Zuckeraufnahme an, daß eine Induktion des Aufnahmesystems erfolgen muß (Abb. 3.17). Man kann die Spezifität eines solchen Systems deshalb nicht nur dadurch charakterisieren, daß man untersucht, welche Substrate sich gegenseitig bei der eigentlichen Aufnahme kompetitiv hemmen, sondern auch indem man feststellt, welche Substrate die Hexoseaufnahmefähigkeit induzieren können. Bei *Chlorella* stellt sich heraus, daß die Induktionsspezifität und die Aufnahmespezifität einander entsprechen.

Der induzierte Faktor ist einem *Turnover* unterworfen. Zwischen der 10. und der 13. Stunde nach seiner Induktion wird das Hexoseaufnahmesystem wieder inaktiv und muß erneut induziert werden. Das heißt: Erfolgt Hexosezugabe 13 Stunden nach einer Induktion tritt wieder eine Lagphase von 20 min auf, ehe die Zuckeraufnahme einsetzt (Abb. 3.17).

Man muß annehmen, daß es sich bei dem induzierten System um ein Protein oder um einen Komplex aus mehreren Proteinen handelt. Die Tatsache der Induzierbarkeit dieses Systems bei *Chlorella* ist für die Entwicklung molekularbiologischer Vorstellungen über die Kontrolle von Transportmechanismen bei höheren Pflanzen von grundsätzlicher Bedeutung. Bei prokaryotischen Mikroorganismen kennen wir eine ganze Reihe von Beispielen für die Induktion von Enzymen durch ihr Substrat, und es gibt wohluntersuchte Fälle für die Induktion von Transportmechanismen. Bei *Escherichia coli* zum Beispiel induziert die Zugabe von β-Galactosiden zum Substrat nicht nur die Fähigkeit Lactose (Gluco-β-Galactosid) im Stoffwechsel zu verwerten (Induktion der β-Galactosidase) sondern auch einen von den Enzymen des Lactosestoffwechsels unabhängigen Aufnahmemechanismus für β-Galactoside (s. Kapitel 3.2.2.2 B II.). Beide Funktionen – β-Galactosidase und β-

Galactosidtransportsystem – werden von verschiedenen Genen des Lac-Operons kontrolliert, und man kennt den molekularen Mechanismus dieser Regulation in vielen Einzelheiten. Mit dem Nachweis eines induzierbaren Transportsystems bei *Chlorella*, einer bereits relativ hoch organisierten eukaryotischen, grünen Zelle, werden interessante Ausblicke auch für den Bereich der höheren Pflanzen eröffnet.

Eine weitere für seine Charakterisierung sehr nützliche Eigenschaft ist die Tatsache, daß das Hexoseaufnahmesystem von *Chlorella*zellen auch Zuckerderivate transportiert, die im Stoffwechsel nicht umgesetzt werden können, z. B. 3-0-Methylglucose. Dies ist insofern wichtig, als es bei der Energie-abhängigen Aufnahme von metabolisierbaren Substanzen meist außerordentlich schwierig ist, festzustellen, ob die treibende Kraft ein Energie-gekoppelter Transportmechanismus ist, oder ob der Verbrauch des jeweiligen Substrates im Stoffwechsel durch ständiges Aufrechterhalten eines *sinks* eine passive Aufnahme der betreffenden Substanz in Gang hält. Da der Stoffwechsel die Innenkonzentration einmal aufgenommener 3-0-Methylglucose nicht verändern kann, läßt sich leicht zeigen, daß dieses Zuckerderivat gegen einen Konzentrationsgradienten aufgenommen wird. Es ist deshalb sehr wahrscheinlich, daß das Hexoseaufnahmesystem von *Chlorella* zu aktivem Transport im strengen thermodynamischen Sinne befähigt ist.

Für unsere Diskussion der Rolle der Photosynthese als Energiequelle für Transportmechanismen interessiert uns, daß die Hexoseaufnahme durch *Chlorella* im Licht gesteigert wird. In Abwesenheit von O_2 und CO_2 (reine N_2-Atmosphäre), also bei vollkommener oder wenigstens drastischer Hemmung der Respiration und der nicht-cyclischen Elektronenübertragung der Photosynthese, wird die Hexoseaufnahme durch Belichtung sehr stark gefördert. Wenn demnach die Respiration und der nicht-cyclische Elektronenfluß als Energiequellen ausscheiden, ergibt sich ziemlich zwingend der Schluß, daß das aktive Hexoseaufnahmesystem von *Chlorella* im Licht durch ATP oder $\sim$ P aus der cyclischen Phosphorylierung angetrieben werden muß. Dazu kommt der Befund, daß der Hexosetransport weit weniger empfindlich gegen DCMU ist als die photosynthetische O_2-Entwicklung.

Der Mechanismus der energetischen Koppelung zwischen energiereichem Phosphat und dem Hexoseaufnahmesystem ist noch gänzlich unklar. Es ist sehr wahrscheinlich, daß der transportierte Zucker bei der Aufnahme nicht phosphoryliert wird. Die Aufnahme verschiedener Hexosederivate, die durch Substitution so verändert sind, daß eine Phosphorylierung an jeweils einer Stellung im C_6-Gerüst unmöglich ist, schließt zumindest die Notwendigkeit der Phosphorylierung an einer ganz bestimmten Position am Molekül aus.

6.2.3.2 Ionenaufnahmemechanismen bei Algenzellen

1965 hat MACROBBIE gezeigt, daß die Licht-abhängige Chloridaufnahme durch Zellen von *Nitella translucens* empfindlich gehemmt ist, wenn durch geeignete Maßnahmen (Kantenfilter von $\lambda > 705$ nm; DCMU) eine Anregung von Photosystem II verhindert wird. Die Kaliumaufnahme wird durch einen so erzwungenen Übergang vom nicht-cyclischen zum cyclischen Elektronentransport nicht beeinflußt. Umgekehrt haben Entkoppler keinen hemmenden Effekt auf die Cl^--Aufnahme oder stimulieren sie sogar, während die K^+-Aufnahme gehemmt wird (MACROBBIE, 1966). MACROBBIE folgerte daraus, daß die Lichtabhängige K^+-Aufnahme und die Cl^--Aufnahme durch verschiedene photosynthetische Energiequellen angetrieben sein müssen, und zwar die K^+-Aufnahme durch in der cyclischen Photophosphorylierung gebildetes ATP und die Cl^--Aufnahme ATP-unabhängig durch den nicht-cyclischen Elektronentransport.

Diese Arbeiten haben große Beachtung gefunden und zahlreiche weitere Untersuchungen angeregt. Eine gewisse Schwierigkeit der Argumentation ergab sich zunächst dadurch, daß die von MACROBBIE bei ihren Versuchen benutzten K^+- und Cl^--Konzentrationen sehr verschieden waren. Deshalb war nicht klar, ob sie nicht verschiedene, in dem jeweiligen Konzentrationsbereich dominierende Transportmechanismen erfaßt hatte.

Es wurde auch eingewandt, daß eine Korrelation der Hemmung des nicht-cyclischen Elektronenflusses und der Cl^--Aufnahme (durch DCMU oder durch Kantenfilter) allein kein Beweis für eine Abhängigkeit der Cl^--Aufnahme von der Elektronenübertragung durch Photosystem II sei. Untersuchungen mit *Elodea*-Blättern führten nämlich zu dem Ergebnis, daß DCMU die Licht-abhängige Cl^--Aufnahme in Gegenwart von CO_2 stärker hemmt als in CO_2-freier Lösung. Diese Befunde führten JESCHKE und SIMONIS (1967, 1969) zu folgender Argumentation. Wir haben ja gesehen, daß die CO_2-Fixierung für die Rückgewinnung von NADP als Elektronenakzeptor am Ende der nicht-cyclischen Elektronenübertragungskette erforderlich ist (Kapitel 6.2.2.3 B.). Wenn Photosystem II durch DCMU oder durch $\lambda > 705$ nm gehemmt wird, wird wahrscheinlich der erniedrigte Elektronenfluß vollkommen in den Dienst einer Rest-CO_2-Fixierung gestellt, die Cl^--Aufnahme wird stark gehemmt. In Abwesenheit von CO_2 fehlt der Endakzeptor für die Elektronen, da sich alles Pyridinnukleotid rasch in der reduzierten Form anhäuft. Die Elektronen werden dann auf dem cyclischen Weg übertragen, dabei erfolgt ATP-Bildung. Das ATP kann die Cl^--Aufnahme antreiben. Auf diese Weise läßt sich auch der

Effekt der schwächeren DCMU-Hemmung der Licht-abhängigen Cl^--Aufnahme in Abwesenheit von CO_2 zwanglos durch einen ATP-getriebenen Cl^--Aufnahmemechanismus erklären. Anders ließe sich natürlich auch argumentieren, daß die Cl^--Aufnahme selber Reduktionsäquivalente verbrauchen könnte (Kapitel 6.2.4.1 C.). Die geringere Hemmung durch DCMU in Abwesenheit von CO_2 könnte dann einfach durch das Fehlen der CO_2-Reduktion als Konkurrenz gedeutet werden.

Immerhin zeigt aber die geringe Entkopplerempfindlichkeit der Cl^--Aufnahme bei *Nitella* gegenüber *Elodea*, daß wohl in beiden Pflanzen unterschiedliche Energiequellen für die Cl^--Aufnahme genutzt werden, und daß bei *Nitella* anders als bei *Elodea* ein phosphorylierungsunabhängiger Mechanismus vorliegen mag.

Ähnlich wie bei *Nitella translucens* ist auch bei *Hydrodictyon africanum* zwischen einer ATP-abhängigen Kationenpumpe und einer ATP-unabhängigen Anionenpumpe zu unterscheiden. Die Ionentransportsysteme von *Hydrodictyon africanum* wurden von RAVEN in zahlreichen Arbeiten mit großer Akribie untersucht (RAVEN, 1967 bis 1971, RAVEN et al., 1969).

Der Kationentransportmechanismus ist eine $K^+ \leftrightarrow Na^+$-Austauschpumpe, die Entkoppler-empfindlich ist und auch durch Ouabain gehemmt wird. Da die besser bekannten tierischen ATPase-Systeme durch Ouabainempfindlichkeit ausgezeichnet sind, darf man annehmen, daß es sich bei *Hydrodictyon* ebenfalls um einen ATPase-ähnlichen Mechanismus handelt (s. Kapitel 3.2.2.2 B II.). Zur Lichtstimulierung dieses $K^+ \leftrightarrow Na^+$-Austauschmechanismus genügt die Anregung von Photosystem I allein (s. u.).

Der zweite, ATP-unabhängige Mechanismus dient vornehmlich dem Cl^--Transport in die Zellen. Gekoppelt damit ist ein gewisser K^+-Na^+-Influx (die Licht-abhängige Cl^--Aufnahmerate beträgt 1.5 pmol $\cdot$ $cm^{-2} \cdot sec^{-1}$, die $Na^+ + K^+$-Aufnahme 0.3 pmol $\cdot cm^{-2} \cdot sec^{-1}$). Dieser Mechanismus ist an die Anregung von Photosystem II gebunden (Ausfiltern des Lichtes unter 705 nm, DCMU), und seine Empfindlichkeit gegenüber dem Entkoppler Cl-CCP ist geringer als die der photosynthetischen CO_2-Fixierung.

Besonders elegant sind RAVENs Versuche mit verschiedenen Lichtqualitäten. Wir haben bereits gesehen, wie auf diese Weise die Beteiligung des Phytochromsystems an der Ionenregulation von *Hydrodictyon africanum*-Zellen ausgeschlossen wurde (Kapitel 6.2.2.3 A.). Das Aktionsspektrum der $\dfrac{Cl^-}{K^+, Na^+}$-Pumpe deckt sich vollkommen mit dem der Photosynthese. Dem Aktionsspektrum der $\underset{Na^+}{\overset{K^+}{\rightleftarrows}}$ -Austauschpumpe fehlt dagegen der für die Photosynthese charakteristische starke Abfall oberhalb 680 nm; es entspricht aber unterhalb 680 nm sehr gut dem Aktionsspektrum der Photosynthese (Fig. 6.14). Dies deutet daraufhin, daß die Aktivität dieses K^+-Na^+-Austauschsystems allein die Lichtreaktion I der Photosynthese erfordert.

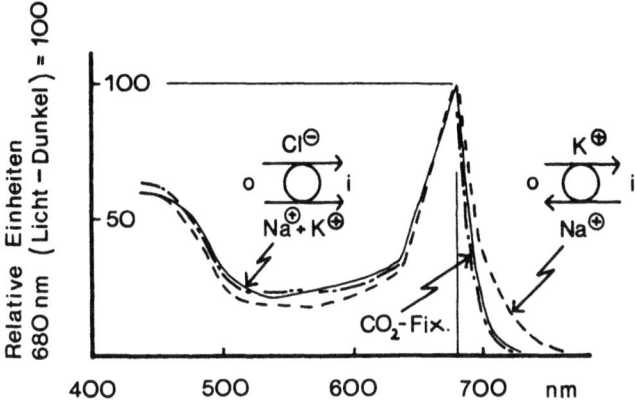

Abb. 6.14. Aktionsspektren der CO_2-Fixierung und zweier verschiedener Ionenpumpen bei *Hydrodictyon africanum*. (Nach RAVEN, 1969)

Mit Hilfe des Emerson-*Enhancement*-Effektes wurde wahrscheinlich gemacht, daß für die Cl^- + K^+-Na^+-Aufnahmepumpe ausschließlich die Anregung von Photosystem II notwendig ist. Ein Emerson-Effekt wurde nur für die Photosynthese selber, nicht aber für die Cl^--Aufnahmepumpe beobachtet. Das bedeutet, daß dieser Ionenaufnahmemechanismus nur die Aktivität *eines* Photosystems erfordert, und zwar wegen seiner DCMU- und $\lambda > 705$ nm-Empfindlichkeit die Aktivität von Photosystem II.

Wenn dies richtig ist, haben wir hier ein sehr wichtiges Resultat vor uns. Die Beobachtung einer gehemmten Cl^--Aufnahme allein bei durch DCMU oder $\lambda > 705$ nm gehemmtem Photosystem II erlaubt ja nicht zu unterscheiden, ob ausschließlich Photosystem II oder ob Photosystem II + I (d.h. der nicht-cyclische Elektronentransport) für die Cl^--Aufnahme verantwortlich ist (s. Abb. 6.13). In anderen Untersuchungen, wo gleichzeitig durch Verwendung eines Entkopplers eine ATP-Abhängigkeit ausgeschlossen werden konnte, führte die letztere Möglichkeit schon zu der Annahme des reduzierten Pyridinnukleotids

(NADPH$_2$) als Energiequelle für die aktive Ionenaufnahme. Das Fehlen eines Emerson-Effektes bei der Licht-abhängigen Cl$^-$-Aufnahmepumpe von *Hydrodictyon africanum* ist deshalb der erste und – soweit dem Autor bekannt – bisher einzige stichhaltige experimentelle Hinweis für die direkte Koppelung eines Photosynthese-abhängigen Ionentransportes mit der Elektronenanregung von Photosystem II.

Durch die Kombination der in Kapitel 6.2.2.3 A. und 6.2.2.3 C. besprochenen Methoden wurde also für *Hydrodictyon africanum* ein umfangreiches Beweismaterial dafür gewonnen, daß die Photosynthese bestimmte Ionenfluxe durch die Bereitstellung von ATP antreibt, während andere Ionenfluxe direkt mit photosynthetischer Elektronenübertragung gekoppelt sein können. Ein Licht-abhängiger ATP-unabhängiger Cl$^-$-Aufnahmemechanismus wurde auch bei *Tolypella intricata* gefunden (RAVEN et al., 1969), scheint aber bei *Chara corallina* nicht vorhanden zu sein (SMITH und WEST, 1969).

6.2.3.3 Ionenaufnahmemechanismen bei Wasserpflanzenblättern

Im vorangegangenen Abschnitt haben wir bereits gesehen, daß die Licht-abhängige Cl$^-$-Aufnahme durch die Zellen von *Elodea*-Blättern vermutlich nicht unmittelbar mit dem photosynthetischen Elektronentransport gekoppelt ist, wie das für die Cl$^-$-Aufnahme bei *Nitella* und noch mehr bei *Hydrodictyon* sehr wahrscheinlich ist. Die Abhängigkeit der DCMU-Hemmung der Licht-abhängigen Cl$^-$-Aufnahme durch *Elodea*-Zellen vom CO$_2$-Gehalt des Milieus legte die Annahme nahe, daß hier das in der cyclischen Photosphosphorylierung gebildete ATP die entscheidende Rolle als Energiequelle spielt. Auch die Ergebnisse von Versuchen mit Entkopplern und das Aktionsspektrum geben keine Anhaltspunkte für das Arbeiten eines ATP-unabhängigen Ionenaufnahmemechanismus' im Licht und lassen sich zwanglos mit der Annahme von ATP oder $\sim$ P als Energiequelle vereinbaren (JESCHKE, 1967, 1970a, 1971, 1972a, b, c). Ähnlich liegen die Verhältnisse bei einer anderen bisher gut untersuchten höheren Wasserpflanze, nämlich bei *Limnophila* (PENTH und WEIGL, 1969, 1971).

Damit ist natürlich nicht gesagt, daß eine Licht-abhängige aber ATP- bzw. $\sim$ P-unabhängige Anionenpumpe bei höheren Wasserpflanzen oder gar bei höheren Pflanzen generell nicht vorkommt. Die Anzahl der bisher untersuchten Arten ist viel zu gering, um derartige Verallgemeinerungen zuzulassen. Wie man sieht, ist auch bei Algen die Natur der Aufnahmemechanismen von Art zu Art verschieden.

6.2.3.4 Ionenaufnahmemechanismen bei grünen Zellen von Luftblättern höherer Pflanzen

Die Ionenaufnahme durch Algenzellen oder Wasserpflanzenblätter wird man ohne viel nachzudenken als natürlichen Vorgang ansehen. Wasserpflanzen sind auch unter natürlichen Bedingungen und nicht nur im Experiment von einer Ionenlösung umgeben, sie nehmen mit ihrer ganzen Oberfläche Ionen auf. Obwohl es zunächst nicht so deutlich erkennbar ist, ist dies bei den Zellen der Luftblätter höherer Pflanzen nicht anders. Durch den Transpirationsstrom wird den Blättern fortwährend eine Ionenlösung zugeführt, die sich über die feinen Verästelungen der Tracheiden und der tracheidalen Elemente der Wasserleitbahnen in den *Free Space* im Blatt verteilt. In Kapitel 7.2.2 werden wir darauf noch näher eingehen und verschiedene Modelle diskutieren. Hier genügt es, festzustellen, daß Zellen von Luftblättern an der „inneren Oberfläche" der Blätter von einer Ionenlösung umgeben sind.

Prinzipiell sind die Verhältnisse also durchaus ähnlich wie bei den Zellen der Wasserpflanzenblätter. Dennoch ergeben sich zunächst erhebliche Schwierigkeiten, die Ionenaufnahme durch die Zellen von Luftblättern experimentell zu erfassen. Während sich die Außenlösung von Wasserpflanzen als die natürliche Ionenquelle sehr leicht in ihrer Zusammensetzung manipulieren läßt, ist die Zusammensetzung der durch die Transpiration im *Free Space* der Luftblätter verteilten Lösung von zu vielen Faktoren abhängig, als daß sie ohne Schwierigkeit experimentell kontrolliert und nach Bedarf variiert werden könnte. Aus diesem Grund sind Versuche mit intakten Blättern auch nur von begrenztem Wert. Auch mit Blattstücken, die man auf oder in einer Lösung schwimmen läßt, kommt man nicht sehr viel weiter. Die Diffusionsstrecken sind zu groß. Dazu kommen noch anatomisch bedingte Hindernisse, so daß ein Äquilibrieren des *Free Space* mit einer vom Experimentator gewählten Außenlösung schwierig oder unmöglich ist. Dieses Problem kann man überwinden, wenn man sehr schmale Blattstreifen präpariert. Mit solchen Blattgewebestreifen kann man wie mit Algen oder Wasserpflanzen die Ionenaufnahme aber auch die Photosynthese in einer experimentellen Außenlösung untersuchen. Das Äquilibrieren des *Free Space* hängt von der Geometrie der Gewebestreifen ab. Die Diffusionsprobleme verringern sich mit abnehmender Größe der Gewebestreifen (SMITH und EPSTEIN, 1964; OSMOND, 1968). Untersucht man die Ionenaufnahme durch solche Präparate, erhält man ein recht scharfes Maximum der Ionenaufnahmegeschwindigkeit bei einer Dicke der Blattgewebestreifen von ca. 0.3–0.5 mm. Das Äquilibrieren des *Free Space* erfolgt hier optimal, man erhält Aufnahmeraten, die den bei Wasserpflanzenblättern oder auch bei Wurzelgewebe beobachteten Ionenaufnahmegeschwindigkeiten entsprechen. Schneidet man noch dünnere Blattstreifen, fängt man an zu viele Zellen zu zerstören, und man kommt sehr rasch zu einer Schnittdicke, wo der Prozentsatz der intakten Zellen sehr niedrig ist oder gar keine intakten Zellen mehr vorliegen (Abb. 6.15).

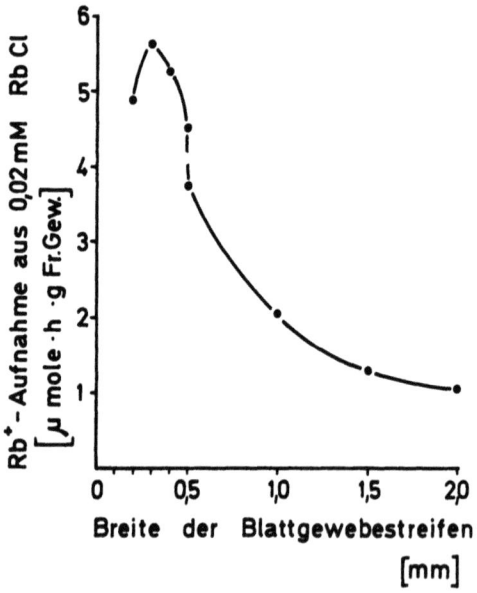

Abb. 6.15. Ionenaufnahmerate durch Blattgewebestreifen variierter Breite. (Aus SMITH und EPSTEIN, 1964)

Erst die Einführung dieser Methode der Präparation des Blattmaterials hat es möglich gemacht, die Natur der energetischen Koppelung der Ionenaufnahme durch die Zellen von Luftblättern wie bei Algenzellen und bei Wasserpflanzenblättern zu untersuchen. Versuche mit Inhibitoren und Lichtfiltern haben ergeben, daß die K^+-Aufnahme bei *Zea mays* im Licht und im Dunkeln wahrscheinlich ATP-abhängig ist (RAINS, 1968). Dagegen scheint ein Teil der Cl^--Aufnahme im Licht bei *Zea mays*, aber auch bei *Amaranthus caudatus* und bei *Atriplex spongiosa* nicht direkt durch die Bereitstellung von ATP oder $\sim P$ kontrolliert zu werden. Bei *Spincea oleracea*, *Atriplex hastata* und *Oenothera albicans · hookeri* konnte andererseits kein Anhaltspunkt für das Wirken einer solchen ATP-unabhängigen Cl^--Pumpe im Licht gefunden werden. Mit der Licht-abhängigen Cl^--Aufnahme bei *Atriplex spongiosa* ist eine Licht-abhängige K^+-Aufnahme gekoppelt. Ferner konnte bei *Atriplex spongiosa*-Blättern ein Ionenaufnahmemechanismus charakterisiert werden, der vom Licht unabhängig ist, d. h. im Licht und im Dunkeln mit der gleichen Geschwindigkeit arbeitet. Dieses Transportsystem wird durch Entkoppler gehemmt. Es handelt sich wahrscheinlich um einen $K^+ \leftrightarrow Na^+$-Austauschmechanismus. Die K^+-Aufnahme wird von einer Cl^--Aufnahme und einer geringen H^+-Aufnahme begleitet, die Bilanz wird durch eine Na^+-Abgabe elektrisch ausgeglichen (LÜTTGE et al., 1970, 1971 c).

6.2.4 Die Koppelung zwischen Energie-übertragenden Reaktionen im Inneren der Chloroplasten und aktiven Transportmechanismen an entfernt liegenden Membranen

Schon bei der Diskussion einer möglichen direkten Abhängigkeit der Ionenaufnahme vom Elektronenfluß der Atmungskette mußten wir uns die Frage stellen, wie die Koppelung zwischen den in den Cristae-Membranen lokalisierten Elektronenübertragungen und Transportprozessen an räumlich entfernt liegenden Membranen zustande kommt. Die analoge Frage wirft sich nun durch den Nachweis von Photosynthese-abhängigen Ionenpumpen auf, die nicht durch ATP oder $\sim P$ mit Energie versorgt werden (s. besonders Kapitel 6.2.3.2).

Das Problem, daß in den Chloroplasten ablaufende Energie-übertragende Reaktionen mit Transportprozessen an *entfernt* liegenden Membranen gekoppelt sind, wird durch Befunde über den Mechanismus der Salzexkretion bei *Atriplex spongiosa*-Blättern noch anschaulicher. Die Blätter von *A. spongiosa* und von anderen *Atriplex*- und *Chenopodium*arten tragen epidermale „Haare", die aus einer großen blasenförmigen, vacuolisierten Zelle und einer drüsenartigen Stielzelle bestehen (Abb. 7.9 a). Die aktive Cl^--Exkretion (s. Kapitel 2.2.2.5) in die große Blasenvacuole ist ein stark vom Licht geförderter, Photosynthese-abhängiger aber ATP- oder $\sim P$-unabhängiger Prozeß. Das Cytoplasma der Blasen- und Stielzellen enthält aber kaum Chloroplasten, die Zellen sind nachgewiesenermaßen photosynthetisch inaktiv. Die Energie für die aktive Cl^--Exkretion im Licht muß von den entfernt liegenden Chloroplasten des Blattmesophylls kommen (s. auch Kapitel 7.1.2.1, 7.2.2.1 und Abb. 7.2).

Das Problem der Koppelung zwischen Energie-übertragenden Reaktionen im Inneren der Chloroplasten mit räumlich entfernten, Energieverbrauchenden Prozessen wird also beim Falle des ATP-unabhängigen,

Photosynthese-abhängigen Ionentransportes besonders deutlich. Die Frage des Energietransportes durch die Chloroplastenmembran ist aber nicht nur für Transportmechanismen sondern ganz allgemein für Energie der photosynthetischen Primärreaktionen verbrauchende Vorgänge außerhalb der Chloroplasten von Bedeutung. Diese Frage wurde in letzter Zeit von verschiedenen Autoren intensiv diskutiert.

Eine Koppelung zwischen Energieübertragungsreaktionen in den Chloroplasten und Transportprozessen an entfernt liegenden Membranen kann durch physikalische oder durch chemische Mechanismen zustandekommen. Durch die Elektronenverschiebungen in den Thylakoidmembranen und die damit verbundenen Ionenverschiebungen quer durch die Thylakoidmembranen werden Veränderungen elektrochemischer Gleichgewichte an den Grenzen verschiedener Kompartimente hervorgerufen. Die Koppelungsmodi, die unmittelbar durch diese Gleichgewichtsänderungen bedingt sind, bezeichnen wir hier als physikalische Koppelungsmechanismen. Unter chemischen Mechanismen wollen wir verstehen, daß die Energie aus den Chloroplasten in chemischer Form zu den Transportsystemen gebracht wird (LÜTTGE, 1973).

6.2.4.1 Die Koppelung durch chemische Mechanismen

A. Der Adenylattransport durch die Chloroplastenhülle. Man hat eine Weile angenommen, daß Energie in Form von ATP sehr leicht durch einfache Diffusion aus den Plastiden in das umgebende Cytoplasma gelangen könne. Es schien deshalb keine besonderen Schwierigkeiten zu machen, die Koppelung von Membrantransportprozessen mit photosynthetischen Primärreaktionen durch die Abhängigkeit der Transportmechanismen von in der Photosynthese gebildetem ATP zu erklären. Heute weiß man, daß nicht nur der Mechanismus der energetischen Koppelung ATP-unabhängiger Transportprozesse besondere Probleme aufwirft. Auch die ATP-Verteilung innerhalb der Zelle stellt ein komplexes Problem dar. ATP ist in der Zelle kompartimentiert. Für den ATP-Transport aus den Mitochondrien heraus sind besondere in der Mitochondrienmembran lokalisierte Austauschmechanismen verantwortlich. Man hält heute auch eine einfache Diffusion von Adenylatgebundener Energie durch die äußere Chloroplastenmembran für unwahrscheinlich. Es ist vielmehr anzunehmen, daß hier – wie bei den Mitochondrien – spezifische Adenylattransportmechanismen wirksam sind. Es ist aber auch möglich, daß ein Transport von energiereichem Phosphat durch die Chloroplastenhülle in der Hauptsache unabhängig vom Adenylat erfolgt. Einen solchen Mechanismus werden wir im nächsten Abschnitt diskutieren.

B. Adenylat-unabhängiger Transport von energiereichem Phosphat durch die Chloroplastenhülle. Bei den Sekundärreaktionen der Photosynthese wird CO_2 unter Verbrauch der in den Primärreaktionen gebildeten Reduktions- und Energieäquivalente ($NADPH + H^+$ und ATP) reduziert und zu Hexose assimiliert. Vor der Bildung der Hexose treten dabei Intermediärverbindungen auf, C_3-Körper, die unter Umständen die Chloroplastenhülle leicht passieren und den Transport photosynthetischer Energie in das Cytoplasma vermitteln können. Man bezeichnet die entsprechenden Verbindungen als Transportmetabolite (STOCKING und LARSON, 1969; HEBER und SANTARIUS, 1970; HELDT, 1969; HELDT und RAPELEY, 1970).
Insbesondere die 3-Phosphoglycerinsäure und das Dihydroxiacetonphosphat sind als derartige Transportmetabolite bekannt geworden. Abbildung 6.16 zeigt ein vereinfachtes Schema der Stoffwechselreaktionen zwischen der 3-Phosphoglycerinsäure, dem Glycerinaldehyd-3-Phosphat und dem Dihydroxiacetonphosphat. Die hierbei notwendigen Enzyme wurden sowohl im Inneren der Chloroplasten als auch im Cytoplasma nachgewiesen. Es ist also sehr gut möglich, daß der in Abbildung 6.16 gezeigte Kreislauf für den Energietransport zwischen Chloroplasten und Cytoplasma verantwortlich ist. Glycerinaldehyd-3-Phosphat kann die Chloroplastenhülle wahrscheinlich nur sehr schwer passieren, es steht aber durch die Triosephosphatisomerase-Reaktion

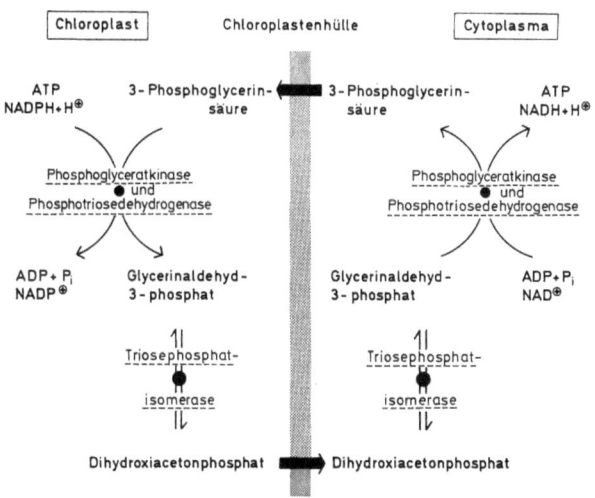

Abb. 6.16. Phosphoglycerinsäure–Dihydroxiacetonphosphat–*Shuttle* zum Transport von energiereichem Phosphat (ATP) und Reduktionsäquivalenten zwischen Chloroplasten und Cytoplasma. (Nach den Vorstellungen von STOCKING und LARSON, 1969, und von HEBER und SANTARIUS, 1970)

mit dem Transportmetaboliten Dihydroxiacetonphosphat im Gleichgewicht.

Das Schema der Abbildung 6.16 macht darüberhinaus deutlich, daß beim 3-Phosphoglycerinsäure ↔ Dihydroxiacetonphosphat-Pendelverkehr nicht nur energiereiches Phosphat durch die Chloroplastenhülle transportiert wird, sondern auch eine stöchiometrische Menge von Reduktionsäquivalenten. In der Bilanz werden pro Mol Transportmetabolit 1 Mol ATP und 1 Mol Reduktionsäquivalente aus den Chloroplasten in das Cytoplasma transportiert, ohne daß Adenylate oder Pyridinnukleotide selbst wandern. Die Chloroplastenhülle ist übrigens für Pyridinnukleotide recht undurchlässig, worauf wir im kommenden Abschnitt noch zurückkommen müssen.

Der hier diskutierte stöchiometrische Zusammenhang zwischen dem Transport von ~ P und von Reduktionsäquivalenten durch die Chloroplastenhülle – der unausweichlich ist, wenn der ~ P-Transport durch die Transportmetaboliten vermittelt wird – wirft aber noch ein anderes interessantes Problem auf. Wenn eine ATP-Diffusion durch die Chloroplastenhülle unmöglich ist, und wenn ein spezifisches Adenylattransportsystem fehlt oder nur wenig effektiv ist (HEBER und SANTARIUS, 1970), kann ~ P offenbar nur in Begleitung von Reduktionsäquivalenten durch die Chloroplastenhülle transportiert werden. Unter diesen Bedingungen wäre es nicht möglich, daß in der cyclischen Photophosphorylierung gebildetes ATP unabhängig vom nicht-cyclischen Elektronenfluß außerhalb der Chloroplasten ablaufende Prozesse mit Energie versorgt, denn in der cyclischen Phosphorylierung entstehen keine Reduktionsäquivalente (Abb. 6.13), und das ATP könnte nicht transportiert werden. Wir haben aber oben (Kapitel 6.2.3) Membrantransportprozesse diskutiert, die durch in der cyclischen Photophosphorylierung entstehendes ATP angetrieben werden. Daneben kennt man noch eine ganze Reihe anderer Zellfunktionen, die auf diese Weise mit Energie versorgt werden sollen.

Dies bedeutet, daß entweder unsere Vorstellungen über die Rolle der cyclischen und der nicht-cyclischen Photophosphorylierung bei solchen Vorgängen unrichtig sind, oder daß doch ein beträchtlicher ~ P-Transport in Form von Adenylat durch die Chloroplastenhülle möglich ist. Einen Ausweg aus diesem Dilemma bietet vielleicht die zusätzliche Annahme eines Pendelverkehrs für Reduktionsäquivalente zwischen Chloroplasten und Cytoplasma (siehe Kapitel 6.2.4.1 C.). Auf diese Weise könnten unter Bedingungen rein cyclischer Photophosphorylierung Reduktionsäquivalente aus dem Cytoplasma für den durch Transportmetaboliten vermittelten ~ P-Transport in das Chloroplasteninnere gelangen (HEBER und KRAUSE, 1971; KRAUSE, 1971).

C. Der Transport von Reduktionsäquivalenten durch die Chloroplastenhülle.

Besondere Schwierigkeiten machte seit jeher, wie erwähnt, die Erklärung ATP- oder $\sim$ P-unabhängiger Transportmechanismen, die mehr oder weniger direkt mit den Elektronenübertragungen gekoppelt sind. Der Elektronenfluß ist an die Thylakoidmembranen gebunden, und man kann sich nur schwer vorstellen, wie dieser Vorgang Transportmechanismen an entfernt liegenden Membranen mit Energie speisen soll. Da beim nicht-cyclischen Elektronenfluß Reduktionsäquivalente gebildet werden, hat man angenommen, daß dieses Potential eventuell die Energiequelle von ATP-unabhängigen aber an den Elektronenfluß gebundenen Transportprozessen sein könnte. Auch diese Hypothese hat jedoch ihre Schwierigkeiten, denn die Chloroplastenhülle ist für Pyridinnukleotide kaum passierbar (HEBER und SANTARIUS, 1965).

Wie beim Transport von energiereichem Phosphat ist auch hier wieder an die Vermittlerrolle von Transportmetaboliten zu denken. Ein Beispiel haben wir gewissermaßen schon in Abbildung 6.16 kennengelernt. Hier werden energiereiches Phosphat und Reduktionsäquivalente gemeinsam durch die Chloroplastenhülle transportiert.

Abbildung 6.17 zeigt ein Pendelverkehrsystem, bei dem ausschließlich Reduktionsäquivalente transportiert werden. Es handelt sich um den bei der Photorespiration wichtigen Glyoxylat-Glycolat-*Shuttle* zwischen Chloroplasten und Peroxisomen (siehe auch Kapitel 7.1.2.4).

Eine besondere Rolle spielen Transportmetabolite in den Blättern von höheren Pflanzen, deren CO_2-Assimilationsgewebe in das sogenannte Mesophyll- und Leitbündelscheidenparenchym differenziert ist. Der anatomischen Differenzierung entspricht eine physiologisch-biochemische Differenzierung (Abb. 6.18). Die Synthese von Zucker und

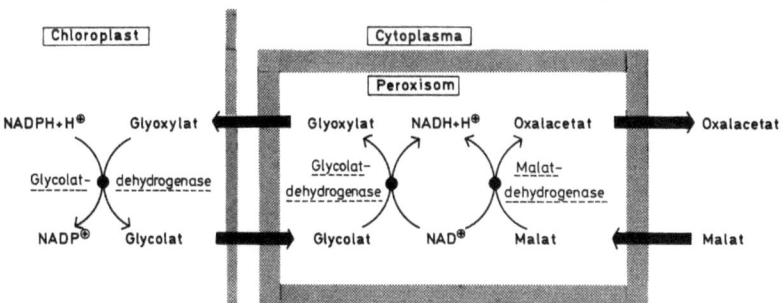

Abb. 6.17. Glycolat–Glyoxylat–*Shuttle* zum Transport von Redoxäquivalenten zwischen Chloroplasten, Peroxisomen und Cytoplasma. (Nach den Vorstellungen von KISAKI und TOLBERT, 1969)

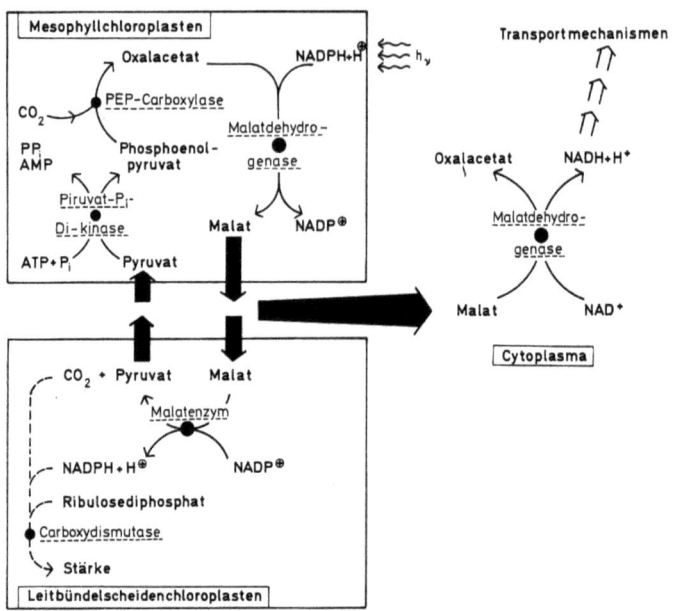

Abb. 6.18. Stark vereinfachtes Schema des C_4-Weges der Photosynthese mit Malat und Pyruvat als Transportmetaboliten und der möglichen Nutzung von Reduktionsäquivalenten aus dem Malat für cytoplasmatische Reaktionen und Transportmechanismen. (Nach HATCH und SLACK, 1970; s. auch HATCH et al., 1971, und TING und DUGGER, 1965)

Stärke erfolgt hier wohl hauptsächlich in den Chloroplasten des Leitbündelscheidenparenchyms. Das CO_2 aus der Luft wird im Mesophyll durch die Phosphoenolpyruvat-(PEP-)Carboxylase an Phosphoenolpyruvat fixiert. Unter Verbrauch von Reduktionsäquivalenten entsteht in den Mesophyllchloroplasten u.a. Malat, das dann von den Mesophyllchloroplasten zu den Leitbündelscheidenchloroplasten transportiert wird. Dabei ist nicht nur ein zweimaliger Membrantransport (Querung der Hüllen der Mesophyllchloroplasten und der Leitbündelscheidenchloroplasten) sondern auch ein symplasmatischer Transport in der cytoplasmatischen Phase erforderlich (vgl. Kapitel 7.1.2.4). In den Leitbündelscheidenchloroplasten werden unter Zurückgewinnung von Pyruvat das fixierte CO_2 und die Reduktionsäquivalente aus dem Malat wieder frei und können zur Zuckersynthese benutzt werden.

Der Malattransport vermittelt also einen CO_2-Transport und einen Transport von Reduktionsäquivalenten. Letztere sind für die CO_2-Assimilation in den Leitbündelscheidenzellen wohl besonders in jenen Fällen sehr wichtig, wo die Leitbündelscheidenchloroplasten kein aktives Photosystem II besitzen, also keinen nicht-cyclischen Elektronentransport durchführen können, was bei einer ganzen Reihe von Arten beobachtet werden konnte. In dem CO_2-Transport kann man vor allem einen Mechanismus für die Konzentrierung von CO_2 in den Leitbündelscheidenzellen sehen. Die Reaktionsgeschwindigkeit der Carboxydismutase wird dadurch erhöht. Dieses Enzym hat eine viel geringere Affinität zu CO_2 ($K_M = 7 \cdot 10^{-6}$ M) als die PEP-Carboxylase ($K_M = 450 \cdot 10^{-6}$ M) (cf. HATCH et al., eds., 1971: p. 149). Da bei der Photosynthese dieser Pflanzen die ersten faßbaren Produkte der CO_2-Fixierung C_4-Körper sind, nennt man sie auch C_4-Pflanzen. Im Gegensatz dazu treten ja bei der normalen Photosynthese, wo alle Reaktionen von der CO_2-Fixierung durch die Caboxydismutase bis zur Zuckerbildung in ein- und demselben Chloroplasten ablaufen können, als erste faßbare Fixierungsprodukte C_3-Körper auf, weshalb man auch von C_3-Pflanzen spricht (Literatur über die C_4-Photosynthese s. HATCH et al., eds., 1971).

Bei der Photosynthese der C_4-Pflanzen ist also ein umfangreicher Transport von Intermediärverbindungen erforderlich (s. Abb. 7.5), und zwar nach unserem vereinfachten Schema der Abbildung 6.18 vor allem von Malat und Pyruvat, die in entgegengesetzter Richtung wandern.

Das Malat ist ein für den Ionentransport allgemein interessantes Säureanion. In Kapitel 4.2.1.3 haben wir gesehen, daß bei ungleicher Kationen- und Anionenaufnahme neu synthetisiertes Malat als Gegenion für überschüssige Kationen zur Wahrung der Elektroneutralität in die Vacuole transportiert wird. In Abb. 6.18 wird deutlich, daß bei der Photosynthese der C_4-Pflanzen in den Mesophyllchloroplasten synthetisiertes Malat durch den photosynthetischen Elektronentransport gebildete Reduktionsäquivalente enthält. Der Malattransport aus den Mesophyllchloroplasten in die Leitbündelscheidenchloroplasten ist also auch ein Transport von photosynthetischer Energie. Diese Energie muß nicht notwendigerweise in ihrer Gesamtheit zu den Leitbündelscheidenchloroplasten gelangen. Es ist auch möglich, daß ein Teil des Malats Reaktionen im Cytoplasma unterworfen wird, das es ja beim Transport durchwandern muß. Durch die cytoplasmatische NAD-abhängige Malatdehydrogenase können Reduktionsäquivalente in Form von $NADH + H^+$ gebildet werden. Es wäre denkbar, daß dieses Reduktionspotential irgendwie zur Energieversorgung von aktiven Transportprozessen herangezogen werden könnte.

Abgesehen von der Tatsache des umfangreichen Transportes von Intermediärprodukten bei den C_4-Pflanzen und von der bekannten Enzymverteilung, die die Reaktionen prinzipiell in der dargestellten Weise ermöglichen würde, ist das Schema der Abbildung 6.18 hypothetisch.

Hinzu kommt aber noch eine auffallende Korrelation. Die höheren Pflanzen, in deren Blättern ein Photosynthese-abhängiger aber ATP-unabhängiger Cl^--Aufnahmemechanismus gefunden wurde, sind alles C_4-Pflanzen: *Atriplex spongiosa, Zea mays* und *Amaranthus caudatus* (Kapitel 6.2.3.4; LÜTTGE et al., 1971 c). Die in Abbildung 6.18 dargestellte Hypothese würde diese Korrelation erklären. Allerdings hat die Hypothese noch Schönheitsfehler. Bei dem diskutierten System ist zur Aufrechterhaltung des Pendelverkehrs auch ATP nötig, nämlich an der Stelle der Wiedereinschleusung des Pyruvates in den Zyklus, das hier zum Phosphoenolpyruvat phosphoryliert werden muß.

Daß Malat einem umfangreichen Transport von Reduktionsäquivalenten durch die Chloroplastenhülle dienen kann, wurde auch an isolierten Spinatchloroplasten (C_3-Pflanze) gezeigt. Das entsprechende Schema

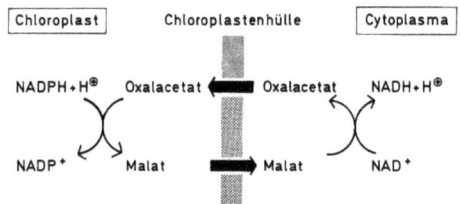

Abb. 6.19. Malat-Oxalacetat-*Shuttle* zum Transport von Redoxäquivalenten zwischen Chloroplasten und Cytoplasma. (Nach HEBER und KRAUSE, 1971)

eines Malat ↔ Oxalacetat-Pendelverkehrs ist in Abbildung 6.19 dargestellt.

Ein letztes System, das einen Transport von Reduktionsäquivalenten aus dem Plastideninneren in das Cytoplasma vermitteln kann, sei kurz anhand von Abbildung 6.20 a diskutiert. Ähnlich wie die Mesomerase, die einmal bei Mitochondrien für den Transport von $\sim$ P ohne eine eigentliche Adenylattranslokation diskutiert wurde (Abb. 6.20 b), soll hier

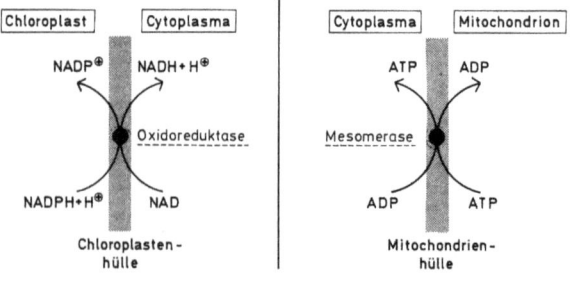

Abb. 6.20. Oxidoreduktase nach den Vorstellungen von GREEN und ISRAELSTAM (1970) und Mesomerase nach den Vorstellungen von BRIERLEY und GREEN (1965)

eine Membran-gebundene Oxidoreduktase den Übertritt von Reduktionsäquivalenten durch die Plastidenhülle vermitteln.

D. Molekulare Wechselwirkungen zwischen energiereichen Metaboliten und Membrantransportmechanismen. Zur Erklärung der molekularen Wechselwirkung der in Transportmetaboliten enthaltenen Energie und aktiven Membrantransportmechanismen gibt es verschiedene Überlegungen. Man hat Vorstellungen entwickelt, wie ATP oder ~ P mit einem Träger in einer Membran reagieren und so einen aktiven Transportprozeß antreiben könnte (Kapitel 3.2.2.2 B I.). Aufgrund der Versuche von KABACK und Mitarbeitern (Kapitel 6.1.1.3) lassen sich nun auch Modelle für die Ausnutzung von Reduktionsäquivalenten bei aktiven Membrantransportmechanismen überlegen. Trotzdem ist natürlich an den vorstehenden Modellen der chemischen Koppelung zwischen Energie-übertragenden Reaktionen im Inneren der Chloroplasten und aktivem Transport an entfernt liegenden Membranen vieles hypothetisch. Nach SMITH (1970) könnte auch eine Ladungstrennung am Plasmalemma nach der Art der Mitchell-Hypothese (Kapitel 5.2.2) zu einer Ionenaufnahme führen. Stoffwechselenergie würde diese Trennung von H^+ und OH^- bewirken, und die wandernden H^+ und OH^- Ionen könnten Kationen- und Anionenaufnahme bewirken (Abb. 6.21).

Unsere Modelle sind aber nicht nur für die Erklärung der chemischen Koppelung von Transportprozessen mit Energie-liefernden Vorgängen lehrreich. Sie bieten darüber hinaus Beispiele dafür, daß wegen der Kompartimentierung von Substraten und Produkten an biochemischen Reaktionsabläufen Membrantransportprozesse durch die Kompartimentsgrenzen beteiligt sein müssen. Diese Schlußfolgerung läßt sich

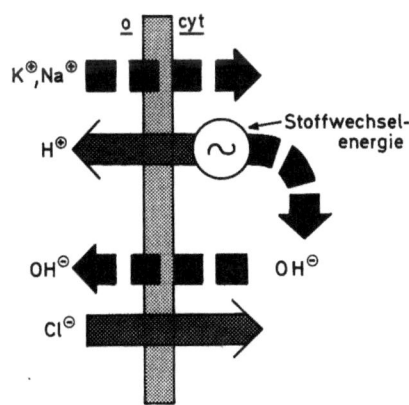

Abb. 6.21. Stoffwechselabhängige Ladungstrennung am Plasmalemma von *Chara*-Zellen und dadurch angetriebene Kationen- und Anionenaufnahme. o = Außenlösung, cyt = Cytoplasma. (Nach SMITH, 1970)

durchaus verallgemeinern und ist von größter Bedeutung. Membrantransportprozesse verbinden die verschiedenen Reaktionsräume innerhalb der Zelle und tragen zur Regulation des Stoffwechsels bei.

6.2.4.2 Die Koppelung durch physikalische Mechanismen

Der physikalische Koppelungsmodus zwischen den Energie-übertragenden Reaktionen in den Thylakoidmembranen der Chloroplasten und Transportprozessen an entfernt liegenden Membranen beruht – wie in der Einleitung zu Kapitel 6.2.4 kurz erwähnt wurde – auf elektrischen Vorgängen. Er kann deshalb nur bei Ionentransportprozessen wirksam sein.

Wir haben im 5. Kapitel gesehen, daß mit dem Elektronenfluß in den Thylakoidmembranen Ionenverschiebungen quer durch die Thylakoidmembranen verbunden sind (Kapitel 5.2.2). Dabei handelt es sich primär wahrscheinlich um den Transport von H^+- oder K^+-Ionen. Andere Ionenfluxe durch die Thylakoidmembranen können damit gekoppelt sein. Diese Ionenverschiebungen verändern die Ionenkonzentrationen außerhalb und innerhalb der Thylakoide. Aus der Topographie der Zelle folgt, daß davon auch die elektro-chemischen Potentialdifferenzen am Plasmalemma und am Tonoplasten betroffen sein müssen, die schließlich die Ionenaufnahme und -abgabe durch die Zelle als Ganzes wesentlich mitbestimmen. Im Folgenden besprechen wir einige experimentelle Befunde zur Erläuterung dieser Theorie.

A. Der Photosynthese-abhängige photoelektrische Membraneffekt. Es wurde oben schon erwähnt, daß Belichtung grüner Zellen Veränderungen des Membranpotentials verursacht (Kapitel 6.2.1.1). Die Lichtwirkung kann dabei von der Photosynthese unabhängig sein oder durch eine Beteiligung des photosynthetischen Apparates zustande kommen. Hier interessiert uns der zweite Fall.

Photosynthese-abhängige Änderungen des Membranpotentials treten oft als transitorische Phänomene auf. Das durch einen Licht-Dunkel-Wechsel oder durch einen Dunkel-Licht-Wechsel aus der Ruhelage gebrachte Membranpotential kehrt nach wenigen Oscillationen in vielen Fällen wieder auf das Niveau des ursprünglichen Ruhepotentials zurück. Verschiedentlich wurden auch unterschiedliche Niveaus des Ruhepotentials im Dauerlicht und im Dauerdunkel beobachtet (Kapitel 6.2.4.2 D.). Da die Übergangsphänomene nach einem Licht-Dunkel- oder einem Dunkel-Licht-Wechsel jedoch oftmals länger als eine Stunde dauern, weil Schwingungen von großer Periodenlänge auftreten, ist manchmal aber unklar, ob dabei die entsprechenden Versuche lange genug verfolgt wurden.

Abbildung 6.22 zeigt den typischen Verlauf der transitorischen Veränderung des Membranpotentials einer grünen Blattzelle im Licht-Dunkel-Licht-Wechsel. Dabei befand sich die Meßelektrode in der Vacuole der Zelle und die Vergleichselektrode in einer Außenlösung von 5 mM KCl und 0.1 mM $CaSO_4$. Das gemessene Potential setzt sich also zusammen aus dem Tonoplasten-, Plasmalemma- und Zellwandpotential, wobei aber das Plasmalemmapotential bei weitem den größten Beitrag leistet (Kapitel 2.2.2.4 B., Tabelle 2.2). Bei einem Übergang vom Dunkeln zum Licht reagiert das Membranpotential zunächst mit einer Depolarisierung (d.h. einer Verringerung der negativen Potentialdifferenz zwischen innen und außen). Eine Lag-Phase ist mit der benutzten Apparatur, einer mit 0.3 M KCl gefüllten Glaselektrode, Agarbrücken, Kalomelhalbzellen und einem an ein Elektrometer angeschlossenen Linienschreiber, nicht festzustellen. Kurz nach Beginn der Depolarisierung schwingt das Potential noch einmal zurück, dann schreitet die Depolarisierung fort, erreicht innerhalb von etwa 2 Minuten ein Maximum, worauf das Potential mit Oscillationen zunehmender Periodenlänge und abnehmender Amplitude allmählich wieder auf das Niveau des Ruhepotentials zurückschwingt. Bei einem Wechsel vom Licht zum Dunkeln beobachten wir einen ähnlichen Effekt, die Anfangsänderung beim Licht-Dunkel-Übergang erfolgt jedoch spiegel-

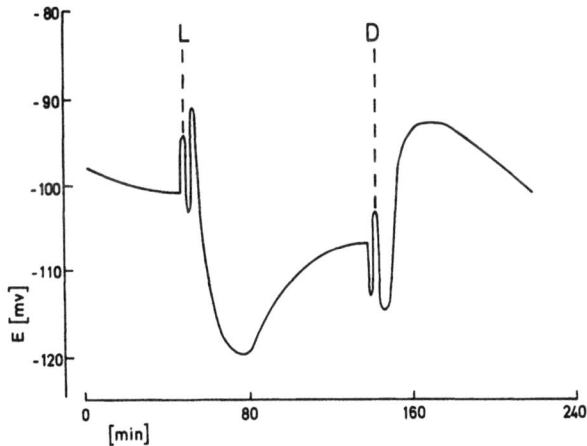

Abb. 6.22. Transitorische Veränderungen des Membranpotentials grüner Mesophyllzellen von *Atriplex spongiosa* im Dunkel-Licht- und im Licht-Dunkelwechsel. (Aus PALLAGHY und LÜTTGE, 1970, verändert)

bildlich zum Dunkel-Licht-Übergang. Die erste Änderung ist hier also eine Hyperpolarisation.

Eine Auslenkung des Potentials aus der Ruhelage durch Beleuchtungswechsel, wie sie hier beschrieben ist, wurde für eine große Zahl von grünen Pflanzenzellen nachgewiesen. Versuche mit Hemmstoffen und mit Licht definierter Wellenlänge zeigen klar, daß es sich um ein vom nicht-cyclischen Elektronenfluß der Photosynthese abhängiges Phänomen handelt (s. PALLAGHY und LÜTTGE, 1970 mit weiteren Literaturhinweisen; THROM, 1970, 1971 a, b).

Das Phänomen des Photosynthese-abhängigen photoelektrischen Membraneffektes stellt uns zwei Fragen:

i) Wie kommen die beim unmittelbar nach einem Licht-Dunkel- und einem Dunkel-Licht-Wechsel in verschiedenen Richtungen ablaufenden Auslenkungen des Potentials zustande?

ii) Wodurch kann das Potential im Dauerlicht unter Umständen das gleiche Ruheniveau erreichen wie im Dauerdunkel?

B. Zusammenhänge zwischen dem photoelektrischen Membraneffekt und Elektronentransport-abhängigen Protonenfluxen. Hinweise für die experimentelle Bearbeitung der ersten Frage erhalten wir durch die Beobachtung von pH-Änderungen des Milieus, die zeitlich mit den Membranpotential-Änderungen korreliert sind. Überlegen wir einmal, ob H^+-Ionenverschiebungen einen wichtigen Beitrag zu den Photosynthese-abhängigen Potentialänderungen leisten könnten! Bei plötzlichem Einschalten des Lichtes setzen sofort die photosynthetischen Elektronenübertragungen ein, und H^+-Ionen werden in das Innere der Thylakoide aufgenommen. Dadurch muß das Chloroplastenstroma und schließlich das Cytoplasma H^+-Ionen verlieren. Das Sinken der H^+-Konzentration im Cytoplasma muß entsprechend der Nernst- (2.16) oder der Goldman-Gleichung (2.25) von einer Depolarisierung des Membranpotentials begleitet sein, die wir ja auch beobachten können. Gleichzeitig sollten durch Erniedrigung der cytoplasmatischen H^+-Konzentration aber in erhöhtem Maße H^+-Ionen durch das Plasmalemma in die Zelle einströmen können. Beim Licht-Dunkel-Wechsel müßten sich die Ereignisse in umgekehrter Richtung abspielen.

Tatsächlich ändert sich die Richtung der pH-Änderung des Milieus bei Licht-Dunkel- und Dunkel-Licht-Wechseln in der erwarteten Weise. Es sind zwei grundsätzlich verschiedene Erklärungsmöglichkeiten dieses apparenten Protonenflusses diskutiert worden. Einmal könnte er im oben beschriebenen Sinne einer „physikalischen Koppelung" den Elektronentransport und den H^+-Flux an den Thylakoidmembranen widerspiegeln. Andererseits kann er einfach durch die photosynthetische CO_2-Assimilation gegeben sein, etwa nach dem Schema:

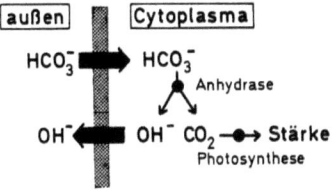

Wenn es sich beim HCO_3^-- und OH^--Transport um zwei mit verschiedener Kinetik gegeneinander arbeitende Pumpen handelt, kann das vorübergehende Ausschwingen des Membranpotentials erklärt werden (DENNY und WEEKS, 1970).
Entscheidend sind Experimente, wo Protonenfluxe in Abwesenheit einer CO_2-Fixierung beobachtet werden. Nach NEUMANN und LEVINE (1971) ist dies nicht möglich. Sie arbeiteten mit einer *Chlamydomonas*-Mutante, deren photosynthetische Sekundärreaktionen defekt waren, so daß kein CO_2 fixiert werden konnte, obwohl die Primärreaktionen der Photosynthese normal abliefen. Bei intakten Zellen ließ sich kein Protonenflux beobachten. Isolierte Thylakoide zeigten jedoch einen normalen Protonenflux. Dies deutet daraufhin, daß H^+-Verschiebungen an den Thylakoiden sich nicht über die Chloroplastenhülle hinweg zum Plasmalemma hin auswirken. Auch HEBER und KRAUSE (1971) sind der Ansicht, daß die äußere Chloroplastenhülle wenig permeabel für H^+-Ionen ist.
Andererseits fanden HOPE et al. (1972), daß der Entkoppler F-CCP und der künstliche Elektronenakzeptor p-Benzochinon (pBQ) die CO_2-Fixierung von *Elodea*-Blättern sehr drastisch hemmten, während ein beträchtlicher apparenter Protonenfluß erhalten blieb. Danach könnte wenigstens ein Teil des Protonenflusses intakter Zellen unmittelbar mit dem Elektronenfluß der Photosynthese gekoppelt sein. Da F-CCP und pBQ aber auch die Membranpermeabilität erhöhen, bleibt unklar, ob sie nicht erst dadurch den H^+-Flux an den Thylakoiden im Außenmedium apparent werden lassen. Versuche mit etiolierten Gersteblättern, die soweit ergrünt waren, daß der nicht-cyclische Elektronenfluß der Photosynthese intakt war, aber die Sekundärreaktionen noch nicht ablaufen konnten, zeigen jedoch klar, daß Protonenfluxe unmittelbar mit dem Elektronenfluß (O_2-Entwicklung) verknüpft und von der CO_2-Fixierung unabhängig sein können (Abb. 6.23; LÜTTGE, 1973). Hierin kann man ein Beispiel eines physikalischen Koppelungsmechanismus' sehen.

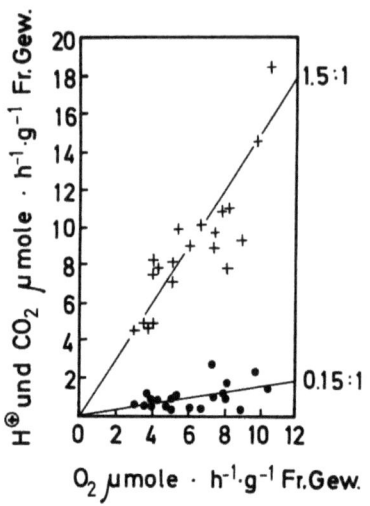

Abb. 6.23. Vergleich zwischen H^+-Influx und O_2-Entwicklung (+) und CO_2-Fixierung und O_2-Entwicklung (●) bei ergrünenden Gersteblättern. Ergrünungsdauer 30 bis 120 min. (Aus LÜTTGE, 1973)

Gegen den Versuch, mit Hilfe dieser Protonenverschiebungen die Membranpotentialoscillationen zu erklären, wurde eingewandt, daß die H^+-Fluxe an den Thylakoiden nicht groß genug seien. In die Goldman-Gleichung (2.25) geht jedoch nicht nur der H^+-Konzentrationsgradient sondern auch der Permeabilitätskoeffizient ein. Der Permeabilitätskoeffizient von *Nitella*-Zellmembranen für H^+-Ionen ist um mehrere Größenordnungen höher als der Permeabilitätskoeffizient für Na^+-Ionen und K^+-Ionen, so daß gerade Veränderungen der H^+-Konzentration besonders stark ins Gewicht fallen:

P_{H^+}	P_{K^+}	P_{Na^+}	P_{Cl^-}	
10^{-3}	$4 \cdot 10^{-8}$	$2 \cdot 10^{-9}$	10^{-9}	(cm · sec^{-1}) (KITASATO, 1968).

Wenn die Hypothese der kausalen Korrelation von H^+-Ionenverschiebungen mit den photosynthetischen Membranpotentialveränderungen richtig ist, muß sich umgekehrt entsprechend Gleichung (2.25) auch eine experimentelle Veränderung der H^+-Konzentration im Milieu auf das Membranpotential auswirken. Ein Effekt des Medium-pH-Wertes auf das Membranpotential wurde zwar nicht in allen entsprechenden Untersuchungen (JESCHKE, 1970b), aber doch häufig genug beobachtet (KITASATO, 1968), so daß dies zumindest qualitativ gesehen nicht als Argument gegen die Hypothese dienen kann. Kompliziert wird das Problem aber unter anderem dadurch, daß der pH-Wert des Mediums auch die Membranpermeabilität beeinflußt. Für *Chara*-Zellen wurden folgende Zusammenhänge gefunden:

	P_{K^+}	P_{Na^+}	P_{Cl^-}	
pH 6,5	$4.84 \cdot 10^{-7}$	$3.46 \cdot 10^{-7}$	$2.06 \cdot 10^{-10}$	(cm · sec^{-1})
pH 4,5	$0.49 \cdot 10^{-7}$	$14.0 \cdot 10^{-7}$	$5.11 \cdot 10^{-10}$	(cm · sec^{-1})

(LANNOYE et al., 1970). Das Membranpotential von *Nitella*-Zellen ist im pH-Bereich 8–6 relativ unempfindlich gegen Veränderungen der H$^+$-Konzentration, dagegen reagiert die Membran im pH-Bereich 6–4 auf Veränderungen der H$^+$-Konzentration wie eine H$^+$-Elektrode. (Das Membranpotential ändert sich um 56 mV pro pH-Einheit.) (KITASATO, 1968.)

C. Weitere kinetische Korrelationen. In Abbildung 6.24 sind die Lichtabhängigen Potentialänderungen mit stärker vergrößerter Zeitachse dargestellt. Sie werden hier mit verschiedenen anderen Licht-An- bzw. Licht-Aus-Signalen verglichen, die durch geeignetes Experimentieren mit intakten grünen Zellen gewonnen werden können.
Besonders interessant sind die Änderungen der Licht-Absorption bzw. Transmission intakter *Ulva*- und *Porphyra*-Zellen, die mit sehr ähnlicher Kinetik ablaufen. Diese Effekte können ebenfalls direkt mit Ionentransportprozessen in den Thylakoidmembranen in Verbindung gebracht werden. Bei Belichtung führt die H$^+$-Aufnahme durch die Thylakoide zu einer Protonisierung der Membranen, wodurch eine Verkleinerung der Zwischenräume zwischen den einzelnen Thylakoiden und eine Abnahme der Dicke der Thylakoidmembranen bewirkt werden soll. Der pH-Wert im Inneren der Thylakoide steigt, das Dissoziationsgleichgewicht schwacher organischer Säuren verschiebt sich auf die Seite der undissoziierten Säuren, elektrisch neutrale Säuremoleküle können aus den Thylakoiden austreten, und die Thylakoide verringern durch diesen Verlust von osmotisch wirksamer Substanz ihr Volumen. Bei Verdunkelung laufen alle diese Prozesse in umgekehrter Richtung ab (PACKER et al., 1970; MURAKAMI und PACKER, 1970).
Die Ähnlichkeit der Kinetik der Potential-, Wasserstoffionenflux- und Lichtabsorptionsänderungen mag ein Indiz für die Annahme eines kausalen Zusammenhanges zwischen diesen Prozessen sein. Interessant ist weiterhin, daß auch das Reduktionsniveau der Pyridinnukleotide, das durch den nicht-cyclischen Elektronenfluß gebildet und im wesentlichen durch die CO_2-Reduktion verbraucht wird, bei Licht-Dunkel-Licht-Wechseln im Minutenbereich liegende transitorische Veränderungen durchmacht (HEBER und SANTARIUS, 1965).
Die bemerkenswerte Tatsache, daß alle diese Signale im Minutenbereich liegende Kinetiken haben, läßt es wahrscheinlich werden, daß sie alle durch eine gemeinsame Ursache, nämlich das An- und Abschalten des photosynthetischen Elektronenflusses ausgelöst werden.

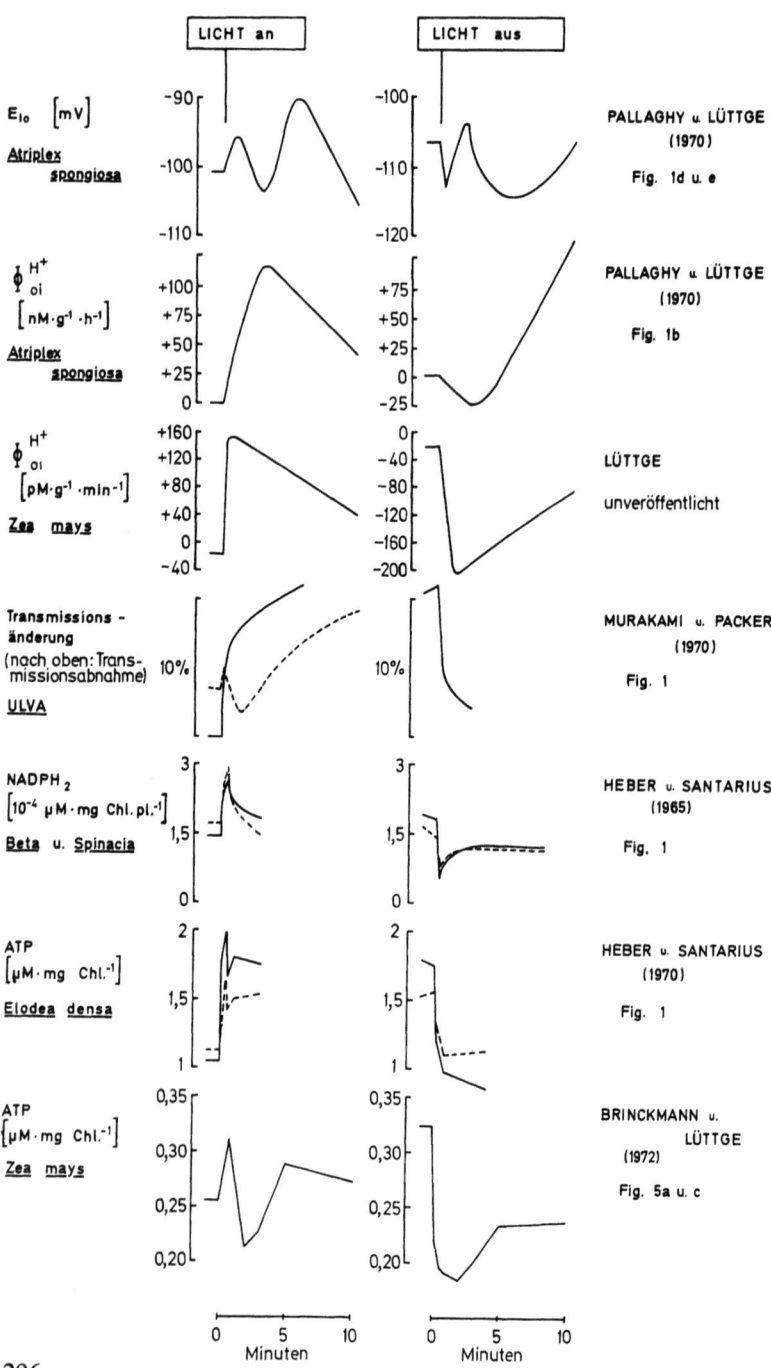

Wie vorsichtig man aber mit der Schlußfolgerung, daß damit gekoppelte H^+-Fluxe allein die H^+-Konzentration im Plasma beeinflussen, sein muß, zeigt die unterste Spalte von Abbildung 6.24.
Auch der ATP-Spiegel in den Zellen ist durch Licht ausgelösten transitorischen Veränderungen unterworfen (STROTMANN und HELDT, 1969; HOLM-HANSEN, 1970; HEBER und SANTARIUS, 1970; BRINCKMANN und LÜTTGE, 1972), die kinetisch den anderen Übergangsphänomenen entsprechen. Aus einer einfachen, schematischen Formulierung der ATP-Hydrolyse oder Synthese ist ersichtlich, daß mit Veränderungen des ATP-Spiegels auch pH-Änderungen in der Zelle zusammenhängen müssen:

$$ATP^{4-} + H_2O \rightleftharpoons ADP^{3-} + P_i^{3-} + 2H^+$$
$$ADP^{3-} + H_2O \rightleftharpoons AMP^{2-} + P_i^{3-} + 2H^+$$

$$ATP^{4-} + 2H_2O \rightleftharpoons AMP^{2-} + 2P_i^{3-} + 4H^+.$$

Die transitorische Erhöhung des cytoplasmatischen ATP-Spiegels bei Einschalten des Lichtes würde demnach ebenfalls einer Erniedrigung der H^+-Konzentration entsprechen. Auch hier ist die quantitative Diskussion wieder dadurch erschwert, daß zahlreiche unbekannte Größen in eine entsprechende Gleichung eingehen würden, u.a. der pH-Wert in den entscheidenden Kompartimenten und die dadurch bedingte Dissoziation der einzelnen Ionenbindungen beim ATP, ADP, AMP und P_i.

D. Regulation im Steady State. Es gibt – wie erwähnt – viele Fälle, wo das Ruhepotential im Licht größer ist als im Dunkeln, und wo man eine Licht-abhängige elektrogene Pumpe annehmen muß (GRADMANN, 1970; SADDLER, 1970). Bei *Vallisneria* beträgt das Ruhepotential im Dunkeln -90 mV und im Licht -200 mV. Das Membranpotential ist im Licht und im Dunkeln von der K^+-Konzentration der Außenlösung abhängig, interessanterweise aber nur im Licht und nicht im Dunkeln von der H^+ Konzentration (vgl. Seite 204 in Kapitel 6.2.4.2 B.) (BENTRUP, 1973). Wo das Membranpotential zum Teil durch das Wirken einer Licht-abhängigen Ionenpumpe verursacht wird, könnten die oben (Kapitel 6.2.4.2 A.) besprochenen Licht-ausgelösten Schwingungen des Membranpotentials auch mit der Energie-Koppelung dieser Pumpe zusammenhängen (VREDENBERG, 1972).

◄

Abb. 6.24. Vergleich verschiedener Signale, die beim Lichtanschalten bzw. beim Verdunkeln in grünen Pflanzenzellen beobachtet werden können.

Oft kommt das Membranpotential nach seiner Auslenkung im Dauerlicht und im Dauerdunkel aber auf das gleiche Ruhepotentialniveau zurück (vgl. Seite 200 in Kapitel 6.2.4.2 A.). Auch der ATP-Spiegel ist bei vielen grünen Zellen im Dauerlicht und im Dauerdunkel gleich groß (LÜTTGE et al., 1971 b). Schließlich darf man nicht annehmen, daß der cytoplasmatische pH-Wert im *Steady State* im Dunkeln und im Licht drastisch verschieden ist. Cytoplasmatische Reaktionssysteme sind zu empfindlich gegen den pH, als daß die Zelle dies auf die Dauer vertragen könnte.

Hier muß es Regulation geben. Der oscillatorische Charakter der in Abbildung 6.5, 6.22 und 6.24 gezeigten transitorischen Phänomene deutet auf kurzfristige Auslenkungen hin, die dann wieder einreguliert werden. Welcher Natur ist das Regulationsprinzip? Es kann sehr komplex sein. Die Vielfalt der biochemischen Reaktionen, bei denen Protonen als Partner oder Produkte auftreten, kann auf die pH-Regulation in der Zelle hinwirken (RAVEN und SMITH, 1973). Grundsätzlich würden aber zur Erklärung zwei gegeneinander arbeitende Vorgänge genügen.

Die mit dem Elektronenfluß in den Thylakoidmembranen der Chloroplasten und in den Cristae-Membranen der Mitochondrien verbundenen H^+-Fluxe quer durch diese Membranen könnten z.B. in diesem Sinne wirken (s. Fig. 16 und Fig. 17 in ROBERTSON, 1968). Sie verlaufen in entgegengesetzter Richtung: Beim photosynthetischen Elektronenfluß werden H^+-Ionen in die Thylakoidsysteme der Chloroplasten aufgenommen, beim respiratorischen Elektronenfluß werden H^+-Ionen aus den Mitochondrien abgegeben. Man kann sich vorstellen, daß durch Übergang vom Dunkeln zum Licht oder vom Licht zum Dunkeln durch die Veränderung photosynthetischer bzw. respiratorischer Aktivität das Ionengleichgewicht im Cytoplasma vorübergehend gestört wird und sich dann allmählich wieder einspielt. Die Konkurrenz zwischen Photophosphorylierung und Atmungskettenphosphorylierung um Akzeptoren (z.B. ADP) und anorganisches Phosphat für die Bildung energiereicher Phosphatbindungen könnte dabei ebenfalls eine Rolle spielen.

Hier sollte nun noch eine Erscheinung erwähnt werden, die der Geradlinigkeit der Argumentation halber bisher verschwiegen wurde. Die transitorischen Membranpotentialänderungen werden in der typischen Form, wie sie oben gezeigt wurden (Abb. 6.22 und 6.24), nur dann beobachtet, wenn sich das Membranpotential zum Zeitpunkt ihrer Auslösung im Ruhezustand oder nahe dem Ruhezustand befindet. Löst man während des Ablaufs eines transitorischen Potentials eine neue Veränderung aus, verläuft sie oft in anderer Form, oder man erhält überhaupt kein Signal. Daran mag es auch liegen, daß manchmal Anfangsänderungen des Membranpotentials von entgegengesetzter Richtung beschrieben wurden, als wir sie hier gezeigt haben. Auch diese Erscheinungen können mit dem Wirken des uns im Einzelnen noch unbekannten Regulationsmechanismus' zusammenhängen.

6.3 Literatur

ADAMS, P. B.: Plant Physiol. **45**, 495 (1970 a).
ADAMS, P. B.: Plant Physiol. **45**, 500 (1970 b).
ADAMS, P. B., ROWAN, K. S.: Plant Physiol. **45**, 490 (1970).
ANDERSEN, K. S., BAIN, J. M., BISHOP, D. G., SMILLIE, R. M.: Plant Physiol. **49**, 461 (1972).
ANDERSON, W. P.: Ann. Rev. Plant Physiol. **23**, 51 (1972).
ARISZ, W. H., SOL, H. H.: Acta Botan. Neerl. **5**, 218 (1956).
ATKINSON, M. R., POLYA G. M.: Australian J. Biol. Sci. **21**, 409 (1968).
BARNES, E. M., KABACK, H. R.: Proc. Natl. Acad. Sci. US. **66**, 1190 (1970).
BENTRUP, F. W.: Liverpool workshop on ion transport. W. P. Anderson, (Ed.). London: Academic Press 1973.
BISHOP, D. G., ANDERSEN, K. S., SMILLIE, R. M.: Plant Physiol. **49**, 467 (1972).
BISHOP, N. I.: Rec. Chem. Progr. **25**, 181 (1964).
BRAUNER, L., BRAUNER, M.: Protoplasma **28**, 230 (1937).
BRAUNER, L., BRAUNER, M.: Rev. Fac. Sci. Univ. Istanbul **3**, 1 (1938).
BRAUNER, L., BÜNNING, E.: Ber. Deut. Botan. Ges. **48**, 470 (1931).
BRIERLEY, G., GREEN, D. E.: Proc. Natl. Acad. Sci. US. **53**, 73 (1965).
BRINCKMANN, E., LÜTTGE, U.: Z. Naturforsch. **27 b**, 277 (1972).
BUDD, K., LATIES, G. G.: Plant Physiol. **39**, 648 (1964).
CONWAY, E. J.: Int. Rev. Cytol. **4**, 377 (1955).
COOPER, M. J., DIGBY, J., COOPER, P. J.: Planta **105**, 43 (1972).
CRAM, W. J.: Biochim. Biophys. Acta **173**, 213 (1969).
CUMMINS, W. R., KENDE, H., RASCHKE, K.: Planta **99**, 347 (1971).
DENNY, P., WEEKS, D. C.: Ann. Botany (London) **34**, 483 (1970).
DOWNTON, W. J. S., BERRY, J. A., TREGUNNA, E. B.: Z. Pflanzenphysiol. **63**, 194 (1970).
FLOYD, R. A., RAINS, D. W.: Plant Physiol. **47**, 663 (1971).
FONDEVILLE, J. C., SCHNEIDER, M. J., BORTHWICK, H. A., HENDRICKS, S. B.: Planta **75**, 228 (1967).
FORK, D. C., HEBER, U. W.: Plant Physiol. **43**, 606 (1968).
GINSBURG, H., GINZBURG, B. Z.: J. Exp. Botany **21**, 593 (1970).
GRADMANN, D.: Planta **93**, 323 (1970).
GREEN, W. G. E., ISREALSTAM, G. F.: Physiol. Plantarum **23**, 217 (1970).
HAGER, A., MENZEL, H., KRAUS, A.: Planta **100**, 47 (1971).
HATCH, M. D., SLACK, C. R.: Ann. Rev. Plant Physiol. **21**, 141 (1970).
HATCH, M. D., OSMOND, C. B., SLATYER, R. O., (Eds.): Photosynthesis and photorespiration. New York–London–Sydney–Toronto: John Wiley and Sons 1971.
HAUPT, W.: Z. Pflanzenphysiol. **58**, 331 (1968).
HAUPT, W.: Z. Pflanzenphysiol. **62**, 287 (1970).
HAUPT, W., MÖRTEL, G., WINKELNKEMPER, I.: Planta **88**, 183 (1969).
HEBER, U. W., KRAUSE, G. H.: In: Photosynthesis and photorespiration. Hatch, M. D., C. B. Osmond, and R. O. Slatyer, (Eds.): New York–London–Sydney–Toronto: John Wiley and Sons 1971.
HEBER, U., SANTARIUS, K. A.: Biochim. Biophys. Acta **109**, 390 (1965).
HEBER, U., SANTARIUS, K. A.: Z. Naturforsch. **25 b**, 718 (1970).
HELDT, H. W.: FEBS letters **5**, 11 (1969).

HELDT, H. W., RAPELEY, L.: FEBS letters **10**, 143 (1970).
HERTEL, R., THOMSON, K. S., RUSSO, V. E. A.: Planta **107**, 325 (1972).
HILLMAN, W. S., KOUKKARI, W. L.: Plant Physiol. **42**, 1413 (1967).
HOLM-HANSEN, O.: Plant Cell Physiology **11**, 689 (1970).
HOPE, A. B., LÜTTGE, U., BALL, E.: Z. Pflanzenphysiol. **68**, 73 (1972).
HORTON, R. F., MORAN, L.: Z. Pflanzenphysiol. **66**, 193 (1972).
JAFFE, M. J.: Science **162**, 1016 (1968).
JAFFE, M. J.: Plant Physiol. **46**, 768 (1970).
JAFFE, M. J., GALSTON, A. W.: Planta **77**, 135 (1967).
JESCHKE, W. D.: Planta **73**, 161 (1967).
JESCHKE, W. D.: Planta **91**, 111 (1970 a).
JESCHKE, W. D.: Z. Pflanzenphysiol. **62**, 158 (1970 b).
JESCHKE, W. D.: Membranes, Transport. Proc. 1st Europ. Biophys. Congr. Baden, Vol. III, p. 111 E. Broda, A. Locker and H. Springer-Lederer, (Eds.). 1971.
JESCHKE, W. D.: Planta **103**, 164 (1972 a).
JESCHKE, W. D.: Z. Pflanzenphysiol. **66**, 397 (1972 b).
JESCHKE, W. D.: Z. Pflanzenphysiol. **66**, 409 (1972 c).
JESCHKE, W. D., SIMONIS, W.: Z. Naturforsch. **22 b**, 873 (1967).
JESCHKE, W. D., SIMONIS, W.: Planta **88**, 157 (1969).
JONES, R. J., MANSFIELD, T. A.: J. Exp. Botany **21**, 714 (1970).
JONES, R. J., MANSFIELD, T. A.: Physiol. Plant. **26**, 321 (1972).
KABACK, H. R., MILNER, W. S.: Proc. Natl. Acad. Sci. US. **66**, 1008 (1970).
KANDLER, O.: Z. Naturforsch. **9 b**, 625 (1954).
KANDLER, O.: Z. Naturforsch. **10 b**, 38 (1955).
KASEMIR, H., MOHR, H.: Plant Physiol. **49**, 453 (1972).
KISAKI, T., TOLBERT, N. E.: Plant Physiol. **44**, 242 (1969).
KITASATO, H.: J. Gen. Physiol. **52**, 60 (1968).
KOMOR, E., TANNER, W.: Biochim. Biophys. Acta **241**, 170 (1971).
KRAUSE, G. H.: Z. Pflanzenphysiol. **65**, 13 (1971).
KRIEDEMANN, P. K., LOVEYS, B. R., FULLER, G. L., LEOPOLD, A. C.: Plant Physiol. **49**, 842 (1972).
LANNOYE, R. J., TARR, S. E., DAINTY, J.: J. Exp. Botany **21**, 543 (1970).
LEVINE, R. P.: Ann. Rev. Plant Physiol. **20**, 523 (1969).
LOOKEREN-CAMPAGNE, R. N. VAN: Acta Botan. Neerl. **6**, 543 (1957).
LÜTTGE, U.: Aktiver Transport. (Kurzstreckentransport bei Pflanzen). Protoplasmatologia. Handbuch der Protoplasmaforschung. Band VIII/7 b. Wien–New York: Springer 1969.
LÜTTGE, U.: Liverpool workshop on ion transport. W. P. ANDERSON, (Ed.). London: Academic Press 1973.
LÜTTGE, U., BALL, E.: Z. Naturforsch. **26 b**, 158 (1971).
LÜTTGE, U., LATIES, G. G.: Planta **74**, 173 (1967).
LÜTTGE, U., PALLAGHY, C. K., OSMOND, C. B.: J. Membrane Biol. **2**, 17 (1970).
LÜTTGE, U., CRAM, W. J., LATIES, G. G.: Z. Pflanzenphysiol. **64**, 418 (1971 a).
LÜTTGE, U., BALL, E., VON WILLERT, K.: Z. Pflanzenphysiol. **65**, 326 (1971 b).
LÜTTGE, U., BALL, E., VON WILLERT, K.: Z. Pflanzenphysiol. **65**, 336 (1971 c).
LÜTTGE, U., HIGINBOTHAM, N., PALLAGHY, C. K.: Z. Naturforsch. **27 b**, 1239 (1972).
LUNDEGÅRDH, H.: Physiol. Plant. **3**, 103 (1950).
LUNDEGÅRDH, H.: Ann. Rev. Plant Physiol. **6**, 1 (1955).
LUNDEGÅRDH, H.: Physiol. Plant. **11**, 332 (1958 a).
LUNDEGÅRDH, H.: Physiol. Plant. **11**, 564 (1958 b).
LUNDEGÅRDH, H.: Physiol. Plant. **11**, 585 (1958 c).
LUNDEGÅRDH, H., BURSTRÖM, H.: Biochem. Z. **261**, 235 (1933).
LUNDEGÅRDH, H., BURSTRÖM, H.: Biochem. Z. **277**, 223 (1935).

MacRobbie, E. A. C.: Biochim. Biophys. Acta **94**, 64 (1965).
MacRobbie, E. A. C.: Australian J. Biol. Sci. **19**, 363 (1966).
Mansfield, T. A., Jones, R. J.: Planta **101**, 147 (1971).
Marmé, D., Schäfer, E.: Z. Pflanzenphysiol. **67**, 192 (1972).
Mohr, H.: Lehrbuch der Pflanzenphysiologie. Berlin–Heidelberg–New York: Springer 1969.
Muir, R. M., Fujita, T., Hansch, C.: Plant Physiol. **42**, 1519 (1967).
Murakami, S., Packer, L.: Plant Physiol. **45**, 289 (1970).
Neumann, J., Levine, R. P.: Plant Physiol. **47**, 700 (1971).
Nissl, D., Zenk, M. H.: Planta **89**, 323 (1969).
Osmond, C. B.: Australian J. Biol. Sci. **21**, 1119 (1968).
Packer, L., Murakami, S., Mehard, C. W.: Ann. Rev. Plant Physiol. **21**, 271 (1970).
Pallaghy, C. K., Lüttge, U.: Z. Pflanzenphysiol. **62**, 417 (1970).
Penth, B., Weigl, J.: Z. Naturforsch. **24 b**, 342 (1969).
Penth, B., Weigl, J.: Planta **96**, 212 (1971).
Pitman, M. G., Mowat, J., Nair, H.: Australian J. Biol. Sci. **24**, 619 (1971).
Polya, G. M., Atkinson, M. R.: Australian J. Biol. Sci. **22**, 573 (1969).
Polya, G. M., Osmond, C. B.: Plant Physiol. **49**, 267 (1972).
Racusen, R., Miller, K.: Plant Physiol. **49**, 654 (1972).
Rains, D. W.: Plant Physiol. **43**, 394 (1968).
Rains, D. W., Floyd, R. A.: Plant Physiol. **46**, 93 (1970).
Raven, J. A.: J. Gen. Physiol. **50**, 1607 (1967).
Raven, J. A.: J. Gen. Physiol. **50**, 1627 (1967).
Raven, J. A.: J. Exp. Botany **19**, 233 (1968).
Raven, J. A.: J. Exp. Botany **19**, 712 (1968).
Raven, J. A.: New Phytologist **68**, 45 (1969).
Raven, J. A.: J. Exp. Botany **22**, 420 (1971).
Raven, J. A., Smith, F. A.: Liverpool workshop on ion transport. W. P. Anderson, (Ed.). London: Academic Press 1973.
Raven, J. A., MacRobbie, E. A. C., Neumann, J.: J. Exp. Botany **20**, 221 (1969).
Robertson, R. N.: Biol. Rev. Cambridge Phil. Soc. **35**, 231 (1960).
Robertson, R. N.: Protons, electrons, phosphorylation and active transport. Cambridge: University Press 1968.
Saddler, H. D. W.: J. Gen. Physiol. **55**, 802 (1970).
Satter, R. L., Sabnis, D. D., Galston, A. W.: Am. J. Botany **57**, 374 (1970 a).
Satter, R. L., Marinoff, P., Galston, A. W.: Am. J. Botany **57**, 916 (1970 b).
Satter, R. L., Applewhite, P. B., Galston, A. W.: Plant Physiol. **50**, 523 (1972).
Schilde, C.: Z. Naturforsch. **23 b**, 1396 (1968).
Setty, S., Jaffe, M.: Planta **108**, 121 (1972).
Smillie, R. M., Andersen, K. S., Tobin, N. F., Entsch, B., Bishop, D. G.: Plant Physiol. **49**, 471 (1972).
Smith, F. A.: New Phytologist **69**, 903 (1970).
Smith, F. A., West, K. R.: Australian J. Biol. Sci. **22**, 351 (1969).
Smith, R. C., Epstein, E.: Plant Physiol. **39**, 338 (1964).
Stocking, C. R., Larson, S.: Biochim. Biophys. Res. Commun. **37**, 278 (1969).
Strotmann, H., Heldt, H. W.: Progr. in Photosynthesis Res. H. Metzner, ed. Vol. III, 1131 (1969).
Sutcliffe, J. F.: Mineral salts absorption in plants. NewYork–Oxford–London–Paris: Pergamon Press 1962.
Sutcliffe, J. F., Hackett, D. P.: Nature **180**, 95 (1957).
Tal, M., Imber, D.: Plant Physiol. **46**, 373 (1970).
Tal, M., Imber, D., Itai, C.: Plant Physiol. **46**, 367 (1970).

TANADA, T.: Proc. Natl. Acad. Sci. US. **59,** 376 (1968).
TANNER, W.: Biochem. Biophys. Res. Commun. **36,** 278 (1969).
TANNER, W., KANDLER, O.: Z. Pflanzenphysiol. **58,** 24 (1967).
TANNER, W., LÖFFLER, M., KANDLER, O.: Plant Physiol. **44,** 422 (1969).
TANNER, W., GRÜNES, R., KANDLER, O.: Z. Pflanzenphysiol. **62,** 376 (1970).
TEICHLER-ZALLEN, D., HOCH, G.: Arch. Biochem. Biophys. **120,** 227 (1967).
THIMANN, K.V.: Ann. Rev. Plant Physiol. **14,** 1 (1963).
THROM, G.: Z. Pflanzenphysiol. **63,** 162 (1970).
THROM, G.: Z. Pflanzenphysiol. **64,** 281 (1971 a).
THROM, G.: Z. Pflanzenphysiol. **65,** 389 (1971 b).
TING, I.P., DUGGER, W.M.: Science **150,** 1737 (1965).
TORIYAMA, H., JAFFE, M.J.: Plant Physiol. **49,** 72 (1972).
ULLRICH, W.R.: Planta **100,** 18 (1971).
ULLRICH, W.R.: Planta **102,** 37 (1972).
VREDENBERG, W.J.: Biochim Biophys. Acta **274,** 505 (1972).
WEIGL, J.: Z. Naturforsch. **19 b,** 646 (1964).
WEIGL, J.: Z. Naturforsch. **24 b,** 365 (1969 a).
WEIGL, J.: Z. Naturforsch. **24 b,** 367 (1969 b).
WEIGL, J.: Z. Naturforsch. **24 b,** 1046 (1969 c).
WOO, K.C., ANDERSON, J.M., BOARDMAN, N.K., DOWNTON, W.J.S., OSMOND, C.B., THORNE, S.W.: Proc. Natl. Acad. Sci. US. **67,** 18 (1970).
YUNGHANS, H., JAFFE, M.J.: Plant Physiol. **49,** 1 (1972).

7. Kapitel. Kurzstreckentransport – Mittelstreckentransport – Langstreckentransport

Mit dem Begriff „*short distance transport*" versucht man meist eine Abgrenzung gegenüber dem Ferntransport (*„long distance transport"*) im Phloem und im Xylem der Pflanzen auszudrücken. Es kann sich dabei um den Transport durch eine Membran, den Transport innerhalb einer Zelle, oder gar den Transport zwischen nahe beieinander liegenden verschiedenen Zellen eines Gewebes handeln. Im Gegensatz zum Ferntransport ist der „*short distance transport*" in der Literatur also vielfach nicht besonders streng definiert, und der Ausdruck wird von verschiedenen Autoren in unterschiedlichem Sinne benutzt. Legt man sich nun aber fest, unter „*short distance transport*" (= Kurzstreckentransport) nur den Membrantransport und den intrazellulären Transport zu verstehen, übersetzt man den ausschließlich im Phloem ablaufenden „*long distance transport*" mit Langstreckentransport etwas anders als üblich (Ferntransport), und führt man für den unabhängig von den Fernleitungsbahnen Xylem und Phloem ablaufenden Transport zwischen verschiedenen Zellen eines komplexen Systems den Ausdruck Mittelstreckentransport ein, erhält man drei anschauliche, analog lautende Begriffe. Es ist ein besonderer Vorteil dieses Begriffstriumvirates, daß es unmittelbar erkennen läßt, welche grundlegenden Transportfunktionen im komplexen System einer intakten höheren Pflanze erforderlich sind, um die Pflanze als Funktionseinheit lebensfähig zu machen.

Nachdem wir uns in den vorhergehenden Kapiteln vorwiegend mit dem Kurzstreckentransport beschäftigt haben, wollen wir im ersten Teil des vorliegenden Kapitels die Bedeutung einzelner Transportwege für den Mittelstrecken- und Langstreckentransport diskutieren. Im zweiten Teil sollen dann anhand von zwei besonders gut untersuchten Modellen hochdifferenzierter Pflanzenorgane die Wechselwirkungen zwischen Kurzstrecken-, Mittelstrecken- und Langstreckentransport untersucht werden. Zum Schluß wird kurz auf die Transportregulation in der Pflanze als Ganzem eingegangen. Damit schließt sich der Kreis unserer Betrachtungen. Indem wir versuchen, hochintegrierte Systeme zu beschreiben, kehren wir zurück zu der eingangs erhobenen Forderung, daß unser letztes Ziel ein Verständnis aller einzelnen bei der Funktion einer ganzen höheren Pflanze zusammenwirkenden Transportprozesse sein muß.

7.1 Die Bedeutung einzelner Transportwege für den Mittelstrecken- und den Langstreckentransport

Nach MÜNCH (1930) können wir in jeder Pflanze apoplasmatische und symplasmatische Räume unterscheiden. Symplasmatische Bereiche werden vom Plasmalemma als der äußeren Oberfläche des lebenden Protoplasmas eingeschlossen. Wenn die Protoplasten verschiedener Zellen durch Plasmodesmata verbunden sind, bilden sie ein symplasmatisches System. Apoplasmatische Räume liegen demgegenüber außerhalb der Plasmalemmabarriere. Hierzu gehören die intermicellaren und interfibrillaren Räume in den Zellwänden, aber auch die meist Lufterfüllten Interzellularen. Auch die toten Gefäße der Wasserfernleitungsbahnen des Xylems sind dem apoplasmatischen System zuzurechnen, weil ihre Protoplasten abgestorben sind. Da die Struktur und insbesondere die Aktivität des lebenden Cytoplasmas ganz andere Bedingungen für Stoffverschiebungen schafft, als sie durch die Struktur der toten apoplasmatischen Räume gegeben sind, ist es sinnvoll, eine Unterscheidung zwischen symplasmatischen und apoplasmatischen Transportwegen zu treffen.

7.1.1 Apoplasmatische Transportwege

7.1.1.1 Der Zellwandtransport

Wir haben die Bedingungen für den Transport von Teilchen im *Free Space* der Zellwände bereits kennengelernt (Kapitel 3.1). Chemische und elektro-chemische Potentialunterschiede sind die treibenden Kräfte für die Teilchenbewegung in diesem Raum. Für den Wassertransport sind auch Kapillarkräfte verantwortlich. Dazu kommen unter bestimmten Umständen Wasserpotentialgradienten. So wird z. B. durch die Verdunstung von Wasser an der Oberfläche der Blätter (Transpiration) ein Wasserstrom (Massenströmung) im Blatt-*Free Space* aufrecht erhalten, durch den auch gelöste Teilchen mitgerissen werden können. An den Orten maximaler Wasserverdunstung sammeln sich diese Teilchen an.
Die Zellwand ist einerseits eine Phase, die bei Kurzstreckentransporten, bei der Aufnahme und Abgabe von Teilchen durch das Plasmalemma, durchwandert werden muß. Der Zellwand-*Free Space* stellt andererseits aber auch einen Transportweg für den Mittelstreckentransport dar. Diese

Funktion ist vielfach von Bedeutung. Bei Wurzeln können durch die Äquilibrierung des *Free Space* mit der Außenlösung nicht nur die Rhizodermiszellen Ionen aktiv aus der Außenlösung aufnehmen, sondern auch alle Rindenzellen sind durch den apoplasmatischen Raum mit der Außenlösung verbunden und können an der Ionenaufnahme teilnehmen, wodurch eine beträchtliche Vergrößerung der wirksamen Oberfläche erreicht wird (LÜTTGE und LATIES, 1966, 1967). Ähnliches gilt, wie wir gesehen haben, für die Verteilung der im Xylem herangebrachten Ionenlösung im Blatt-*Free Space* (Kapitel 6.2.3.4).

Allerdings wird der Transport zwischen einzelnen Zellen eines Gewebes nicht ausschließlich im Zellwandraum ablaufen. Wir haben bereits ausführlich diskutiert, daß unter bestimmten Umständen ein Transport von Teilchen exogenen Ursprungs im *Free Space* verhindert und der Transport durch das Plasma erzwungen wird (Kapitel 3.1.1), damit eine metabolische Kontrolle des Transportes möglich ist. Aus ähnlichem Grund wird ein Transport von Teilchen endogenen Ursprungs meist nicht im Apoplasten erfolgen, weil sonst die metabolische Kontrolle über die betreffenden Substanzen verloren geht. Deshalb ist es auch unwahrscheinlich, daß z. B. der Transport sehr spezifischer Substanzen – wie der im Plasma synthetisierten Wuchsstoffe – von Zelle zu Zelle auf apoplasmatischem Wege erfolgt. Wir werden weiterhin noch sehen, daß der Transport im Symplasma gegenüber dem apoplasmatischen Mittelstreckentransport nicht nur den Vorteil der metabolischen Kontrolle des Transportes und der transportierten Teilchen hat, sondern auch rascher erfolgen kann (Kapitel 7.1.2.4 B.). Trotz dieser Einschränkungen ist der Mittelstreckentransport im *Free Space* wichtig und unentbehrlich.

7.1.1.2 Der Transpirationsstrom

Die eingangs erwähnte Transpirations-abhängige Massenströmung im *Free Space* von Blättern stellt nur die letzte, feine Verästelung der vor allem bei Bäumen ganz gewaltigen Massenströmung von Wasser und Nährsalzen in den Leitbahnen des Xylems dar. Außerhalb des Wassers als Lebensraum kommen nur Pflanzen geringer Größe und Masse damit aus, Wasser und Nährsalze allein im Zellwandraum ohne spezifisch differenzierte Gefäße und Leitbahnen zu transportieren. Schon die Moose bilden zu diesem Zweck besondere Zellen und Gewebe aus: von den langgestreckten Zellen in den Mittelrippen der Blättchen und auch in den Stämmchen einfacher Moose deutet sich eine Entwicklung zu den schon recht deutlich zum Transportgewebe differenzierten Strukturen bei den höher entwickelten Moosen an (ESCHRICH und STEINER, 1967, 1968 a,

1968 b). Aus paläobotanischen Studien kennt man Leitgewebe schon bei den ersten in der Erdgeschichte aufgetretenen Landpflanzen. Die Kenntnis der Anatomie der Leitbahnen rezenter höherer Pflanzen ist so grundlegend, daß hier in einer einem speziellen Ziel gewidmeten Darstellung kaum darauf näher eingegangen werden muß. Langgestreckte Zellen mit unterbrochenen Querwänden (Tracheiden) und Reihen kurzer, tonnenförmiger Zellen mit aufgelösten Querwänden (Tracheen) bilden kontinuierliche Röhrensysteme von den Wurzeln bis in den Sproß und in die Blätter hinein. Die Protoplasten der Zellen, die am Aufbau dieser Leitbahnen beteiligt sind, sterben nach Abschluß der Zelldifferenzierung ab: funktionstüchtige Wasserleitbahnen sind tot, sie gehören zu den apoplasmatischen Transportwegen.

Die treibende Kraft für die Massenströmung von Wasser in den Leitgefäßen setzt sich aus zwei Komponenten zusammen: erstens der Transpiration und zweitens der durch die lebenden Zellen der Wurzel geleisteten Ionenkonzentrierung.

Zur Beschreibung des Wasserflusses vom Wurzelmilieu (Boden oder Nährlösung) durch die Pflanze in die Atmosphäre ist es nützlich, das gesamte Wasserpotentialgefälle ($\Delta\Psi$) zwischen dem Boden-Wurzel- und dem Sproß-Atmosphäre-System in einzelne Komponenten zu zerlegen, z.B.:

$$\Delta\Psi_{Wurzelmilieu\ -\ Atmosphäre} = \Delta\Psi_{Blattgewebe\ -\ Atmosphäre} +$$
$$+ \Delta\Psi_{Gefäßsystem\ -\ Blattgewebe} +$$
$$+ \Delta\Psi_{Wurzelgewebe\ -\ Gefäßsystem} +$$
$$+ \Delta\Psi_{Boden\ -\ Wurzelgewebe} \qquad (7.1).$$

Ein Wasserdefizit der Atmosphäre gegenüber dem Blattgewebe führt zu ständigem Wasserverlust der oberirdischen Pflanzenteile, zur sogenannten Transpiration. Ein solches Wasserdefizit wird vor allem durch die eingestrahlte Sonnenenergie aufrechterhalten, die Sonnenstrahlung ist letztlich die Energiequelle der Transpiration. Hauptsächlich als Folge der Transpiration werden die anderen in der obigen Summengleichung aufgeführten Potentialunterschiede aufgebaut und der Volumenfluß durch die Pflanze gewährleistet. Man spricht deshalb auch vom Transpirationsstrom. Unter besonderen Umweltbedingungen (z.B. im tropischen Nebelwald, in feuchten montanen Klammregionen etc.) kann das Wasserpotentialgefälle auch umgekehrte Richtung haben, Pflanzen können gegenüber der Atmosphäre ein Wasserdefizit aufweisen und dadurch aus der Atmosphäre Wasser aufnehmen.

Die Pflanze wendet für den Wassertransport in den Gefäßen also im allgemeinen keine eigene Energie auf. Allerdings spielt die von den beteiligten lebenden Zellen z.B. durch aktiven Ionentransport geleistete

Konzentrierungsarbeit auch eine gewisse Rolle. Die aktive Ionenaufnahme aus dem Wurzelmilieu in das Wurzelgewebe trägt zum Wasserpotentialgefälle $\Delta\Psi_{Boden-Wurzelgewebe}$ bei. Man spricht dabei auch vom „Wurzeldruck". Wie wir noch sehen werden, ist gegenwärtig umstritten, ob der Übertritt von Ionen aus dem lebenden Wurzelgewebe in die toten Leitbahnen aktiv oder passiv erfolgt. Im ersteren Falle würde auch an dieser Stelle wieder ein Beitrag zum Wasserpotentialgefälle geleistet ($\Delta\Psi_{Wurzelgewebe-Gefäßsystem}$). Eine entsprechende Wirkung hat eine aktive Ionenaufnahme durch die Blattzellen ($\Delta\Psi_{Gefäßsystem-Blattgewebe}$) (Kapitel 7.2.2).

Die Folge der Wasserbewegung durch aktiven Transport gelöster Teilchen beobachten wir besonders unter Bedingungen, wo die Transpiration als das Wasserpotentialgefälle aufrechterhaltender Faktor ausgeschaltet ist. Dies ist etwa der Fall, wenn die Atmosphäre sehr feucht ist (hohe relative Luftfeuchtigkeit) und damit der Gradient $\Delta\Psi_{Blattgewebe-Atmosphäre}$ verschwindet. Man findet bei vielen Pflanzen dann trotzdem einen intensiven Wassertransport in der Richtung Wurzel → Sproßsystem → äußere Oberfläche. Dieser Wassertransport wird sichtbar bei der Guttation, einem Flüssigkeitsaustritt aus Wasserspalten (umgewandelten Spaltöffnungen) oder Drüsen, wie er vor allem an Blättern beobachtet wird. Ein sehr anschauliches Beispiel bieten die Blätter des Frauenmantels, die an jedem Blattzähnchen durch Hydathoden Guttationswasser abgeben können. Auf feuchten Bergwiesen, besonders während der Morgenstunden geringer Sonneneinstrahlung, beobachtet man oft an jedem Blattzähnchen einen Tropfen ausgetretener Guttationsflüssigkeit (Abb. 7.1).

Abb. 7.1. Guttation an den Blattzähnchen von *Alchemilla* (Frauenmantel)

Noch klarer wird die Ausschaltung der Transpiration, wenn im Experiment das Sproßsystem ganz entfernt, auf die Schnittfläche am Wurzelhals eine Kapillare oder ein Steigrohr aufgesetzt und dann darin ein Aufsteigen der Flüssigkeit beobachtet wird. Man nennt diesen Vorgang Exudation.

Guttationsflüssigkeit und Exudat stellen niemals reines Wasser dar, sondern immer eine Lösung verschiedener anorganischer Ionen (GRAČANIN, 1964; PERRIN, 1972). Darin sehen wir einen Hinweis, daß es sich hier nicht um einen aktiven Wassertransport als solchen handelt, sondern um einen aktiven Transport gelöster Teilchen mit passivem Nachfolgen der Lösungsmittelteilchen. Auf die Unwahrscheinlichkeit echten aktiven Wassertransportes haben wir schon im Kapitel 2.3.2.2 hingewiesen. Durch den Wurzeldruck werden keine besonders hohen hydrostatischen Drucke erzeugt, die beobachteten Werte liegen oft unter 1 Atmosphäre bis höchstens in der Größenordnung von einigen wenigen Atmosphären.

Das Transpirations-bedingte Wasserpotentialgefälle kann beträchtlich höher sein (10-100 atm.). Wichtig sind noch die bisher unerwähnte Kohäsion und Adhäsion der Wassermoleküle. Durch den Zusammenhalt der Wassermoleküle untereinander (Kohäsion) erreichen die Wasserfäden in den Kapillaren der Gefäßröhren eine Zugfestigkeit von 30-50 atm. Das Kollabieren der Wasserfäden auch bei starkem, durch das Fließen in den Gefäßen bedingtem Sog (negativem Druck oder hydrostatischer Spannung), wird durch die Adhäsion der Wassermoleküle an der Gefäßwand verhindert. Da 1 Atmosphäre etwa 10 m Wassersäule entspricht würde die Kohäsion ein kapillares Aufsteigen um 300-500 m erlauben. Rechnet man einen Reibungsverlust von $0.1 - 0.2 \text{ atm} \cdot \text{m}^{-1}$, bleibt immer noch genug für die Wasserversorgung auch der Kronen 120-150 m hoher Bäume (cf. MOHR, 1969). Hier liegt auch die Grenze der Wuchshöhe der mächtigsten Bäume.

Wir sehen, daß Widerstände eine beträchtliche Rolle spielen. Analog dem Ohmschen Gesetz:

Spannung = Strom × Widerstand

$$V = I \times R \tag{7.2}$$

kann man für die Transpiration (T) formulieren:

$$\Delta \Psi = T \times R. \tag{7.3}$$

Dabei ist R eine komplex zusammengesetzte Größe entsprechend der dem Wasserfluß durch die verschiedenen Teile des Pflanze-Umwelt-Systems (s. Abb. 1.1) entgegenstehenden Widerstände:

$$R = R_{Boden} + R_{Wurzel} + R_{Sproß} + R_{Blatt} + R_{Blattoberfläche} \tag{7.4}$$

Diese Einzelwiderstände können ihrerseits wieder aus mehreren Komponenten zusammengesetzt sein. Zum Beispiel wird der Widerstand für den Wasseraustritt durch die Blattcuticula (cuticuläre Transpiration) viel größer sein als der Widerstand für den Wasserverlust durch geöffnete Stomata (stomatäre Transpiration). Bei diesem Beispiel handelt es sich um zwei parallel geschaltete Widerstände. Aber auch hintereinandergeschaltete Strukturen: Interzellularsysteme und Zellwände – Membranen – Plasma – Langstreckentransportbahnen etc. setzen dem Wasserfluß verschieden geartete Widerstände entgegen. Dabei wird das Prinzip des Zusammenwirkens von Kurzstrecken-, Mittelstrecken- und Langstreckentransport schon etwas deutlich; und man kann sich unschwer vorstellen, daß der Widerstand in den Ferntransportbahnen am niedrigsten und der an den Membranen am höchsten ist.

Wir wollen auf diese anatomisch-strukturellen und andere, auch physikalische Einzelheiten hier nicht näher eingehen (Zusammenfassende Darstellung: SLATYER, 1967), sondern uns mit dieser zum Zwecke des Zusammenhanges der Gesamtdarstellung pflanzlichen Transportes eingeschobenen, knappen Darstellung des apoplasmatischen Transportes in den Gefäßleitbahnen begnügen. Wir halten fest, daß diese Massenströmung einerseits der Regulation des Wasserhaushaltes der Pflanzen dient, zum anderen aber zur Versorgung aller Teile des Sproßsystems mit durch die Wurzeln aufgenommenen Nährsalzen unumgänglich nötig ist. Die einfachste und sicher weitgehend zutreffende Vorstellung über den Transport dieser Nährsalze ist, daß sie einfach mit der Massenströmung mitgerissen werden. Neuere Untersuchungen zeigen aber, daß auch ein intensiver Austausch geladener Teilchen an Festionen der Gefäßwandung eine besondere Rolle spielen muß (LÄUCHLI, 1967, 1972).

7.1.2 Der symplasmatische Transport

Die Konzeption des Begriffes Symplasma geht, wie erwähnt, auf MÜNCH zurück. Dem Phänomen einer besonders guten stofflichen Kommunikation zwischen Zellen, deren Protoplasten ein Symplasma bilden, begegnet man im Pflanzenbereich sehr häufig. Die Geschwindigkeit des Transportes zwischen einzelnen Zellen pflanzlicher Parenchyme ist mit $1 - 6 \text{ cm} \cdot \text{h}^{-1}$ erheblich höher als die Geschwindigkeit reiner Diffusion (ARISZ und WIERSEMA, 1966; WEBB und GORHAM, 1965).

7.1.2.1 Plasmodesmata als strukturelle Voraussetzung für den symplasmatischen Transport

Eine wesentliche Voraussetzung für diese rasche Kommunikation ist ganz offenbar das Vorkommen von Plasmabrücken – sogenannter Plasmodesmata – zwischen den einzelnen Zellen. Plasmodesmata sind für Pflanzenzellen typische Struktureigentümlichkeiten. Sie sind notwendig, weil die Zellwände ein bei besonders guter stofflicher Kommunikation bei tierischen Zellen oft beobachtetes dichtes Aneinandertreten der Plasmamembranen benachbarter Zellen (z. B. *Tight Junctions*) nicht zulassen.

Schon bei den primitiven Ordnungen der Grünalgen beobachten wir, daß durch congenitales Zusammenbleiben sich teilender Zellen unter Aufrechterhaltung von Plasmabrücken entstehende Kolonien (z. B. *Volvox*) zu fortgeschrittener Differenzierung und Arbeitsteilung befähigt sind, wogegen durch postgenitale Aggregation gebildete Zellverbände ohne Plasmodesmata diese Organisationshöhe nicht erreichen. Bei Geweben höherer Pflanzen finden wir Plasmodesmata in großer Zahl immer dort, wo eine besondere stoffliche Kommunikation von der Funktion her notwendig erscheint, z. B. bei Drüsengeweben zwischen den einzelnen Drüsenzellen, aber auch zum umgebenden Parenchym hin (cf. LÜTTGE, 1971). Zwischen ersichtlich koordiniert arbeitenden Zellen in Wurzeln treten besonders viele Plasmodesmata auf. In Wurzelspitzen teilen sich die Zellen in Längsreihen nicht aber benachbarte Zellen verschiedener Längsreihen synchron. Plasmodesmata häufen sich zwischen den Zellen der Längsreihen, also an den Antiklinalwänden, während die Periklinalwände von weniger Plasmodesmata durchzogen werden (JUNIPER und BARLOW, 1969).

Bei Salzdrüsen der Blätter von *Limonium vulgare* ist es gelungen, durch Fütterung von radioaktiv markiertem Cl^-, das über die Stiele der abgeschnittenen Blätter aufgenommen werden konnte, den Transport von Chlorid durch die Plasmodesmata nachzuweisen. Fällt man das Chlorid durch Zugabe von Silberacetat zum Fixierungsmedium als elektronenabsorbierenden Niederschlag (AgCl) aus, so zeigt sich im Elektronenmikroskop eine starke Cl^--Lokalisation in den Plasmodesmata (ZIEGLER und LÜTTGE, 1967). Auch in anderen Geweben konnte mit dieser Technik Chloridtransport in den Plasmodesmata demonstriert werden (VAN STEVENINCK et al., 1973).

Die Bedeutung der Plasmodesmata für einen erleichterten symplasmatischen Stoffaustausch wird nicht nur durch ihr gehäuftes Auftreten an Orten umfangreichen Stofftransportes deutlich, sondern auch umgekehrt durch ihr Fehlen, wo die Funktion eine Isolierung von Zellen vom umgebenden Gewebe erfordert. So wird die Öffnungsweite der Stomata durch spezifischen aktiven Kaliumtransport in die Schließzellen reguliert (Kapitel 7.2.2.5). Zwischen den Schließzellen und benachbarten Zellen fehlen Plasmodesmata ganz oder sind doch nur sehr selten. Versuche mit *Atriplex*- und *Chenopodium*-Blättern lassen erkennen, daß der elektrische Kontakt zwischen einzelnen Zellen innerhalb von Blattgeweben nicht durch Membranen behindert wird (OSMOND et. al. 1969; PALLAGHY und LÜTTGE, 1970). Transitorische Oscillationen des Membranpotentials (Abb. 6.22), ein Photosynthese-abhängiges Signal, beobachtet man bei *Atriplex spongiosa* nicht nur, wenn die messende Elektrode in eine photosynthetisch aktive Mesophyllzelle eingeführt wird (Abb. 7.2 a). Auch mit der Meßelektrode in einer der epidermalen Blasenzellen (Abb. 7.2 b), wird dieses Signal aufgefangen, obwohl im Stiel- und Blasenzellenplasma keine Photosynthese ablaufen kann. Der Impuls muß sich nach An- oder Abschalten des Lichtes rasch von den grünen Blattzellen bis zu den Blasenzellen fortpflanzen.

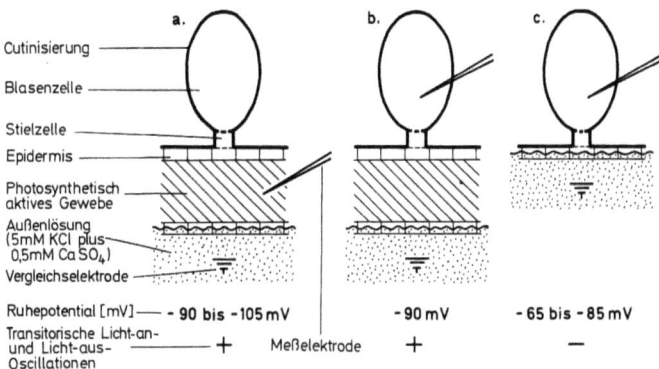

Abb. 7.2. Ableitung eines Photosynthese-abhängigen elektrischen Signals bei *Chenopodium*blättern a aus den grünen Mesophyllzellen, b aus den nicht photosynthetisch aktiven Blasenzellen intakter Blätter. c Kein Signal bei Ableitung aus Blasenzellen isolierter Epidermis. (Nach OSMOND et al., 1969, und PALLAGHY und LÜTTGE, 1970; LÜTTGE und PALLAGHY, 1969)

Besonders deutlich wird dies bei *Chenopodium album*, das ähnliche Blasenzellen wie *A. spongiosa* besitzt. Bei den in Abb. 7.2 a und b dargestellten Anordnungen, d. h. mit der messenden Elektrode in einer Mesophyll- bzw. in einer Blasenzelle beobachtet man wie bei *A. spongiosa* das Photosynthese-abhängige Signal. Da die Außenwände der Epidermis-, Blasen- und Stielzellen, sowie die Querwände zwischen Blasen- und Stielzellen (bis auf die Durchtrittsstellen der zahlreichen Plasmodesmata) suberinisiert und cutinisiert sind, kann der elektrische

Kontakt zwischen Mesophyll und Blasenzelle kaum über die *Free Space*-Lösung sondern nur im Symplasma erfolgen. *Chenopodium album*-Blättern kann man nun leicht die Epidermis abziehen. Dabei bleiben etwa bis zur Hälfte der Epidermiszellen und alle Stiel- und Blasenzellen intakt. Man kann mit der Meßelektrode in einer Blasenzelle dann zwar noch ein normales Ruhepotential, aber keine Photosynthese-abhängigen Oscillationen mehr messen, da das photosynthetisch aktive Chlorenchym fehlt (Abb. 7.2 c).

Auf diese Weise gelingt es also mit Hilfe eines im Inneren des Symplasten erzeugten Signals den guten symplasmatischen Kontakt zwischen verschiedenen Geweben eines Organs zu demonstrieren. Noch unveröffentlichte Versuche (BRINCKMANN und LÜTTGE) zeigen, daß man sich dabei auch panaschierter Blätter bedienen kann. Bei Verwendung von elektrischen Signalen, die mit Hilfe einer in den Symplasten eingebrachten Elektrode von außen appliziert wurden, kam SPANSWICK (1972) zu ähnlichen Schlußfolgerungen über die Effektivität des symplasmatischen Kontinuums. Die Plasmodesmata stellen gegenüber Membranbarrieren Wege geringen Widerstandes dar, obwohl sie sich nicht wie ganz freie Poren verhalten (SPANSWICK und COSTERTON, 1967).

So allgemein anerkannt es als Tatsache ist, daß die Plasmodesmata lebende Plasmabrücken zwischen einzelnen Zellen darstellen, so umstritten ist ihre Feinstruktur (z.B.: FREY-WYSSLING und MÜHLETHALER, 1965; ROBARDS, 1968; HELDER und BOERMA 1969; FRASER und GUNNING, 1969). Von besonderem Interesse für die Transportphysiologen ist die Frage, welche Rolle dabei das endoplasmatische Retikulum (ER) spielt. Es ist vielfach darüber spekuliert worden, ob die Kanal- und Zisternensysteme des endoplasmatischen Retikulums dem Transport im Cytoplasma innerhalb einzelner Zellen dienen (s. Kapitel 4.3.3, 4.4 und 5.1.3). Wenn das ER-System sich durch die Plasmodesmata von Zelle zu Zelle hin fortsetzt, was manche Feinstrukturforscher annehmen, von anderen aber wieder verneint wird, könnten diese von Membranen umgebenen Kanäle auch dem symplasmatischen Transport innerhalb von Parenchymen dienen. Nach allem was wir über die Bedeutung der Plasmodesmata beim interzellulären Transport wissen, müssen wir annehmen, daß sie die strukturelle Voraussetzung des symplasmatischen Transportes darstellen – wie immer sich ihre Feinstruktur letzten Endes herausstellt.

7.1.2.2 ARISZ' Versuche zum symplasmatischen Transport

Wenn auch der Begriff des Symplasmas von MÜNCH geformt wurde, so ist doch ARISZ der Altmeister der Erforschung des symplasmatischen

Parenchymtransportes. Er wählte zu seinen sich über Jahrzehnte erstreckenden Versuchen die streifenförmigen submersen Blätter der Wasserpflanze *Vallisneria* (ARISZ, 1954, 1960, 1969; ARISZ und WIERSEMA, 1966; Zusammenfassungen LÜTTGE, 1969; HELDER, 1967). Gleichlange Blattstreifen können hierbei leicht für Experimente präpariert werden. Leitbündel mit Xylem und Phloem kommen in diesen Blättern zwar vor, besonders das Xylem spielt aber keine so große Rolle wie bei den Luftblättern von Landpflanzen. Zweifelsohne ist das Vorhandensein von Ferntransport-Leitbahnen ein gewisser Nachteil des von ARISZ benutzten Materials. Ein künstliches Unterbrechen des zentralen, besonders stark entwickelten Leitbündels der *Vallisneria*-Blätter zeigt jedoch, daß der beobachtete Transport zwischen zwei Blattzonen unabhängig davon ist, ob dieses Bündel intakt ist oder ob nur Parenchymbrücken vorhanden sind.

Das Grundschema des Versuchsaufbaues ist bei vielen der ARISZschen Experimente immer das gleiche (Abb. 7.3). Die Blattstücke werden zwischen zwei oder drei Kammern eingespannt und abgedichtet, so daß die Lösungen in den einzelnen Kammern nur über das Blattparenchym verbunden sind. Variiert man nun die Lösungen in den einzelnen Kammern, also das die verschiedenen Zonen des Blattes umgebende Medium, kann man zu mannigfachen Aussagen über den Transport im Blattparenchym gelangen. Einige typische Experimente sollen anhand der Abb. 7.3 geschildert werden:

i) Appliziert man Zone I eine radioaktiv markierte Substanz (z. B. $^{36}Cl^-$, damit ein Stoffwechsel des aufgenommenen *Tracers* ausgeschlossen wird) und befinden sich Zone II und III in Wasser, kann man die Geschwindigkeit des Parenchymtransportes von I nach II und III messen. Man erhält Geschwindigkeiten zwischen $2-4.4\,cm \cdot h^{-1}$. Gleichzeitig wird ausgeschlossen, daß apoplasmatischer Transport (Tr_1 in Abb. 7.3) einen wesentlichen Beitrag zu der beobachteten Transportrate macht. Man beobachtet nämlich kein Austreten von Radioaktivität in das Medium von Zone II und III, was bei nennenswertem Tracertransport im *Free Space* der Fall sein müßte.

ii) Appliziert man in Zone II einen Hemmstoff, so beobachtet man trotzdem einen Transport des *Tracers* von Zone I nach Zone III. Es zeigt sich also, daß der symplasmatische Transport als solcher durch den in Zone II aufgenommenen Hemmstoff nicht beeinträchtigt wird, obwohl der Hemmstoff wirksam ist, denn die Ionenakkumulation in den Vacuolen von Zone II wird erniedrigt (siehe auch Experiment vi).

iii) Appliziert man den Hemmstoff dagegen der Zone I, wird die Aufnahme des *Tracers* erniedrigt und der Transport im Parenchym

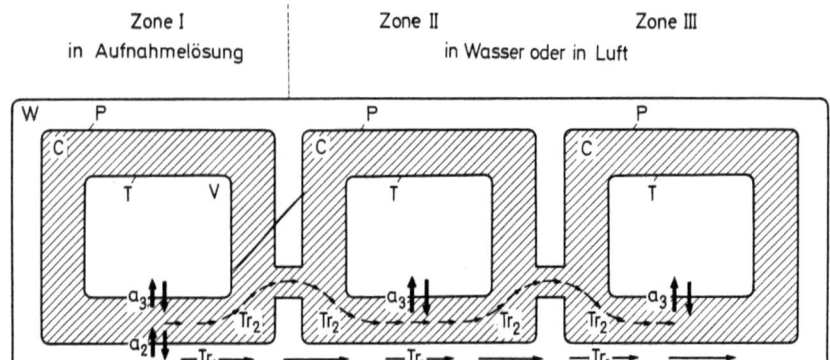

Abb. 7.3. Vereinfachte schematische Darstellung der Aufteilung eines *Vallisneria*-Blattes in verschiedene Zonen bei den Untersuchungen über den symplasmatischen Transport durch ARISZ u. Mitarb. *Zone I* = Aufnahmeregion. *Zone II* und *III* = Bereiche, in die Transport erfolgt, a_1, a_2 und a_3 = Stoffaufnahme und -abgabe der Kompartimente *Free Space*, Cytoplasma und Vacuole. *Dicke Pfeile* = durch eine Membran kontrollierte Vorgänge. Tr_1 = Zellwandtransport im *Free Space* (apoplasmatischer Transport), Tr_2 = symplasmatischer Transport, W = Zellwand, P = Plasmalemma, C = Cytoplasma, T = Tonoplast, V = Vacuole. (Aus LÜTTGE, 1969)

gehemmt. Die treibende Kraft für den symplasmatischen Transport muß durch das hier durch die Aufnahme in Zone I entstehende Konzentrationsgefälle zwischen Zone I und II gegeben sein.
iv) Dies wird auch deutlich, wenn man Zone I eine radioaktiv markierte Aufnahmelösung und Zone II eine nicht markierte Lösung sonst gleicher Zusammensetzung appliziert. Nun findet man keinen raschen *Tracer*transport von I nach II. Der Isotopenaustausch ist offenbar viel langsamer als der symplasmatische Transport.
v) Andererseits kann man in einem solchen Versuch auch den gleichzeitigen entgegengesetzten Transport verschiedener Substanzen leicht demonstrieren. Spült man Zone I mit radioaktiv markiertem K^+ oder Cl^- und Zone II mit ^{14}C-markiertem Asparagin, beobachtet man einen KCl-Transport in Richtung I → II und einen Asparagintransport in der umgekehrten Richtung II → I. Der Transport muß also vom Konzentrationsgefälle der jeweils transportierten Teilchenart abhängen. Allerdings müßte dabei auch noch der elektrische Potentialgradient berücksichtigt werden, denn die relevante Größe für den Transport geladener Teilchen ist das elektrochemische Potential.
Neben diesen Erkenntnissen über den symplasmatischen Transport erlaubt das Ariszsche System auch elegante Aussagen über den Membrantransport durch das Plasmalemma- und den Tonoplasten. Zwei

weitere Experimente sollen deshalb hier noch kurz beschrieben werden, obwohl ihre Ergebnisse mehr im Zusammenhang mit den Kompartimentierungsmodellen des 4. Kapitels interessant sind.

vi) Appliziert man wie bei Experiment iii) der Zone I einen *Tracer* und einen Hemmstoff und verfolgt die *Tracer*aufnehme in das Gewebe, analysiert man hier den Hemmstoffeffekt auf die Aufnahme durch das Plasmalemma *und* den Tonoplasten. Gibt man nun dem Medium von Zone II den Hemmstoff zu, den *Tracer* aber wie vorher der Zone I und untersucht die *Tracer*akkumulation in Zone II, beobachtet man damit allein die Hemmstoffwirkung auf den Transport durch den Tonoplasten in die Vacuole, denn der in Zone II aus Zone I anlangende *Tracer* befindet sich schon im Cytoplasma. So fand ARISZ, daß der Cl^--Ionentransport am Plasmalemma gegen Cyanid-, Arsenat- und Uranylionen empfindlicher ist als der Transport durch den Tonoplasten. Dagegen wird der Tonoplastentransport durch Azid stärker gehemmt.

vii) Selektive Lichteinwirkungen auf Membrantransportprozesse wies ARISZ folgendermaßen nach. Befindet sich die Cl^--aufnehmende Blattzone (I) im Licht, die nicht-aufnehmende Zone (II) im Dunkeln, gelangt sehr wenig Cl^- in Zone II. Die Hauptmenge der aufgenommenen Ionen wird in den Vacuolen der belichteten Zone I gespeichert. Wird umgekehrt die aufnehmende Zone I verdunkelt und die nicht-aufnehmende Zone II belichtet, wird der überwiegende Anteil der in der verdunkelten Zone aufgenommenen Ionen in die Vacuolen der belichteten Zone transportiert. Durch wechselnde Belichtung von Zone I und Zone II lassen sich auch bereits aufgenommene Ionen über das Symplasma zwischen den Vacuolen von Zone I und II „verschieben". Andere Versuche zeigten, daß sich die Lichtwirkung hier durch Beteiligung des photosynthetischen Apparates manifestiert. So wird der beträchtliche Einfluß der Photosynthese auf den Cl^--Transport in die Vacuolen deutlich.

7.1.2.3 Der Mechanismus des symplasmatischen Transportes

Diese in ihren Einzelheiten heute leider oft weitgehend vergessenen historischen Experimente von ARISZ (vgl. neuerdings aber MÜLLER und BRÄUTIGAM, 1973) machen deutlich, daß Ungleichgewichte im Symplasma die treibende Kraft des symplasmatischen Transportes darstellen. Die Ursachen für das Entstehen solcher Ungleichgewichte können mannigfaltiger Natur sein. Membrantransportprozesse, Synthese- und Abbaureaktionen können zu *Source-Sink*-Gefällen im Symplasten führen. Der symplasmatische Transport gleicht diese Gefälle aus und ist – wie

auch Experiment ii) in Kapitel 7.1.2.2 zeigt – als solcher passiver Natur.
Bei Gewebescheiben aus der Kanne der carnivoren Pflanze *Nepenthes*, die mit der der Kannenaußenwand entsprechenden Seite markiertes Cl^- aufnahmen, und auf der anderen Seite durch die Drüsen der Kanneninnenwand sezernierten, gelang es den Gradientenausgleich im Symplasten mikroautoradiographisch nachzuweisen (LÜTTGE, 1966 b). Quantitative Auswertungen von Mikroautoradiographien zeigten, daß das Cytoplasma aller Zellen, sowohl der nicht-spezialisierten Mesophyllzellen als auch der Drüsenzellen, gleich stark markiert war.
TYREE (1970) hat versucht auszurechnen, wie groß das Konzentrationsgefälle für einen symplasmatischen Transport quer durch Zwiebelwurzeln sein müßte. Aufgrund experimenteller Daten über den KCl-Transport in den Wurzeln, die Anzahl, den Querschnitt und die Länge der Plasmodesmata kam er zu dem Ergebnis, daß die Konzentrationsdifferenz pro Zelle nur 0.1 mN zu sein braucht, um einen symplasmatischen Transport zu gewährleisten. Der Abstand zwischen Epidermis- und Zentralzylinder beträgt ca. 10 Zellen, so daß für den symplasmatischen Transport über diese Strecke insgesamt ein Konzentrationsgefälle von 1 mN nötig wäre.
Die Tatsache, daß der passive symplasmatische Transport rascher abläuft als eine einfache Diffusion stellt nun der Aufklärung seines Mechanismus ein Problem. Die einfachste Erklärung fußt auf der Plasmaströmung. Wenn die Plasmaströmung zu einer raschen Gleichverteilung aller Substanzen im Cytosol innerhalb jeder einzelnen Zelle führt, wären nur die relativ kurzen Plasmabrücken zwischen den einzelnen Zellen durch Diffusion zu überwinden.
Eine moderne Theorie des symplasmatischen Transportes auf der Basis der Thermodynamik irreversibler Prozesse haben wir aus der Feder von TYREE (1970). Er hat eine umfangreiche Literatur zur Gewinnung von Daten ausgewertet, die dann entsprechend der Formalistik der irreversiblen Thermodynamik behandelt wurden. Das Ergebnis deckt sich weitgehend mit dem, was wir aus unserer obigen qualitativen Darstellung folgern würden. Plasmacyclose und Plasmodesmata spielen beim symplasmatischen Transport eine Schlüsselrolle.
Über Entfernungen bis zu etwa 50 μm ist die über sehr kurze Strecken äußerst rasch erfolgende einfache Diffusion der Cyclosegeschwindigkeit ($5\ cm \cdot h^{-1}$) überlegen. Da aber wegen des Vorhandenseins von Organellen, ER-Membranen usw. viele „Umwege" nötig sein werden, wird wohl die Cyclose in jedem Falle den Hauptbeitrag zum Konzentrationsausgleich im Cytosol innerhalb einer Zelle leisten.
Der geschwindigkeitsbestimmende Schritt für den symplasmatischen

Transport ist dann der Transport von Zelle zu Zelle. Den geringsten Widerstand gegen diesen intercellulären Transport stellen für niedermolekulare Substanzen die Plasmodesmata dar. Vielleicht macht das Wasser dabei eine Ausnahme. Für Wasser ist die Membranpermeabilität hoch (Kapitel 2.3.2.2), und es kann auch leicht auf dem Wege durch das Plasmalemma, die Zellwand und wieder durch das Plasmalemma von Zelle zu Zelle gelangen. Für höhermolekulare Stoffe stellen die Plasmodesmata wohl die einzig möglichen interzellulären Transportwege dar.

Als Mechanismen für den Transport durch die Plasmodesmata kommen prinzipiell folgende Möglichkeiten in Frage:
i) Eine Pumpe,
ii) Träger,
iii) ein Volumenfluß (Konvektion),
iv) die Diffusion.

Ein Pumpenmechanismus ist schwer vorzustellen, denn er müßte über eine vergleichsweise enorme Entfernung wirken, wenn man die Länge der Plasmodesmata (500 nm) mit der Dicke von Lipoproteinmembranen ($\sim 7-8$ nm) vergleicht, für die solche Pumpmechanismen im allgemeinen diskutiert werden (s. Kapitel 3.2.2.2 B.).

Trägermechanismen wären nicht sehr effektiv, denn der Träger-Teilchen-Komplex wäre in den Poren eher weniger mobil als das in jedem Falle kleinere zu transportierende Teilchen allein.

Der relative Beitrag der Konvektion und der Diffusion hängt von der Porenlänge, der Strömungsgeschwindigkeit und dem Diffusionskoeffizienten in der Pore ab. Unter der Annahme einer maximalen Strömungsrate von $5 \text{ cm} \cdot \text{h}^{-1}$ zeigt sich, daß die Diffusion wahrscheinlich die Hauptrolle beim Transport von niedermolekularen Nichtelektrolyten und von Elektrolyten durch die Plasmodesmata spielt.

Von ARISZ mitgeteilte Beobachtungen unverminderten symplasmatischen Transportes bei *Vallisneria*blättern ohne sichtbare Plasmaströmung scheinen gegen eine besondere Bedeutung der Cyclosis zu sprechen. Damit wäre der Theorie von TYREE weitgehend der Boden entzogen. Nun muß man bedenken, daß auch ohne im Lichtmikroskop sichtbare Organellenverlagerung das Cytosol strömen kann. Dies konnte ARISZ nicht gesehen haben. BOOIJ (1971) diskutiert bei seiner Interpretation der Ariszschen Theorie des symplasmatischen Transportes, daß die mit aktiven Ionentranslokationen zwischen *Free Space*, Cytoplasma und Vacuole verbundenen elektrischen Ströme das Cytosol ständig in Bewegung halten. Durch verschieden starken aktiven Ionentransport in verschiedenen Zellen, in verschiedenen Teilen eines Organs oder einer ganzen Pflanze sollen Ungleichgewichte hervorgerufen wer-

den, die zur Cyclosis führen, und die auch Polaritätserscheinungen erklären (ARISZ, 1969). Danach wäre die treibende Kraft des symplasmatischen Transportes indirekt der aktive Ionentransport.
Wir sehen: die Diskussion des Mechanismus des symplasmatischen Transportes mündet ein in die Frage nach der Funktion und dem Mechanismus der Plasmaströmung. Wir wollen und können auf dieses interessante Problem hier nicht eingehen. Obwohl die letzte umfangreiche und exzellente Zusammenfassung hierzu schon mehr als ein Jahrzehnt alt ist, ist sie doch noch immer äußerst lesenswert (KAMIYA, 1959).

7.1.2.4 Der symplasmatische Transport von Metaboliten bei der Photosynthese und der Photorespiration von C_4-Pflanzen

A. Die Natur der Transportmetabolite. In Kapitel 6.2.4.1 haben wir bereits den überaus nützlichen Begriff des Transportmetaboliten kennengelernt. Es handelt sich dabei um Zwischenprodukte des Intermediärstoffwechsels, die Energie- und Reduktionsäquivalente tragen und befähigt sind, Kompartimentsgrenzen, namentlich die äußeren Membranhüllen von Mitochondrien und Chloroplasten, zu passieren. Der Transport von Malat und Oxalacetat, von 3-Phosphoglycerinsäure und Dihydroxiacetonphosphat zwischen den Chloroplasten und dem Cytosol spielt eine große Rolle bei der intrazellulären Stoffwechselregulation und mag auch seine Bedeutung für die Licht-abhängige Ionenaufnahme haben (Abb. 6.16 bis 6.19).
Durch ein vereinfachtes Schema des Glycolat-Reaktionsweges, der bei der Photorespiration durchlaufen wird, lernen wir weitere Transportmetaboliten kennen (Abb. 7.4). Hier kooperieren drei Organellenarten: Chloroplasten, Peroxisomen und Mitochondrien. Das Substrat der Photorespiration, das Glycolat, wird im Licht durch den Calvinzyklus in den Chloroplasten gebildet. Die Oxidation zu Glyoxylat erfolgt in den Peroxisomen, die CO_2-Freisetzung aus Glycin in den Mitochondrien. Serin wird nach Transaminierung und Reduktion wiederum in den Peroxisomen zu Glycerat, das nach Phosphorylierung in den Chloroplasten wieder in den Calvinzyklus zurückfließen kann. Dem überlagert ist noch der Glycolat-Glyoxylat-Pendelverkehr, zwischen den Chloroplasten und den Peroxisomen, den wir bereits kennengelernt haben (Kapitel 6.2.4.1 C., Abb. 6.17). Als Transportmetaboliten begegnen uns Glycolat und Glyoxylat, Glycin und Serin sowie das Glycerat.
Besondere Bedingungen herrschen nun bei den C_4-Pflanzen. Von der Differenzierung des Chlorenchyms in verschiedene photosynthetisch aktive Gewebe unterschiedlicher Funktion war ebenfalls schon im

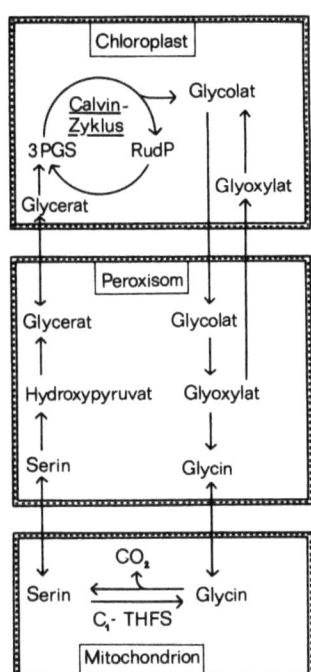

Abb. 7.4. Der Glycolat-Reaktionsweg nach TOLBERT (1971). 3 PGS = 3-Phosphoglycerinsäure, RudP = Ribulose-1,5-diphosphat, THFS = Tetrahydrofolsäure

6. Kapitel (6.2.4.1 C.) die Rede. Bei der Photosynthese der C_4-Pflanzen vollzieht sich die Wanderung von Transportmetaboliten nicht zwischen Organellen innerhalb einzelner Zellen, sondern zwischen Organellen verschiedener, unterschiedlich differenzierter Zellagen. Hier haben wir ein großartiges, natürliches Modell für symplasmatischen Transport vor uns.

Abb. 7.5 faßt die ganze Mannigfaltigkeit symplasmatischen Metabolitentransportes bei der C_4-Photosynthese zusammen. Damit alle Beobachtungen über Enzymverteilungen, Metabolitensynthese und die Eigenschaften des Apparates der photosynthetischen Primärreaktionen in den Mesophyll- und Leitbündelscheidenzellen eine Erklärung finden, müssen wenigstens drei Metaboliten-*shuttles* zwischen Mesophyll- und Leitbündelscheidenzellen operieren. Je drei Metabolitenpaare müssen transportiert werden:

i) Malat wandert als Träger von fixiertem CO_2 und von Reduktionsäquivalenten von den Mesophyllzellen in die Bündelscheidenzellen, Pyruvat gelangt in entgegengesetzter Richtung von dort zurück in das Mesophyll. In den Leitbündelscheiden-Chloroplasten wird das vom Malatenzym freigesetzte CO_2 im Calvinzyklus endgültig zu Kohlenhydrat fixiert. Das dabei wiedergewonnene Reduktionsäquivalent reicht aber

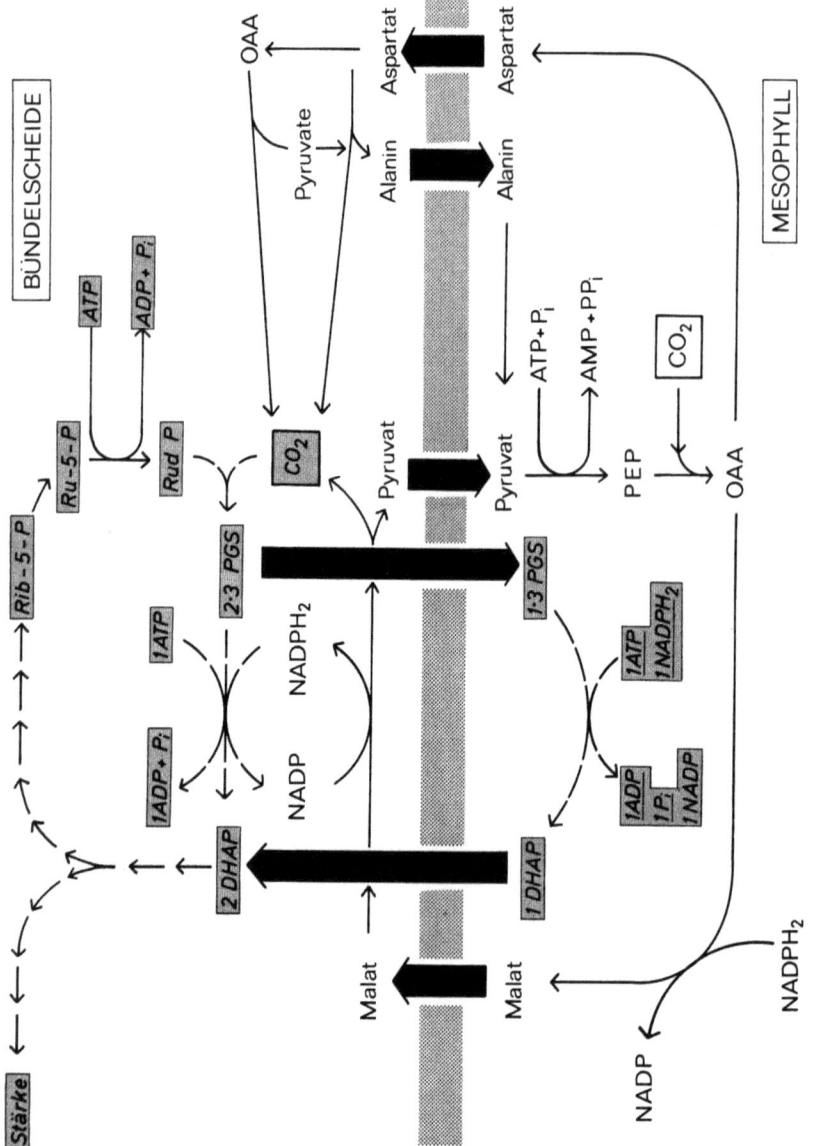

Abb. 7.5. Reaktionen *(dünne Pfeile)* und symplasmatischer Metabolitentransport *(dicke Pfeile)* bei der C$_4$-Photosynthese. C$_4$-Weg = *Ausgezogene Pfeile, normale Symbole.* Calvinzyklus = *gestrichelte Pfeile, kursive Symbole.* Gezeichnet nach den Diskussionen auf dem Workshop on Photosynthesis and Photorespiration, Canberra 1970. (HATCH et al. 1971, Abb. 4, S.146). Abkürzungen AMP, ADP, ATP = Adenosinmono-, -di-, -tri-phosphat, DHAP = Dihydroxiacetonphosphat, NADP = Nicotinamid-adenin-dinukleotid-phosphat, OAA = Oxalacetat, PEP = Phosphoenolpyruvat, PGS = Phosphoglycerinsäure, P$_i$ = anorganisches Phosphat, PP$_i$ = Pyrophosphat, Rib-5-P = Ribose-5-phosphat, Ru-5-P = Ribulose-5-phosphat, Rud-P = Ribulose-1-5-diphosphat

nur aus, um eine 3-Phosphoglycerinsäure zu reduzieren. Bei der CO_2-Fixierung an RudP entstehen aber 2 Moleküle 3-PGS. Da nun eine ganze Reihe von C_4-Pflanzen in den Leitbündelscheidenchloroplasten kein aktives Photosystem II besitzen, also nur in der cyclischen Photophosphorylierung ATP bilden können, aber nicht über eigene photosynthetische Reduktionsäquivalente verfügen, entsteht ein Defizit an Reduktionsäquivalenten.

ii) Durch einen 3-PGS-DHAP-*Shuttle* zwischen Mesophyll und Bündelscheide könnte dieses Defizit ausgeglichen werden.

iii) Neben Malat wird bei der C_4-Photosynthese auch mehr oder weniger viel Aspartat gebildet. Die Decarboxylierungsmechanismen, durch die das in Aspartat fixierte CO_2 in den Calvinzyklus der Bündelscheidenzellen eingeschleust werden kann, sind hierbei im einzelnen noch unklar. Aber auch hier muß symplasmatischer Transport erfolgen, nämlich von Aspartat und von Alanin.

Ähnlich komplex sind die Verhältnisse bei der Photorespiration von C_4-Pflanzen (Abb. 7.6). Auch hier sind die Enzymverteilungen in den einzelnen Geweben soweit studiert, daß man symplasmatische Transportprozesse diskutieren kann. Vermutlich wird Glycin aus den Peroxisomen der Bündelscheidenzellen in die Mesophyllzellen transportiert, wo die CO_2-Abspaltung erfolgt. Wenn das CO_2 dort durch die PEP-

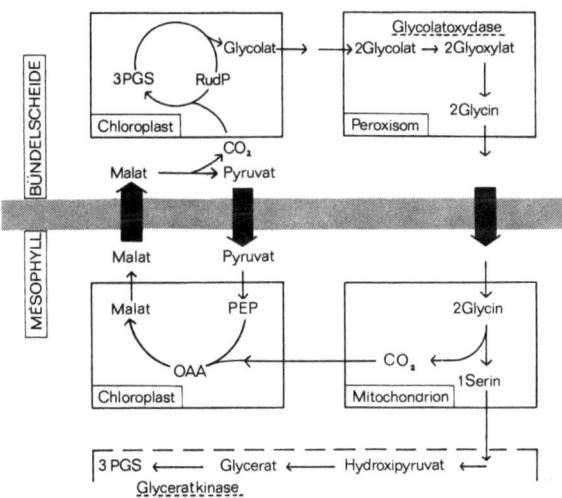

Abb. 7.6. Reaktionen *(dünne Pfeile)* und symplasmatischer Metabolitentransport *(dicke Pfeile)* bei der Photorespiration in Blättern von C_4-Pflanzen. (Nach den Vorstellungen von OSMOND and HARRIS, 1971, gezeichnet) Abkürzungen wie in Abb. 7.5.

Carboxylase unmittelbar wirksam refixiert werden kann, würde dies auch erklären, warum eine apparente photorespiratorische CO_2-Abgabe bei C_4-Pflanzen nicht zu erkennen ist, obwohl der Glycolatreaktionsweg in den Bündelscheidenzellen intakt ist. Die Bündelscheidenzellen haben große und zahlreiche, die Mesophyllzellen dagegen nur wenige kleine Peroxisomen. Allerdings scheint Glycolat nur in C_4-Pflanzen mit intaktem nicht-cyclischen Elektronentransport der Bündelscheidenchloroplasten gebildet zu werden. Neben dem Calvinzyklus ist Photosystem II-Aktivität für die Glycolatbiosynthese erforderlich. Bei C_4-Pflanzen ohne Photosystem-II-Aktivität der Bündelscheidenchloroplasten wird wenig Glycolat gebildet. Deshalb ist auch der von TOLBERT zum Ausgleich des Defizits der Bündelscheiden ohne PS II an Reduktionsäquivalenten postulierte Glycolat-Glyoxylat-*Shuttle* zwischen Bündelscheiden und Mesophyll nicht sonderlich wahrscheinlich (s. HATCH et al., 1971; TOLBERT, 1971; OSMOND und HARRIS, 1971).

B. Zwei wichtige Vorteile des symplasmatischen Transportes: Effizienz und metabolische Kontrolle über die transportierten Metaboliten. Der symplasmatische Metabolitentransport zwischen den Mesophyll- und den Bündelscheidenzellagen der C_4-Pflanzen wird durch eine hohe Zahl von Plasmodesmata zwischen den beteiligten Zellen begünstigt. Der apoplasmatische Weg ist durch die Suberinisierung der Zellwände zwischen diesen Geweben behindert und blockiert (O'BRIEN und CARR, 1970). Die Situation ist also sehr ähnlich wie bei anderen Geweben, wo symplasmatischer Transport eine überwiegende Rolle spielt, z. B. bei Wurzeln und bei Drüsen (s. Kapitel 3.1.1).
Versuche und Berechnungen zur Effizienz des symplasmatischen Transportes bei der C_4-Photosynthese wurden von OSMOND (1971) durchgeführt. Die Aufnahme und der Transport von Metaboliten durch das Plasmalemma in das Innere der Zellen, also von außen in den Symplasten hinein, erfolgt mit einer, auch für die Aufnahme anorganischer Ionen meist beobachteten Geschwindigkeit von größenordnungsmäßig $1-2 \mu M \cdot h^{-1} \cdot g^{-1}$ Frischgewicht. Die Photosynthese ist hundertmal rascher: $100-200 \mu M\, CO_2 \cdot h^{-1} \cdot g^{-1}$ Frischgewicht. Müßte das Malat beim Transport vom Mesophyll zu den Bündelscheiden Zellbarrieren queren (Plasmalemma der Mesophyll- und Bündelscheidenzellen), würde dieser Transport die Photosynthese stark behindern. Das ist aber nicht der Fall. Es ist von ganz entscheidender Bedeutung, daß die Metaboliten bei der C_4-Photosynthese und -Respiration durch den symplasmatischen Transport nur Organellenmembranen, aber keine Zellbarrieren passieren müssen.

Neben dem Gesichtspunkt der Effizienz wird noch ein weiterer überaus wichtiger Vorteil des symplasmatischen Metabolitentransportes deutlich. Bei der Translokation im Symplasten verliert die Pflanze anders als beim apoplasmatischen Transport nicht die metabolische Kontrolle über die transportierten Metaboliten, in die sie Energie hineingesteckt hat. Eine Kombination der beiden Prinzipien wird noch deutlicher beim Ferntransport von Metaboliten insbesondere von Kohlenhydraten. Abgesehen von besonderen Umständen, etwa bei der Mobilisierung von Kohlenhydraten in Baumstämmen beim Austreiben im Frühjahr (Frühjahrsblutungssaft, z.B. besonders beim „Zucker"-Ahorn), werden Kohlenhydrate nicht in den apoplastischen Gefäßleitbahnen über größere Entfernungen transportiert. Mit dem Phloem wurden speziell dem Zuckertransport dienende Ferntransportbahnen ähnlicher Effizienz herausselektioniert. Aber der Transport verläuft hier *hinter* einer Plasmalemmabarriere.

Man kann den Phloemtransport als besonders leistungsfähigen Sonderfall des symplasmatischen Transportes auffassen.

7.1.3 Transport in Siebröhren

7.1.3.1 Der Assimilatferntransport als Sonderfall des symplasmatischen Transportes

Es gibt in der Tat eine ganze Reihe von Gründen, die es nahelegen und sinnvoll erscheinen lassen, den Ferntransport der Assimilate als Sonderfall des symplasmatischen Transportes aufzufassen.

Wenn, wie wir oben gesehen haben, beim symplasmatischen Transport in Parenchymen der Übertritt der wandernden Teilchen von einer Zelle zur anderen, d.h. die Passage durch die Plasmodesmata, der limitierende Schritt ist, sollte in

i) Reihen langgestreckter Zellen und in

ii) Zellreihen mit vermehrten und erweiterten Plasmodesmata in ihren Querwänden

der Transport wesentlich erleichtert sein. Bei der Untersuchung der Evolution der Assimilatleitbahnen sollte man entsprechende Übergänge finden.

Tatsächlich beobachtet man solche Übergänge bei vergleichenden Untersuchungen rezenter Pflanzen verschiedener Organisationshöhe. Bei Laubmoosen, die noch nicht über die hochdifferenzierten Leitgewebe höherer Pflanzen verfügen, konnte man zeigen, daß besonders differenzierte Zellen dem Assimilattransport in den Stämmchen dienen (ESCHRICH und STEINER, 1967). Bei den Braunalgen findet man eine ganze Entwicklungsreihe. Die Leitelemente in den Cauloiden (= sproßartigen Teilen des Braunalgenthallus) von *Laminaria* haben Querwände mit stark erhöhter Zahl von Plasmodesmata. Eine Vermehrung der Plasmodesmata beobachten wir – wie oben (Kapitel 7.1.2.1) erwähnt – auch bei höheren Pflanzen an Orten mit besonders intensivem symplasmatischen Transport. Die weitere Entwicklung zu leistungsfähigen Ferntransportbahnen geht bei den Braunalgen nun aber in Richtung einer Erweiterung der Plasmodesmata, die jetzt Poren genannt werden, womit gleichzeitig ihre Zahl verringert wird (ZIEGLER, 1968) (Tabelle 7.1.). Weite Poren finden sich auch in den Querwänden (Siebplatten) der Siebröhrenglieder bei den Siebröhren höherer Pflanzen. Die damit erleichterte Stoffverschiebung zwischen den Einzelzellen führt in steigendem Maße zum Verlust der stofflichen Eigenständigkeit der individuellen Zellen: die einzelnen Glieder bilden in höherem Maße ein Kontinuum (Siebröhre) als die durch normale Plasmodesmata verbundenen Zellen eines Parenchyms (Symplasma).

Tabelle 7.1. Zahl, Dichte und Durchmesser der Poren in den Querwänden der Assimilatleitbahnen in der Braunalgenordnung *Laminariales* (aus ZIEGLER, 1968).

	Laminaria	Pelagophycus	Macrocystis
Zahl der Poren	20000–30000	1000–2000	100–200
Dichte der Poren (Anzahl · μm^{-2})	50–60	4–6	0.1
Porendurchmesser (μm)	0.06	0.3–0.8	2–3

Daß die Siebröhren zum Symplasten gehören, wird durch die zahlreichen Plasmodesmata deutlich, durch die sie an das umgebende Parenchym, besonders an die benachbarten Geleitzellen, angeschlossen sind. Die Siebröhrenglieder besitzen ein semipermeables Plasmalemma, sie sind plasmolysierbar. Das Lumen der Siebröhren wird nicht von Vacuolen eingenommen, es fehlt ein Tonoplast. Der Übergang zwischen dem randständigen Siebröhrenplasma und dem Siebröhrenlumen ist kontinuierlich und nicht durch eine Membranbarriere erschwert. Demnach gehört der ganze Siebröhreninhalt dem Symplasten zu. Ausdifferenzierten, transportierenden Siebröhren fehlt ein Zellkern und der Organellenreichtum normaler Zellen. Dennoch sind die Siebröhren metabolisch keineswegs inaktiv. Zahlreiche Enzyme und Cofaktoren (ZIEGLER, 1968) wurden im Siebröhreninhalt nachgewiesen, so daß auch ein weiterer, wichtiger Aspekt symplasmatischen Transportes verwirklicht ist: Die transportierten Stoffwechselprodukte werden nicht aus der metabolischen Kontrolle entlassen.

Die Erforschung der Feinstruktur des Siebröhreninhalts und der Siebplatten (Querwände) mit ihren Poren (Siebporen) hat eine Fülle interessanter Phänomene zutage gebracht. Fibrilläre Proteinstränge (P-Protein) gehören neben den Siebplatten zu den auffallendsten Struktureigentümlichkeiten der Siebröhren. Spielen die Proteinfibrillen und die Siebporenstrukturen eine Rolle beim Antrieb des Ferntransportes? Wir werden unten noch andeuten, wie wenig einig sich die Erforscher des Siebröhrentransportes über die Funktion dieser Strukturen sind. Klarheit herrscht darüber, daß die Siebröhren die anatomisch und cytologisch differenzierten Bahnen des Assimilattransportes darstellen. Unter anderem zeigen dies Ringelungsversuche. Dabei wird der Assimilattransport bei Bäumen durch Durchschneiden der Rinde, in der sich die Siebröhren befinden, unterbrochen. Der erste Ringelungsversuch wurde – soweit bekannt ist – 1675 von MARCELLO MALPIGHI durchgeführt. Heute beweisen elegante Mikroautoradiographien eindeutig, daß der Ferntransport der Assimilate in den Siebröhren vor sich geht (zuletzt FRITZ und ESCHRICH, 1970; Ionentransport aus den Blättern heraus: zuerst BIDDULPH, 1956).

7.1.3.2 Das Problem des Mechanismus des Siebröhrentransportes

Der wichtigste Unterschied zwischen dem symplasmatischen Transport im engeren Sinne und dem Siebröhrentransport ist ein quantitativer. Maximale Geschwindigkeiten des symplasmatischen Transportes liegen in der Größenordnung von $6\ cm \cdot h^{-1}$, der Siebröhrentransport erreicht Geschwindigkeiten von $50-100\ cm \cdot h^{-1}$. Dieser beträchtliche quantitative Unterschied von 1–2 Größenordnungen legt es fast nahe, von einem qualitativen Unterschied zu sprechen. Allerdings sind die Übergänge gleitend. Nach CANNY (1971) liegen die gemessenen Geschwindigkeiten des Phloemtransportes zwischen 1 und $200\ cm \cdot h^{-1}$. Andererseits kommt es nicht allein auf die Geschwindigkeit, sondern auch auf die Kapazität des Siebröhrentransportes an (Stoffmenge × Zeiteinheit^{-1} × Flächeneinheit^{-1}). MACROBBIE (1971) hat die Phloemtransportraten aus der Literatur in die bei der Diskussion von Fluxraten übliche Einheit von $pmol \times sec^{-1} \times cm^{-2}$ umgerechnet und typischen Ionenfluxen durch Membranen gegenübergestellt:

Transport von Saccharose im Phloem:	2.5 bis $20 \cdot 10^6$	$pmol \cdot sec^{-1} \cdot cm^{-2}$,
die meisten Ionenfluxe:	1 bis 10	$pmol \cdot sec^{-1} \cdot cm^{-2}$,
Cl$^-$-Fluxe bei *Acetabularia:*	500–700	$pmol \cdot sec^{-1} \cdot cm^{-2}$,
Salzsekretion durch die Drüsen der Mangrove *Aegialitis:*	$5 \cdot 10^3$	$pmol \cdot sec^{-1} \cdot cm^{-2}$.

Damit wird deutlich, daß der Phloemtransport um viele Zehnerpotenzen leistungsfähiger ist als der Membrantransport selbst im ungewöhnlichsten Ausnahmefall der Ionensekretion bei *Aegialitis* (s. auch Kapitel 5.3.1). Der Mechanismus des Phloemtransportes kann nicht in einem Membrantransportprozeß zu suchen sein.

Daß große Schwierigkeiten auftreten, den Siebröhrentransport als besonders effizienten Sonderfall des symplasmatischen Transportes zu erklären, wird durch den Vergleich mit dem symplasmatischen Transport selber deutlich. Auch dort ergab sich das Problem, daß viele Einzelheiten noch undurchsichtig und unverständlich sind (Kapitel 7.1.2.3). Eine Alternative wäre die Suche nach einem qualitativ ganz anders gearteten Mechanismus. Ein Jahrzehnte andauernder Disput über die verschiedenen Möglichkeiten des Mechanismus der Translokation in den Siebröhren ist noch nicht abgeschlossen.

Die wichtigsten Hypothesen über den Mechanismus des Siebröhrentransportes sollen hier nur kurz umrissen werden. Sie lassen sich unter anderem danach einteilen, welche Rolle den Beobachtungen über die Feinstruktur des Siebröhrenplasmas und der Siebporen beigemessen wird. (Neuere Zusammenfassungen: ESCHRICH, 1970; MACROBBIE, 1971; CRAFTS and CRIPS, 1971).

A. Die Theorie der Lösungsströmung. Die durch ihre Klarheit und Einfachheit bestechende Hypothese der Lösungsströmung wurde zuerst von MÜNCH 1926 (s. MÜNCH, 1930) formuliert. Danach entsteht durch Assimilate-synthetisierende Zellen im Symplasma eine „*source*"; Assimilate verbrauchende oder in Form von Polysaccharid speichernde Gewebe schaffen einen „*sink*". Der Ferntransport von *source* zu *sink* wird durch das so entstandene Gefälle angetrieben. Die Röhrensysteme des Phloems dienen als Fernleitungsbahnen, in denen ein Wasserstrom fließt, der die Assimilate in Lösung mit sich führt. Mit Hilfe eines einfachen Modells läßt sich eine solche Strömung (Volumenfluß, cf. Gleichungen (2.39) bis (2.41)) von Wasser mit gelösten Teilchen leicht veranschaulichen (Abb. 7.7).

Natürlich mußte diese Hypothese im Laufe der Zeit modifiziert werden. Man denkt heute nicht mehr daran, daß die Assimilat-bildenden und -verbrauchenden Bereiche unmittelbar miteinander verbunden sind. Zuviele Membranbarrieren liegen z. B. zwischen dem in einem Chloroplasten gebildeten Kohlenhydrat und dem Amyloplasten in einer Stärkespeichernden Wurzel- oder Knollenzelle. In den Geleitzellen, die den Siebröhrengliedern unmittelbar anliegen, findet man mit Cytoplasma und Organellen (Zellkern, Mitochondrien) vollgepackte, stoffwechselphysiologisch sehr aktive Zellen von beinahe Drüsencharakter. Man

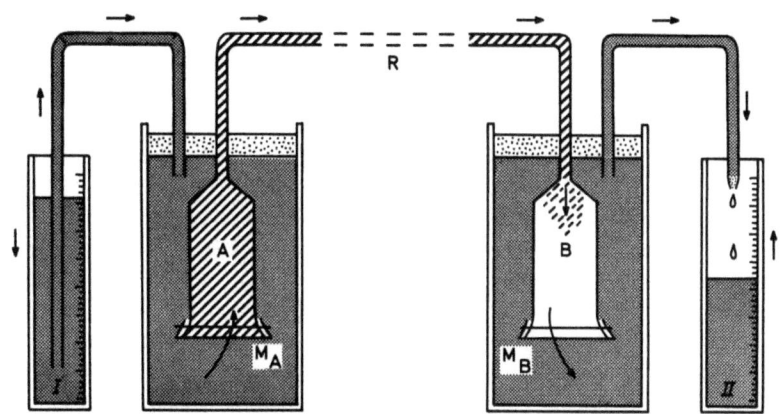

Abb. 7.7. Münchscher Modellversuch zur Demonstration einer durch einen osmotischen Gradienten getriebenen Massenströmung. (Nach MÜNCH, 1930, aus ZIEGLER, 1963). Zelle A = 10%ige Saccharose-Lösung mit Kongorot angefärbt; Zelle B = Wasser; R = Verbindungsrohr, M = semipermeable Membran. Zelle A nimmt durch die semipermeable Membran M_A Wasser auf, das durch den entstehenden hydrostatischen Druck durch die Membran M_B aus Zelle B ausgedrückt wird. Zucker und Kongorot werden von A nach B transportiert. Wasser fließt von Gefäß I in Gefäß II, bis der osmotische Gradient A–B ausgeglichen ist

nimmt heute an, daß diese Zellen durch aktives Be- und Entladen („*vein loading*") in den Siebröhren das Gefälle schaffen, das zum Volumenfluß führt (z. B. ZIEGLER, 1956). Das Be- und Entladen, die Aufnahme und Abgabe von Zucker durch die Siebröhre, werden danach zum entscheidenden Faktor bei der Translokation. ESCHRICH und Mitarbeiter (1972) haben dies durch anschauliche Modellversuche belegt und die „*Volume-flow*-Hypothese" des Siebröhrentransportes weiter entwickelt.

Die Massenströmungs-Hypothese erklärt eine Fülle von Beobachtungen recht einfach; z.B. daß die verschiedensten gelösten Teilchen mit gleicher Geschwindigkeit transportiert werden, oder daß ein kleiner streng lokalisierter Wärmeimpuls rasch polar in einer Richtung weiterwandert (ZIEGLER, 1963; ZIEGLER und VIEWEG, 1961). Sie erklärt auch die Beobachtung, daß der Siebröhreninhalt unter Druck steht. Man kann dies durch einfaches Anstechen des Phloems (besonders leicht durch Anstechen von Baumrinde) zeigen, das zum Austreten des Siebröhrensaftes an der Schnittstelle führt. Am Phloem saugende Blattläuse (Aphiden) stechen mit ihrem Rüssel einzelne Siebröhren an. Trennt man den Insektenkörper von dem eingestochenen Rüssel ab, kann man das Austreten des Siebröhrensaftes aus dem Rüsselende lange Zeit verfolgen. Diese Verfahren dienen auch dem Sammeln von Siebröhrensaft für die chemische Analyse seiner Zusammensetzung (s. ZIEGLER, 1963).

Den cytoplasmatischen Binnenstrukturen der Siebröhren mißt die Massenströmungshypothese keine besondere Bedeutung zu. Wichtig ist nur das Siebzellenplasmalemma als Diffusionsbarriere nach außen, wodurch die transportierten Stoffe unter metabolischer Kontrolle bleiben und dem Zugriff über den Apoplasten eindringender Mikroben entzogen sind. Das Siebröhrenplasmalemma schafft als semipermeable Membran auch erst die Voraussetzung für das Funktionieren eines *Volume-flow*-Mechanismus (Gleichungen (2.39)–(2.41)). Wichtig erscheinen ferner Befunde über die reichhaltige Ausstattung des Siebröhrenplasmas mit Enzymen und Kofaktoren, die der metabolischen Kontrolle über die transportierten Substanzen dienen mögen. Darüber hinaus kommt den Strukturen im Inneren der Siebröhren höchstens noch ein negatives Attribut zu. Sie dürfen nicht so geartet sein, daß einer Strömung im Siebröhrenlumen und durch die Siebporen der Weg versperrt ist.

Die Hypothese der Massenströmung, Druckströmung oder des Volumenflusses ist immer wieder angezweifelt worden, und dies dauert an. Man hat sich gefragt, ob das *source-sink*-Gefälle ausreicht, um osmotisch einen beträchtlichen Volumenfluß auszulösen, und deshalb nach anderen Antriebsmechanismen gesucht. Man hat auch beobachtet, daß Teilchen gleichzeitig in entgegengesetzter Richtung wandern können. CANNY (1971) spricht vom ständigen Rückzug der Anhänger der Volumenflußtheorie. Erst habe man für den bidirektionellen Transport die Siebteile verschiedener Leitbündel verantwortlich gemacht, dann verschiedene Siebröhren innerhalb des Phloems eines Leitbündels. Da nun gezeigt sei, daß innerhalb ein- und derselben Siebröhre Transport in verschiedener Richtung möglich ist, wäre eine Grenze erreicht. Das wäre in der Tat richtig, aber es ist nicht sicher, ob die letztere Feststellung zutrifft. Wenn eine unter dem Druck der strömenden Lösung stehende Siebröhre z. B. durch den Rüssel einer Phloemsaft saugenden Aphide angestochen wird, wird ein neuer effektiver „*sink*" geschaffen, durch den die Lösung ausfließt, und es ist nicht überraschend, wenn Lösung von zwei Seiten her auf diese Stelle zuströmt. Noch am zuverlässigsten sind mikroautoradiographische Hinweise für das Ablaufen von bidirektionellem Transport in ein- und derselben Siebröhre (TRIP und GORHAM, 1967, 1968). MACROBBIE (1971) diskutiert diese und andere Belege für den bidirektionellen Transport und weist daraufhin, daß eine bidirektionelle Translokation in ein- und derselben Siebröhre denkbar sei, wenn nur schwache Gradienten in der Siebröhre bestehen. Unvorstellbar sei ein solcher Transport aber bei einem starken *source-sink*-Gefälle, das den auf Seite 235 geschilderten Massentransport von bis zu

$20 \cdot 10^6$ pmol · sec^{-1} · cm^{-2} erzeugt. Hierbei muß die Siebröhre eine Einbahnstraße sein.

Die stärksten Einwände gegen die Massenströmungshypothese kommen von der Ultrastrukturforschung. Dabei spielt es in der Auseinandersetzung über die Bedeutung der gefundenen Feinstruktur eine große Rolle, inwieweit man es mit in der funktionierenden Siebröhre tatsächlich vorliegenden Strukturen zu tun hat und inwieweit Fixierungsartefakte vorliegen. Dies ist ein allgemeines Problem der Elektronenmikroskopie, die ja bestenfalls Fixierungsäquivalente der Wirklichkeit zeigt. Bei der Fixierung des Inhaltes von Röhrensystemen stellt sich dieses Problem aber in ganz besonderem Maße. Es kann auf diese Auseinandersetzung hier nicht eingegangen werden. Eine Hauptschwierigkeit scheint sich angesichts der Siebröhrenfeinstruktur zu ergeben: Man kann sich nicht entschließen anzunehmen, daß wunderschön abzubildende filamentöse, fibrilläre, netzartige Proteinstrukturen einfach Reste eines in der Ontogenese der Siebröhrenglieder ursprünglich dichter ausgebildeten Cytoplasmas sind, Reste ohne spezifische Funktion. Man mag nicht glauben, daß der Translokationsmechanismus so einfach ist, wie es die Volumenflußhypothese annimmt. (Zur Diskussion s. auch ZIEGLER, ed., 1968.)

B. Hypothesen, die der Struktur des Siebröhrenplasmas eine bedeutende Rolle beimessen. Es sind eine ganze Reihe von Entwürfen gemacht worden, die den plasmatischen Strukturen beim Translokationsmechanismus Bedeutung beimessen. Man hat ein Strömen von Partikelchen entlang besonderer Plasmastränge – etwa wie bei der Plasmaströmung – beobachtet und dahinter den Mechanismus des Phloemtransportes sehen wollen (THAINE, 1962, 1964, 1969). Da die Plasmaströmung aber im allgemeinen viel langsamer ist als der Phloemtransport, ist man damit nicht aus den Schwierigkeiten heraus, es sei denn, man greift auf die besonders hohen Strömungsraten von 500 cm · h^{-1} bei Schleimpilzen zurück (s. MACROBBIE, 1971; Seite 464ff.).

Auch pumpenartige Mechanismen – aktivierte Diffusion, aktiver Transport – wurden in Betracht gezogen. Die molekular-biologischen Vorstellungen, die man sich von Pumpen machen kann, werden heute allmählich klarer. Wir haben gesehen, daß man von der Annahme frei beweglicher Träger immer weiter abkommt und viel eher an in Membranen eingebaute Lipo-Proteinstrukturen mit spezifischen sterischen Eigenschaften denken muß (Kap. 3.2.2.2 B.). Bei der Betrachtung des symplasmatischen Transportes (Kapitel 7.1.2.3) wurde darauf hingewiesen, daß man sich schwer vorstellen kann, wie sonst dem Membrantransport über wenige nm dienende Pumpen auch auf längere Strecken wirken sollen. Das galt für den Transport durch die Plasmodesmata, um so mehr muß es für den Transport entlang der Siebröhrenglieder gelten.

Alle diese Hypothesen arbeiten mit denkbaren und möglichen Ansätzen. Die bestechende logische Klarheit der Volumenflußtheorie haben sie nicht erreicht.

Man hat vielfach auch an die Beteiligung elektrischer Kräfte am Siebröhrentransport gedacht. Die Hypothese eines elektro-osmotischen Mechanismus, über den ebenfalls schon sehr viel gearbeitet wurde (FENSOM, 1957), hat SPANNER (SPANNER und JONES, 1970) vor kurzem zu einem sehr klaren – wenn auch auf einer Reihe hypothetischer Annahmen beruhenden – Modell entwickelt, das hier noch beschrieben sein soll.

Der Zuckertransport durch die Siebporen von Siebzelle zu Siebzelle soll durch die Wanderung von K^+-Ionen in einem elektrischen Feld elektro-osmotisch angetrieben werden. Entscheidend ist dabei, wie die elektrischen Felder an jeder Siebplatte aufgebaut werden und wie ein Rückstrom der K^+-Ionen gewährleistet wird, ohne den der elektroosmotische Antrieb nicht fortwährend weiterwirken kann.

Das Modell von SPANNER wird in Abb. 7.8 gezeigt. Zum Verständnis müssen noch zwei experimentelle Befunde erwähnt werden:

– Das Plasmalemma der Siebröhrenglieder zeigt – wenigstens bei den Untersuchungen von SPANNER und JONES – eine ganz außerordentlich starke Oberflächenvergrößerung. Es ist in Falten gelegt, die ein fischgrätenähnliches Muster bilden. Diese Oberflächenvergrößerung könnte die cytologische Grundlage einer wirksamen Kaliumpumpe sein. SPANNER und JONES glauben übrigens, daß viele Befunde über fibrilläres Material in den Siebröhren Fehlinterpretationen von Anschnitten dieser in das Lumen hineinragenden Plasmalemmazotten darstellen.

– Siebröhrensaft enthält beträchtliche Mengen ATP (0.07–0.59 μM; KLUGE und ZIEGLER, 1964).

SPANNER nimmt nun an, daß K^+ auf der dem Strom zugekehrten Seite der Siebplatten aktiv in das Siebröhrenlumen aufgenommen wird. Das ATP der Siebröhren, das durch den Assimilatstrom dort angereichert wird, soll als Energiequelle für die hier wirksame K^+-Pumpe dienen. Diese ATP-Anreicherung ist eine wichtige Voraussetzung, weil so die Polarität des Mechanismus erklärt wird. Auf der anderen Seite der Siebplatten tritt K^+ passiv in den Apoplasten aus und diffundiert zurück zu den aktiven Aufnahmeorten. Nach den neuesten Vorstellungen von SPANNER (pers. Mitteilung) soll der K^+-Gradient an den Siebplatten aber nicht allein durch diese K^+-Zirkulation zustandekom-

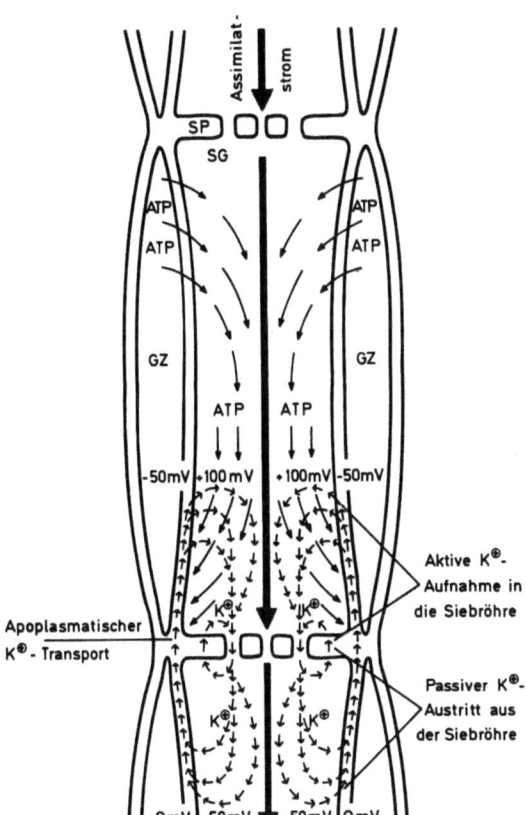

Abb. 7.8. Elektro-osmotisch angetriebener Transport in Siebröhren nach SPANNER und JONES (1970). *Dicker Pfeil* = Richtung des Assimilatstromes, *längere dünne Pfeile* = ATP-Verteilung; *kurze dünne Pfeile* = K^+-Transport. SP = Siebplatte mit Siebporen, SG = Siebröhrenglied, GZ = Geleitzelle. Die elektrischen Spannungsgradienten [mV] sind von SPANNER und JONES angenommene Werte

men, sondern zu einem wesentlichen Teil auch durch das mit dem Assimilatstrom transportierte K^+. Das auf elektronenmikroskopischen Aufnahmen in den Siebporen beobachtete schleimige Material („*slime plugs*") trägt zur Bildung der Festionenstrukturen bei, die Voraussetzung für die Elektro-Osmose sind. Das Schleimmaterial soll die Siebporen so verstopfen, daß für den K^+-Transport nur mehr feine Gänge von höchstens 3–10 nm Durchmesser übrigbleiben. Dann könnten vor allem hydratisierte Saccharosemoleküle (0.9 nm Durchmesser) elektro-osmotisch transportiert werden. Die hohe Sacharosekonzentration in den Siebröhren könnte diese selektive Beförderung der Saccharose verstärken. Nur ein geringer, strukturbedingter Selektionseffekt zugunsten der Saccharose gegenüber Wasser würde schon zu einem osmotischen Gefälle führen, das das elektro-osmotische Gefälle beträchtlich verstärken könnte.

Wenn es auch weitgehend hypothetisch ist, so zeigt das Modell doch wenigstens klar, wie eine aktive Ionenpumpe den Transport in den Siebröhren antreiben könnte. Fragen, die SPANNER und JONES offen lassen, sind vor allem quantitative Probleme. In welcher Relation stehen Energieverbrauch und Umfang des Transports? Wird ATP nicht nur beim „*vein loading*", sondern auch beim Ferntransport selbst verbraucht?

Aus quantitativen Erwägungen heraus lehnt MACROBBIE (1971) denn auch die elektro-osmotische Hypothese ab. Erstens müsse trotz der von SPANNER und JONES beschriebenen Vergrößerung des Siebröhrenplasmalemmas der geforderte K^+-Flux durch diese Membran bei weitem größer sein als alle bekannten Ionenfluxe durch Membranen. Zweitens würde die gemessene ATP-Bilanz der Siebröhren für den Antrieb eines solchen K^+-Fluxes nicht ausreichen. Dazu kommt drittens die prinzipielle Schwierigkeit, daß bei Wirksamkeit eines elektro-osmotischen Mechanismus in den Siebröhren nur Ionen einer Ladungsrichtung, also positive oder negative Ionen (im Falle des Modells von SPANNER und JONES: Positive K^+-Ionen), transportiert werden dürften. Dabei enthalten Siebröhren aller Erfahrung nach sowohl verschiedene Kationen als auch Anionen.

Am Ende ihres vorzüglichen Übersichtsartikels versucht MACROBBIE (1971) spekulativ eine Synthese der Münchschen Massenströmungshypothese mit der Hypothese eines durch die Fibrillen des P-Proteins der Siebröhren aktivierten Massenstromes im Phloem. Sie geht davon aus, daß fibrilläre Strukturen bei der Plasmaströmung etwa in *Nitella*-Zellen oder bei dem Schleimpilz *Physarum* eine bedeutende Rolle spielen. Diese Fibrillen wirken danach ähnlich wie das Actomyosin der Muskeln und erzeugen durch Kontraktion Scherkräfte, die das Plasma zum Strömen bringen. MACROBBIE glaubt, daß die Münchsche Massenströmung für sich allein nicht ausreicht, um den beobachteten Massentransport zu erklären. Sie kann aber auf die Fibrillen des P-Proteins eine ausrichtende Funktion ausüben, so daß diese Fibrillen dann in der richtigen Polarität von *sink* nach *source* die Massenströmung weiter beschleunigen würden.

Man muß abschließend feststellen, daß die Translokationsforscher sich über den Mechanismus des Phloemtransportes nicht einig sind. Daß ein effektiver Assimilateferntransport nötig ist und auch tatsächlich abläuft, ist unbestreitbar. Einigkeit besteht auch darüber, daß er in den Siebröhren vor sich geht. Hier beginnen aber schon die Kontroversen: Welche Siebröhren im Phloem leiten wirklich? In welchem Entwicklungszustand sind Siebröhren funktionstüchtig? (cf. ZIEGLER, ed, 1968.)

7.1.4 Zusammenfassende Bemerkung

Die Betrachtung der möglichen Transportrouten lehrt, daß allen pflanzlichen Organismen grundsätzlich zwei ganz verschieden geartete Wege für die Translokation gelöster Stoffe zur Verfügung stehen: ein apoplasmatisches und ein symplasmatisches Translokationssystem. Durch die besonderen Anforderungen sich höher entwickelnder Landpflanzen an einen raschen und effektiven Ferntransport ergab sich ein Selektionsdruck, der in der Evolution zum Entstehen hoch spezialisierter apoplasmatischer und symplasmatischer Transportbahnen führte: der Tracheiden und Tracheen im Xylem und der Siebröhren im Phloem.

7.2 Die Koppelung von Kurzstrecken-, Mittelstrecken- und Langstreckentransport und der Übergang zwischen verschiedenen Transportwegen

Das aus Zellen, Geweben und Organen komplex zusammengesetzte System der höheren Pflanze könnte nicht funktionieren, wenn Kurzstrecken-, Mittelstrecken- und Langstreckentransport für sich und voneinander isoliert ablaufen würden oder wenn apoplasmatischer und symplasmatischer Transport voneinander unabhängig wären. Schon die bisherige Betrachtung hat klar gezeigt, daß dies keineswegs der Fall ist. Koppelungen und Übergänge müssen überall in der Pflanze stattfinden können. Hierbei müssen an bestimmten strategischen Punkten lokalisierte Mechanismen eine besondere Rolle spielen. Der von ZIEGLER geprägte Begriff der „Schaltstelle" erweist sich dafür als besonders anschaulich.

Wir wollen diese Schaltstellen für zwei konkrete Modelle diskutieren, nämlich für den Ionentransport durch die Wurzel und den Stofftransport in Blättern. Abb. 7.9 zeigt, daß die Problemstellung in beiden Fällen grundsätzlich ähnlich ist. Die Wurzel nimmt aus der Außenlösung oder aus dem Boden Ionen in den *Free Space* auf, Influx und Efflux am Plasmalemma der Wurzelhaar-, Epidermis- und Rindenzellen kontrollieren Ionenaufnahme und -abgabe der cytoplasmatischen Phase. Influx und Efflux am Tonoplasten bestimmen den Umfang der Akkumulation oder der Mobilisierung von Ionenreserven in der Vacuole. Der symplasmatische Transport reguliert die Verteilung der Ionen im gesamten Organ über eine durch den Casparyschen Streifen markierte Barriere im apoplasmatischen Raum hinweg. Der Efflux am Plasmalemma der Gefäßparenchymzellen belädt die Fernleitungsbahnen.

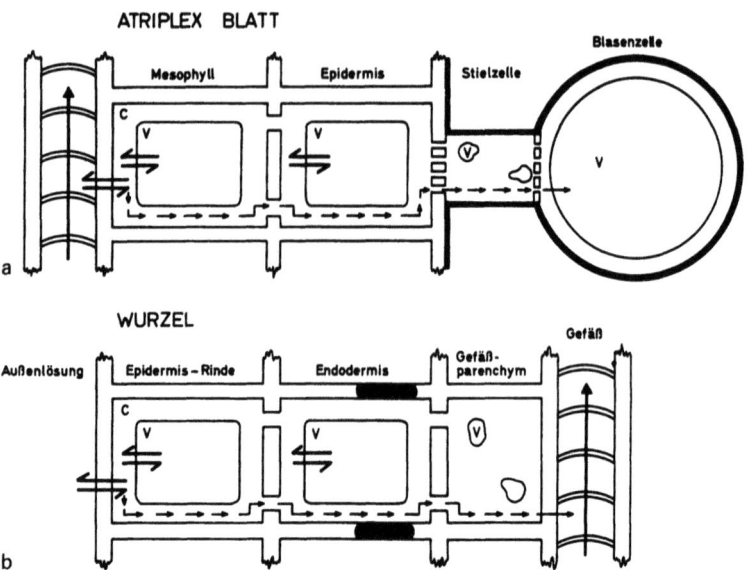

Abb. 7.9. Vereinfachte Modelle eines Blatt-Salzdrüsen-Systems (oben) und einer Wurzel (unten), die die Analogie der Stofftransportprozesse dieser beiden Systeme deutlich werden lassen. *Pfeile* = Transportprozesse. C = Cytoplasma, V = Vacuole. Die Suberinisierung und Cutinisierung von Zellwänden ist durch dicke schwarze Linien angedeutet (nach LÜTTGE, 1971)

Die Abbildung (7.9) macht deutlich, welche Vorgänge beim Ionentransport in Blättern dem analog entsprechen. Der Transpirationsstrom im Xylem der Blätter mit seinen feinen Verästelungen in tracheidale Elemente und schließlich in den Zellwand-*Free-Space* (Kapitel 3.1) sorgt für eine Außenlösung. Plasmalemma und Tonoplastenfluxe und symplasmatischer Transport entsprechen den betreffenden Vorgängen in der Wurzel. Zellwandinkrustierungen (z. B. bei Drüsen, Abb. 3.7) haben dem Casparyschen Streifen analoge Funktion. Die Salzausscheidung der Salzdrüsen nach außen läßt sich mit der Ionenabgabe in die apoplasmatischen Leitbahnen analogisieren. (Im Schema der Abb. 7.9 ist allerdings stattdessen die Ionenablagerung in den besonders großen Vacuolen epidermaler Blasenzellen gezeigt (s. u. Kapitel 7.2.2.1)).
Etwas problematischer als bei der Wurzel ist bei Blättern die Frage nach der Zusammensetzung und Konzentration der Ionenlösung im *Free Space*. Bei Wurzeln kann man den Boden, die Bodenlösung analysieren. Die unter natürlichen Bedingungen im Blatt-*Free-Space* vorliegenden Lösungen sind von der Transpiration und vom Ferntransport in das Blatt hinein und aus dem Blatt heraus abhängig.

Analysenergebnisse, die mit Hilfe einer Perfusionstechnik (BERNSTEIN, 1971) bzw. einer Zentrifugationsmethode (JACOBSON, 1971) gewonnen wurden, sind in Tabelle 7.2. zusammengefaßt. Bei *in vitro* Versuchen kann man Blattgewebestreifen von 0.5 mm Breite leicht mit einer experimentellen Außenlösung ins Gleichgewicht setzen und Transportprozesse wie mit Wurzeln, Algenzellen oder Wasserpflanzenblättern untersuchen (Abb. 6.15, Kapitel 6.2.3.4).

Tabelle 7.2. Ionengehalt im Blatt – *Free Space*

Methode der Messung:	Perfusion	Zentrifugation
Autor:	BERNSTEIN (1971)	JACOBSON (1971)
Material:	Kohl	*Dionaea muscipula*
gemessene Ionenkonzentrationen im *Free Space*:	2–10 meq/l	$\sum_{Kationen}$ 27.9 meq/l $\sum_{Anionen}$ 16.5 meq/l
Konzentration spezifischer Ionen:	—	K^+: 6.4 meq/l Na^+: 8.9 meq/l Cl^-: 13.8 meq/l

In beiden Fällen – bei Wurzeln und bei Blättern – wirft sich die Frage auf: Wo liegen Schaltstellen? Es ist selbstverständlich, daß es sich dabei um metabolisch kontrollierte Membrantransportprozesse handeln muß. Trotzdem werden wir sehen, daß diese Frage nicht leicht zu beantworten ist. Nicht alle im System vorhandenen Membrantransportprozesse üben kontrollierende Schaltfunktion aus, und nur für wenige können wir dies heute mit Sicherheit sagen.

7.2.1 Das Modell der Wurzel: Verschiedene Hypothesen zum Mechanismus des Ionentransportes aus der Außenlösung durch die Wurzel in die Xylem-Fernleitungsbahnen

Im Laufe der nun mindestens 50 Jahre währenden, umfangreichen Forschung zum Problem des Ionentransportmechanismus aus der Außenlösung oder dem Boden durch die Wurzel in die Xylem-Fernleitungsbahnen wurden immer wieder ganz bestimmte Punkte in unserem Modell (Abb. 7.9 b) als die entscheidenden Schaltstellen herausgestellt. Zur besseren Übersicht wollen wir die fünf wichtigsten Hypothesen hier schlagwortartig charakterisieren:

i) Die Hypothese der Gefäßelementdifferenzierung.
ii) Die Hypothese der Endodermispumpe.
iii) Die Hypothese der Gefäßparenchympumpe.
iv) Die Hypothese des symplasmatischen Transportes durch die Wurzel.
v) Die Zwei-Pumpen-Hypothese.

Der Transport in das Wurzelxylem wird meistens durch Analyse des Exudats, d. h. der durch die Schnittfläche am Wurzelhals abgeschnittener Wurzeln austretenden Lösung oder durch Analyse des durch den Transpirationsstrom bedingten Ionengehaltes der Sprosse intakter Pflanzen bestimmt, wobei Radioisotope vielfach eine große Rolle spielen. Sonderfälle der Exudatmethode liegen vor, wo die Schnittfläche isolierter Wurzeln in eine Lösung eintaucht, in der die austretenden Ionen nachgewiesen werden können (FALK et al., 1966; WEIGL, 1969, 1970, 1971; PITMAN, 1971, 1972 a).

7.2.1.1 Die Hypothese der Gefäßelementdifferenzierung

Die Hypothese der Gefäßelementdifferenzierung wurde von HYLMÖ (1953) entwickelt und neuerdings durch ANDERSON und durch HIGINBOTHAM und ihre Mitarbeiter (ANDERSON und HOUSE, 1967; HIGINBOTHAM et al., 1973) wieder intensiv diskutiert. Den Kernpunkt dieser Hypothese bildet eine aktive Ionenaufnahme sich differenzierender, also mit Cytoplasma, Organellen und Zellkern noch lebender Gefäßelementzellen in der Wurzelspitzenregion. Beim Absterben des lebenden Zellinhalts und der Integration der neuen toten Elemente in die Fernleitungsbahnen treten die Ionen dann in den Transpirationsstrom über, der auf diese Weise beladen wird. Das von ANDERSON und HOUSE für diese Hypothese herangezogene Argument, daß die Xylementwicklung und die Zone maximaler Ionenaufnahme entlang von Wurzeln eng korreliert sind, stellt sicher keine einfache Begründung dar. Die Zonen optimaler Aufnahme entlang der Wurzel sind für verschiedene Ionen nicht deckungsgleich. Neben quantitative Unterschiede der Ionenaufnahmeraten entlang der Wurzel mögen qualitative Unterschiede der Ionenaufnahmemechanismen treten (ESHEL und WAISEL, 1972). Die anatomische Differenzierung entlang der Wurzel muß mit Bezug auf die Ionenaufnahmemechanismen noch genauer untersucht werden. Dabei ist nicht allein die Xylemdifferenzierung wichtig. Anatomische Differenzierungen der äußeren Wurzelschichten (Veränderungen der Rhizodermis, etwa die vielfach beobachtete Suberinisierung der Zellwände, Bildung einer Exodermis, usw.) spielen mit Sicherheit ebenfalls eine besondere Rolle.

Ein wichtiges Argument gegen die Hypothese liefert eine quantitative

Überlegung (LATIES, 1969). Das von einer 10 cm langen abgeschnittenen Mais-Wurzel in einer Stunde abgegebene Exudatvolumen ist $\sim 4\ \mu l$. Dies entspricht etwa dem gesamten vorhandenen Xylemvolumen. Es ist unvorstellbar, daß die Xylementwicklung mit dieser Geschwindigkeit voranschreitet.

Bei Zutreffen der Hypothese der Gefäßelementdifferenzierung müßte der Transport im Wurzelxylem streng polar nur in akropetaler Richtung ablaufen. Zur Polarität des Transportes im Wurzelxylem gibt es verschiedene, zum Teil widersprüchliche experimentelle Daten (s. EVANS and VAUGHAN, 1966; SMITH, 1970). Der klassische Versuch LUNDEGÅRDHS (LUNDEGÅRDH, 1950), bei dem ein abgeschnittenes Wurzelstück an der oberen und an der unteren Schnittstelle exudiert, zeigt aber, daß von einer absoluten Polarität nicht gesprochen werden kann.

7.2.1.2 Die Hypothese der Endodermispumpe

Für die Begründung der Hypothese einer endodermalen „Saugpumpe" war einmal der Befund des „Endodermissprungs" (URSPRUNG und BLUM, 1921) von Bedeutung, d. h. eines abrupten Absinkens der „Saugkraft" (besser: eines Ansteigens des Wasserpotentials) der Zellen innerhalb von der Endodermis. Später war von dieser Beobachtung immer weniger die Rede. Moderne Messungen von Membranpotentialen, von K^+-Aktivitäten und von elektrochemischen Potentialdifferenzen für verschiedene Ionen in den quer über die Wurzel angeordneten Zellen lassen keine besondere Funktion der Endodermis erkennen (s. auch unten: Kapitel 7.2.1.3 und 7.2.1.4, Abb. 7.10). Zudem zeigt das Cytoplasma der Endodermiszellen keine besonders auffallende cytologische Differenzierung wie etwa Ionen sezernierende Drüsenzellen oder auch die dicht mit Plasma erfüllten Gefäßparenchymzellen (BONNET, 1968). So erscheint die einzige Besonderheit dieser morphologisch innersten Rindenzellage, die manchmal die einzige Rindenzellage bildet *(Erica)*, der schon diskutierte Casparysche Streifen zu sein (Kap. 3.1.1).

7.2.1.3 Die Hypothese der Gefäßparenchympumpe

Diese Hypothese wird manchmal fälschlicherweise mit der Hypothese der Endodermispumpe gleichgesetzt oder verwechselt.
Befunde über im Vergleich zur Außenlösung beträchtlich höhere Exudatkonzentrationen legen nahe, nach einem Mechanismus direkter Sekretion aus den lebenden Gefäßparenchymzellen in die toten Leitbahnen hinein zu suchen. Auch Mikroautoradiographien und Untersuchungen

mit der Röntgenmikrosonde zeigen eine starke Konzentrierung der Ionen in den Gefäßen (WEIGL und LÜTTGE, 1962, 1965; LÄUCHLI, 1967, 1972; LÄUCHLI et al. 1971). Trotzdem wirft sich die Frage auf, ob der Konzentrationshub von einer niedrigen Außenkonzentration zur höheren Xylemsaftkonzentration gerade hier erfolgt oder an irgendeiner anderen Stelle des Systems.

Mikroautoradiographische und Röntgenmikrosonde-Untersuchungen der Verteilung von Ionen über den Wurzelquerschnitt deuten auf eine hohe Anreicherung der Ionen in den Gefäßparenchymzellen hin. Man hat daraus auf die sekretorische Funktion dieser Zellen geschlossen. Eine ähnliche Anreicherung von Ionen findet man bei der Salzsekretion in den Zellen von Salzdrüsen (s.u. Kapitel 7.2.2). Auch hier ist aber nicht einwandfrei zu klären, ob der Sekretionsmechanismus darin besteht, daß sich Ionen in den dicht mit Cytoplasma und Organellen vollgepackten Zellen anhäufen und dann passiv austreten, oder ob aktiver Membrantransport nach außen erfolgt.

Mikroautoradiographie und Röntgenmikrosonde haben zwei Hauptnachteile:

i) Als Bezugsgröße dient eine Flächeneinheit untersuchter Gewebeschnitte, kein Volumen. Das Eichen mit dem Ziel, absolute Einheiten zu erhalten, ist problematisch (cf. LÜTTGE, ed. 1972).

ii) Die Auflösung bei den bisher vorgelegten Untersuchungen ist zu gering, so daß nur in wenigen Ausnahmefällen zwischen verschiedenen Zellkompartimenten wie etwa dem Cytoplasma und der Vacuole differenziert werden konnte.

Daraus folgt, daß die bisherigen Angaben meist relative Ionengehalte bezogen auf Schnittflächeneinheiten von ganzen Zellen oder ganzen Geweben widerspiegeln. Der Befund der dichten Ansammlung von Ionen in den mit Cytoplasma vollgepackten Gefäßparenchymzellen läßt deshalb folgende verschiedene Schlußfolgerungen zu:

i) Die Ionenkonzentration im Cytoplasma oder in den Vacuolen (oder in beiden Kompartimenten) der Gefäßparenchymzellen ist gegenüber den weiter außen liegenden lebenden Wurzelzellen erhöht. Dadurch ist eine sekretorische Funktion dieser Zellen wahrscheinlich, entweder in Form eines passiven Austritts der hier aktiv angereicherten Ionen in die Gefäße oder durch eine aktive Ausschleusung (Gefäßparenchympumpe!).

ii) Die Ionenkonzentration im gesamten Symplasma der Wurzel ist hoch. Die Gefäßparenchymzellen zeigen nur deshalb eine Anhäufung von Ionen, weil sie besonders viel Cytoplasma enthalten. Der Konzentrationshub muß dann bei der Ionenaufnahme in den Symplasten erfolgen (Hypothese des symplasmatischen Transportes, Kapitel 7.2.1.4).

Der Ionenaustritt in die Gefäße könnte ebenfalls wiederum passiv oder aktiv sein.

Wegen dieser Mehrdeutigkeit sind Mikroautoradiographien und Röntgenmikrosonde-Versuche, so wichtige Einsichten sie sonst vermitteln, für die konkrete Frage nach der Schaltstelle *vorerst* wertlos (s. Kapitel 7.2.2). Dazu kommt noch, daß beide Methoden nichts über elektrische Gradienten auszusagen vermögen, die zusammen mit den Konzentrationsgradienten erst die für Ionenverteilungen entscheidende Größe des elektrochemischen Potentials ergeben.

Das Membranpotential und das elektrochemische Potential haben wir als ausschlaggebende Kriterien für den passiven bzw. den aktiven Transport von Ionen kennengelernt. DUNLOP und BOWLING haben gezeigt, daß die elektrische Potentialdifferenz zwischen der Vacuole und der Außenlösung für alle Wurzelzellen der Epidermis, der Rinde, der Endodermis und des Gefäßparenchyms die gleiche ist (Abb. 7.10). Das elektrochemische Potential für Cl^- und K^+ ist ebenfalls für alle Zellen gleich groß (Abb. 7.10). Beim Übergang von einem dieser Gewebeteile zu einem anderen ist nirgends eine Barriere des elektrochemischen Potentials zu überwinden. Da das Membranpotential am Tonoplasten (ΔE-Cytoplasma-Vacuole) von Zellen höherer Pflanzen sehr niedrig oder gleich Null ist (Kapitel 2.2.2.4 B.), treffen die für die Vacuolen gemessenen Potentialdifferenzen wohl auch für das Cytoplasma zu.

Abgesehen von der Analogie zu den Salzdrüsen bleibt wenig Handfestes, was für die Hypothese der Gefäßparenchymsekretion sprechen könnte. Doch werden die alternativen Hypothesen auch nur durch eine Ansammlung von Indizien gestützt, und man wird die Hypothese der Sekretion nicht *ad acta* legen dürfen.

7.2.1.4 Die Hypothese des symplasmatischen Transportes durch die Wurzel

Diese Hypothese geht auf CRAFTS und BROYER (1938) zurück und wurde dann in den 50er Jahren von ARISZ (1956) und in den späten 60er Jahren von LATIES und Mitarbeitern (cf. LATIES, 1967, 1969; LÜTTGE, 1969) wieder aufgenommen. Den Rindenzellen, die außerhalb der Barriere der *Free-Space*-Diffusion am Casparyschen Streifen liegen, wird hierbei eine besondere Bedeutung beigemessen. Der Rinden-*Free-Space* bietet eine stark vergrößerte Oberfläche. Durch die Grenzfläche (Plasmalemma aller Rindenzellen) erfolgt Ionenakkumulation in das Rindencytoplasma. Man könnte bei dieser Hypothese also auch von einer „Rindenzellen-Plasmalemma-Pumpe" sprechen. Eine wichtige Rolle spielt hier aber der symplasmatische Transport, durch den die auf-

genommenen Ionen in den Zentralzylinder gelangen, wo sie passiv in die Gefäße übertreten sollen.
Die Ansicht, daß der O_2-Partialdruck im Wurzelinneren herabgesetzt sei und die Zellen ihre Ionen dort weniger gut festhalten können, hat ursprünglich viel zur Annahme passiven Ionenaustritts beigetragen. Frisch isolierte Wurzelzentralzylinder haben keine Fähigkeit zur Ionenakkumulation (LATIES and BUDD, 1964; LÜTTGE und LATIES, 1967). Die dem entgegengehaltene Tatsache, daß die Zentralzylinderzellen *in situ* dagegen sehr wohl zur Ionenakkumulation befähigt seien (YU and KRAMER, 1969), könnte allein am Fließgleichgewicht liegen, d.h. an der fortwährenden Nachlieferung von Ionen aus den weiter außerhalb gelegenen Geweben (s. auch BAKER, 1973). Trotzdem hat sich um die Frage, ob die Zentralzylinderparenchymzellen *in situ* „Lecks" für Ionen besitzen, eine intensive Diskussion entsponnen, und es ist schwer zu entscheiden, ob die frisch präparierten isolierten Zentralzylinder mit ihrer geringen Ionenaufnahmerate oder die gealterten isolierten Zentralzylinder mit ihrer hohen Ionenaufnahmekapazität den Zentralzylindern *in situ* eher entsprechen (s. Abb. 6.12; ANDERSON, 1972).
Die Bedeutung der Rinde wird durch Versuche zur Ferntransportkapazität entrindeter, aber sonst intakter Zentralzylinder unterstrichen. Isolierte Zentralzylinder bilden kein Exudat und transportieren auch keine Ionen zwischen zwei verschiedenen Lösungskompartimenten. Der Ferntransport durch am Sproß belassene entrindete Zentralzylinder ist passiv, allein von der Transpiration abhängig, d.h. der Evaporation unmittelbar korreliert (LÜTTGE und LATIES, 1967). ANDERSON (1972) kritisiert allerdings dieses Experiment, weil die Zentralzylinder bei der Präparation beschädigt werden könnten und eine Exudation durch isolierte Zentralzylinder unter Umständen möglich sei.
Gewisse Anstrengungen wurden unternommen, die Kinetik des Ionenferntransportes mit der Kinetik von System 1 und System 2 der Ionenaufnahme (Kapitel 4.1.2) zu vergleichen. Nach LATIES und Mitarbeitern (Kapitel 4.2.1) müßte bei einer Richtigkeit der Hypothese des symplasmatischen Transportes der Ferntransport die Eigenschaften allein von System 1 (Ionenaufnahme durch das Plasmalemma der Rindenzellen) widerspiegeln. Spezifität und Gegenioneffekte beim Ferntransport von Ionen deuten auch darauf hin, daß nur System 1 beteiligt ist. Ferner fanden LATIES und Mitarbeiter nur im niedrigen und nicht im hohen Konzentrationsbereich der doppelten Ionenaufnahmeisotherme eine hyperbolische Isotherme des Ferntransportes. Die im hohen Konzentrationsbereich gefundene lineare Isotherme deutet auf überwiegend passiven Transport bei diesen Bedingungen hin. Sowohl die Hypothese der Lokalisation von System 1 aber nicht von System 2

am Plasmalemma, als auch die Hypothese des symplasmatischen Transportes durch die Wurzel stehen mit diesen Befunden in Einklang (LATIES, 1967, 1969).

Aber auch EPSTEIN und Mitarbeiter berufen sich auf die Hypothese des symplasmatischen Transportes, um ihre Annahme der Lokalisation beider Aufnahmesysteme am Plasmalemma zu stützen (LÄUCHLI und EPSTEIN, 1971; LÄUCHLI, 1972). Befunde bei Exudatexperimenten, wo der Ferntransport sowohl Eigenschaften von System 1 als auch von System 2 widerzuspiegeln scheint, werden als Beweis für diese Annahme gewertet. Dies geht nur, wenn die Hypothese des symplasmatischen Transportes durch die Wurzel mit passivem Ionenaustritt in die Gefäße zutrifft. Es ist deshalb schwer zu verstehen, daß die gleichen Autoren an anderer Stelle die Hypothese einer Gefäßparenchym-Pumpe vertreten (LÄUCHLI et al., 1971).

Wollte man sehr kritisch sein, könnte man sagen, daß sich sowohl bei Benutzung des Latiesschen als auch des Epsteinschen Zellmodells (Abb. 4.7 b bzw. a) in der Diskussion der Koppelung mit dem Ferntransport der Eindruck ergibt, als wolle man die eine Hypothese mit Hilfe der anderen Hypothese beweisen; nämlich die Hypothese der Lokalisation der beiden Aufnahmesysteme mit Hilfe der Hypothese über die Schaltstelle beim Ferntransport. Der Autor dieser Übersicht hat selber intensiv an der Formulierung der Latiesschen Vorstellung über diese Schaltstelle mitgearbeitet und hätte diese Feststellung vielleicht dem Leser überlassen können. Es muß aber auch der Hinweis erlaubt sein, daß trotzdem eine Anhäufung von Indizien eine sehr nützliche Arbeit darstellen kann. Warum dies uns nicht aus einer letztlich schwer zu beseitigenden Ambivalenz herausführt, soll am Schluß (Kapitel 7.2.3) noch etwas beleuchtet werden.

Die besten neueren Untersuchungen zu diesem Problem stellen elektrochemische Messungen von DUNLOP und BOWLING dar (1971 a, b, c; BOWLING und ANSARI, 1972; BOWLING, 1973). Wie bereits erwähnt wurde, ändert sich das elektrische Membranpotential und auch die K^+-Aktivität beim Übergang von der Epidermis, zur Rinde, Endodermis und zum Gefäßparenchym nicht. Das elektrische Potential wird dann beim Übertritt in das Lumen der Gefäße gegenüber dem Zentralzylindergewebe weniger negativ (Abb. 7.10).

Die in Abb. 7.10 gezeigten Profile des elektro-chemischen Potentials für verschiedene Ionen in Mais- und Sonnenblumenwurzeln erlauben folgende Aussagen über die Verteilung und den Transport der Ionen über den Wurzelquerschnitt (Na^+, *Helianthus*, s. BOWLING und ANSARI, 1972; Werte sind in Abb. 7.10 nicht dargestellt):

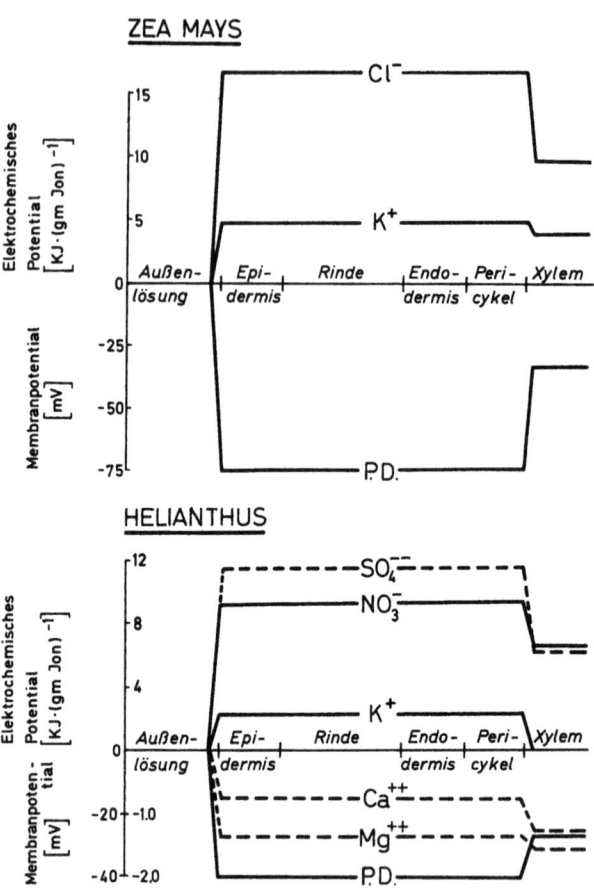

Abb. 7.10. Profile des Membranpotentials *(P.D.)* und des elektrochemischen Potentials für verschiedene Kationen und Anionen quer durch *Zea mays*- und *Helianthus annuus*-Wurzeln. (Nach Fig. 6 in DUNLOP und BOWLING, 1971c, und Fig. 2 und 3 in BOWLING, 1973.) Die *gestrichelten Linien* beruhen auf weniger detaillierten Messungen als die *ausgezogenen Linien*. *Ausgezogene Linien* = Messungen für die einzelnen Zellen der angegebenen Gewebe, *gestrichelte Linien* = Messungen pauschal nur für Außenlösung-Wurzelgewebe-Exudat. Bei *Zea* wurde eine 1 mM KCl + 0.1 mM CaCl$_2$-Lösung verwendet, bei *Helianthus* eine Nährlösung. Veränderte Ionenkonzentrationen (*Zea:* 0.1 mM – 10 mM KCl; *Helianthus:* 0.1fache Nährlösung) führten zu qualitativ entsprechenden Ergebnissen

i) Die Aufnahme von K$^+$ und Cl$^-$ bei *Zea mays* und von Na$^+$, K$^+$, SO$_4^{--}$ und NO$_3^-$ bei *Helianthus annuus* in die Vacuolen der Wurzelzellen ist *uphill*, gegen einen steilen elektro-chemischen Gradienten gerichtet; Ca^{++} und Mg^{++} werden passiv aufgenommen.

ii) Der Transport von K^+ und Cl^- bei *Zea mays* und von Na^+, SO_4^{--} und NO_3^- bei *Helianthus annuus* durch die Wurzel erfolgt gegen einen Gradienten des elektro-chemischen Potentials zwischen der Außenlösung und der Lösung in den Gefäßen.

iii) Der Austritt der Ionen aus den lebenden Zentralzylinderzellen in die toten Gefäße braucht in keinem Fall einen elektro-chemischen Gradienten zu überwinden (Fig. 7.10; Ausnahme: Na^+ bei 1.0 und 10 mM Außenkonzentration aber nicht bei 0.1 und 0.25 mM). Alle untersuchten Ionen, bei *Zea* und bei *Helianthus* können dem elektrochemischen Gradienten folgend passiv in die Gefäße gelangen, und es braucht an dieser Stelle kein aktiver Transport angenommen zu werden.

Dies ist ein überaus schwer zu widerlegendes Argument zugunsten der Hypothese des symplasmatischen Ionentransportes durch die Wurzel.

Danach stellt sich erneut die Frage, warum schließlich ein Nettotransport von der Außenlösung in die Gefäße ablaufen kann. Wie kann der Nettotransport in dieser Richtung funktionieren, wenn weder ein stoffwechselphysiologischer noch ein elektro-chemischer Gradient in den Zellen quer durch die Wurzel vorliegt? Wie können die äußere und die innere Oberfläche des Symplasten, also das von der Außenlösung und das von der Exudatlösung benetzte Plasmalemma dennoch verschieden sein? DUNLOP und BOWLING schließen aus ihren Versuchen und aus der Wurzelstruktur, daß der einzige Unterschied in der Größe der beiden Membranoberflächen besteht. Dadurch haben außen (Rinde) mehr Pumpen Platz als innen (Zentralzylinder). Der zentripetale Ionentransport kommt durch einfachen Pumpe-Leck-Antagonismus zustande. Die Zentralzylinderzellen brauchen nicht in höherem Maße leck zu sein als die Rindenzellen. Es genügt, daß die aktive Ionenaufnahme der lebenden Zellen im Zentralzylinder aus Raumgründen geringer ist, um den zentripetalen Ionentransport in Gang zu halten, der durch die aktive Ionenaufnahme am Rindenplasmalemma angetrieben wird. Bei hohen Außenkonzentrationen verschiebt sich das Gleichgewicht allerdings für Na^+. Die beiden auf den Na^+-Transport durch die Wurzel wirkenden entgegengesetzten Kräfte der Aufnahme in die Wurzelzellen am Plasmalemma der Rindenzellen und der Zentralzylinderzellen und die durch die Außenkonzentration bestimmte Richtung des elektro-chemischen Potentialgradienten zwischen den Wurzelzellen und dem Exudat (s. oben iii) erlauben eine Feinkontrolle und -regulation des Na^+-Transportes in den Sproß.

7.2.1.5 Die Hypothese der zwei Pumpen

Sehr oft liegt bei widerstreitenden Hypothesen die Lösung in der Mitte. Ansätze zur Formulierung einer Hypothese der zwei Pumpen, nämlich einer einwärts gerichteten Pumpe am Plasmalemma der Epidermis- und Rindenzellen und einer auswärts gerichteten Pumpe am Plasmalemma der Gefäßparenchymzellen, also einer Kombination von Hypothese iii) und iv) (Seite 246), arbeiten darauf hin. Diese Anhaltspunkte kommen von kinetischen Messungen, wo längere abgeschnittene Wurzeln zwischen zwei Lösungskammern so eingespannt werden, daß Fluxe an der Schnittfläche (angeschnittenes Xylem) und an der Rindenoberfläche getrennt analysiert werden können (WEIGL, 1969, 1970; PITMAN, 1971, 1972a) (Abb. 7.11). Dabei sind noch manche Schwierigkeiten zu überwinden. Die lange Diffusionsstrecke im Xylem schafft das Problem der Bildung elektro-chemischer Gradienten – und bei Versuchen mit radioaktiv markierten Ionen von Gradienten spezifischer Radioaktivität – innerhalb der Xylemröhren. Als Bezugsgrößen müßten die äußere und die innere Plasmalemmaoberfläche (s. auch Kap. 7.2.1.4, Seite 253) heran-

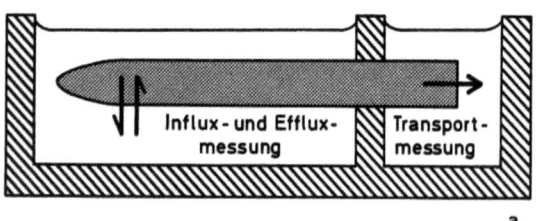

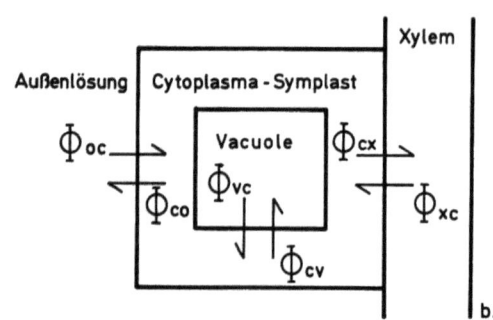

Abb. 7.11. Getrennte Messung des Ionenaustausches durch die Rinde und durch das Xylem (Schnittfläche) abgeschnittener Wurzeln (a nach WEIGL und nach PITMAN) und Fluxe, die mit diesem System untersucht werden können (b nach PITMAN); Symbole wie in Abb. 4.9., zusätzlich Index „x" für Xylem

gezogen werden, was wegen technischer Schwierigkeiten noch nicht gemacht wurde.
Zwei wichtige Resultate sprechen für die Kooperation von zwei Pumpen beim Ionentransport aus der Außenlösung in die Gefäße:
i) Man kann die Geschwindigkeit der Ionenaufnahme aus einer Außenlösung in das Wurzelgewebe (Φ_{oc}) drastisch erniedrigen, indem man das Gewebe aus einer Lösung höherer Konzentration in eine Lösung niedrigerer Konzentration überführt. Der Ionenflux vom Cytoplasma in die Gefäße (Φ_{cx}) dauert dann noch weiter unvermindert an.
ii) Dagegen sind beide Prozesse (Φ_{oc} und Φ_{cx}) empfindlich gegen den Entkoppler Cl-CCP (s. Kap. 6.1.2.3).
Es handelt sich also bei Φ_{oc} und bei Φ_{cx} wohl um Energie-abhängige Ionentransportprozesse. Beide Pumpen arbeiten offensichtlich unabhängig voneinander.
Die beiden Schaltstellen kooperieren aber untereinander. Dabei spielt – wie bei der vorher diskutierten Hypothese (Kapitel 7.2.1.4) – der symplasmatische Transport eine wichtige Rolle, er stellt die Verbindung zwischen Φ_{oc} und Φ_{cx} her. Die Geschwindigkeitskonstante für den Ionenaustausch der cytoplasmatischen Phase und die Geschwindigkeitskonstante für das Erreichen einer konstanten Ionentransportrate durch die Wurzel sind gleich (PITMANN, 1971, 1972a).

7.2.2 Das Modell des Blattes

Die Grundzüge dieses Modells haben wir eingangs (Einleitung zu Kapitel 7.2) schon behandelt, wobei vor allem auf die Analogien von Blattgewebe-Drüsensystemen mit dem Wurzelmodell eingegangen wurde. Die Frage nach den Schaltstellen des Transportes ergibt sich auch beim Abtransport der in den Chloroplasten der grünen Pflanzengewebe – also insbesondere der Blätter – gebildeten Assimilate in andere Pflanzenteile. Der Transport aus den Chloroplasten heraus in das Symplasma, der Transport zu den Siebröhren hin und der Prozeß des Beladens der Siebröhren durch die Geleitzellen stellen Kernprobleme der Assimilattransportforschung dar. Auch der Abtransport von Ionen aus den Blättern erfolgt vornehmlich im Phloem.
Wir wollen dies hier trotzdem nur erwähnen und uns den leichter durchschaubaren Blatt-Drüsen-Systemen zuwenden. Einige Probleme des Assimilattransportes werden noch bei der Diskussion der Nektarsekretion anklingen.

7.2.2.1 Das System Blattmesophyll-Stielzelle-Blasenzelle bei *Atriplex* und *Chenopodium*

Das System Blattmesophyll–Stielzelle–Blasenzelle von *Atriplex* und *Chenopodium* liegt den Schemata der Abb. 7.2 und 7.9a zugrunde. Es wurde schon verschiedentlich benutzt, soll hier aber noch im Zusammenhang mit dem Schaltstellenproblem betrachtet werden.

Elektro-chemische Untersuchungen zeigen, daß der Cl^--Transport aus dem Blatt-*Free-Space* in die großen Vacuolen der epidermalen Blasenzellen gegen ein Gefälle des elektro-chemischen Potentials aktiv erfolgt (Kapitel 2.2.2.5). Die Cl^--Akkumulation in den Blasenzellen wird sehr stark durch Licht gefördert, und zwar über die Bereitstellung photosynthetischer Energie (Abb. 5.8). Dabei erweist sich das Blasen- und das Stielzellencytoplasma als photosynthetisch inaktiv. Die Energie für die Licht-abhängige Cl^--Akkumulation muß also aus dem grünen Mesophyll stammen. Energie-bereitstellende Reaktionen und Ionenakkumulationsort sind hier besonders augenfällig räumlich getrennt (Einleitung von Kapitel 6.2.4). Dabei zeigen elektrophysiologische Versuche, daß zwischen den Mesophyll- und den Blasenzellen keine Membranbarriere liegen kann, sondern daß vielmehr ein guter symplasmatischer Kontakt bestehen muß (Kapitel 7.1.2.1, Abb. 7.2).

Die Frage, an welcher Stelle in diesem System die akkumulierende Ionenpumpe liegt, bleibt dennoch offen. Sie könnte am Plasmalemma der Mesophyllzellen wirken und die Ionen schon bei der Aufnahme von außen konzentrieren (entsprechend einer Hypothese des symplasmatischen Transportes bei der Wurzel, s. Kapitel 7.2.1.4). Sie könnte auch am Tonoplasten der Blasenzellenvacuolen liegen und die Ionen bei der Sekretion (analog der Gefäßparenchympumpe bei Wurzeln) konzentrieren. Aufgrund von elektronenmikroskopischen Untersuchungen ist darüber hinaus auch denkbar, daß kleine Bläschen oder Vacuölchen aus dem Cytoplasma der Stiel- und Blasenzellen durch Verschmelzen mit der großen Blasenvacuole der Ionenanreicherung dienen. Dann könnte eine Pumpe an den Membranen dieser Bläschen lokalisiert sein.

7.2.2.2 Die Salzdrüsen von *Limonium*

Ein Schema der Salzdrüsen von *Limonium*-Blättern findet sich in Abb. 3.7a *(Statice!)*. Mikroautoradiographische Untersuchungen $^{36}Cl^-$ sezernierender *Limonium*-Blätter legen nahe, daß kein Konzentrationsunterschied zwischen dem Cytoplasma der Drüsenzellen und dem der benachbarten Blattzellen auftritt (ZIEGLER und LÜTTGE, 1967). Kinetische Kompartimentierungsanalysen zeigen, daß in den Blättern Na^+ auf 3

Kompartimente und Cl⁻ auf 4 Kompartimente verteilt sein muß, nämlich auf den *Free Space*, das Cytoplasma, die Vacuole und als viertes Kompartiment bei der Cl⁻-Verteilung wahrscheinlich die Chloroplasten (HILL, 1970; LARKUM and HILL, 1970). In der Tat zeigen auch die Mikroautoradiographien eine starke Chloroplastenmarkierung.
Ähnlich wie auch beim Ionentransport in den Wurzeln wird die Rolle des Symplasten bei den kinetischen Versuchen sehr klar. Die Halbwertszeit für den Ionenaustausch der Cytoplasmaphase und die Halbwertszeit für den Transport durch das Blatt sind gleich.
Eine besonders interessante Eigenschaft der *Limonium*-Drüsen ist die Induzierbarkeit der Chloridsekretion durch Cl⁻, d.h. durch Substrat-Zugabe. Dabei lassen sich eine Phase der Aufnahme des dereprimierenden Signals und eine Phase der Synthese, d.h. der Bildung des Pumpen-Mechanismus unterscheiden. Nur die zweite Phase kann durch Hemmstoffe der Protein- und Ribonucleinsäuresynthese beeinflußt werden (SHACHER-HILL und HILL, 1970). Parallel zur Induktion der Cl⁻-Pumpe findet man die Induktion einer Cl⁻-stimulierten strukturgebundenen ATPase im Blattgewebe. Diese ATPase könnte mit der Cl⁻-Pumpe identisch oder wenigstens ein wesentlicher Bestandteil dieser Pumpe sein (HILL and HILL, 1973). Durch die induzierbare Salzexkretionspumpe ist *Limonium* an Bedingungen wechselnder Salinität hervorragend angepaßt.
Über die genaue Lokalisation der Pumpen läßt sich auch hier nichts sagen. Immerhin ist folgende kleine Beobachtung von HILL recht aufschlußreich. Er hat im Mikroskop die Sekretion mehrerer Drüsen gleichzeitig beobachtet und festgestellt, daß die Kinetik des Flüssigkeitsaustrittes bei einzelnen, benachbarten Drüsen sehr unterschiedlich ist. Dies scheint auf die Beteiligung eines in den Drüsen selber lokalisierten Mechanismus am Gesamtprozeß der Sekretion hinzuweisen. BOSTROM and FIELD (1973) haben bei den Salzdrüsen der Mangrove *Aegiceras* ein beträchtliches Ansteigen des Membranpotentials in den Zellen des Drüsenkomplexes gegenüber den Blattparenchymzellen festgestellt.

7.2.2.3 Die Verdauungsdrüsen der *Nepenthes*-Kannen

Bei den merkwürdigen, dem Insektenfang dienenden Kannen von *Nepenthes* handelt es sich um Blattmetamorphosen (Abb. 7.12). Die überdachten Drüsen im unteren Drittel des Kanneninneren (Abb. 3.7 d) dienen mannigfaltigen Transportvorgängen zwischen dem Kannengewebe und der von ihnen sezernierten Flüssigkeit im Inneren der Kannen, z.B. der Sekretion von Verdauungsenzymen, der Aufnahme von aus der verdauten Beute stammenden niedermolekularen Stoffen,

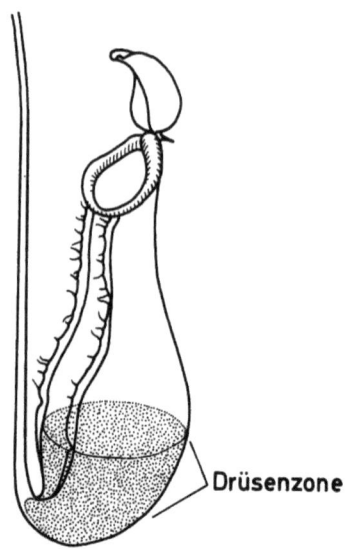

Abb. 7.12. *Nepenthes*-Kanne mit Sekret

aber auch dem Wasser- und Ionentransport. Die Kannenflüssigkeit enthält stets zwischen 20 und 30 mM Cl$^-$ pro Liter.

Der Ionentransport durch das *Nepenthes*-Kannengewebe wurde intensiv untersucht, weil die Kannen mit dem großen Sekretvolumen ein besonders günstiges System darstellen. Der Kanneninhalt ist sogar, solange der Kannendeckel geschlossen ist, im bakteriologischen Sinne steril.

Bei mikroautoradiographischen Untersuchungen findet man immer, daß die zylindrischen Zellen des Drüsenepithels besonders stark markiert sind. Aber sie enthalten sehr dichtes Cytoplasma, und eine quantitative Auswertung von Autoradiographien von Kannenquerschnitten zeigt, daß das Plasma überall gleich stark markiert ist (LÜTTGE, 1966 b) (s. auch Kapitel 7.1.2.3).

Aus Hemmstoffversuchen mit isolierten Kannengewebestücken folgt, daß sowohl die Cl$^-$-Ausscheidung durch die Zellen der Kanneninnenwand, als auch die Cl$^-$-Aufnahme aus einer die Zellen der Kannenaußenwand benetzenden Lösung Stoffwechsel-abhängig sind (LÜTTGE, 1966 a). Membranpotential- und Strommessungen bei kurzgeschlossenem Membranpotential deuten auf mehrere verschiedene Ionenpumpen hin (NEMČEK et al., 1966). An der Grenzfläche Kannenflüssigkeit/Zellen der Kanneninnenwand werden Na$^+$ und Cl$^-$ gegen einen Gradienten elektro-chemischen Potentials aus der Kannenflüssigkeit in die Zellen gepumpt. Für K$^+$ decken sich hier das Membranpotential und das nach der Nernstschen Gleichung (2.16) errechnete Potential. Dennoch zeigen die Strommessungen, daß K$^+$ aktiv in das Kannenlumen ge-

pumpt werden muß. Das bedeutet entweder, daß die Kaliumpumpe von sehr geringer Kapazität ist und bei der Anwendung des Nernst-Kriteriums nicht erfaßt wird oder daß sie weiter innen im Gewebe liegt, so daß der Vergleich des Nernst-Potentials und des zwischen den Zellen der Kanneninnenwand und der Kannenflüssigkeit gemessenen Potentials irreführt.
Es ist durchaus möglich, daß die Kaliumpumpe bei der Aufnahme von Ionen aus dem vom Transpirationsstrom mit Ionen versorgten *Free Space* in den Symplasten wirksam wird und daß dann ein passiver Austritt in die Kannenflüssigkeit erfolgt. Wenn diese Pumpe elektrogen ist, würde z.B. Cl^- passiv nachfolgen, der Chloridtransport würde indirekt aber vom Stoffwechsel abhängen, was die Hemmstoffeffekte erklärt. Anders als für K^+ ist die Situation für Na^+ und Cl^-, für die an der inneren Kannenoberfläche voneinander unabhängige einwärts gerichtete Pumpen beobachtet wurden. Somit ist die *Nepenthes*-Kanne ein vorzügliches Beispiel für das Vorliegen verschiedener spezifischer Pumpen an unterschiedlichen Orten in einem aus mehreren Geweben (Blattgewebe – Drüsengewebe) zusammengesetzten System: Verschiedene Schaltstellen für verschiedene transportierte Teilchen.

7.2.2.4 Die Nektarsekretion

Die Sekretion von Assimilaten – etwa der Zucker des Nektars – ist aus zwei Gründen schwerer zu erforschen als die Salzsekretion. Die transportierten Teilchen sind nicht nur auf gewundenen Pfaden unterwegs, sie sind auf dem Wege selber unmittelbar dem Stoffwechsel unterworfen. Damit zusammen hängt zweitens, daß die Methoden wie sie für den Salztransport entwickelt wurden (Fluxmessungen, Kompartimentierungsanalyse, Elektropotentialmessungen), hier nicht ohne weiteres anwendbar sind.
Die Nektarsekretion steht zweifelsohne unter metabolischer Kontrolle. Nektarien sind besonders stoffwechselaktive Organe (Abb. 5.7). Auch Pflanzenhormone greifen in die Regulation der Nektarsekretion ein.
Unser Modell der Abb. 7.9 läßt sich grundsätzlich, wenn auch mit einigen Abwandlungen, zur Diskussion der Nektarsekretion benutzen. Nektarien finden sich meist an Blättern oder an durch Metamorphose von Blättern entstandenen Organen (Blüten!). Die im Nektar ausgeschiedenen Zucker stammen nur zum geringeren Teil aus Reserven im Sekretionsgewebe selbst. Die Hauptmenge der sezernierten Zucker kommt aus dem Assimilatstrom in den Siebröhren. Wir haben – wie bei der Salzsekretion – damit wieder verschiedene mögliche Orte für

die Schaltstellen bei der metabolischen Kontrolle der Sekretion vor uns:

i) Die Entnahme aus den Ferntransportleitbahnen. Dabei können die Geleitzellen eine besondere Rolle spielen, die cytologisch gesehen selber Drüsencharakter haben und die als Zucker transportierende Zellen

Name	Nektarium	Verhältnis: (ninhydrinpositive Substanzen: Zucker)
Platycerium div. spec.	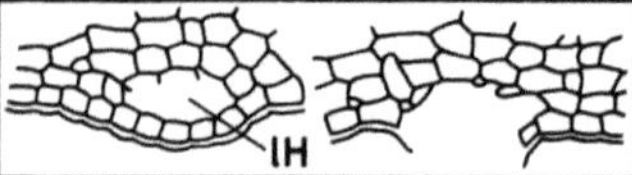	$20\,000 \cdot 10^{-6}$
Sambucus nigra L.	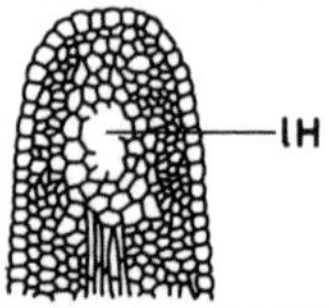	$5\,000 \cdot 10^{-6}$
Sambucus racemosa L.	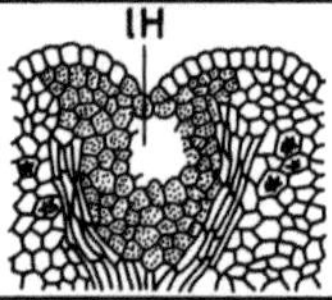	$4\,000 \cdot 10^{-6}$
Pteridium aquilinum Kuhn	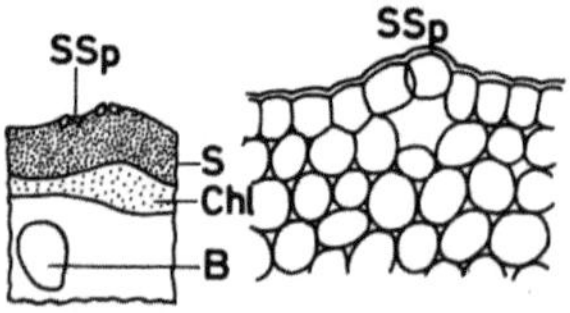	$100 \cdot 10^{-6}$
Abutilon striatum Dicks. Robinia pseudo-acacia L. Hoya carnosa R. Br.	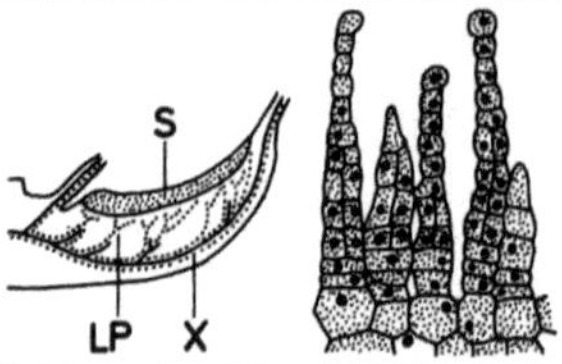	$5 \cdot 10^{-6}$

Abb. 7.13. Das Verhältnis ninhydrinpositive Substanzen: Zucker im Nektar im Vergleich mit der Anatomie der betreffenden Nektarien. Der Grad der anatomischen Differenzierung steigt von oben nach unten, d.h. von den lysigenen Drüsen (Zeile (1) – (3)) über Drüsen mit Sekretion durch umgewandelte Spaltöffnungen (SSp, (4)) bis zu den Nektarien mit hochentwickeltem Drüsengewebe und sekretorischen Zellen ((5), gezeichnet ist das Nektarium der *Abutilon*-Blüte). Zeile (1) – (4) = extraflorae, Zeile (5) = florale Nektarien. lH = lysigener Hohlraum; SSp = Saftspalten, S = Sekretionsgewebe; Chl = Chlorenchym; B = Leitbündel; LP = Leitparenchym; X = Xylem. (Aus LÜTTGE, 1961, vereinfacht)

(Be- und Entladen der Siebröhren) den Nektarien vergleichbar sind (ZIEGLER, 1956).
ii) Die Sekretion nach außen am Plasmalemma der Drüsenzellen.
Und hinzu kommt hier gegenüber den Salzdrüsen:
iii) Der Zuckerstoffwechsel im Drüsencytoplasma. Versuche mit markierter Glucose und der Nachweis aller wichtigen Enzyme des Kohlenhydratstoffwechsels in Nektarien zeigen, daß dieser sicher eine Rolle spielt. Jedoch sind nicht alle transportierten Zuckermoleküle diesem Stoffwechsel unterworfen. Etwa 70% der Aktivität von den Nektarien applizierter, ^{14}C-markierter Glucose wird nach der Sekretion wieder unverändert in der Glucose gefunden (ZIEGLER, 1968).
Der typische Nektar ist ein sehr spezifisches Sekret. Neben Zuckern – vornehmlich Glucose, Fruktose, Saccharose und aus Glucose- und Fruktosemonomeren aufgebauten Oligosacchariden mit Spuren anderer Hexosen – finden sich im Nektar andere gelöste Stoffe – z.B. organische Säuren, Aminosäuren, Salze – nur in Spuren. Eine vergleichend anatomisch-chemisch analytische Untersuchung zeigt jedoch deutlich, daß die Perfektion, mit der solche Begleitsubstanzen ausgeschlossen werden, dem Grad der anatomischen Differenzierung des Drüsengewebes entspricht. Der Nektar hoch entwickelter Drüsen enthält sehr wenig Ninhydrin-positive Substanzen (Aminosäuren), während diese „Verunreinigung" im Nektar primitiver Drüsen beträchtlich größer ist (Abb. 7.13; LÜTTGE, 1961).
Mit Sicherheit spielen also im Drüsengewebe lokalisierte Prozesse eine Rolle bei der Sekretion nach außen. Man hat darüber spekuliert, ob eine spezifische Sekretion oder eine spezifische Rückresorption für die Reinheit des Nektars ausschlaggebend ist. Das kommt der Frage gleich, ob metabolisch kontrollierter Influx oder Efflux am Drüsenzellen-Plasmalemma das hervorstechendste Merkmal der Nektarsekretion ist.
Im Dienste einer vom Stoffwechsel kontrollierten spezifischen Zuckersekretion könnten die Phosphatasen stehen, deren intensive Anhäufung in den Nektardrüsenzellen geradezu als cytologisches Kriterium für Nektarien herangezogen wird (FREY-WYSSLING und HÄUSERMANN, 1960). Die Phosphatasen sind bei Nektarien und auch bei Geleitzellen (FIGIER, 1968) vor allem mit dem Plasmalemma assoziiert. Es ist möglich, daß die sezernierten Zucker zum Teil in phosphorylierter Form wandern (LÜTTGE, 1966 c).
Etwas umständlicher ist die Rückresorptionshypothese. Ähnlich einer Druckfiltration soll dabei ein Lösungsvolumen durch den Turgordruck aus den Drüsenzellen ausgepreßt werden. Durch spezifische Rückresorption könnten Begleitsubstanzen wieder aufgenommen werden.

7.2.2.5 Ionentransport im Dienste der Stomataregulation

Wir haben oben großen Wert auf die Feststellung gelegt, daß Plasmodesmata und der durch sie gewährleistete symplasmatische Kontakt eine große Rolle bei kooperierenden Systemen spielen (Kapitel 7.1.2.1). Dieser Gedanke wird nur unterstrichen durch des Fehlen von Plasmodesmata bei Systemen, deren Funktion umgekehrt gerade auf der relativen Isoliertheit von den benachbarten Geweben beruht. Hierzu gehören die Schließzellen der Spaltöffnungen (Stomata), die durch Regulation ihres Turgors die Weite der zwischen ihnen gelegenen Öffnung in der Epidermis kontrollieren.

Man ist der Frage nach den Plasmodesmata zwischen den Schließzellen und benachbarten Zellen durch elektronenmikroskopische Untersuchungen nachgegangen. Es wäre nicht richtig zu sagen, daß nirgends solche Plasmabrücken vorkommen (cf. PALLAS und MOLLENHAUER, 1972), aber es wird deutlich, daß sie wenigstens sehr selten sind (THOMSON und JOURNETT, 1970; ALLAWAY und SETTERFIELD, 1972). Die beiden kooperierenden Schließzellen zeigen dagegen an ihren zusammenliegenden Enden bei den Gräsern sogar Zellwandunterbrechungen mit sehr breiten Plasmaverbindungen.

Durch eine Fülle von Untersuchungen vor allem an auf spezifisch zusammengesetzten Außenlösungen schwimmenden abgezogenen Blattepidermen [unter Verwendung besonderer Färbeverfahren (Abb. 7.14) und der Röntgenmikrosondentechnik] weiß man heute sicher, daß die

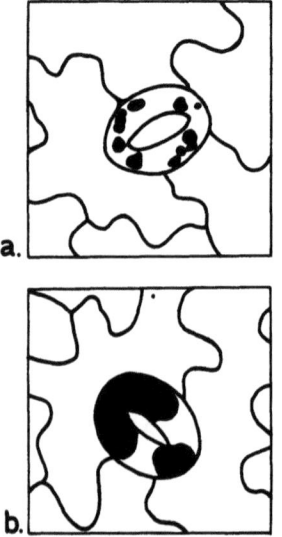

Abb. 7.14. Lokalisation von K^+ in den Schließzellen sich öffnender und schließender Stomata von *Vicia faba* mit Cobalt-Natrium-Nitrit/Ammoniumsulfit (schwarzer Niederschlag!), nach Fig. 1 in FISCHER (1971) gezeichnet. a K-Lokalisation kurz vor einer zur Stomataöffnung führenden Belichtung, b nach 3 Std. Belichtung

Aufnahme und Abgabe von Ionen, und zwar ganz spezifisch von Kaliumionen, wesentlich zur Turgorregulation der Schließzellen beiträgt (Abb. 7.15) (FISCHER, 1968, 1971; HUMBLE und HSIAO, 1969, 1970; HUMBLE und RASCHKE, 1971; SAWHNEY und ZELITCH, 1969). Allerdings läßt sich die K^+-Spezifität nur nachweisen, wenn Ca^{++}-Ionen in der Außenlösung vorliegen. In Abwesenheit von Ca^{++} können Na^+-Ionen die K^+-Ionen bei der Öffnungsbewegung ersetzen (PALLAGHY, 1970). Die K^+-Ionen, die von den Schließzellen aufgenommen werden, können aus dem Blatt-*Free-Space* kommen. Leider gibt es nur wenige und nur wenig genaue Analysen der Konzentration von Ionen in der *Free-Space*-Lösung von Blättern. Soweit sich bis jetzt erkennen läßt, kann die Konzentration von Ionen im *Free-Space* von Blättern etwa 2–30 µM/l betragen (Tabelle 7.2.). Neuerdings gibt es auch Hinweise dafür, daß bei den Gräsern die Nebenzellen der Schließzellen als K^+-Reservoire dienen und daß ein Hin- und Her-Transport von K^+ zwischen Schließzellen und Nebenzellen an der Stomataregulation beteiligt ist (RASCHKE and FELLOWS, 1971).

Die K^+-Pumpe der Schließzellen führt bei der Öffnungsbewegung innerhalb von 3 Stunden zu einem Konzentrationshub von 50 auf 300 mM (FISCHER, 1968, 1971). Mit einer Geschwindigkeit von 10–15 pmol · sec^{-1} · cm^{-2} liegt diese Pumpe an der oberen Grenze der nor-

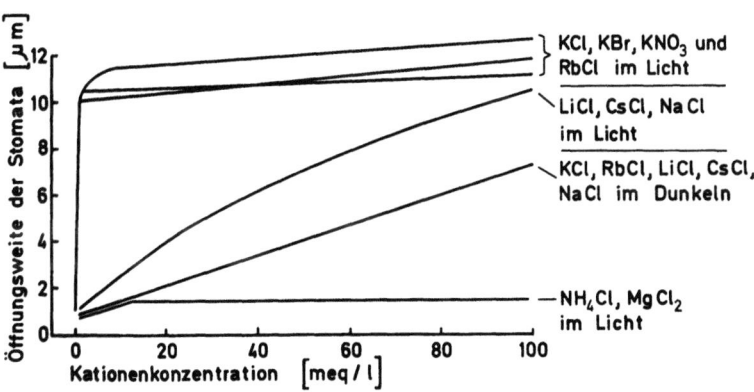

Abb. 7.15. Öffnungsbewegungen der Schließzellen von isolierten Blattepidermen von *Vicia faba*, die auf verschiedenen Ionenlösungen schwimmen gelassen werden. Kurven (ohne Meßpunkte) der Abb. 2, 3, 4 und 5 aus HUMBLE and HSIAO (1969). Es wird deutlich, daß die Öffnungsbewegung im Licht spezifisch von der Gegenwart von K^+ in der Lösung abhängt (alle Lösungen enthalten Ca^{++}) und vom Anion unabhängig ist. Nur Rb^+ kann K^+ ersetzen. [K^+ und Rb^+ werden in Pflanzengeweben beim Transport oft nicht unterschieden (s. S. 116)]. Bei hohen Ionenkonzentrationen läßt die Spezifität stark nach

malerweise bei Pflanzenzellen beobachteten Ionentransportmechanismen (FISCHER, 1972; vgl. dazu auch die Aufstellung in Kapitel 7.1.3.2 Seite 235). THOMAS (1970 a, b, 1971) hat gefunden, daß die K^+-Aufnahme in die Schließzellen Quabain-empfindlich ist und durch ATP-Zugabe von außen gefördert wird. Dies läßt auf die Beteiligung einer membrangebundenen ATPase schließen (Kapitel 3.2.2.2 B II). PALLAS und DILLEY (1972) haben kürzlich aus Chlorophyllanalysen geschlossen, daß die photosynthetische ATP-Produktion der Schließzellenchloroplasten von *Vicia faba* ungefähr 13 nMole ATP $\cdot h^{-1} \cdot cm^{-2}$ Blattfläche beträgt. Dies sollte für die K^+-Pumpe (7 nMole $K^+ \cdot h^{-1} \cdot cm^{-2}$ nach FISCHER, 1968, 1971) ausreichen. Es ergibt sich eine Stöchiometrie von nur 0,5 bis 1 K^+ pro ATP. Allerdings sind andere ATP-verbrauchende Prozesse, z.B. die CO_2-Reduktion bei der Schließzellenphotosynthese, nicht berücksichtigt.

7.2.3 Grenzen der verfügbaren Methoden

Einige abschließende Bemerkungen zu diesem zweiten Teil des siebten Kapitels mögen die Grenze noch einmal verdeutlichen, die wir hier erreicht haben.
Soviel wir über unsere Systeme Wurzel, Blatt, Drüsen auch gelernt haben, so müssen wir doch die eindeutige und klare Antwort auf wichtige Fragen letztlich schuldig bleiben: Wo liegen die Schaltstellen? Welche molekularen Mechanismen in welchen Membranen stellen die Pumpen dar? Wir müssen diese Fragen stellen, wenn wir das Funktionieren des komplexen Ganzen der höheren Pflanze verstehen wollen, und dies war unser eigentliches Ziel (Kapitel 1.1 und 1.3, Abb. 1.1).
Daß wir hier noch nicht weitergekommen sind, liegt einerseits an der Komplexität des Problems, andererseits an der Unzulänglichkeit unserer Methodik.
Die Grenzen der kinetischen Methode haben wir schon weiter oben (4. Kapitel) kennengelernt, als wir feststellten, daß sie die im elektronenmikroskopischen Bild erkennbaren kleinen und kleinsten Kompartimente nicht erfassen kann. Elektropotentialmessungen führen ebenfalls nicht über die Grenze hinaus, weil alle bei der Anwendung des Nernst-Kriteriums benutzten Konzentrationen Durchschnittswerte der Konzentrationen in zahlreichen verschiedenen Kompartimenten der Zelle darstellen. Hier kommt nun noch der Aufbau der Gewebe aus verschiedenen Zellen und der Organe aus verschiedenen Geweben hinzu. Alle kinetischen Modelle stecken voller Annahmen und sind nur Näherungen.
Um weiter zu kommen, brauchen wir heute verbesserte Methoden der

direkten Kompartimentsanalyse, die unabhängig sind von kinetischen Extrapolationen. Es gibt Ansätze hierzu. Eine stark erhöhte Auflösungskraft der Röntgenmikrosondetechnik kann zu Erkenntnissen über die Konzentrationen wenigstens wichtiger Ionen in kleinen subzellulären Kompartimenten führen. Eine verfeinerte Mikroelektrodentechnik wird dazu kommen. Immerhin ist es inzwischen gelungen, die Potentiale von Chloroplastenmembranen direkt mit Elektroden zu messen (BULYCHEV et al., 1972). Elektroden aus Ionen-spezifischem Glas können ebenfalls zur unmittelbaren Kompartimentsanalyse benutzt werden und Daten über spezifische Ionenaktivitäten liefern. Dazu kommt eine verbesserte Technik der schonenden Isolierung von Organellen und Membranfraktionen. Auch von Plasmalemmen und Tonoplasten höherer Pflanzen können schon mehr oder weniger reine Präparate gewonnen werden (LEMBI et al., 1971; cf. RUESINK, 1971; LAI und THOMPSON, 1972), die sich auf ihre katalytischen Fähigkeiten hin analysieren lassen.

Es besteht kein Zweifel, daß die begonnene Arbeit erfolgreich weitergeführt werden kann. Eine Verfeinerung der hier gezeigten Modelle wird nicht ausbleiben.

7.3 Die Transportregulation in der Pflanze als Ganzem

Trotz dieser Unvollständigkeit unserer Kenntnisse der Transportregulation auf der Ebene der Organe macht man sich intensiv Gedanken über die Transportregulation in dem noch komplizierteren System der Pflanze als Ganzem. Hier beginnen Transportforschungen auch von Wert für die landwirtschaftliche Praxis zu werden. Wenn man durch solche Untersuchungen die Transportregulation so zu beeinflussen lernt, daß Pflanzen unter bestimmten Anbaubedingungen, z.B. Salinität, angespanntem Wasserhaushalt, besser gedeihen, kann dies von erheblichem praktischen Nutzen sein.

Ein Modell zur Ionentransportregulation in der ganzen Pflanze wurde kürzlich von CRAM und PITMAN (1972; PITMAN, 1972 b) diskutiert. Dabei sind Konzentrationen von Ionen und von Energie-liefernden Substraten und Hormonspiegel entscheidende Größen in einem *Feedback*-System zwischen Blättern und Wurzeln (Abb. 7.16). Die Fernleitungsbahnen Xylem und Phloem verbinden Blätter und Wurzeln, so daß die Ionenaufnahmeprozesse in Blatt- und Wurzelzellen nicht unabhängig voneinander ablaufen. Ionen fließen nicht nur im Xylem in Richtung Wurzel – Blatt (Abb. 7.9), sondern im Phloem auch in umgekehrter Richtung. Dadurch erfolgt eine Rückmeldung an die Wurzel über den Ionengehalt im Sproßsystem, die die Ionenaufnahme durch die Wurzel

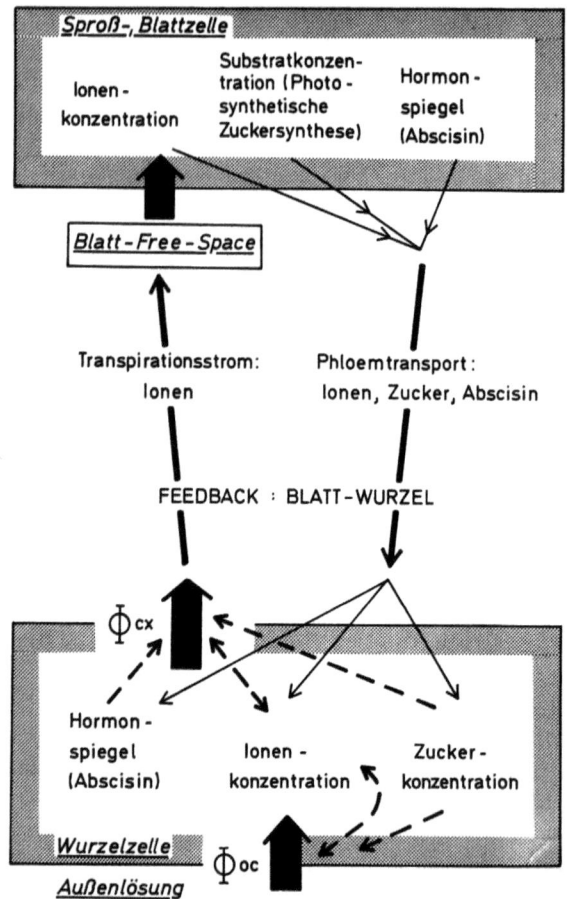

Abb. 7.16. Schematisches Beispiel für eine Transportregulation durch *Feedback* in der intakten Pflanze in Anlehnung an CRAM und PITMAN (1972; PITMAN 1972b). *Ausgezogene Pfeile* = Kurzstrecken-, Mittelstrecken- und Langstreckentransport; *gestrichelte Pfeile* = andere Wechselwirkungen. Symbole Φ_{cx} und Φ_{oc} wie Abb. 7.11.

beeinflussen kann. Besonders deutlich zeigen die Versuche eine Abhängigkeit der Ionenaufnahme der Wurzel von der photosynthetischen Substratsynthese. Bei kurzer täglicher Photoperiode (2h) limitiert der Zuckertransport in die Wurzel die Ionenaufnahme. Erst bei langer Photoperiode (16 h) kann sich die Zuckerkonzentration in der Wurzel so aufbauen, daß die Ionenaufnahme nicht mehr durch die Energieversorgung eingeschränkt wird. Ein anderer Regulationsmechanismus wird dann deutlich: die hormonelle Kontrolle der Ionenaufnahme.

Über die hormonelle Regulation von Membrantransportprozessen haben wir schon in Kapitel 6.2.1.2 gehört. Wir haben auch gesehen, daß Abscisin (ABS) das zum Laubfall führende Alterungshormon, die K^+-Pumpe der Spaltöffnungsschließzellen hemmt. ABS beeinflußt die K^+/Na^+-Selektivität von Rüben (VAN STEVENINCK, 1972). CRAM und PITMAN (1972) haben gefunden, daß ABS den Ionentransport in den Sproß (Φ_{cx} in Abb. 7.11) selektiv hemmt, da gleichzeitig die Ionenakkumulation in der Wurzel (Φ_{oc} und Φ_{cv} in Abb. 7.11) gefördert wird. Es ist bekannt, daß in den Blättern gebildetes Abscisin, vermutlich im Phloem, in die Wurzeln transportiert wird (HOCKLING et al., 1972). In den Blättern führen geringe Veränderungen des ABS-Niveaus zu Spaltöffnungsreaktionen. Schon eine Verdoppelung des Abscisingehaltes löst den Spaltenverschluß aus (KRIEDEMANN et al., 1972). Dagegen können angespannter Wasserhaushalt und Welken bis zu einem 40fachen Ansteigen des ABS-Niveaus der Blätter führen (WRIGHT and HIRON, 1969; MOST, 1971; MIZRAKI et al., 1970; MILBORROW and NODDLE, 1970). Die Pflanze hat also auf dem Niveau der Blätter mit dem ABS-System ein Instrument zur Feinregulation ihres Wasserhaushaltes. Es ist durchaus denkbar, daß durch den ABS-Ferntransport eine entsprechende Regulation auf dem Niveau der Wurzeln erreicht wird. Eine Erhöhung der Wasserpermeabilität der Wurzelzellen (GLINKA und REINHOLD, 1971) und eine Erniedrigung des Ionenfluxes in das Wurzelxylem (CRAM und PITMAN, 1972) können neben dem Stomataverschluß zur Verbesserung des Wasserhaushaltes der ganzen Pflanze unter Streßbedingungen beitragen.

Damit haben wir ein anschauliches Beispiel und Modell für die Transportregulation in der ganzen Pflanze vor uns. Natürlich fehlen noch eine Menge Daten, die vor allem auch quantitative Aspekte des in Abbildung 7.16 schematisierten *Feedback*-Systems deutlicher werden lassen müßten. Trotzdem zeigen diese Untersuchungen, wie man dem Ziel, die Zusammenhänge der einzelnen Transportprozesse in der Pflanze als Ganzem zu verstehen, näher kommen kann (vgl. erste und letzte Abbildung; Abb. 1.1 und Abb. 7.16).

7.4 Literatur

ALLAWAY, W.G., SETTERFIELD, G.: Can. J. Botany **50,** 1405 (1972).
ANDERSON, W.P: Ann. Rev. Plant Physiol. **23,** 51 (1972).
ANDERSON, W.P., HOUSE, C.R.: J. exp. Botany **18,** 544 (1967).
ARISZ, W.H.: Nature **174,** 223 (1954).
ARISZ, W.H.: Protoplasma **46,** 5 (1956).
ARISZ, W.H.: Protoplasma **52,** 309 (1960).

Arisz, W. H.: Acta Botan. Neerl. **18**, 14 (1969).
Arisz, W. H., Wiersema, E. P.: Koningl. Ned. Akad. Wetenschap. C. **69**, 223 (1966).
Baker, D. A.: Liverpool workshop on ion transport. W. P. Anderson, (Ed.). London: Academic Press 1973.
Bernstein, L.: Plant Physiol. **47**, 361 (1971).
Biddulph, S. F.: Am. J. Botany **43**, 143 (1956).
Bonnet, H. T.: J. Cell. Biol. **37**, 199 (1968).
Booij, H. L.: Membranes, Transport. E. Broda, A. Locker and H. Springer-Lederer (Eds.). Proc. 1st. Europ. Biophys. Congr. Baden, Vol. III, 125 (1971).
Bostrom, T. E., Field, C. D.: Liverpool workshop on ion transport. W. P. Anderson, (Ed.). London: Academic Press 1973.
Bowling, D. J. F.: Liverpool workshop on ion transport. W. P. Anderson, (Ed.). London: Academic Press 1973.
Bowling, D. J. F., Ansari, A. Q.: J. Exp. Botany **23**, 241 (1972).
Bulychev, A. A., Andrianov, V. K., Kurella, G. A., Litvin, F. F.: Nature **236**, 175 (1972).
Canny, M. J.: Ann. Rev. Plant Physiol. **22**, 237 (1971).
Crafts, A. S., Broyer, T. C.: Am. J. Botany **25**, 529 (1938).
Crafts, A. S., Crisp, C. E.: Phloem transport in plants. San Francisco: W. H. Freeman and Co. 1971.
Cram, W. J., Pitman, M. G.: Australian J. Biol. Sci. **25**, 1125 (1972).
Dunlop, J., Bowling, D. J. F.: J. Exp. Botany **22**, 434 (1971 a).
Dunlop, J., Bowling, D. J. F.: J. Exp. Botany **22**, 445 (1971 b).
Dunlop, J., Bowling, D. J. F.: J. Exp. Botany **22**, 453 (1971 c).
Eschrich, W.: Ann. Rev. Plant. Physiol. **21**, 193 (1970).
Eschrich, W., Evert, R. F., Young, J. H.: Planta **107**, 279 (1972).
Eschrich, W., Steiner, M.: Planta **74**, 330 (1967).
Eschrich, W., Steiner, M.: Planta **82**, 33 (1968 a).
Eschrich, W., Steiner, M.: Planta **82**, 321 (1968 b).
Eshel, A., Waisel, Y.: Plant Physiol. **49**, 585 (1972).
Evans, E. C., Vaughan, B.: Plant Physiol. **41**, 1145 (1966).
Falk, H., Lüttge, U., Weigl, J.: Z. Pflanzenphysiol. **54**, 446 (1966).
Fensom, D. S.: Can. J. Botany **35**, 537 (1957).
Figier, J.: Planta **83**, 60 (1968).
Fischer, R. A.: Science **160**, 784 (1968).
Fischer, R. A.: Plant Physiol. **47**, 555 (1971).
Fischer, R. A.: Australian J. Biol. Sci. **25**, 1107 (1972).
Fraser, T. U., Gunning, B. E. S.: Planta **88**, 244 (1969).
Frey-Wyssling, A., Häusermann, E.: Ber. Schweiz. Botan. Ges. **70**, 150 (1960).
Frey-Wyssling, A., Mühlethaler, K.: Ultrastructural plant cytology. Amsterdam: Elsevier 1965.
Fritz, E., Eschrich, W.: Planta **92**, 267 (1970).
Glinka, Z., Reinhold, R.: Plant Physiol. **48**, 103 (1971).
Gračanin, M.: Flora **154**, 21 (1964).
Hatch, M. D., Osmond, C. B., Slatyer, R. O., (Eds.): Photosynthesis and Photorespiration. New York–London–Sydney–Toronto: John Wiley and Sons 1971.
Helder, R. J.: Handb. Pflanzenphysiologie Vol. XIII, p. 20. Berlin–Heidelberg–New York: Springer 1967.
Helder, R. J., Boerma, J.: Acta Bot. Neerl. **18**, 99 (1969).
Higinbotham, N., Davis, R. F., Mertz, S. M., Shumway, L. K.: Liverpool workshop on ion transport. W. P. Anderson, (Ed.). London: Academic Press 1973.

HILL, A.E.: Biochim. Biophys. Acta **196**, 66 (1970).
HILL, B.S., HILL, A.E.: Liverpool workshop on ion transport. W.P. Anderson, (Ed.). London: Academic Press 1973.
HOCKLING, T.J., HILLMAN, J.R., WILKINS, M.B.: Nature New Biol. **235**, 124 (1972).
HUMBLE, G.D., HSIAO, T.C.: Plant Physiol. **44**, 230 (1969).
HUMBLE, G.D., HSIAO, T.C.: Plant Physiol. **46**, 483 (1970).
HUMBLE, G.D., RASCHKE, K.: Plant Physiol. **48**, 447 (1971).
HYLMÖ, B.: Physiol. Plant. **6**, 333 (1953).
JACOBSON, S.L.: Can. J. Botany **49**, 121 (1971).
JUNIPER, B.E., BARLOW, P.W.: Planta **89**, 352 (1969).
KAMIYA, N.: Protoplasmic streaming. Protoplasmatologia. Handbuch der Protoplasmaforschung. Bd. VIII/3 a. Wien: Springer 1959.
KLUGE, M., ZIEGLER, H.: Planta **61**, 167 (1964).
KRIEDEMANN, P.K., LOVEYS, B.R., FULLER, G.L., LEOPOLD, A.C.: Plant Physiol. **49**, 842 (1972).
LÄUCHLI, A.: Planta **75**, 185 (1967).
LÄUCHLI, A.: Ann. Rev. Plant Physiol. **23**, 197 (1972).
LÄUCHLI, A., EPSTEIN, E.: Plant Physiol. **48**, 111 (1971).
LÄUCHLI, A., SPURR, A.R., EPSTEIN, E.: Plant Physiol. **48**, 118 (1971).
LAI, Y.E., THOMPSON, J.E.: Plant Physiol. **50**, 452 (1972).
LARKUM, A.W., HILL, A.E.: Biochim. Biophys. Acta **203**, 133 (1970).
LATIES, G.G.: Australian J. Sci. **30**, 193 (1967).
LATIES, G.G.: Ann. Rev. Plant Physiol. **20**, 89 (1969).
LATIES, G.G., BUDD, K.: Proc. Natl. Acad. Sci. U.S. **52**, 462 (1964).
LEMBI, C.A., MORRÉ, D.J., THOMSON, K.S., HERTEL, R.: Planta **99**, 37 (1971).
LÜTTGE, U.: Planta **56**, 189 (1961).
LÜTTGE, U.: Planta **68**, 44 (1966 a).
LÜTTGE, U.: Planta **68**, 269 (1966 b).
LÜTTGE, U.: Naturwissenschaften **53**, 96 (1966 c).
LÜTTGE, U.: Aktiver Transport. Kurzstreckentransport bei Pflanzen. Protoplasmatologia. Handbuch der Protoplasmaforschung VIII/7 b. Wien–New York: Springer 1969.
LÜTTGE, U.: Ann. Rev. Plant Physiol. **22**, 23 (1971).
LÜTTGE, U., ed.: Microautoradiography and electron probe analysis: Their application to plant physiology. Berlin–Heidelberg–New York: Springer 1972.
LÜTTGE, U., LATIES, G.G.: Plant Physiol. **41**, 1531 (1966).
LÜTTGE, U., LATIES, G.G.: Planta **74**, 173 (1967).
LÜTTGE, U., PALLAGHY, C.K.: Z. Pflanzenphysiol. **61**, 58 (1969).
LUNDEGÅRDH, H.: Physiol. Plant. **3**, 103 (1950).
MACROBBIE, E.A.C.: Biol. Rev. **46**, 429 (1971).
MILBORROW, B.V., NODDLE, R.C.: Biochem. J. **119**, 727 (1970).
MIZRAKI, Y., BLUMENFELD, A., RICHMOND, A.E.: Plant Physiol. **46**, 169 (1970).
MOHR, H.: Lehrbuch der Pflanzenphysiologie. Berlin–Heidelberg–New York: Springer 1969.
MOST, B.H.: Planta **101**, 67 (1971).
MÜLLER, E., BRÄUTIGAM, E.: Liverpool workshop on ion transport. W.P. Anderson, (Ed.). London: Academic Press 1973.
MÜNCH, E.: Die Stoffbewegungen in der Pflanze. Jena: Gustav Fischer 1930.
NEMČEK, O., SIGLER, K., KLEINZELLER, A.: Biochim. Biophys. Acta **126**, 73 (1966).
O'BRIEN, T.P., CARR, D.J.: Australian J. Biol. Sci. **23**, 275 (1970).
OSMOND, C.B.: Australian J. Biol. Sci. **24**, 159 (1971).
OSMOND, C.B., HARRIS, B.: Biochim. Biophys. Acta **234**, 270 (1971).

OSMOND, C. B., LÜTTGE, U., WEST, K. R., PALLAGHY, C. K., SHACHER-HILL, B.: Australian J. Biol. Sci. **22**, 797 (1969).
PALLAGHY, C. K.: Z. Pflanzenphysiol. **62**, 58 (1970).
PALLAGHY, C. K., LÜTTGE, U.: Z. Pflanzenphysiol. **62**, 417 (1970).
PALLAS, J. E., DILLEY, R. A.: Plant Physiol. **49**, 649 (1972).
PALLAS, J. E., MOLLENHAUER, H. H.: Am. J. Botany **59**, 504 (1972).
PERRIN, A.: Contribution a l'étude de l'organisation et du fonctionnement des hydathodes: Recherches anatomiques, ultrastructurales et physiologiques. Thèse: Lyon Université Claude-Bernard 1972.
PITMAN, M. G.: Australian J. Biol. Sci. **24**, 407 (1971).
PITMAN, M. G.: Australian J. Biol. Sci. **25**, 243 (1972 a).
PITMAN, M. G.: Australian J. Biol. Sci. **25**, 905 (1972 b).
RASCHKE, K., FELLOWS, M. P.: Planta **101**, 296 (1971).
ROBARDS, A. W.: Planta **82**, 200 (1968).
RUESINK, A. W.: Plant Physiol. **47**, 192 (1971).
SAWHNEY, B. L., ZELITCH, I.: Plant Physiol. **44**, 1350 (1969).
SHACHER-HILL, B., HILL, A. E.: Biochim. Biophys. Acta **211**, 313 (1970).
SLATYER, R. O.: Plant – water relationships. London–New York: Academic Press 1967.
SMITH, R. C.: Plant Physiol. **45**, 571 (1970).
SPANNER, D. C., JONES, R. L.: Planta **92**, 64 (1970).
SPANSWICK, R. M.: Planta **102**, 215 (1972).
SPANSWICK, R. M., COSTERTON, J. W. F.: J. Cell. Sci. **2**, 451 (1967).
STEVENINCK, R. F. M. VAN: Z. Pflanzenphysiol. **67**, 282 (1972).
STEVENINCK, R. F. M. VAN, CHENOWETH, A. R. F.: Australian J. Biol. Sci. **25**, 499 (1972).
STEVENINCK, R. F. M. VAN, CHENOWETH, A. R. F., STEVENINCK, M. E. VAN: Liverpool workshop on ion transport. W. P. Anderson, (Ed.). London: Academic Press 1973.
THAINE, R.: J. Exp. Botany **13**, 152 (1962).
THAINE, R.: J. Exp. Botany **15**, 470 (1964).
THAINE, R.: Nature **222**, 873 (1969).
THOMAS, D. A.: Australian J. Biol. Sci. **23**, 961 (1970 a).
THOMAS, D. A.: Australian J. Biol. Sci. **23**, 981 (1970 b).
THOMAS, D. A.: Australian J. Biol. Sci. **24**, 689 (1971).
THOMSON, W. W., DE JOURNETT, R.: Am. J. Botany **57**, 309 (1970).
TOLBERT, N. E.: Ann. Rev. Plant Physiol. **22**, 45 (1971).
TRIP, P., GORHAM, P. R.: Can. J. Botany **45**, 1567 (1967).
TRIP, P., GORHAM, P. R.: Plant Physiol. **43**, 877 (1968).
TYREE, M. T.: J. Theor. Biol. **20**, 181 (1970).
URSPRUNG, A., BLUM, G.: Ber. Deut. Botan. Ges. **39**, 70 (1921).
WEBB, J. A., GORHAM, P. R.: Can. J. Botany **43**, 97 (1965).
WEIGL, J.: Planta **84**, 311 (1969).
WEIGL, J.: Planta **91**, 270 (1970).
WEIGL, J.: Planta **98**, 315 (1971).
WEIGL, J., LÜTTGE, U.: Planta **59**, 15 (1962).
WEIGL, J., LÜTTGE, U.: Protoplasma **60**, 1 (1965).
WRIGHT, S. T. C., HIRON, R. W.: Nature **224**, 719 (1969).
YU, G. HU, KRAMER, P. J.: Plant Physiol. **44**, 1095 (1969).
ZIEGLER, H.: Planta **47**, 447 (1956).
ZIEGLER, H.: Naturwissenschaften **50**, 177 (1963).
ZIEGLER, H.: Berichte Deut. Botan. Ges., Vorträge aus dem Gesamtgebiet der Botanik. Neue Folge **2**, 5 (1968).

ZIEGLER, H. (ed.): Berichte Deut. Botan. Ges., Vorträge aus dem Gesamtgebiet der Botanik, N. F. **2** (1968).
ZIEGLER, H., LÜTTGE, U.: Planta **74,** 1 (1967).
ZIEGLER, H., VIEWEG, G. H.: Planta **56,** 402 (1961).

Sachverzeichnis

Kursive Seitenzahlen beziehen sich auf Abbildungen und Tabellen

Abscisin (ABS) 175, *266*, 267
Acetylcholin 169–171, *170, 171*
Actomyosin 242
Adenylattransport 192, 194, 198
Adhäsion 218
Ageing 173, *174*
Akkruste 51, 52
Aktionsspektrum 39, *165*, 175, 186–187, *187*
aktive Ionenflüxe 108, *112*, 118, *119*, 122, 151, 153, 161, 228
aktiver Transport 1, 18, 20, 23, 30 ff., 41–43, 73, 75–76, 78, 81, 83, 108, *112*, 118, *119*, 150–151, 157–158, 161, 164, 175 ff., 184, 191 ff., 199, 217–218, 239
Aktivierungsenergie 39–40, *40*, 45
– der Wasserpermeation 74
Aktivitätskoeffizient 10, 17
allosterischer Effekt 77, 175
Aminosäuretransport 157
Anaerobiose 162–163
Anionenatmung 151
Aphiden, Phloem-saugende 237–238
apoplasmatische Räume 214–215
apoplasmatischer Transport 223, *224*, 233, 243
Apparent Free Space (AFS) 57–59, *57*, 88, 93, 119
– (AFS) s. auch *Free Space*
Atmungskette 151, *152*, 153, 162–163, 191
ATPase 83–84, 93, 138, 186, 257, 264
ATP-Kompatimentierung 192
– -Spiegel 162, *206*, 207
– -Transport 157
Aufgabenteilung 1
Austausch, spezifischer 92

Bandplasmolyse 55
Betacyanin 71
Biotop 3
Biozön 3

Blätter, Luft- 189–191, *244*, 244–245, *245*, 255–256, *266*
–, Wasserpflanzen- 188–190
Blattgewebestreifen 189–190, *190*
Braunalgen 233, *234*
Brownsche Molekularbewegung 9–10
Bündelscheiden s. Leitbündelscheiden

Carboanhydrase 203
Carrier 35, 75–84, 153, 157
– s. auch Träger
–, diffusible 75–76
–, gebundene 75
Casparyscher Streifen 52–55, *53*, *54*, 243–244, *244*, 247, 249
Chloroplasten 68–69, 84, 104, *110*, 123, 136–139, *139*, 146, 150, 178, 180, 191–196, *193*, *195*, *196*, 198, *198*, 200, 202–203, 208, 228, *229*, 231, 255, 257, 265
– -bewegung 166
–, Ionengehalt *110*, *139*
coenoblastische Zellen 25, 108, 113, 122, 125
Counter Transport (= Gegentransport) 37–38, *37*, 42, 71
Cristae 68–69, 137, 150, 153, 156, 158, 160, 191, 208
Cutikula 51
Cutin, Cutinisierung 51, *52*, 244
C_4-Weg der Photosynthese *196*, 197–198, 228–232, *230*, *231*
Cyclosis s. Plasmaströmung
Cytoplasma, Auffüllen 98–99
–, leeres 99
–, volles 99

Danielli-Davsonsches Membranmodell 60–63, *61*, 67, 71–73, 78–79
Deplasmolyse 13
Dictyosomen 126, *127*, 131, *131*, 133, 141–142

Diffusion 8, 10, 11, 192, 194, 227, 249
–, aktivierte 239
–, Austausch- 37, 38, 42
–, katalysierte 36, 75
Diffusionsgleichgewicht 9
– –isotherme 96
– –konstante, -koeffizient 10–11, 33
– –potential 16–18, *20*, 34
diskontinuierliche Kinetik 120
Donnan-Gleichgewicht 19–20
– –Phase *19*, 20, 34
– –Potential 20
– –Quotient 19, 44
– –System 20, 49
down hill Transport 10, 39
Drehtürmechanismus 78, *78*
Druckströmung 238
Drüsen 52, *54*, 55, 140–148, *143*, *144*, *146*, 220, 226, 235–236, 244, 247–248, 256–261, *258*, *260*

eccrine Sekretion 145
Eigendiffusion 15
elektrogene Transportmechanismen, s. Pumpe, elektrogene
Elektronenakzeptoren 178
– –donatoren 178
Elektroosmose 66
elektro-osmotische Hypothese des Siebröhrentransportes 240–242, *241*
Elementarmembran 60, 68, 126
Emerson-*Enhancement*-Effekt 179–180, 187–188
Endocytose 134
Endodermis 52–53, *53*, 55, 246–247, 251, *252*
– –sprung 247
endoplasmatisches Retikulum (ER) 123–124, *124*, 126–127, *127*, 132–135, 145, 222
Energietransport 192
Entkoppler 158–160, 162, 181–182, 185–187, 191, 203, 255
Erythrocyten 38, 60, 64, 70–71, 74
etiolierte Gersteblätter 203, *204*
Evaporation 250
Exchange Diffusion (= Austauschdiffusion) 37, 42, 71
Exocytose 130–134, 145
Exodermis 246
Exudat 246–247, 250–251, 253
Exudation 218, 250

Feedback 265–267, *266*
Ferntransport 104, 233–234, 236, 242–243, 245, 250–251, 260–265
– s. auch Langstreckentransport
Festionen 18–20, 34, 47, 49, 51, 56, 59, 219, 241
Ficksches Gesetz 10
Fließgleichgewicht 4, 5, 42
Formenmannigfaltigkeit der Organismen 7
Free Space 56, *109*, *114*, 143, 214–215, 222–223, *224*, 227, 243–245, 249
– s. auch *Apparent Free Space* (AFS)
–, Blatt- 189–190, 214–215, 244, *245*, 256, 263, *266*
–, Donnan (DFS) 59, 93
–, *Water* (WFS) 59
Frühjahrsblutungssaft 233

β-Galactosido-Permease, β-Galactosidtransport 81, *82*, 157-158, 183–184
Gasaustausch 2
Gefäßparenchym 246–248, 250, 254, 256
Gegenion 90–100
Geleitzellen 142, 234, 236, *241*, 255, 260–261
Geoelektrischer Effekt *173*
Gleichgewicht, elektrochemisches 19, 192
globuläre Membranmicelle *73*
Glycolat-Reaktionsweg 228, *229*, *231*, 232
Goldacre-Hypothese 79
Goldman-Gleichung 21–24, 202, 204
Golgi-Apparat *132*
– –Vesikel 130–133
Gradient, chemischer 31
–, elektrischer 156
–, elektrochemischer 31, 147
–, Konzentrations- 30
–, pH- 155–156
granulocrine Sekretion 145
Guttation 217–218, *217*

Hämolyse 70
Haustorien 142
Hemisubstanzen 48–49
Hemmstoffe s. Inhibitoren, Entkoppler
Hexoseaufnahmesystem von *Chlorella* 80, *80*, 176, 183–184
Hormone, hormonale Regulationssysteme 150, 164–175, 259, 265–267, *266*
Hydathoden 217
Hydropoten *144*, 147

Impulsaustausch 32, 42
β-Indolylessigsäure (IES) 172–173, *173*
Induktion, Induzierbarkeit 80, *80*, 81–83, 183
Inhibitoren 38–39, 42, 56, *57*, 158, 162–163, 178, 180–182, 184–187, 190–191, 202, 257–258
inkongruenter Transport 31, *31*, 42
Inkrusten 50–53, 55, 141, 244
interfibrillare Räume 48–50, *48*, 56, 214
intermicellare Räume 48, *48*, 51, 56, 214
Ion, leicht-aufnehmbares 100–101
–, schwer aufnehmbares 100–101
Ionenantagonismus 92
– – austauschermembran 20, 34, 47–48, 50
Isothermen 88–89, 95–96, 98, 105–106, 108, 116–117, 120, 135–136, *135*, *160*, 162
– des Ferntransportes 250
–, doppelte 89, *89*
Isotopenaustausch 109, 113–115, 120

Karottengewebescheiben 113–115, *114*, 159–161, *160*, 162–163, *163*
katalysierter Transport 36, 73, 75
K^+-Na^+-Austausch 186–187, 191
Koazervat, koazervate Tröpfchen 3–5, 47
Kohäsion 218
Kohlrausch'sches Gesetz 15
Koleoptilen 118, *119*, 174
Kompartimente, Kompartimentierung 2, 9, *9*, 25–26, 58, 87, 108–128, *109*, *110*, *111*, *112*, *113*, *119*, *124*, *127*, 138, 153, 161, 199, 225, 248, 256–257, 264
Kompartimentsanalyse 108–120, 256, 265
–, direkte 108
–, indirekte 109, *109*
Konfigurationsänderungen 77–78, 82, 84
kongruenter Transport 31, *31*
Konzentrationsgradient 9–11, 14, 16
Koppelung von Flüssen 32
Kurzstreckentransport 213–214, 219, 243, *266*

Lac-Operon 81, 184
Ladungstrennung 69, 138, *139*, 156, 199, *199*
landwirtschaftliche Praxis 265
Langmuir-Isotherme 92
– – Trog 70
Langstreckentransport 213–214, 219, 243, *266*

– s. auch Ferntransport
Laubmoose 233
Leitbahnen 215–216, 219, 223, 233–234, 236, 244–245, 260, 265
Leitbündelscheiden 182, 195–197, *196*, 229–232, *230*, *231*
Leitfähigkeit 15, 28
Lignin 50, *51*, 52
Lösungsströmung 236–239
long distance transport 213
Lundegårdh-Hypothese 151–153, *152*, 156, 158, 178
Lysosomen 135

Makrelenei 60
Malat 101–103, *102*, 195, *196*, 198, *198*, *230*, *231*
Massenströmungshypothese, Münchsche 237–239, *237*, 242
membranaktive Stoffe 70, 104
Membran 3–4, 42–43, 47, 60–84
– – enzyme 83
– – fluß 127, 132–133, *132*
Membranpotential 17–18, 26, *27*, 28–30, 45, 108, 164, 200–202, 205, 207–208, 249, *252*, 257, 258
– – änderungen, transitorische 164, *201*, 205–208, *206*, 221
– – oscillationen 200–201, *201*, 204, *206*, 207–208, 221–222
Mesomerase *198*
metabolischer Transport 41, 69, 158
Metaboliten-Shuttle *193*, 194–195, *194*, *196*, 198, *198*, 228–232, 229, *230*, *231*
Micelle 48
Michaelis-Konstante 36, 38, 44, 90, *91*
Michaelis-Menten-Gleichung 36, 79, 88–90
–, lineare Transformation 98
Michaelis-Menten-Kinetik 88, 90. 95–96, 98, 105
–, doppelte 88, *89*
Mikrofibrillen 48
Mischphase, cytoplasmatische 126
–, nucleocytoplasmatische *127*
–, wäßrige 126
Mitchell-Hypothese 69, 137–139, *139*, 156, 199
Mitochondrien 68–69, 84, 104, 123, 126, *127*, 136–138, 141–142, *143*, *144*, 145–147, 150, 153, 156–157, 192, 198, *198*, 208, 228, 236

275

Mittelstreckentransport 213–214, 219, 243, *266*
Molluskenei 60, *61*
multiphasische Aufnahmesysteme 98, 105–106, *107*
Mutanten 178, 182, 203

Nahtransport 104
Nektar, Nektarien *54*, 140–141, 143, 145–146, *146*, 259–261, *260*
Nernstsche Gleichung, Nernst Kriterium 17, 19, 45, 108, 118, 202, 258, 259, 264
Nernstscher Verteilungssatz 63
Nettoflux 22, 26–27, 38
Nitratreduktion 180
nyktinastische Bewegungen 166–169, *167*, *168*, *169*

Oberflächenfilm 58
Oberflächenspannung 60, *61*
Ohm'sches Gesetz 218
Onsagersche Kreuzkoeffizienten 32
– Symmetrierelation 32
Organelle 2, 6, 136–137, 141, 147–148, 229, 236
Osmose 11, *12*, *13*
– s. auch Elektroosmose
–, negative 33–35, 42
Ouabain 83, 186, 264
Oxidoreduktase *198*

panaschierte Blätter 222
Pektin 49
Permeabilität 11, 13, 22, 29, 70, 93, 164, 166, 203
–, relative 23
–, Wasser- 33, 35, 65, 74, 227, 267
Permeabilitätskoeffizienten 11, 18, 22–23, 28, 44, 57–58, 204–205
Permease 81–83
Permeation 62–64
–, Lipidfiltertheorie der 63–64
–, Lipidtheorie der 62–63
–, Ultrafiltertheorie der 63–64
–, Zweiwegtheorie der 64–65
Peroxisomen 195, *195*, 228–232, *229*
Phagocytose 134
Phloem 142, 213, 223, 233–243, 255, 265, *266*, 267
Phosphatase, saure 145–146, 261
Phosphorylierung, oxidative 150
– s. auch Photophosphorylierung
Photoelektrische Effekte 164, *165*, 200, *201*, 202, 205, *221*, 222
Photomorphosen 165, 172
Photophosphorylierung 150
Photorespiration 228–232, *229*, *231*
Photosynthese 165, 175–208, 225
–, Primärreaktionen der 165, *177*
– s. auch C_4-Photosynthese
pH-Regulation 100, 208
Phytochrom 165–172, *167*, *169*, *170*, *171*, 179–180, 186
--wirkung, primäre 171–172
Pinocytose 123, *124*, 130, 134
Plasmaströmung 58, 226–228, 239
Plasmodesmata, Plasmodesmen 141, 147, 214, 220, 222, 226–227, 232–234, 240, 262
Plasmolyse 12
Plasmometrie 13
Pools, metabolische 125
Poren 34, 63–67, 73–74, 79
--radius 64–67, 74
Potential, chemisches 8, 16, 31, 214
–, elektrisches 14, 16, 35
–, elektrochemisches 14, 16–18, 30–31, 42, 200, 214, 224, 247, 249, 251–254, *252*, 258
P-Protein 235, 242
Protuberanzen 142–145, *143*, *144*
Pulvini 166, *168*, *169*
Pumpe, elektrogene 20–21, *20*, 23–24, 100, 155, 207
–, neutrale 20

Q_{10} s. Temperaturkoeffizient

Redoxgradient 150, 153
Redoxpotential 177–178
Redoxträger 154–155, *154*, 157–158, 178
Reflexionskoeffizient 11, 13, 33–34, 45, 64–65
–, negativer 34
Ringelung 235
Rübengewebe 162, *163*, 267
Ruhepotential *20*, 21, 164, 207–208, 222

Salamanderei 60, *61*
Salinität 265
Salzatmung *150*, 151–153, *152*, 159–161
Salzatmungsisotherme *160*, 162
Salzdrüsen *54*, 133–134, 140–141, 146–147, 235, *244*, 244, 248, 249, 256–257

- von Vögeln 77
Saugkraft 12
Schaltstellen in komplexen Systemen 243, 245, 249, 251, 255–256, 259–260, 264
Schließzellen *262, 263*, 267
–, K$^+$-Pumpe der 263–264, 267
Seeigelei 60–61, *61*
seismonastische Bewegung 168
Selektivität 90, 92, 100
- der Alkaliionenaufnahme 90, 93, 99, 103, 120, 173, 267
semipermeable Membran 11, *12*, 13, 33, 237
shockable protein 80–81
short distance transport 213
Siebplatten 234, *234*, 240, *241*
Siebporen *234*, 235, 241, *241*
Siebröhren 142, 233–243, *241*, 255, 259
Siebröhren, Be- und Entladen 237, 255, 261
–, Be- und Entladen, s. auch *vein loading*
–, bidirektioneller Transport 238
– –glieder 234, *241*
– –plasma, Feinstruktur 239
slime plugs 241
solute drag 66
solvent drag 65
Source-Sink-Gefälle 2, 225–236, 238, 242
Speichergewebescheiben 103, *163*, 173
stationärer Zustand 5, 42
Stomata 166, 175, 221, 262–264, *262*
Streckungswachstum *173*
Suberin, Suberinisierung 51, *52*, 232, *244*, 246
Sulfat-*Carrier* 81
Symplasma, Symplast 219, 222, 225, 233–234, 248, 253, 255, 257, 259, 262
symplasmatische Räume 214
symplasmatischer Transport 196, 219–243, *224*, 246, 248–256
System 1 der Ionenaufnahme 88–107, *89, 91, 107*, 135, 250–251
- 2 der Ionenaufnahme 88–107, *89, 91, 107*, 135, 250–251

Tanada-Effekt 169–171, *170, 171*
Temperaturquotient 39, 42, 44, 59
Thylakoide 68–69, 137, 150, 156, 158, 165, 178, 180–182, 192, 195, 200, 202–205, 208
Tight Junctions 220

Torii-Laties-Hypothese 95–96, 103–106, *107*, 117–118, 135
Tracheen 216, 243
Tracheiden 216, 243
Träger 35–38, *36*, 42, 75–84, 90, 92–93, 145, *152*, 153–158, 199, 227
–, s. auch *Carrier*
–, Phosphorylierung 76, *76*
– –Substrat-Verbindung 36–37, *36*, 75–76, *75, 76*, 227
– –zyklus *75, 76*
Transfer Cells 142–145, *143, 144*
Transpiration 189, 214–219, 244, 250
–, cutikuläre 52, 219
–, stomatäre 219
Transpirationsstrom 189, 215–219, 244, 246, 259, *266*
Transportmetabolite 193–195, *193, 195, 196, 198*, 199, 228–232, *229, 230, 231*
Transportwege, apoplasmatische 214, 216, 219, 232, 243, 244
–, symplasmatische 214, 243
tropistische Krümmungsbewegung 172, *174*
Turgor 12, *13*, 166, 168, 175, 263

Überflutungstoleranz 103
unit membrane 60–62, *61*, 68
unstirred layer 58, *58*
uphill Transport 9, 31, 42, 122
Ursuppe 3
Ussing-Teorell-Beziehung 29, 108, 118, 122

Vacuom *127*, 135
Variationsbewegungen 166
vein loading 237, 242
Verdauungsenzyme 140, 257
Vesikel 134–136, 141–142
– –extrusion 130, 145
Volume-flow Hypothese des Siebröhrentransportes 237–239
Volumenfluß 32–33, 35, 42, 65, 216, 227, 236–239

Wasserhaushalt 219, 265, 267
Wasserpotential 11–12, *13*, 45, 214, 216–217
Wassertransport 214
–, aktiver 35, 218
Wellenlänge, Licht 178–180

Wuchsstoffe 2, 150, 172
- s. auch Hormone
Wurzel 1–2, 52, 55, 173, *174*, 190, 216, 220, 226, 244–256, *266*
--druck 217
-, Gerste- 217
-, Mais- 158–159, 174, 251–253
-, Sonnenblumen- 251–253
--zentralzylinder 103, 250, 253
--gewebe, nicht-vacuolisiertes 95–96, *96*, *102*, 106, 117

-, vacuolisiertes 95, *96*, *102*, 106, 117

Xylem 142, 213–215, 223, 243–247, *252*, 253, *253*, 265
--entwicklung 246

Zellkern 136, 141–142, 236
Zellulose 48
Zellwand 35, 47, 56
--plastizität 172
--transport 49, 56–59, 214–215

Verzeichnis der lateinischen Gattungs- und Artnamen

Kursive Seitenzahlen beziehen sich auf Abbildungen und Tabellen

Abutilon 146, *146*
– striatum *260*
Acetabularia 21, 164, *165*, 235
– mediterranea 27, *112*
Aegialitis 140, 235, 236
Aegiceras 257
Albizzia julibrissin 166–167, *166*, *167*, *168*, *169*
Alchemilla *217*
Amaranthus caudatus 190, 198
Arbacia 40
Atriplex 256
– hastata 190
– spongiosa 29, 146, *146*, 190–191, 198, *201*, *206*, 221
Avena sativa *111*, *112*, *119*

Beta *206*
– vulgaris *111*

Chaetomorpha 18
– darwinii 27, *112*
Chara 25, *199*, 204
– australis (syn. Ch. corrallina) 21, 24
– corrallina (syn. Ch. australis) 27, *112*, 181, 188
Chenopodium 191, 221, *221*, 256
– album 221, 222
Chlamydomonas 182, 203
Chlorella 80, *80*, 176, 181, 183, 184

Daucus carota *111*
Dionaea muscipula 245
Drosophyllum 131

Elodea 185–186, 188, 203
– densa *206*
Erica 247
Escherichia coli 81, *82*, 157–158, 183

Ficus 141

Gasteria 143
Glaziova *54*
Griffithsia 27

Halicystis 25
– ovalis 27
Helianthus annuus 251–253, *252*
Hevea *54*
Hordeum vulgare *111*
Hoya carnosa *260*
Hydrodictyon africanum 27, *110*, *112*, 180, 186, *187*, 188

Laminaria 234, *234*
Lamprothamnium succinctum *110*, *112*
Lathraea clandestina *143*
Limnophila 188
Limonium 84, 138, 256–257
– vulgare 146, 220

Macrocystis *234*
Mercenaria *170*
Mimosa 166
– pudica 168
Mnium 135, *135*
Mougeotia 166

Nepenthes 226, 257–259, *258*
– compacta *54*
Neurospora 21
Nitella 25, 66, 122–124, *124*, 188, 204–205, 242
– clavata *112*
– flexilis 27, *110*, *112*, *119*, *139*
– translucens 27, *110*, *112*, *119*, 185–186
Nitellopsis 25
– obtusa *112*
Nymphaea 144, 147

Oenothera 182
– albicans·hookeri 190

Pelagophycus *234*
Phaseolus aureus 169, *170*
Physarum 242
Pisum sativum *111*
Platycerium *260*
Porphyra 205
Pteridium aquilinum *260*

Robinia pseudo-acacia *260*

Salmonella typhimurium 80
Sambucus nigra *260*
– racemosa *260*
Scenedesmus 182
Spartina *54*
Spinacea oleracea 190, *206*

Statice gmelinii *54*, 256
Syringa sargentiana *54*

Tamarix 133
Tillandsia usneoides *54*
Tolypella 123
– intricata *110*, *112*, *139*, 188

Ulva 205, *206*

Vallisneria 175, 176, 207, 223, *224*, 227
Valonia 14, 25, 122
– utricularis *14*
– ventricosa 18, *27*, *111*, *112*, *119*
Vicia faba *120*, *121*, 121, 145, *262*, *263*, 264
Volvox 220

Zea mays 190, 198, *206*, 251–253, *252*

Lehrbuch der

H. Mohr

Pflanzen-physiologie

Von Professor
Dr. Hans Mohr,
Botanisches Institut
der Universität
Freiburg i. Br.

Zweite Auflage

Mit 397 Abbildungen
XVI, 408 Seiten. 1971
Gebunden DM 48,–
US $ 17.80

Preisänderung
vorbehalten

**Springer-Verlag
Berlin
Heidelberg
New York**
München · London · Paris
Sydney · Tokyo · Wien

Das Buch soll eine seit vielen Jahren spürbare Lücke im deutschen Schrifttum schließen. Die Aufgabe war, das Gesamtgebiet der Pflanzenphysiologie nach einer modernen Konzeption und mit einer dem heutigen Stand der Forschung gemäßen Terminologie einheitlich darzustellen. Diese Aufgabe war schwierig zu lösen, weil die Darstellung zwar in leicht faßlicher Form zu geschehen hatte, Simplifizierungen aber vermieden werden sollten. – Durch eine dem „Lehrbuch" angemessene exemplarische Art der Darstellung und durch die Betonung forschungsintensiver Gebiete (z. B. Entwicklungsphysiologie und Photosynthese) soll erreicht werden, daß der Leser eine klare Vorstellung davon erhält, wie im Prinzip die moderne pflanzenphysiologische Forschung voranschreitet. Ausgehend von den experimentellen Daten wird die Bildung von Hypothesen und Theorien nachvollzogen. Die reichhaltige, einheitliche Illustrierung (397 Abbildungen auf 391 Textseiten) trägt dazu bei, auch komplizierte Zusammenhänge leicht verständlich und anschaulich zu machen.
Es ist ein besonderes Anliegen des Autors, den Zusammenhang von Struktur und Funktion mit einer bevorzugt „molekularen" Begrifflichkeit herauszustellen. Den Strukturdaten wird deshalb ein ähnlich breiter Raum zugestanden wie den Funktionsdaten. Außerdem legt der Autor großen Wert darauf, die Zell- und Entwicklungsphysiologie eng mit der Genphysiologie zu verknüpfen.
Die am Ende eines jeden Kapitels genannten zusammenfassenden Darstellungen und die bei Tabellen und Abbildungen zitierten Originalarbeiten erleichtern den Zugang zur Fachliteratur.

Herausgegeben von:
G. Czihak, H. Langer
und H. Ziegler

Biologie

Ein Lehrbuch für Biologen und Mediziner

Gemeinschaftlich verfaßt
von: G. Czihak,
E. Florey, B. Hassenstein,
C. Hauenschild, W. Haupt,
D. Hess, J. Jacobs,
G. Kümmel, H. Langer,
H. F. Linskens, H. Mohr,
D. Neumann,
G. Niethammer, G. Osche,
W. Rathmayer, P. Sitte,
P. Schopfer, H. Ursprung,
H. Walter, F. Weberling,
E. Weiler, W. Wieser,
H. Ziegler

Mit etwa 800 Abbildungen
Etwa 850 Seiten
Erscheint Ende 1973

Preisänderung
vorbehalten

Springer-Verlag
Berlin
Heidelberg
New York

München · London · Paris
Sydney · Tokyo · Wien

Ein Lehrbuch der „Allgemeinen Biologie" für den Grundunterricht an den deutschen Hochschulen fehlt seit vielen Jahren, obwohl an den meisten deutschen Hochschulen der Darstellung von allgemeinbiologischen Problemen im Unterricht immer größere Bedeutung beigemessen wird. Die heute notwendig gewordene Stoffkonzentration in den Anfangssemestern macht ein solches Lehrbuch neuer Konzeption zu einem dringenden Erfordernis. Dabei sind manche traditionell gepflegten Stoffgebiete umgeformt worden und können oft auch nicht mehr im Detail berücksichtigt werden.

Das in Vorbereitung befindliche Biologiebuch ist ein Lernbuch von großer Informationsdichte, in dem das Wissen vermittelt werden soll, das von jedem Biologiestudenten als verbindlich angesehen werden kann.

Das in der Approbationsordnung für Mediziner geführte Teilgebiet „Biologie für Mediziner" ist vollständig vertreten ebenso wie weite Teile der Physiologie und Psychologie, während die Mikrobiologie in den einzelnen Kapiteln integriert ist. – Somit ist dieses Buch auch sehr geeignet für den Anfänger-Unterricht in Medizin.

Der in jedem Kapitel gebotene Stoff soll für die Ausbildung aller derjenigen Biologen ausreichen, deren Spezialgebiet nicht direkt mit diesem Abschnitt zu tun hat. – Ein Doktorand der Pflanzenphysiologie zum Beispiel wird für seine Ausbildung als Biologe nur das über den Bau tierischer Organe wissen müssen, was in diesem Lehrbuch beschrieben wird.

Alle Kapitel sind von führenden Vertretern ihres Faches in der BRD, der Schweiz und Österreich verfaßt und reich, teilweise mehrfarbig illustriert. Die Koordination der Texte liegt in den Händen von unterrichtstechnisch erfahrenen Biologen.

Herausgeber und Verlag haben die Weiterverwendung des Buches für den audiovisuellen Unterricht z. B. im Rahmen eines Universitätsfernsehens geplant und entsprechende Vorarbeiten begonnen. In naher Zukunft werden Dozenten und Studenten nicht nur das Lehrbuch, sondern auch audiovisuelle Unterrichtshilfen zur Verfügung stehen.

MIX
Papier aus verantwortungsvollen Quellen
Paper from responsible sources
FSC® C105338

If you have any concerns about our products,
you can contact us on
ProductSafety@springernature.com

In case Publisher is established outside the EU,
the EU authorized representative is:
**Springer Nature Customer Service Center GmbH
Europaplatz 3, 69115 Heidelberg, Germany**

Printed by Libri Plureos GmbH
in Hamburg, Germany